教育部 财政部职业院校教师素质提高计划职教师资培养资源开发项目
普通高等教育能源动力类系列教材

热工与流体力学基础

主编　吴学红
参编　胡春霞

机 械 工 业 出 版 社

本书内容涉及工程热力学、传热学及流体力学三大部分。工程热力学包括热力学基本概念，热力学第一定律和热力学第二定律，气体、蒸汽的性质及其热力过程，热力循环。传热学部分包括热传导、对流换热、热辐射、传热过程及换热器。流体力学部分包括流体静力学、流体动力学基础、黏性流体管内流动的能量损失。

本书为能源与动力工程专业职教师资本科培养教材，也可作为高等院校相关专业教材和工程技术人员的参考书。

本书配有电子课件，向授课教师免费提供，需要者可登录机械工业出版社教育服务网（www.cmpedu.com）下载。

图书在版编目（CIP）数据

热工与流体力学基础/吴学红主编．—北京：机械工业出版社，2018.10（2025.6重印）

教育部、财政部职业院校教师素质提高计划职教师资培养资源开发项目

ISBN 978-7-111-61646-7

Ⅰ.①热…　Ⅱ.①吴…　Ⅲ.①热工学-高等职业教育-教材②流体力学-高等职业教育-教材　Ⅳ.①TK122②O35

中国版本图书馆CIP数据核字（2018）第299671号

机械工业出版社（北京市百万庄大街22号　邮政编码100037）

策划编辑：蔡开颖　责任编辑：蔡开颖　张丹丹　尹法欣

责任校对：杜雨霏　封面设计：张　静

责任印制：张　博

北京铭成印刷有限公司印刷

2025年6月第1版第10次印刷

184mm×260mm・17.75印张・445千字

标准书号：ISBN 978-7-111-61646-7

定价：49.00元

电话服务	网络服务
客服电话：010-88361066	机　工　官　网：www.cmpbook.com
010-88379833	机　工　官　博：weibo.com/cmp1952
010-68326294	金　　书　　网：www.golden-book.com
封底无防伪标均为盗版	机工教育服务网：www.cmpedu.com

出版说明

《国家中长期教育改革和发展规划纲要（2010—2020年）》颁布实施以来，我国职业教育进入加快构建现代职业教育体系、全面提高技能型人才培养质量的新阶段。加快发展现代职业教育，实现职业教育改革发展新跨越，对职业学校“双师型”教师队伍建设提出了更高的要求。为此，教育部明确提出，要以推动教师专业化为引领，以加强“双师型”教师队伍建设为重点，以创新制度和机制为动力，以完善培养培训体系为保障，以实施素质提高计划为抓手，统筹规划，突出重点，改革创新，狠抓落实，切实提升职业院校教师队伍整体素质和建设水平，加快建成一支师德高尚、素质优良、技艺精湛、结构合理、专兼结合的高素质专业化的“双师型”教师队伍，为建设具有中国特色、世界水平的现代职业教育体系提供强有力的师资保障。

目前，我国共有60余所高校正在开展职教师资培养，但由于教师培养标准的缺失和培养课程资源的匮乏，制约了“双师型”教师培养质量的提高。为完善教师培养标准和课程体系，教育部、财政部在“职业院校教师素质提高计划”框架内专门设置了职教师资培养资源开发项目，中央财政划拨1.5亿元，系统开发用于本科专业职教师资培养标准、培养方案、核心课程和特色教材等系列资源。其中，包括88个专业项目、12个资格考试制度开发等公共项目。该项目由42家开设职业技术师范专业的高等学校牵头，组织近千家科研院所、职业学校、行业企业共同研发，一大批专家学者、优秀校长、一线教师、企业工程技术人员参与其中。

经过三年的努力，培养资源开发项目取得了丰硕成果。一是开发了中等职业学校88个专业（类）职教师资本科培养资源项目，内容包括专业教师标准、专业教师培养标准、评价方案，以及一系列专业课程大纲、主干课程教材及数字化资源；二是取得了6项公共基础研究成果，内容包括职教师资培养模式、国际职教师资培养、教育理论课程、质量保障体系、教学资源中心建设和学习平台开发等；三是完成了18个专业大类职教师资资格标准及认证考试标准开发。上述成果，共计800多本正式出版物。总体来说，培养资源开发项目实现了高效益：形成了一大批资源，填补了相关标准和资源的空白；凝聚了一支研发队伍，强化了教师培养的“校—企—校”协同；引领了一批高校的教学改革，带动了“双师型”教师的专业化培养。职教师资培养资源开发项目是支撑专业化培养的一项系统化、基础性工程，是加强职教教师培养培训一体化建设的关键环节，也是对职教师资培养培训基地教师专业化培养实践、教师教育研究能力的系统检阅。

自2013年项目立项开题以来，各项目承担单位、项目负责人及全体开发人员做了大量深入细致的工作，结合职教教师培养实践，研发出很多填补空白、体现科学性和前瞻性的成果，有力推进了“双师型”教师专门化培养向更深层次发展。同时，专家指导委员会的各位专家以及项目管理办公室的各位同志，克服了许多困难，按照两部对项目开发工作的总体要求，为实施项目管理、研发、检查等投入了大量时间和心血，也为各个项目提供了专业的咨询和指导，有力地保障了项目实施和成果质量。在此，我们一并表示衷心的感谢。

编写委员会

2016年3月

教育部高等学校中等职业学校教师培养教学指导委员会

项目专家指导委员会

前　言

为了全面提高职教师资的培养质量，“十二五”期间教育部、财政部在职业院校教师素质提高计划的框架内专门设置了职教师资培养资源开发项目，系统开发用于职教师资本科专业的培养标准、培养方案、核心课程和特色教材等资源，目标是形成一批职教师资优质资源，不断提高职教师资培养质量，完善职教师资培养体系建设，更好地满足现代职业教育对高素质专业化“双师型”职业教师的需要。

本书是教育部、财政部职业院校教师素质提高计划的职教师资培养资源开发项目的能源与动力工程专业项目（VTNE018）的核心成果之一。本书以职业教育专业教学论的视角编写，针对能源与动力工程专业职教师资培养，力求遵循职教师资培养的目标和规律，将理论与实践、专业教学与教育理论知识、高等学校的培养环境与职业学校专业师资的实际需求有机地结合起来，聚焦于培养职教师资的职业综合能力。本书是能源与动力工程职教师资本科培养的专业基础课教材，也是该专业的核心课程教材，其具体特点如下：

1. 将传统的热力学、传热学和流体力学的内容优化组合，减少了不必要的公式推导，侧重理论、公式与概念的应用；注重宏观的物理现象，不涉及微观的领域；内容贴近专业，体现针对性和实用性。

2. 以“够用、实用、能用、简化”为基本原则进行理论知识的选取。以应用为目的，将理论知识贯穿于工作任务中，突出理论知识的应用和实践能力的培养。

3. 以学生能力培养为目标进行内容设计，重点培养学生解决实际问题的能力。

本书由郑州轻工业大学能源与动力工程学院吴学红主编，第1~4章由吴学红、胡春霞编写，第5~11章由吴学红编写。本书的编写得到了职教师资培养资源开发项目专家指导委员会刘来泉研究员、姜大源研究员、吴全全研究员、张元利教授、韩亚兰教授和沈希教授等专家学者的悉心指导和帮助。陕西科技大学曹巨江教授对本书的编写给予了大力支持。郑州轻工业大学龚毅教授、吕彦力教授等对本书的编写工作给予了指导，郑州轻工业大学能源与动力工程学院动力工程及工程热物理学科的硕士研究生孟浩、李伟平、姜文涛、王春煦、翟亚芳、李灿、王于曹等帮助输入文字及修改图片，在此一并向他们表示衷心的感谢！

由于编者的知识水平和专业能力有限，本书难免有疏漏或不当之处，恳请使用和阅读本书的读者予以批评指正。

编　者

目　录

第 1 章　热力学基本概念

学习目标

掌握热力系统的定义，平衡状态的概念和应满足的平衡条件；基本状态参数 p、v、T 的定义、计量及不同单位间的换算；准平衡过程及可逆过程的定义、意义和作用；并对不同的热力循环及其作用建立起初步的概念。

1.1　热力系统

凡是能将热能转换为机械能的整套设备统称热动力装置，简称热机。例如蒸汽机、蒸汽轮机（也称蒸汽透平）、燃气轮机（也称燃气透平）、内燃机（汽油机、柴油机等）和喷气发动机等均为热机。

热能和机械能之间的转换是通过媒介物质在热机中的一系列状态变化过程来实现的，这种媒介物质称为工质。大多数工质都是气体或蒸汽，因为气态物质易发生状态的变化。例如空气、燃气、水蒸气等都是常用的工质。

工程热力学中把热容量很大，并且在吸收或放出有限热量时自身温度及其他热力学参数没有明显改变的物体称为热源。

在热力学中为了确定研究对象，常从若干物体中取出需要研究的部分，这种被取出的部分称为“热力系统”，简称“系统”。系统以外的物体称为外界或环境。系统与外界之间的分界面称为边界，边界可以是真实的，也可以是假想的；可以是固定的，也可以是移动的。本书用虚线表示热力系统的边界。如图 1-1 所示，如果取气缸中的气体作为研究对象，则气缸内壁和活塞内表面即构成该系统的真实边界，并且一部分边界随活塞移动（从 1 处运动到 2 处）。

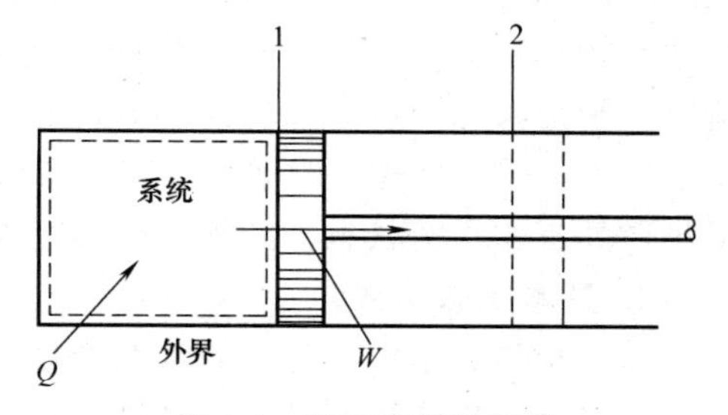

图 1-1　闭口系统示意图

系统通过边界与外界发生相互作用，进行物质和能量的交换。按照系统与外界之间相互作用的具体情况，系统可分为以下几类：

（1）闭口系统　闭口系统是指与外界无物质交换的系统。如图 1-1 所示，当工质进出气缸的阀门关闭时，气缸内的工质就是闭口系统。由于系统的质量始终保持恒定，所以也常称为控制质量系统。

（2）开口系统　开口系统是指与外界有物质交换的系统。如图 1-2 所示，运行中的汽轮机就可视为开口系统，因在运行过程中有蒸汽不断地流进流出。由于开口系统是一个划定的空间范围，所以开口系统又称为控制容积系统。

（3）绝热系统　绝热系统是指与外界无热量交换的系统。

(4) 孤立系统　孤立系统是指与外界既无能量（功、热量）交换又无物质交换的系统。

严格地讲，自然界中不存在完全绝热或孤立的系统，但工程上却存在着接近于绝热或孤立的系统。用工程观点来处理问题时，只要抓住事物的本质，突出主要因素，就可以近似地将这样的系统看成是绝热系统或孤立系统，进而得出有指导意义的结论。

需要指出的是，选取的热力系统必须具有足够大的尺度，即和物质的微观尺度相比可以认为是无穷大，满足宏观的假定。

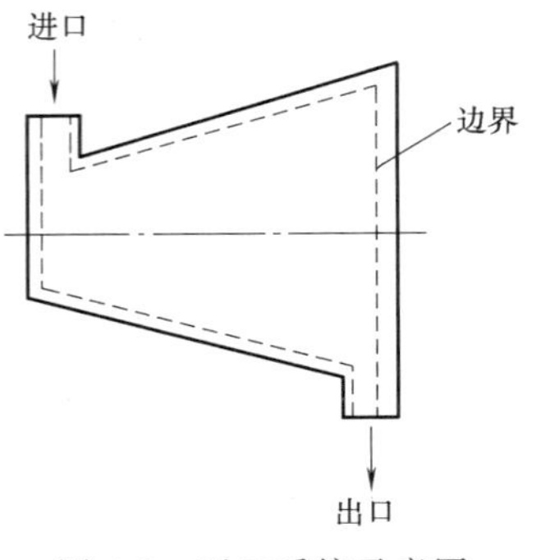

图 1-2　开口系统示意图

1.2　平衡状态与状态参数

1. 平衡状态

工质在膨胀或被压缩的过程中，其压力、温度、体积等物理量会随之发生变化，或者说工质本身的状况会发生变化。工质在某一瞬间所呈现的宏观物理状况称为工质的热力状态，简称状态。

用于描述工质所处状态的宏观物理量称为状态参数，如温度、压力和比体积等。状态参数具有点函数的性质，状态参数的变化只取决于给定的初始与最终状态，而与变化过程中所经历的一切中间状态或路径无关。

在不受外界影响（重力场除外）的条件下，工质（或系统）的状态参数不随时间而变化的状态称为平衡状态。当系统内部各部分的温度或压力不一致时，各部分间将发生热量的传递或相对位移，其状态将随时间而变化，这种状态称为非平衡状态。如果没有外界的影响，非平衡状态最后将过渡到平衡状态。

工质的平衡状态一旦确定，状态参数就具有确定的数值，与到达此状态的过程无关。如果工质处于非平衡状态，则其状态参数难以确定。

2. 基本状态参数

在工程热力学中，常用的状态参数有压力、温度、比体积、热力学能、焓、熵等，其中压力、温度、比体积可以直接测量，称为基本状态参数。

(1) 压力　单位面积上所受到的垂直作用力称为压力（即压强），用符号 p 表示，即

$$p=\frac{F}{A}$$

式中，F 为垂直作用于面积 A 上的力。

根据分子运动论，气体的压力是大量分子与容器壁面碰撞作用力的统计平均值。

在国际单位制中，压力的单位为 Pa（帕），$1\text{Pa}=1\text{N/m}^2$。工程上，因单位 Pa 太小，常采用 kPa（千帕）和 MPa（兆帕）作为压力的单位，它们之间的关系为

$$1\text{MPa}=10^3\text{kPa}=10^6\text{Pa}$$

其他单位制的压力单位有 bar、mmH_2O、mmHg、atm（标准大气压）和 at（工程大气压）等，并有 $1\text{bar}=10^5\text{Pa}$，$1\text{mmH}_2\text{O}=9.81\text{Pa}$，$1\text{mmHg}=133.3\text{Pa}$，$1\text{atm}=1.013\times10^5\text{Pa}$，

$1\text{at}=0.981\times10^5\text{Pa}$。

工程上常用测量微小压力的 U 形管压力表（图 1-3a、b）和弹簧管式压力表（图 1-3c）测量工质的压力。由于压力表本身总处在某种环境（通常是大气环境）中，因此由压力表测得的压力是被测工质的压力与当地环境压力之间的差值，并非工质的真实压力。

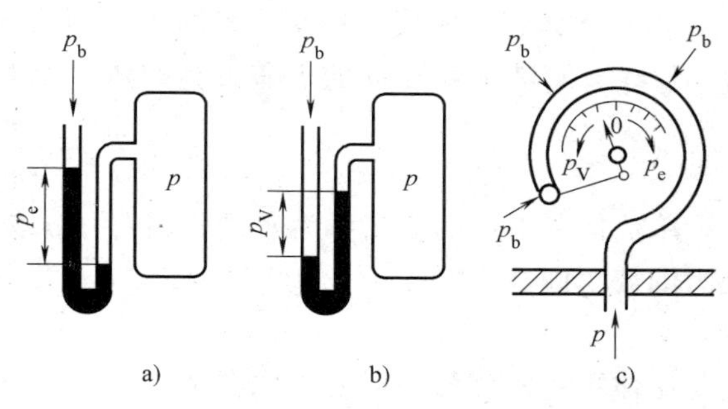

图 1-3　压力测量示意图

工质的真实压力称为绝对压力，用 p 表示。当绝对压力高于环境压力 p_b 时，压力表指示的数值称为表压力，用 p_e 表示，如图 1-3a 所示。显然

$$p=p_b+p_e \tag{1-1}$$

当工质的绝对压力低于环境压力时，如图 1-3b 所示，测压仪表指示的读数称为真空度，用 p_V 表示，此时

$$p=p_b-p_V \tag{1-2}$$

环境压力随测量时间、地点而不同，可用压力计测定。工程上，如被测工质的压力远高于环境压力，可将环境压力视为常数，一般近似地取为 0.1MPa。如被测工质的压力较低，则需按当时当地环境压力的具体数值计算。总之，即使绝对压力不变，由于环境压力变化，表压力和真空度也会变化。只有绝对压力才能表征工质所处的状态，才是状态参数。

（2）温度　温度是用来标志物体冷热程度的物理量。根据气体分子运动论，气体的温度是组成气体的大量分子平均移动动能的量度，温度越高，分子的热运动越剧烈。

当两个温度不同的物体相互接触时，它们之间将发生热量传递。如果不受其他物体影响，那么经过足够长的时间后，两者将达到相同的温度，即达到所谓热平衡状态。这一事实导致了热力学第零定律的建立。热力学第零定律表述为：如果两个物体中的每一个都分别与第三个物体处于热平衡，则这两个物体彼此也必处于热平衡。这第三个物体可用作温度计。温度概念的建立以及温度测量是以热力学第零定律为依据的，当温度计与被测物体达到热平衡时，温度计所指示的温度就等于被测物体的温度。

温度的数值表示法称为温标。国际单位制采用热力学温标作为基本温标，用这种温标确定的温度称为热力学温度，以符号 T 表示，单位为 K（开）。热力学温标取水的三相点（纯水的固、液、汽三相平衡共存的状态点）为基准点，并定义其温度为 273.16K。因此，1K 等于水的三相点热力学温度的 1/273.16。

热力学温标是一种理论温标，可以用气体温度计复现，但气体温度计装置复杂，使用不便，所以国际上决定采用国际实用温标。现在采用的是 1990 年国际计量大会通过的国际温标（ITS-90）。

与热力学温标并用的还有热力学摄氏温标，简称摄氏温标。用这种温标确定的温度称为摄氏温度，用符号 t 表示，单位为℃，并定义为

$$t=T-273.15\text{K} \tag{1-3}$$

由此可知，摄氏温标与热力学温标仅起点不同。摄氏温度 0℃ 相当于热力学温度 273.15K。显然，水的三相点温度为 0.01℃。

（3）比体积、密度　单位质量的工质所占有的体积称为比体积，用符号 v 表示，单位为 m^3/kg。如果质量为 m 的工质占有的体积为 V，则工质的比体积为

$$v=\frac{V}{m} \tag{1-4}$$

单位体积工质的质量称为密度，用符号 ρ 表示，单位为 kg/m^3。很明显，比体积与密度互为倒数，即

$$\rho v=1 \tag{1-5}$$

比体积和密度都是说明工质在某一状态下分子疏密程度的物理量，其中任一个都可以作为工质的状态参数，二者互不独立，通常以比体积作为状态参数。

1.3 状态方程与状态参数坐标图

热力系统的平衡状态可以用状态参数来描述。系统有多个状态参数，它们各自从不同的角度描写系统某一宏观特性，并且互有联系。状态公理指出，对于和外界只有热量和体积变化功（膨胀功或压缩功）的简单可压缩系统，只需两个独立的参数便可确定它的平衡状态。例如：在工质的基本状态参数 p、v、T 中，只要其中任意两个确定，另一个也随之确定，如

$$p=f(v,T)$$

表示成隐函数形式为

$$F(p,v,T)=0 \tag{1-6}$$

这种表示状态参数之间关系的方程式称为状态方程式。

由于两个独立的状态参数就可以确定简单可压缩系统的状态，所以，在以两个独立状态参数为坐标的平面坐标图上，每一点都代表系统的一个平衡状态。如图 1-4 中 1、2 两点分别代表由独立状态参数 p_1、v_1 和 p_2、v_2 所确定的两个平衡状态。显然，非平衡状态无法在图中表示，因其没有确定的状态参数。

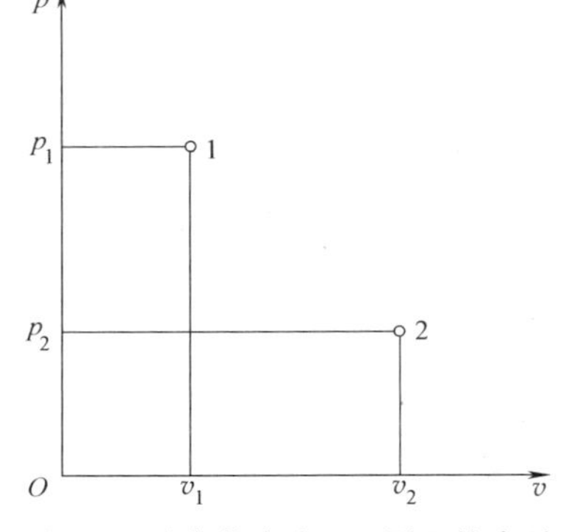

图 1-4　平衡状态在 p-v 图上的表示

1.4 准平衡过程与可逆过程

1. 准平衡过程

系统由一个状态到达另一个状态的变化过程称为热力过程，简称过程。状态改变意味着系统原平衡状态被破坏。实际热工设备中进行的过程，都是由于系统内部各处温度、压力或密度的不平衡而引起的，所以过程所经历的中间状态是不平衡的。

如果在热力过程中系统所经历的每一个状态都无限地接近平衡状态，这种过程称为准平衡过程，又称为准静态过程，在状态参数坐标图上可以用连续的实线表示。而非平衡过程由于它所经历的不平衡状态没有确定的状态参数，因而不能表示在状态参数坐标图上。

既要使系统的状态发生变化，又要随时无限接近于平衡状态，只有使过程进行得无限缓慢才有可能实现。实际过程都是以有限的速度、在有限时间内进行的，都是不平衡过程。理

论上，在没有外界的作用下，一个系统从非平衡状态达到完全平衡状态需要很长时间，但是从非平衡状态趋近平衡状态所需时间往往不是很长，这段时间叫作弛豫时间。实际上，在系统内的不平衡势（如压力差、温度差等）不是很大的情况下，弛豫时间非常短，可以将实际过程近似地看作准平衡过程。例如：在活塞式热力机械中，活塞运动的速度一般在 10m/s 以内，但气体的内部压力波的传播速度等于声速，通常每秒数百米，相对而言，活塞运动的速度很慢，这类情况就可按准平衡过程处理。

2. 可逆过程

如果系统完成了某一过程之后，再沿着原路径逆行而回到原来的状态，外界也随之回复到原来的状态而不留下任何变化，则这一过程称为可逆过程。否则就是不可逆过程。

例如，在图 1-5 所示的装置中，取气缸中的工质作为系统。开始时系统处于平衡状态 1，随着系统从热源吸热，体积膨胀并对活塞做功，使飞轮转动，系统由初态 1 经历了一系列准平衡状态变化到终态 2。如果此装置是一理想的机器，不存在摩擦损失，那么工质的膨胀功将以动能的形式全部储存于飞轮中。如果利用飞轮的动能推动活塞缓慢逆行，则系统将被压缩，由状态 2 沿着原路径逆向回到初态 1，压缩过程所需要的功正好等于膨胀过程所做的功。与此同时，系统向热源放热，放热量与膨胀时的吸热量相等。于是，当系统回到原来的状态 1 时，整个装置和热源也都回到了原来的状态，或者说系统和外界全部恢复到原来的状态，未留下任何变化，这样的过程就是可逆过程。

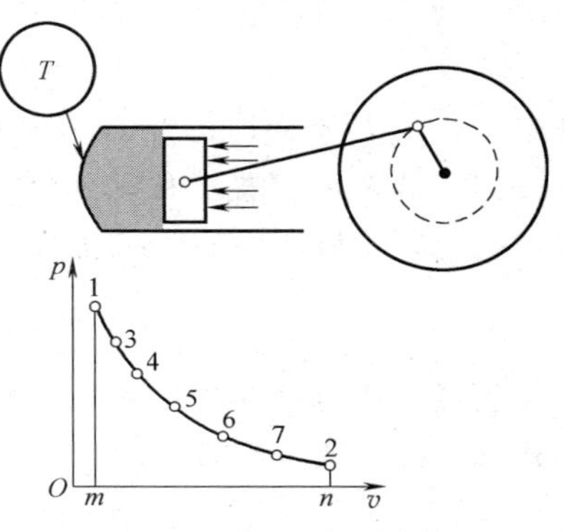

图 1-5　可逆过程示意图

不难想象，有摩擦（机械摩擦、工质内部的黏性摩擦等）的过程，都是不可逆过程。因为在正向过程中，有一部分膨胀功由于摩擦变成了热，而在逆向过程中还要再消耗一部分功用于克服摩擦而变成热，所以要使系统回到初态，外界必须提供更多的功。这样，工质虽然回到了初态，但外界却发生了变化。

温差传热、混合、扩散、渗透、溶解、燃烧、电加热等实际过程都是不可逆过程。对于一个均匀的无化学反应的系统来说，实现可逆过程最重要的条件是不仅系统的内部而且系统与外界之间都处于热和力的平衡，过程中不存在摩擦、黏性扰动、温差传热等消耗功或潜在做功能力损失的耗散效应。所以说，可逆过程就是无耗散效应的准平衡过程。

可逆过程是一个理想过程，是一切热力设备工作过程力求接近的目标。将复杂的实际过程近似简化为理想的可逆过程加以研究，对热力学分析及指导工程实践具有十分重要的理论意义。

1.5　功量与热量

1. 功量与示功图

在力学中，功（或功量）定义为力和沿力作用方向位移的乘积。例如：若物体在力 F 作用下沿力的方向 x 产生了微小的位移 $\mathrm{d}x$，则该力所做的功量为

$$\delta W = F\mathrm{d}x$$

如果在力 F 作用下物体沿力的方向从 x_1 位移到 x_2，则力 F 所做的功为

$$W=\int_{x_1}^{x_2}F\mathrm{d}x$$

热能转换为机械能的过程是通过工质的体积膨胀实现的。工质在体积膨胀时所做的功称为膨胀功。

如图 1-6 所示，假定气缸中盛有质量为 m 的工质，其压力为 p，活塞面积为 A，则工质作用于活塞上的力为 pA。假设活塞在工质压力的作用下向前移动了一个微小距离 $\mathrm{d}x$，由于工质的体积膨胀非常小，其压力几乎不变，如果这一微元过程是准平衡过程，则工质对活塞所做的功为

$$\delta W=pA\mathrm{d}x=p\mathrm{d}V \tag{1-7}$$

式中，$\mathrm{d}V$ 为活塞移动距离 $\mathrm{d}x$ 时气缸中工质体积的增量。

如果活塞从位置 1 移动到位置 2，并且过程是准平衡过程，则工质所做的膨胀功为

$$W=\int_1^2 p\mathrm{d}V \tag{1-8}$$

单位质量工质所做的膨胀功称为比膨胀功，用 w 表示。由式（1-7）、式（1-8）可得

$$\delta w=p\mathrm{d}v \tag{1-9}$$

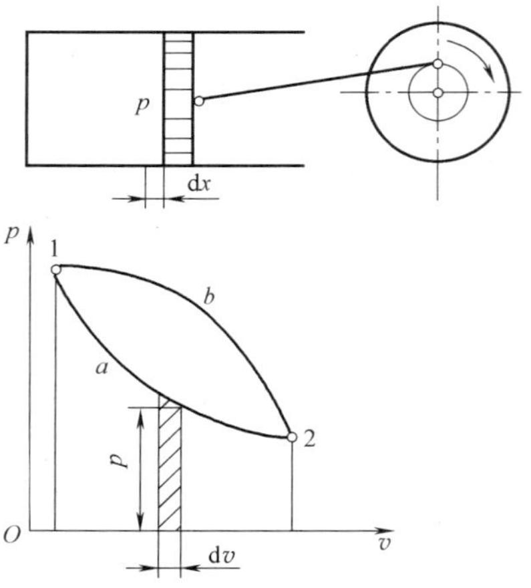

$$w=\int_1^2 p\mathrm{d}v \tag{1-10}$$

图 1-6　示功图

由于可逆过程就是无耗散效应的准平衡过程，所以式（1-7）~式（1-10）也是可逆过程膨胀功的计算公式。在具体计算时，除了工质的初、终态以外，还必须知道工质在状态变化过程中压力和比体积的变化规律，即 $p=f(v)$ 的函数关系。

一个可逆过程可以用以压力 p 为纵坐标、比体积 v 为横坐标的 p-v 图上的一条曲线来表示，如图 1-6 中的 1a2 所示。根据微积分原理，比膨胀功的数值可以用曲线下面的面积来表示，因此 p-v 图也称为示功图。

如图 1-6 所示，过程 1a2 与 1b2 的膨胀功不同，可见膨胀功的大小不仅取决于工质的初、终状态，而且和过程的性质有关，所以功量是过程量而不是状态量。为了以示区别，微小功量用 δw 代表，而不用 $\mathrm{d}w$。

当工质被压缩时，以上各式同样适用，只不过 $\mathrm{d}v$ 为负值，计算出的功也是负值，表示外界压缩工质做功。

工程热力学中规定：系统对外界做功的值为正，外界对系统做功的值为负。

在国际单位制中，功的单位为 J（焦）或 kJ，比功的单位为 J/kg 或 kJ/kg。

2. 热量、熵与示热图

热力系统与外界之间依靠温差传递的能量称为热量，用 Q 表示，单位与功的单位相同，为 J 或 kJ。单位质量工质所传递的热量，用 q 表示，单位为 J/kg 或 kJ/kg。

热量和功量一样，都是热力系统在与外界相互作用的过程中所传递的能量，因此，不能说“系统在某状态下具有多少热量”或“系统在某状态下具有多少功量”。热量与功量都是过程量而不是状态量，因此微元过程中传递的热量分别用 δQ 和 δq 表示，而不用 $\mathrm{d}Q$ 和 $\mathrm{d}q$。

工程热力学中规定：系统吸收热量的值为正，系统放出热量的值为负。

在可逆过程中，系统与外界交换的热量的计算公式与功的计算公式具有相同的形式。对照式（1-9），对于微元可逆过程，单位质量工质与外界交换的热量可以表示为

$$\delta q = T\mathrm{d}s \tag{1-11}$$

式中，s 为比熵｛[J/(kg·K)] 或 [kJ/(kg·K)]｝常简称为熵。

比熵的定义式为

$$\mathrm{d}s = \frac{\delta q}{T} \tag{1-12}$$

即在微元可逆过程中，工质比熵的增加等于单位质量工质所吸收的热量除以工质的热力学温度所得的商。比熵 s 同比体积 v 一样是工质的状态参数。

对于质量为 m 的工质

$$\delta Q = T\mathrm{d}S \tag{1-13}$$

$$\mathrm{d}S = \frac{\delta Q}{T} \tag{1-14}$$

式中，S 为质量为 m 的工质的熵（J/K）。

这里仅作为基本概念给出了熵的定义，有关熵的物理意义将在第 2 章进一步深入讨论。

对于从状态 1 到状态 2 的可逆过程，工质与外界交换的热量可用下式计算：

$$q = \int_1^2 T\mathrm{d}s \tag{1-15}$$

或

$$Q = \int_1^2 T\mathrm{d}S \tag{1-16}$$

可见，式（1-15）、式（1-16）与可逆过程膨胀功的计算式（1-8）、式（1-10）的形式完全相同。

根据熵的变化，可以很容易地判断一个可逆过程中系统与外界之间热量交换的方向：若 $\mathrm{d}s>0$，则 $\delta q>0$，系统吸热；若 $\mathrm{d}s<0$，则 $\mathrm{d}q<0$，系统放热；若 $\mathrm{d}s=0$，则 $\mathrm{d}q=0$，系统绝热，因此可逆绝热过程又称为定熵过程。

与 p-v 图类似，在以热力学温度为纵坐标、以比熵为横坐标的 T-s 图（温熵图）上，可以用一点代表一个平衡状态，用一条曲线代表一个可逆过程，如图 1-7 所示。

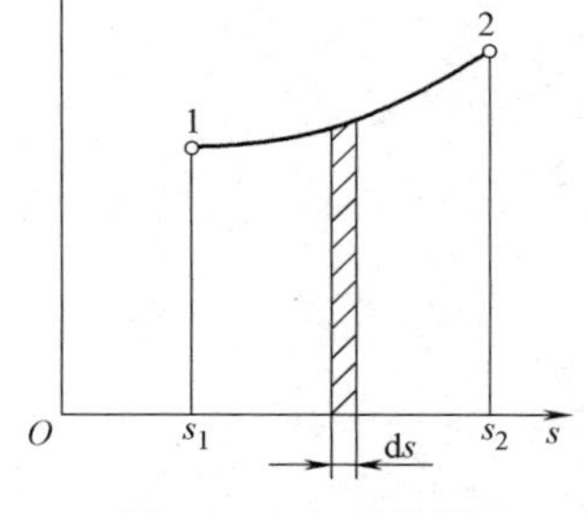

图 1-7　T-s 示热图

由式（1-15）可知，在从状态 1 到状态 2 的可逆过程中，单位质量工质与外界所交换的热量可以用温熵图中过程曲线 12 下的面积 $12s_2s_11$ 来表示，所以温熵图也称为示热图。由于 $s_2>s_1$，1-2 过程是一个吸热过程。示热图与示功图一样，是对热力过程进行分析的重要工具。

1.6　热力循环

1. 热力循环的概念

为了实现热机连续不断地做功，工质在经历了一系列状态变化后，必须能回到原来状态，这样一系列过程的综合称为热力循环，简称循环。由此工质进行热力循环必须有两个热源，即高温热源和低温热源。

2. 循环的性能系数

将热能转换为机械能的循环为正循环，在 p-v、T-s 图上为顺时针方向，经济性指标用循环热效率 η 表示，即

$$\eta=\frac{w_0}{q_1}=\frac{q_1-q_2}{q_1}=1-\frac{q_2}{q_1}=\frac{\text{收益}}{\text{代价}} \tag{1-17}$$

式中，q_1 为工质从热源吸取的热量；q_2 为工质向冷源放出的热量；w_0 为循环所做的净功。

将机械能转换为热能的循环为逆向循环，在 p-v、T-s 图上为逆时针方向，经济性指标用制冷系数或供热系数表示。

制冷系数为

$$\varepsilon_1=\frac{q_2}{w_0}=\frac{q_2}{q_1-q_2} \tag{1-18}$$

式中，q_1 为工质向热源放出的热量；q_2 为工质从冷源吸取的热量；w_0 为循环所做的净功。

供热系数为

$$\varepsilon_2=\frac{q_1}{w_0}=\frac{q_1}{q_1-q_2} \tag{1-19}$$

式中，q_1 为工质向热源放出的热量；q_2 为工质从冷源吸取的热量；w_0 为循环所做的净功。

研究工程热力学的主要目的就是提高循环的热效率。

第2章　热力学第一定律和热力学第二定律

学习目标

在理解内能和膨胀功的基础上理解热力学第一定律；理解稳定流动能量方程式及焓的物理意义；理解热力学第二定律的实质和表述，明确热力学第二定律在判断热力过程方向上的重要作用；掌握卡诺循环、逆卡诺循环、卡诺定律及对工程实际的指导意义；了解熵的基本概念和孤立系统熵增原理。

自然界所发生的一切伴随着能量变化的过程都必须遵循能量守恒原理，热力学第一定律是能量守恒与转换定律在热现象中的应用。一切过程中能量守恒并不意味着不违反能量守恒原理的所有过程都能进行。事实上，自然界自发进行的过程具有方向性，热力学第二定律就是指明过程方向性的自然规律。热力学第一定律和热力学第二定律是工程热力学的主要理论基础。

2.1　热力学第一定律及其表达式

热力学第一定律的本质是能量守恒。本节讨论热力学第一定律的表述和一般表达式及闭口系统能量方程式。

2.1.1　热力学第一定律的表述和一般表达式

能量守恒与转换定律是自然界的基本规律之一，它指出：自然界中一切物质都具有能量，能量既不可能被创造，也不可能被消灭，但可以从一种形态转变为另一种形态；在能量转化的过程中，能的总量保持不变。热力学第一定律指出了热能也是一种能量，可与其他形态的能，诸如机械能、化学能等相互转化并在转化过程中保持总量守恒。工程热力学主要讨论热能和机械能之间的相互转化，因此热力学第一定律可表述为："热可变为功，功也可以转化为热；一定量的热消失时，必产生一定量的功；消耗一定量的功时，必出现与之对应的一定量的热。"

在实际热力设备中实施的能量转换过程常常是很复杂的，工质要在热力装置中循环不断地流经各个相互衔接的热力设备，完成不同的热力过程，实现能量转换。根据能量守恒与转换定律，一定形式的能可以部分或全部转换为其他形式的能，在转换的过程中能的总量保持不变。把热力学第一定律应用于系统的能量变化时可写成

进入系统的能量-离开系统的能量=系统中储存能量的增量

工质在设备内流动，其热力状态参数及流速在不同的截面上是不同的，即使在同一截面上，各点的参数也不一定相同。但在工程上为简便起见，常近似地认为同一截面上各点的温度 T 及压力 p 相同，其他热力参数都是 p、T 的函数，故也可近似认为相同，并常取截面上各点流速的平均值为该截面的流速，即认为同一截面上各点有相同的流速。

实际热力设备可抽象简化为图 2-1 所示的开口系统。

在 $d\tau$ 时间内质量为 δm_1（体积为 dV_1）的微元工质流入进口截面 1-1，质量为 δm_2（体积为 dV_2）的微元工质流出出口截面 2-2，同时系统从外界接受热量 δQ，对机器设备做功 δW_i（W_i 表示工质在机器内部对机器所做的功，称为内部功，以别于机器轴上向外传出的轴功 W_s，两者的差额是机器各部分摩擦引起的损失，忽略摩擦损失时两者相等）。系统内工质质量增加了 dm，系统的总能量增加了 dE_{cv}。考察该微元过程中的能量平衡，注意到 $E=U+E_k+E_p$，$H=U+pV$，可得

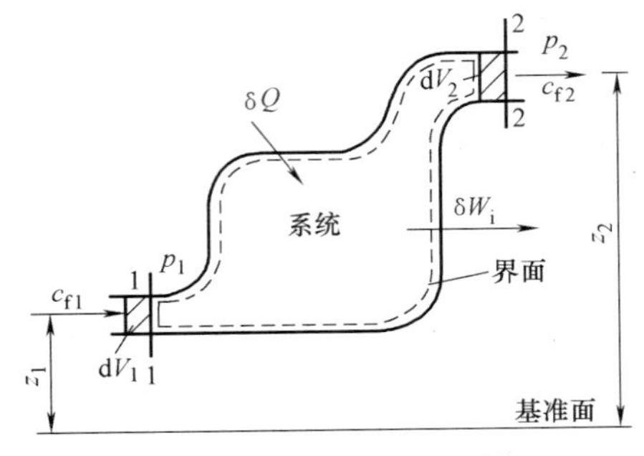

图 2-1 开口系统能量平衡

$$\delta Q = dE_{cv} + \delta m_2\left(h_2 + \frac{c_{f2}^2}{2} + gz_2\right) - \delta m_1\left(h_1 + \frac{c_{f1}^2}{2} + gz_1\right) + \delta W_i \tag{2-1}$$

式（2-1）两边均除以 $d\tau$，则

$$\Phi = \frac{dE_{cv}}{d\tau} + \left(h_2 + \frac{c_{f2}^2}{2} + gz_2\right)q_{m,2} - \left(h_1 + \frac{c_{f1}^2}{2} + gz_1\right)q_{m,1} + P_i \tag{2-2}$$

式中，Φ 为单位时间内的换热量，即热流量；P_i 为内部功率；$q_{m,1}$、$q_{m,2}$ 分别表示流进、流出系统的质量流量。

式（2-1）和式（2-2）为开口系统的能量方程。

2.1.2 闭口系统的能量方程

对于与外界无物质交换的闭口系统，进入系统和离开系统的能量只考虑热量和体积变化功，并忽略动能和位能的变化，则对于 1kg 工质，式（2-1）可简化为

$$q = \Delta u + w \tag{2-3}$$

式中，q 为工质与外界交换的热量；Δu 为工质的热力学能增量，$\Delta u = u_2 - u_1$；w 为工质与外界交换的功。

式（2-3）称为热力学第一定律的解析式，或称基本能量方程式，是热转变为功的基本表达式，指出系统与外界的换热量一部分转变为工质的热力学能，其余的转变为功。因为它直接来自于能量守恒原理，所以适用于一切工质、任何热力过程。

对于微小的变化过程，热力学第一定律解析式可写成

$$\delta q = du + \delta w \tag{2-4}$$

对简单可压缩系统可逆过程，则有

$$\delta q = du + p dv \tag{2-5}$$

若气体质量为 m，则式（2-3）~式（2-5）相应改写为

$$Q = \Delta U + W \tag{2-6}$$

$$\delta Q = dU + \delta W \tag{2-7}$$

$$\delta Q = dU + p dV \tag{2-8}$$

将式（2-5）应用于循环，得

$$\oint \delta q = \oint du + \oint \delta w$$

由于热力学能是状态参数，工质经循环后 $\oint du=0$，所以

$$\oint \delta q=\oint \delta w \tag{2-9}$$

式中，$\oint \delta q$ 是循环中工质从高温热源吸热和向低温热源放热的代数和，称为循环的净热量，用 q_{net} 表示。若用 q_1 表示工质从各高温热源吸热的总量，用 q_2 表示工质向各低温热源放热的总量，则 $\oint \delta q=q_{net}=q_1-q_2$。$\oint \delta w$ 是循环中工质与外界交换功的代数和，称为循环净功，用 w_{net} 表示，$\oint \delta w=w_{net}$。则式（2-9）也可写成

$$q_{net}=w_{net} \tag{2-10}$$

式（2-10）表明循环的净功等于净热量。

把式（2-6）应用于孤立系统，因为孤立系统与外界没有任何能量和质量的交换，当然也不存在换热和做功，所以 $\Delta U_{iso}=0$。若考虑系统本身的宏观运动的能量，则

$$\Delta E_{iso}=0 \tag{2-11}$$

即，孤立系统内不论经历什么过程，其总能量不变。

例 2-1　刚性绝热的气缸由透热、与缸体无摩擦的活塞分成 A、B 两部分，初始时活塞被销钉卡住，A、B 两部分的容积各为 $1m^3$，分别存储有 200kPa、300K 和 1MPa、1000K 的空气。拔去销钉，活塞自由移动，最终达到新平衡状态。若空气的热力学能 $u=c_V T$，且空气的比定容热容 c_V 可取定值，计算终态时的压力和温度。

解　取全部气体为系统。A、B 中气体的质量

$$m_A=\frac{p_{A1}V_{A1}}{R_g T_{A1}}=\frac{200\times10^3 Pa\times1m^3}{287J/(kg\cdot K)\times300K}=2.323kg$$

$$m_B=\frac{p_{B1}V_{B1}}{R_g T_{B1}}=\frac{1\times10^6 Pa\times1m^3}{287J/(kg\cdot K)\times1000K}=3.484kg$$

$$m=m_A+m_B=2.323kg+3.484kg=5.807kg$$

能量方程

$$\Delta U=(m_A+m_B)u_2-(m_A u_{A1}+m_B u_{B1})=c_V[mT_2-(m_{A1}T_{A1}+m_{B1}T_{B1})]=0$$

$$T_2=\frac{m_{A1}T_{A1}+m_{B1}T_{B1}}{m}=\frac{2.323kg\times300K+3.484kg\times1000K}{5.807kg}=720.0K$$

$$p_2=\frac{mR_g T_2}{V_2}=\frac{5.807kg\times\dfrac{0.287kJ}{(kg\cdot K)}\times720.0K}{2m^3}=600.0kPa$$

2.2　稳定流动能量方程式及应用

流动过程中，开口系统内部及其边界上各点工质的热力学参数及运动参数都不随时间而变，则这种流动过程称为稳定流动过程。热力设备在不变的工况下工作时，工质的流动可视为稳定流动过程；在起动、加速等变工况下工作时，工质的流动属于不稳定流动过程。一般

设计热力设备时均按稳定流动过程计算。本节讨论开口系统稳定流动能量方程式及其应用。

2.2.1 稳定流动能量方程式

如图 2-1 所示，稳定流动时，热力系统任何截面上工质的一切参数都不随时间而变，因此开口系统内任何广延性参数，如总能、质量、熵等保持不变，故流体流进和流出质量相等，即 $\delta m_1=\delta m_2=\delta m$、$\mathrm{d}E_{cv}=0$。用轴功 W_s 取代内部功 W_i，代入开口系统能量方程（2-1），得

$$Q=\Delta H+\frac{1}{2}m\Delta c_f^2+mg\Delta z+W_s \tag{2-12}$$

写成微量形式

$$\delta Q=\mathrm{d}H+\frac{1}{2}m\mathrm{d}c_f^2+mg\mathrm{d}z+\delta W_s \tag{2-13}$$

或

$$q=\Delta h+\frac{1}{2}\Delta c_f^2+g\Delta z+w_s \tag{2-14}$$

$$\delta q=\mathrm{d}h+\frac{1}{2}\mathrm{d}c_f^2+g\mathrm{d}z+\delta w_s \tag{2-15}$$

式（2-12）~式（2-15）为不同形式的稳定流动能量方程式。它们是根据能量守恒与转换定律导出的，除流动必须稳定外无任何附加条件，故而不论系统内部如何改变，有无扰动或摩擦，均能应用，是工程上常用的基本公式之一。

考虑到 $\Delta h=\Delta u+\Delta(pv)$，式（2-14）可改写为

$$q-\Delta u=\frac{1}{2}\Delta c_f^2+g\Delta z+w_s+\Delta(pv) \tag{2-16}$$

上式等号左边是工质在过程中热能转化而得的功，等号右边 $\frac{1}{2}\Delta c_f^2$ 和 $g\Delta z$ 是工质机械能变化，第三项 w_s 是工质通过机器做的功，第四项 $\Delta(pv)$ 是维持工质流动所需的流动功，它们均源自于工质在状态变化过程中通过膨胀而实施的热能转变成的机械功（$q-\Delta u$）。机械能可全部转变为功，故 $\frac{1}{2}\Delta c_f^2$、$g\Delta z$ 及 w_s 之和是技术上可资利用的功，称之为技术功，用 w_t 表示，即

$$w_t=w_s+\frac{1}{2}(c_{f2}^2-c_{f1}^2)+g(z_2-z_1) \tag{2-17}$$

考虑到 $q-\Delta u=w$，并根据技术功的概念，式（2-16）可改写为

$$w_t=w-\Delta(pv)=w-(p_2v_2-p_1v_1) \tag{2-18}$$

对可逆过程

$$w_t=\int_1^2 p\mathrm{d}v+p_1v_1-p_2v_2=\int_1^2 p\mathrm{d}v-\int_1^2\mathrm{d}(pv)=-\int_1^2 v\mathrm{d}p \tag{2-19}$$

因此，技术功可用 p-v 图上过程线与 p 轴包围的面积 5-1-2-6-5 表示，如图 2-2 所示。

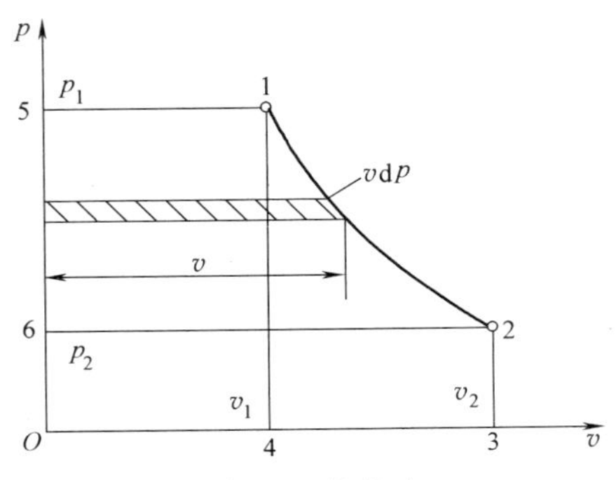

图 2-2 技术功

微元过程中，则

$$\delta w_t = -v\mathrm{d}p \tag{2-20}$$

由式（2-20）可见，若 dp 为负，即过程中工质压力降低，则技术功为正，此时工质对机器做功；反之机器对工质做功。蒸汽轮机、燃气轮机属于前一种情况，活塞式压气机和叶轮式压气机属于后一种情况。

引进技术功概念后，稳定流动能量方程式（2-14）、式（2-12）可写为

$$q = h_2 - h_1 + w_t = \Delta h + w_t \tag{2-21}$$

$$Q = \Delta H + W_t \tag{2-22}$$

对于微元过程，有

$$\delta q = \mathrm{d}h + \delta w_t \tag{2-23}$$

$$\delta Q = \mathrm{d}H + \delta W_t \tag{2-24}$$

若过程可逆，则

$$q = \Delta h - \int_1^2 v\mathrm{d}p, \quad \delta q = \mathrm{d}h - v\mathrm{d}p \tag{2-25}$$

$$Q = \Delta H - \int_1^2 V\mathrm{d}p, \quad \delta Q = \mathrm{d}H - V\mathrm{d}p \tag{2-26}$$

必须指出，热力学第一定律的各种能量方程式在形式上虽有不同，但由热变功的实质都是一致的，只是不同场合应用不同而已。

2.2.2　稳定流动能量方程式的应用

稳定流动能量方程式反映了工质在稳定流动过程中能量转换的一般规律。由于正常运行的热工设备中工质常可认为是稳定流动的，所以这个方程在工程上应用很广。对具体的热力设备进行计算时，可将某些次要因素略去不计，使能量方程式进一步简化。现以几种典型的热力设备和过程为例，说明稳定流动能量方程式的具体应用。

1. 锅炉、热交换器及其他加热（或冷却）设备

在锅炉、换热器等设备中，工质与外界有热量交换而无功交换，动位能可忽略。若工质的流动是稳定的，根据式（2-14），过程的热量为

$$q = (h_2 - h_1) + \frac{1}{2}(c_{f2}^2 - c_{f1}^2) + g(z_2 - z_1) + w_s$$

工质在流过热交换器时，与外界没有轴功的交换，故 $w_s = 0$。进、出口动能差和位能差也可忽略，即$\frac{1}{2}(c_{f2}^2 - c_{f1}^2) = 0$、$g(z_2 - z_1) = 0$，因此可简化为

$$q = h_2 - h_1$$

即工质在热交换器中交换的热量等于工质的焓差。h 为比焓，常简称为焓，单位为 kJ/kg。

2. 汽轮机及燃气轮机

由于工质（水蒸气或燃气）流过汽轮机及燃气轮机等（图 2-3）这类动力机械的时间很短，工质与外界的换热很少可以忽略，同时若进、出口的动能和位能的变化也可以忽略，则式（2-14）可简化为

$$w_s = h_1 - h_2$$

由此得出，在汽轮机和燃气轮机中，工质所做的轴功等于工质的焓降。

3. 泵和风机

流体流经泵和风机（图 2-4）时，外界对工质做功，使流体压力增加，因此工质做的是负功；由于工质流经设备的时间很短，散热很少，并且一般外界也不对流体加热，所以过程近似为绝热过程；通常，进、出口的动能差和位能差都很小，可以忽略。因此，根据式（2-14）可得

$$-w_s = h_2 - h_1$$

故流体在泵和风机内被绝热压缩时，外界所消耗的轴功等于工质焓的增加。

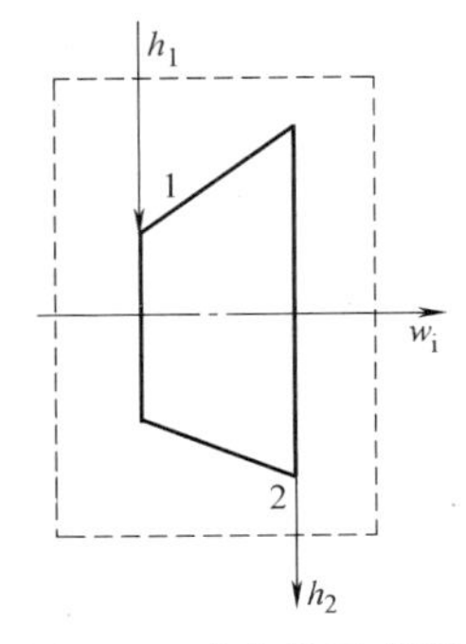

图 2-3　动力机示意图

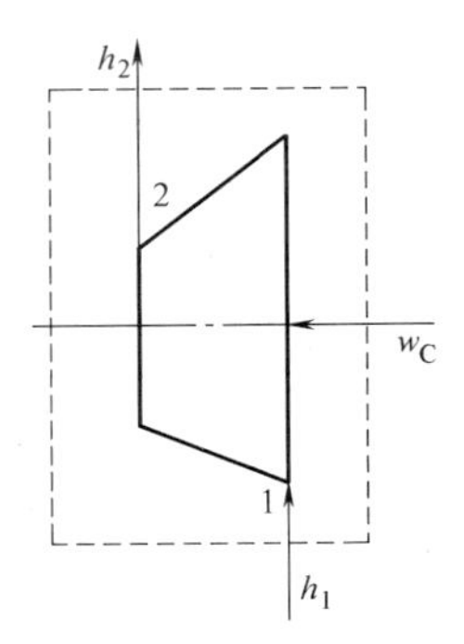

图 2-4　风机示意图

4. 流体管内绝热流动

工程上常需处理管内流体流动问题，如计算向高楼供水水泵消耗的功率。通常流动处于稳定状态，取管道为开口系统，流体（如水）在流道内绝热流动，$q=0$，据式（2-14）有

$$\Delta h + \frac{1}{2}\Delta c_f^2 + g\Delta z + w_s = 0$$

由式（2-25），$\Delta h = \int_{p_1}^{p_2} v\mathrm{d}p$，所以

$$\int_{p_1}^{p_2} v\mathrm{d}p + \frac{1}{2}\Delta c_f^2 + g\Delta z + w_s = 0$$

若流体不可压缩，则 $\int_{p_1}^{p_2} v\mathrm{d}p = v(p_2 - p_1) = \frac{1}{\rho}(p_2 - p_1)$，代入上式并整理得

$$\frac{p_1}{\rho} + \frac{c_{f,1}^2}{2} + gz_1 - w_s = \frac{p_2}{\rho} + \frac{c_{f,2}^2}{2} + gz_2$$

上式表明，在管道进口截面 1-1 处流体的总能量加上输入的轴功等于出口截面 2-2 处的总能量。若输入外功 $w_s=0$，则上式转化为理想流体管内流动的能量方程——伯努利方程

$$\frac{p_1}{\rho} + \frac{c_{f,1}^2}{2} + gz_1 = \frac{p_2}{\rho} + \frac{c_{f,2}^2}{2} + gz_2 \tag{2-27}$$

如果液体静止，$c_{f,1} = c_{f,2} = 0$，则式（2-27）简化为流体静力学方程

$$\frac{p_1}{\rho} + gz_1 = \frac{p_2}{\rho} + gz_2 \tag{2-28}$$

5. 绝热滞止

热力工程中，还常要处理大量的可近似为不做功的绝热的气体和蒸汽的流动过程。气

（流）体在绝热流动过程中，因受到某种物体的阻碍，而流速降低为零的过程称为绝热滞止。如燃气轮机中燃气冲刷叶轮上的叶片时，燃气在叶片前缘经历的过程和消防水龙射出的水流冲到墙上的过程都可近似为绝热滞止过程。据稳定流动能量方程（2-14），在可以忽略位能差的不做功的绝热过程中，流道的任一截面上气体的焓和气体流动动能的和恒为常数。当气体绝热滞止时，速度为零，故滞止时气体的焓称为滞止总焓（简称滞止焓），用 h_0 表示

$$h_0=h_1+\frac{c_{f1}^2}{2}=h_x+\frac{c_{fx}^2}{2} \tag{2-29}$$

式中，h_x 为任意截面上气流的焓；c_{fx} 为同一截面的气流动能。

气流滞止时的温度和压力分别称为滞止温度和滞止压力，用 T_0 和 p_0 表示。

例 2-2　已知进入汽轮机水蒸气的焓 $h_1=3232\text{kJ/kg}$，流速 $c_{f1}=50\text{m/s}$，流出汽轮机时蒸汽的焓 $h_2=2302\text{kJ/kg}$，流速 $c_{f2}=120\text{m/s}$，散热损失和位能差可略去不计。求 1kg 蒸汽流经汽轮机时对外界所做的功。若蒸汽流量为 10t/h，求汽轮机的功率。

解　由式（2-14）

$$q=(h_2-h_1)+\frac{1}{2}(c_{f2}^2-c_{f1}^2)+g(z_2-z_1)+w_s$$

据题意，$q=0$，$g(z_2-z_1)=0$，所以 1kg 蒸汽做功

$$\begin{aligned}w_s&=(h_1-h_2)-\frac{1}{2}(c_{f2}^2-c_{f1}^2)\\&=(3232-2302)\text{kJ/kg}-\frac{1\text{kg}\times[(120\text{m/s})^2-(50\text{m/s})^2]}{2\times1000}\\&=930\text{kJ/kg}-5.95\text{kJ/kg}\\&=924\text{kJ/kg}\end{aligned}$$

汽轮机的功率

$$P=mw_s=\frac{10\,000\text{kg/h}\times924\text{kJ/kg}}{3600\text{s/h}}=2567\text{kW}$$

本例中，动能差与焓差的比例是 5.95/930=0.64%，可见，当蒸汽进、出口速度改变达 70m/s 时，动能差所占的比例仍很小。由于气体的密度小，热工设备的高度也有限，所以气体的位能变化更小。因此，一般计算中忽略动能差和位能差不会引起很大的误差。

2.3　热力学第二定律

热力学第一定律揭示了热力过程中各种能量在数量上是守恒的，但没有说明满足能量守恒原则的一切过程是否都能实现。事实上，人们从长期的实践经验中发现，自然现象的进行总是有一定的方向。热力学第二定律是阐明与热现象有关的各种过程进行的方向、条件及进行的限度的定律。只有同时满足热力学第一定律和热力学第二定律的过程才能实现。

2.3.1　自发过程的方向性

自然界内可自发进行的过程称为自发过程，如热量从高温物体传向低温物体，机械能转换成热能，气体向低压区域扩散等。

放在桌上的一杯热水，由于热量不断地传向温度较低的环境大气等外界物质而慢慢地变

凉，直至与外界温度相同。这个过程是自发的，不需付出任何代价。那么其逆过程，即一杯凉水能否自发地、不需任何代价地从环境大气中吸收热量，重新变成热水呢？经验告诉人们，这是绝对不可能的，尽管只要大气放出的热量等于凉水吸收的热量，它就不违反热力学第一定律。当然，如果花费一定的代价，热量也是可以从低温物体传向高温物体的，如家用电冰箱就是消耗电力等使热量从低温冷库传向高温环境的，电转变成热是热量从低温物体传向高温物体的补偿过程。由于过程的逆向进行要耗电，即在外界留下影响，故自发的传热过程是不可逆的。

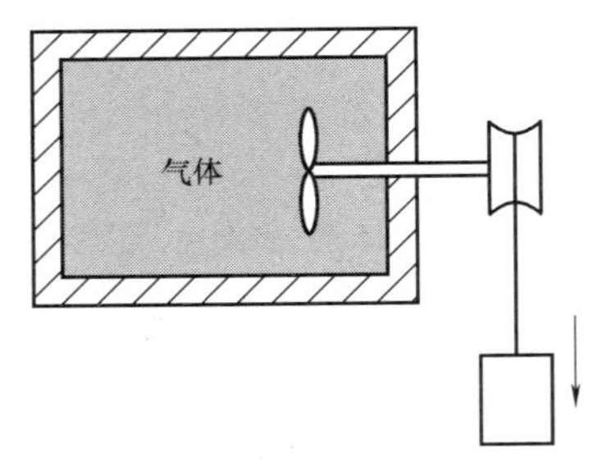

图 2-5　摩擦耗散

再来考察图 2-5 所示的刚性、绝热、密闭容器中盛有气体的系统。重物下降带动搅拌器转动，由于摩擦气体温度升高。这一过程可无条件地自发进行，而其逆过程，即气温下降，使搅拌器反向转动，带动重物上升到原位置，是不可能自然发生的。尽管只要气体放出的热量等于重物上升位能的增加，它就不违反热力学第一定律。但若在气体和环境之间设置热机，高温气体放出的热量中的一部分可转变为功带动重物上升一段距离，而另一部分热量不可逆地传向环境，是补偿条件，因此摩擦过程不可逆。

还可以列举许多这样的例子，如：电流通过电阻时的热效应、压缩气体向真空的自由膨胀、不同种类气体的混合等。所有这些例子说明了自发过程有方向性，自发过程不可逆。

自发过程具有方向性，它的逆过程必须伴随有补偿过程才能进行。这种过程的方向性可以从能量在传递和转换过程中能量品质的降低来说明。

可以把上面涉及的能量分为三种：第一种是机械能、电能，它们可以几乎 100% 地转换成任何其他形式的能量，称为无限可转换能；第二种是部分可转换能，如温度不同于环境温度的物质系统的热力学能，它们只能部分地转变为机械能，而且温度越接近环境温度，转换的份额越低；第三种是不可转换能，如环境介质的热力学能，它们不可能转换成机械能。热量从高温物体传向低温物体，虽然能量的数量没变，但可以转换成机械能的份额降低，所以能量的品质下降；而热量从低温物体传向高温物体，可以转换成机械能的份额增大，所以能量的品质上升。使能量品质降低的过程可自发进行，反之不可自发进行，必须有补偿过程才能进行。通过摩擦，机械能转变成热能，虽然数量没变，但是无限可转换能变成了部分可转换能，能量的品质下降，故可自发进行。其逆过程将使能量品质上升，必须另外花费代价，即有补偿过程才能进行，其他自发过程也有同样的特性。由上面的讨论可知，在热力过程中仅考虑能量的数量是不全面的，还应同时考虑能量的品质。

2.3.2　热力学第二定律的表述

热力学第二定律和热力学第一定律一样，是人类生产和生活实践的总结，虽说不能从更基本的公理推导得出，但是人类千百年的实践证明了它是自然界的基本定律之一。

1850 年，克劳修斯从热量传递的方向性角度，将热力学第二定律表述为：热量不可能自发地、不花任何代价地从低温物体传向高温物体。这里的关键在于“自发地、不花任何代价地”，热量从低温物体传向高温物体是非自发过程，它的实现必须花费一定的代价。

1851 年，开尔文从热功转换的角度提出了热力学第二定律的一种说法，此后不久普朗克也发表了类似的说法。热力学第二定律的开尔文-普朗克表述为：不可能制造从单一热源吸热，使之全部转化为功而不留下任何变化的热力发动机。这里的关键是“单一热源”“不留下任何变化”，循环热机必须有两个以上的热源，并且循环中工质必须至少向一个热源（冷源）放热。

自然界是多姿多彩的，人们观察自然界的角度不尽相同，所以对同一问题，总结的经验、表达的方式也会各种各样，热力学第二定律的表述就有许多，自克劳修斯、开尔文等人之后，不断有人从各种不同角度出发提出热力学第二定律的表述，这里不再一一陈述。这些表述反映的是同一自然规律，因此各种表述之间有内在的联系，具有等效性，违反了一种表述，必然导致违反另外的表述。所以尽管表面看起来，上述克劳修斯表述和开尔文-普朗克表述没有什么联系，但可证明违反了克劳修斯的说法，必导致违反开尔文-普朗克说法；同样，违反开尔文-普朗克说法必然导致违反克劳修斯的说法。有兴趣的读者可参阅较为详细的工程热力学教科书。

热力学第一定律否定了创造能量与消灭能量的可能性，宣告第一类永动机不可能制成。热力学第二定律则指明第二类永动机，即利用大气、海洋等作为单一热源，从中吸取热量，转变为功的热机是不可能制造成功的，因为它虽然不违反热力学第一定律，但违反了热力学第二定律。

2.3.3　卡诺循环

在建立热力学第一定律前后，蒸汽机已在生产实践中大量使用，人们迫切要求寻找大型、高效的热机。卡诺在深入考察蒸汽机工作的基础上提出了一种理想的热机工作循环——卡诺循环和卡诺定理。

卡诺循环由两个可逆等温过程和两个可逆绝热过程组成。正向卡诺循环的 p-v 图和 T-s 图如图 2-6 所示。a-b 是可逆定温吸热过程，工质自高温热源 T_1 吸收热量 q_1；b-c 是可逆绝热膨胀过程，工质温度从 T_1 下降到 T_2；c-d 是可逆定温放热过程，工质向同温度的低温热源 T_2 放热 q_2；d-a 是可逆绝热压缩过程，工质被压缩返回初态 a。

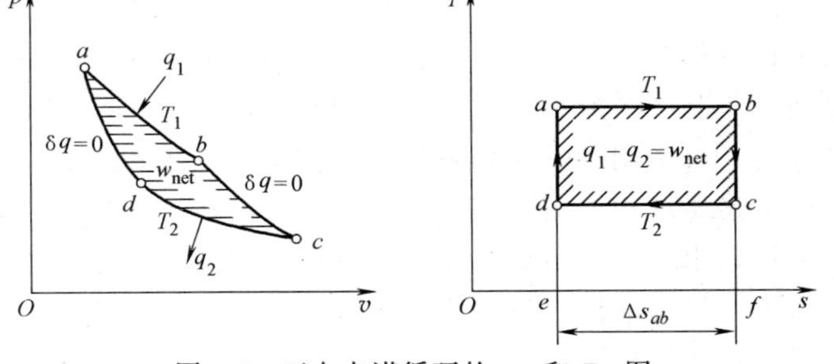

图 2-6　正向卡诺循环的 p-v 和 T-s 图

若以 η_c 表示卡诺热机循环的热效率，由循环的 T-s 图得卡诺循环的热效率

$$\eta_c = \frac{w_{net}}{q_1} = 1 - \frac{q_2}{q_1} = 1 - \frac{T_2 \Delta s_{ab}}{T_1 \Delta s_{ab}} = 1 - \frac{T_2}{T_1} \tag{2-30}$$

分析上式可得几条重要结论：

1）卡诺循环热效率取决于高温热源与低温热源的温度，提高高温热源温度和降低低温热源温度可以提高其热效率。

2）因高温热源温度趋向无穷大及低温热源温度等于零均不可能，所以循环热效率必小于 1，这意味着在循环发动机中不可能将热全部转变成功。

3）当高温热源温度等于低温热源温度时，循环的热效率等于零，即只有一个热源，从中吸热，并将之全部转变成功的热力发动机是不可能制成的。

卡诺循环也可以逆向运行。对于卡诺制冷循环，工质可逆定温地从温度为 T_c 冷库吸热，被可逆绝热压缩后，可逆定温地向温度为 T_0 环境介质放热，最后可逆绝热膨胀到冷库温度 T_c，进入冷库完成循环。其制冷系数

$$\varepsilon_c = \frac{T_c}{T_0 - T_c}$$

对于卡诺热泵循环，工质可逆定温地从低温热源 T_2（如环境介质）吸热，被可逆绝热压缩后，可逆定温地向高温热源 T_1（如建筑物室内）放热，然后可逆绝热膨胀，完成循环。其供暖系数或热泵工作性能系数为

$$\varepsilon = \frac{T_1}{T_1 - T_2}$$

2.3.4 卡诺定理

卡诺定理可叙述为："在两个不同温度的恒温热源之间工作的所有热机中，以可逆机的效率最高。"

由卡诺定理可以得出两个推论：

推论一：在两个不同温度的恒温热源间工作的一切可逆热机，具有相同的热效率，且与工质性质无关。

推论二：在两个不同温度的恒温热源间工作的任何不可逆热机，其热效率总小于在这两个热源间工作的可逆热机的热效率。

由卡诺循环和卡诺定理可知，在两个不同温度的恒温热源间工作的一切可逆热机，热效率相同，都等于 $1-T_2/T_1$，与工质性质无关，且大于在同温度的恒温热源间工作的一切不可逆热机的热效率。同样可得，在两个不同温度的恒温热源间工作的一切卡诺制冷循环和热泵循环，其制冷系数和供暖系数也相同，且与工质性质无关，大于在同温度的恒温热源间工作的一切不可逆制冷循环和热泵循环的制冷系数和供暖系数。

卡诺循环和卡诺定理的巨大理论意义在于：在历史上首次奠定了热力学第二定律的基本框架；指出了提高各种热动力机效率的方向——尽可能地使过程接近可逆，提高工质吸热时的温度，尽可能使工质膨胀到较低的温度才对外放热；指出了提高热机效率的极限，对热力学及热机的发展起了极为重要的作用。

2.4 熵与熵增原理

热力学第二定律阐明了过程进行的方向。自然界有各种过程，从不同角度去观察就可得到各种关于过程方向性的描述，但所有这些过程进行的结果都表现为使孤立系统的熵增大，因此熵参数对研究能量的传递和转移极为重要。

2.4.1 熵的导出

分析任意工质进行的一个任意可逆循环，如图 2-7 中循环 1-A-2-B-1。

根据卡诺定理，在两个不同温度的恒温热源间工作的可逆热机从高温热源 T_1 吸热 Q_1，向低温热源 T_2 放热 Q_2，该可逆热机的热效率与在相应热源间工作的卡诺热机热效率相同：

$$\eta_t=\frac{W_{net}}{Q_1}=1-\frac{Q_2}{Q_1}=1-\frac{T_2}{T_1}$$

即

$$\frac{Q_2}{Q_1}=\frac{T_2}{T_1}\text{或}\frac{Q_2}{T_2}=\frac{Q_1}{T_1}$$

式中，吸热量 Q_1 及放热量 Q_2 都是绝对值，按其意义，放热量 Q_2 应为负值，改为代数值，则

$$\frac{Q_1}{T_1}+\frac{Q_2}{T_2}=0$$

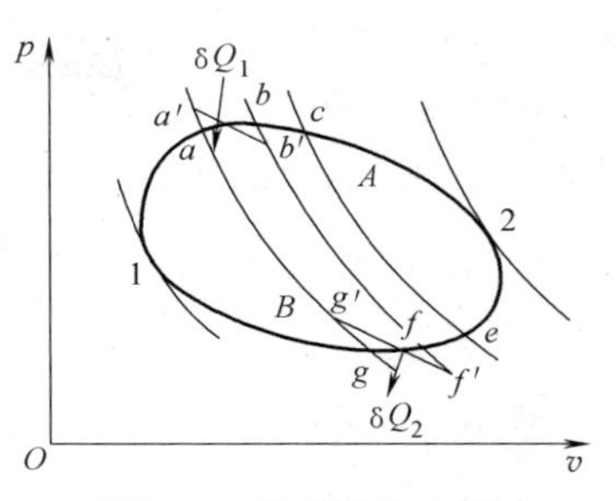

图 2-7　熵参数导出图

用一组可逆绝热线将循环 1-A-2-B-1 分割成许多个微小循环，这些小循环的总和构成了循环 1-A-2-B-1。可以证明可逆过程 a-b 可以用可逆定熵过程 a-a'、可逆定温过程 a'-b'和可逆定熵过程 b'-b 取代（见文献［1］）。同样，过程 f-g 也可用一组定熵过程（f-f'）、定温过程（f'-g'）、定熵过程（g'-g）取代。这样小循环 a-b-f-g-a 就可用卡诺循环 a'-b'-f'-g'-a'替代。同理，循环 b-c-e-f-b 等都可用相应的小卡诺循环替代，这些小卡诺循环的总和也构成了循环 1-A-2-B-1。

在任一卡诺循环如 a'-b'-f'-g'-a'中，a'-b'是定温吸热过程，工质与热源温度相同，都是 T_{r1}，吸热量为 δQ_1，f'-g'是定温放热过程，工质与冷源温度相同都是 T_{r2}，放热量为 Q_2，循环中

$$\frac{\delta Q_1}{T_{r1}}+\frac{\delta Q_2}{T_{r2}}=0$$

令可逆绝热线数量趋向无穷大，任意相邻两可逆绝热线之间相距无穷小，则所有小循环都可用微元卡诺循环替代。对全部微元卡诺循环积分求和，即得出

$$\int_{1\text{-}A\text{-}2}\frac{\delta Q_1}{T_{r1}}+\int_{2\text{-}B\text{-}1}\frac{\delta Q_2}{T_{r2}}=0$$

式中，δQ_1、δQ_2 都是工质与热源间的换热量，既然采用了代数值，可以统一用 δQ_{rev} 表示；T_{r1}、T_{r2} 是换热时的热源温度，统一用 T_r 表示。上式改写为

$$\int_{1\text{-}A\text{-}2}\frac{\delta Q_{rev}}{T_r}+\int_{2\text{-}B\text{-}1}\frac{\delta Q_{rev}}{T_r}=0$$

即

$$\oint\frac{\delta Q_{rev}}{T_r}=0 \tag{2-31}$$

式（2-31）表明，任意工质经任一可逆循环，微小量$\frac{\delta Q_{rev}}{T_r}$沿循环的积分为零。根据状态函数的数学特性，可以断定被积函数$\frac{\delta Q_{rev}}{T_r}$是某个状态参数的全微分。1865 年，克劳修斯将这个新的状态参数定名为熵（Entropy），以符号 S 表示，即

$$\mathrm{d}S=\frac{\delta Q_{rev}}{T_r}=\frac{\delta Q_{rev}}{T} \tag{2-32}$$

式中，δQ_{rev} 为可逆过程换热量；T_r 为热源温度。

因为微元换热过程可逆，无传热温差，故热源温度 T_r 也等于工质温度 T，这就是熵的定义式。1kg 工质的比熵变

$$ds = \frac{\delta q_{rev}}{T_r} = \frac{\delta q_{rev}}{T} \tag{2-33}$$

积分 $\oint \frac{\delta Q_{rev}}{T}$ 称为克劳修斯积分，式（2-31）称为克劳修斯积分等式。

将式（2-32）和式（2-33）应用于循环和过程，可得

$$\oint dS = 0, \quad \Delta S = \int_1^2 \frac{\delta Q_{rev}}{T}, \quad \Delta s = s_2 - s_1 = \int_1^2 \frac{\delta q_{rev}}{T}$$

从状态参数熵导出过程可见，系统经一微元过程，熵的变化等于初、终态间任一可逆过程中与热源交换的热量和系统温度的比值。由于一切状态参数都只与它所处的状态有关，与达到这一状态的路径（即过程）无关。因此，任意过程熵变量都可利用初、终态相同的某个可逆过程计算。需要指出：只是可逆微元过程中系统与外界的换热量与换热时系统的温度的比值才是微元过程的熵变，不可逆过程中换热量与系统温度的比值仅是“热温比”，并不具备熵的含义；此外，从熵的导出过程可知，可逆功的传输对系统的熵变无直接的影响。

熵是状态参数，因而系统每一平衡状态都有确定的值。前已指出，工程上关心系统在过程中熵的变化，故在无化学反应的系统中，熵的基准点可以人为地选定。

图 2-8 中循环 1-*A*-2-*B*-1 是不可逆的，此时若像上面一样也用一组可逆绝热线将之分割成若干个微元循环，则可能有一些微元循环是可逆循环，其余为不可逆循环，或者全部都是不可逆循环。可导得

$$\oint \frac{\delta Q}{T_r} < 0 \tag{2-34}$$

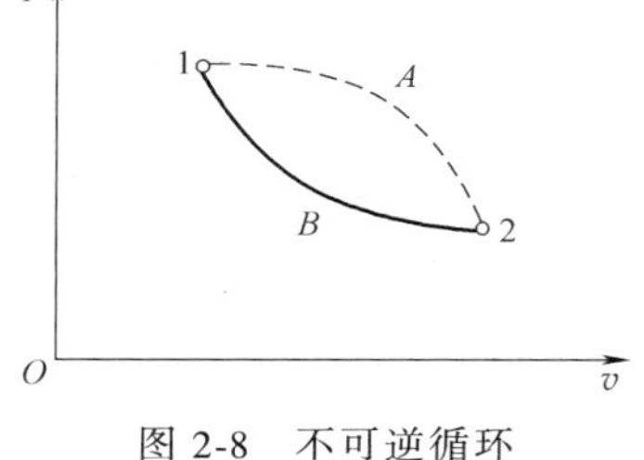

图 2-8　不可逆循环

式（2-34）即为著名的克劳修斯积分不等式。表明工质经过任意不可逆循环，微量 $\frac{\delta Q}{T_r}$ 沿整个循环的积分必小于零。

2.4.2　熵流和熵产

1kg 工质由平衡状态 1 分别经可逆过程 1-*B*-2 和不可逆过程 1-*A*-2 到达平衡状态 2，如图 2-8 所示。因 1-*B*-2 可逆，故有 $\int_{1\text{-}B\text{-}2} \frac{\delta q}{T_r} = -\int_{2\text{-}B\text{-}1} \frac{\delta q}{T_r}$，1 和 2 是平衡态，此可逆过程比熵变

$$\Delta s_{1\text{-}2} = s_2 - s_1 = \int_1^2 \frac{\delta q_{rev}}{T} = \int_{1\text{-}B\text{-}2} \frac{\delta q}{T_r} = -\int_{2\text{-}B\text{-}1} \frac{\delta q}{T_r}$$

1-*A*-2-*B*-1 为一不可逆循环，据克劳修斯积分不等式（2-34）：

$$\int_{1\text{-}A\text{-}2} \frac{\delta q}{T_r} + \int_{2\text{-}B\text{-}1} \frac{\delta q}{T_r} < 0$$

即

$$-\int_{2\text{-}B\text{-}1} \frac{\delta q}{T_r} > \int_{1\text{-}A\text{-}2} \frac{\delta q}{T_r}$$

故

$$s_2 - s_1 > \int_{1\text{-}A\text{-}2} \frac{\delta q}{T_r} \tag{2-35}$$

$$\Delta s = s_2 - s_1 > \int_1^2 \frac{\delta q_{ir}}{T_r}$$

它表明：初、终态是平衡态的不可逆过程，熵变量 Δs 大于不可逆过程中工质与热源交换的热量 δq_{ir} 与热源温度比值的积分。

式（2-33）、式（2-35）合并为一，即

$$s_2 - s_1 \geqslant \int_1^2 \frac{\delta q}{T_r} \quad （可逆取“=”,不可逆取“>”） \tag{2-36}$$

式（2-36）写成微分形式即为

$$ds \geqslant \frac{\delta q}{T_r} \quad （可逆取“=”,不可逆取“>”） \tag{2-37}$$

式（2-36）表明，系统在过程中的比熵变不可能小于 $\int_1^2 \frac{\delta q}{T_r}$，只能大于 $\int_1^2 \frac{\delta q}{T_r}$，极限状况（全部过程都可逆）时等于 $\int_1^2 \frac{\delta q}{T_r}$。用 s_f 表示系统换热量与换热时热源温度的比值，式（2-36）可改写为

$$\Delta s_{12} = s_2 - s_1 = s_f + s_g \tag{2-38}$$

其微量形式为

$$ds = \delta s_f + \delta s_g \tag{2-39}$$

式中，$s_f = \int_1^2 \frac{\delta q}{T_r}$，称为热熵流，简称熵流，是过程中系统与外界换热而对系统熵变的“贡献”，即由于热量流进、流出系统引起的系统熵变部分，系统吸热熵流为正，系统放热熵流为负；s_g 为熵产，它是过程不可逆性对熵变的“贡献”，熵产是非负的：过程可逆，熵产为零，过程不可逆，熵产大于零。任何不可逆因素都产生熵产，不可逆程度越大，熵产越大，因此，熵产可以作为系统过程不可逆性的一种度量。

2.4.3　孤立系统熵增原理

前已述及，熵与体积、热力学能及焓一样，是广延参数，与物质的量有关。上面又指出，对于绝热的稳态稳流过程，因换热量 $Q=0$，所以热熵流 $S_f=0$，于是

$$S_2 - S_1 \geqslant 0 \quad （可逆取“=”,不可逆取“>”） \tag{2-40}$$

式中，S_1 和 S_2 分别为进、出口截面上工质的熵。

式（2-40）表明，可逆绝热的稳态流动中，开口系统的熵保持不变，进口截面上的熵等于出口截面的熵；不可逆绝热的稳态流动过程中，虽然开口系统的熵仍然保持不变，即 $\Delta S_{cv}=0$，但由于工质在过程中的不可逆性，出口截面的熵大于进口截面的熵。

对于闭口系统，因与外界无物质交换，故 $\delta m_1 = \delta m_2 = 0$，所以，可导得闭口系统熵方程

$$dS = \delta S_f + \delta S_g \tag{2-41}$$

$$\Delta S_{1\text{-}2} = S_2 - S_1 = S_f + S_g \tag{2-42}$$

对于孤立系统，因系统与外界无任何形式的能量交换，当然也无热量交换，所以

$$dS_{iso} = \delta S_{iso} = \delta S_g \geqslant 0 \tag{2-43}$$

$$\Delta S_{iso}=\Delta S_g \geqslant 0 \tag{2-44}$$

上述两式中，过程可逆取等号，过程不可逆取大于号。因此，孤立系统的熵只可能增大，不能减小，其极限状况是孤立系统内一切过程全部可逆，则系统熵保持不变。这就是孤立系统的熵增原理（简称熵增原理）。孤立系统的熵增原理也可作为热力学第二定律的一种表述。熵增原理可推广到闭口绝热系统，即闭口绝热系统的熵只增不减。式（2-44）可作为热力学第二定律的数学表达式，可用来判别过程进行的方向及是否可逆：孤立系统内使系统熵增大的过程是可以进行的，且过程不可逆；孤立系统内使系统熵保持不变的过程进行是有条件的，即全部过程可逆；孤立系统使系统熵减小的过程是不可能进行的。因一切实际过程都不可逆，故孤立系统内一切实际过程都朝着使系统熵增大的方向进行。

例 2-3 在两个恒温热源之间工作的动力循环系统，其高温热源温度 $T_1=1000\text{K}$，低温热源温度 $T_2=320\text{K}$。循环中工质吸热过程的熵变 $\Delta s_1=1.0\text{kJ/(kg·K)}$，吸热量 $q_1=980\text{kJ/kg}$；工质放热过程的熵变 $\Delta s_2=-1.020\text{kJ/(kg·K)}$，放热量 $q_2=600\text{kJ/kg}$。

1）分别利用克劳休斯积分不等式和孤立系统熵增原理判断该循环过程能否实现。

2）求吸热过程和放热过程的熵流和熵产。

解 1）利用克劳休斯积分不等式

$$\oint \frac{\delta q}{T_r}=\frac{q_1}{T_1}+\frac{q_2}{T_2}=\frac{980\text{kJ/kg}}{1000\text{K}}+\frac{-600\text{kJ/kg}}{320\text{K}}=-0.895\text{kJ/(kg·K)}$$

循环有可能实现，且不可逆。

利用孤立系统熵增原理，取热源、冷源及循环发动机构成闭口绝热系统。工质循环后熵恢复原值，故

$$\Delta s_s=\Delta s_{H,r}+\Delta s+\Delta s_{L,r}=\frac{-980\text{kJ/kg}}{1000\text{K}}+0+\frac{600\text{kJ/kg}}{320\text{K}}=0.895\text{kJ/(kg·K)}>0$$

循环有可能实现，且不可逆。

2）取循环的工质为闭口系统，$\Delta s_1=s_{f1}+s_{g1}$。由于热源温度是恒定的，所以吸热过程

$$s_{f1}=\int_1^2 \frac{\delta q}{T_r}=\frac{q_1}{T_1}=\frac{980\text{kJ/kg}}{1000\text{K}}=0.98\text{kJ/(kg·K)}$$

$$s_{g1}=\Delta s_1-s_{f1}=1\text{kJ/(kg·K)}-0.98\text{kJ/(kg·K)}=0.02\text{kJ/(kg·K)}>0$$

同样，放热过程中工质 $\Delta s_2=s_{f2}+s_{g2}$，因此

$$s_{f2}=\int_3^4 \frac{\delta q}{T_r}=\frac{q_2}{T_2}=\frac{-600\text{kJ/kg}}{320\text{K}}=-1.875\text{kJ/(kg·K)}$$

$$s_{g2}=\Delta s_2-s_{f2}=-1.020\text{kJ/(kg·K)}-[-1.875\text{kJ/(kg·K)}]=0.855\text{kJ/(kg·K)}>0$$

本题中利用孤立系统熵增原理和克劳修斯积分的求解过程中，热量的符号相反，这是由于克劳修斯积分是以循环的工质为系统，工质从热源吸热，向冷源放热；孤立系统熵增原理中分别以各部分为系统计算熵变，热源向工质放热，冷源从工质吸热，所以热量与以工质为系统等值反号。

第3章　气体、蒸汽的性质及其热力过程

学习目标

理解理想气体的含义，熟练掌握并应用理想气体的状态方程，理解比热容的物理意义及影响比热容的主要因素，掌握理想气体热力学能和焓变化量的计算；掌握理想气体基本热力过程方程式和基本状态参数变化的关系式，知道多变过程是热力过程从特殊到一般的更普遍的表达式，能将理想气体的各种热力过程表示在 p-v 图和 T-s 图上；理解混合气体的分压力、分体积、成分表示、折合摩尔质量、折合气体常数等概念及意义，掌握混合气体成分的换算、分压力和比热容的计算方法；掌握有关蒸汽的各种术语及其意义，了解蒸汽定压发生过程及其在 p-v 图与 T-s 图上的一点、二线、三区和五态；掌握水蒸气基本热力过程的特点和热量、功量、热力学能的计算；理解湿空气、未饱和湿空气和饱和湿空气的概念和意义，掌握湿空气状态参数的意义及其计算方法；熟悉湿空气焓湿图的结构，能熟练应用焓湿图查取湿空气参数。

从物理学已知，理想气体是一种经过科学抽象的假想气体，在自然界中并不存在，但在工程上的许多情况下气体工质的性质接近理想气体。因此，研究理想气体的性质具有重要的工程实用价值。本章重点讨论理想气体及热力过程的特点及计算方法。

3.1　理想气体的热容、热力学能和熵

1. 热容的定义

物体温度升高1K（或1℃）所需要的热量称为该物体的热容量，简称热容。如果工质在一个微元过程中吸收热量 δQ，温度升高 $\mathrm{d}T$，则该工质的热容量可表示为

$$C=\frac{\delta Q}{\mathrm{d}T}=\frac{\delta Q}{\mathrm{d}t} \tag{3-1}$$

单位质量物质的热容量称为该物质的比热容（质量热容），用 c 表示，单位为 J/(kg·K) 或 kJ/(kg·K)。于是

$$c=\frac{\delta q}{\mathrm{d}T}=\frac{\delta q}{\mathrm{d}t} \tag{3-2}$$

1mol 物质的热容量称为摩尔热容，以 C_m 表示，单位为 J/(mol·K)。摩尔热容与比热容的关系为

$$C_\mathrm{m}=Mc \tag{3-3}$$

因为热量是与过程性质有关的量，如果工质初、终态相同而过程不同，吸入或放出的热量就不同，工质的比热容也就不同，所以工质的比热容与过程的性质有关。在热工计算中常涉及定容过程和定压过程，所以比定容热容和比定压热容是两种常用的比热容，分别用 c_V

和 c_p 表示，定义如下

$$c_V=\frac{\delta q_V}{\mathrm{d}T} \tag{3-4}$$

$$c_p=\frac{\delta q_p}{\mathrm{d}T} \tag{3-5a}$$

式中，δq_V 和 δq_p 分别为微元定容过程和微元定压过程中工质与外界交换的热量。

根据热力学第一定律，对 1kg 微元可逆过程，有

$$\delta q=\mathrm{d}u+p\mathrm{d}v \tag{3-5b}$$

$$\delta q=\mathrm{d}h-v\mathrm{d}p \tag{3-5c}$$

热力学能是状态参数，$u=u(T,v)$，其全微分为

$$\mathrm{d}u=\left(\frac{\partial u}{\partial T}\right)_v\mathrm{d}T+\left(\frac{\partial u}{\partial v}\right)_T\mathrm{d}v$$

将其代入式（3-5b），得

$$\delta q=\left(\frac{\partial u}{\partial T}\right)_v\mathrm{d}T+\left[\left(\frac{\partial u}{\partial v}\right)+p\right]_T\mathrm{d}v$$

对定容过程，$\mathrm{d}v=0$，由上式可得

$$\delta q_V=\left(\frac{\partial u}{\partial T}\right)_v\mathrm{d}T$$

代入式（3-4）得

$$c_V=\frac{\delta q_V}{\mathrm{d}T}=\left(\frac{\partial u}{\partial T}\right)_v \tag{3-6}$$

由此可见，比定容热容是在体积不变的情况下比热力学能对温度的偏导数，其数值等于在体积不变的情况下物质温度变化 1K 时的比热力学能的变化量。

同理，焓也是状态参数，$h=h(T,\ p)$，其全微分为

$$\mathrm{d}h=\left(\frac{\partial h}{\partial T}\right)_p\mathrm{d}T+\left(\frac{\partial h}{\partial p}\right)_T\mathrm{d}p$$

代入式（3-5c）得

$$\delta q=\left(\frac{\partial h}{\partial T}\right)_p\mathrm{d}T+\left[\left(\frac{\partial h}{\partial p}\right)_T-v\right]\mathrm{d}p$$

对定压过程，$\mathrm{d}p=0$，则

$$\delta q_p=\left(\frac{\partial h}{\partial T}\right)_p\mathrm{d}T$$

将上式代入式（3-5a）得

$$c_p=\frac{\delta q_p}{\mathrm{d}T}=\left(\frac{\partial h}{\partial T}\right)_p \tag{3-7}$$

即，比定压热容是在压力不变的情况下比焓对温度的偏导数，其数值等于在压力不变的情况下物质温度变化 1K 时比焓的变化量。

2. 理想气体的比热容

（1）比定容热容与比定压热容　理想气体分子间不存在相互作用力，因此理想气体的

热力学能仅包含与温度有关的分子动能，也就是说，理想气体的热力学能只是温度的单值函数。于是，由式（3-6）可得理想气体的比定容热容为

$$c_V=\frac{\mathrm{d}u}{\mathrm{d}T} \tag{3-8}$$

对于理想气体，根据焓的定义

$$h=u+pv=u+R_\mathrm{g}T$$

由上式可见，理想气体的焓也是温度的单值函数，于是由式（3-7）可将理想气体的比定压热容表示为

$$c_p=\frac{\mathrm{d}h}{\mathrm{d}T} \tag{3-9}$$

根据焓的定义式和理想气体状态方程式，可以进一步推得理想气体的 c_p 与 c_V 之间的关系，即

$$c_p=\frac{\mathrm{d}h}{\mathrm{d}T}=\frac{\mathrm{d}(u+pv)}{\mathrm{d}T}=\frac{\mathrm{d}u}{\mathrm{d}T}+\frac{\mathrm{d}(R_\mathrm{g}T)}{\mathrm{d}T}=c_V+R_\mathrm{g}$$

即

$$c_p-c_V=R_\mathrm{g} \tag{3-10}$$

将上式两边乘以摩尔质量 M，可得

$$C_{p,\mathrm{m}}-C_{V,\mathrm{m}}=R \tag{3-11}$$

$C_{p,\mathrm{m}}$、$C_{V,\mathrm{m}}$ 分别为摩尔定压热容和摩尔定容热容。式（3-10）、式（3-11）称为迈耶公式，表示定容热容与定压热容之间的关系。

由迈耶公式可见，气体的比定压热容大于比定容热容，这是因为定容时气体不对外膨胀做功，所加入的热量全部用于增加气体本身的热力学能，使温度升高；而在定压过程中，气体在受热温度升高的同时，还要克服外力对外膨胀做功，因此相同质量的气体在定压过程中温度同样升高 1K 要比在定容过程中需要更多的热量。对于不可压缩流体及固体，比定压热容和比定容热容相等。

c_p 与 c_V 的比值称为比热容比，用符号 γ 表示，即

$$\gamma=\frac{c_p}{c_V} \tag{3-12}$$

由式（3-10）与式（3-12）可得

$$c_p=\frac{\gamma}{\gamma-1}R_\mathrm{g} \tag{3-13}$$

$$c_V=\frac{1}{\gamma-1}R_\mathrm{g} \tag{3-14}$$

（2）真实比热容与平均比热容　由于理想气体的热力学能和焓是温度的单值函数，所以由式（3-8）和式（3-9）可知，理想气体的比定容热容和比定压热容也是温度的单值函数。一般来说，温度越高，比热容越大，这是因为温度升高，双原子和多原子分子内部的原子振动动能增大。这种函数关系通常近似表示成多项式的形式，例如

$$c_p=a_0+a_1T+a_2T^2+a_3T^3 \tag{3-15}$$

式中，a_0、a_1、a_2、a_3 为常数，且对于不同的气体，各常数有不同的数值，可由试验确定。

因为这种由多项式定义的比热容能比较真实地反映比热容与温度的关系，所以称为真实比热容。

利用式（3-15）可计算每千克理想气体温度从 T_1 升高到 T_2 所需要的热量。例如，对于定压过程

$$q = \int_{T_1}^{T_2} c_p \mathrm{d}T = \int_{T_1}^{T_2} (a_0 + a_1 T + a_2 T^2 + a_3 T^3) \mathrm{d}T$$

为了工程计算方便，引入平均比热容的概念：每千克气体从温度 t_1 升高到 t_2 所需要的热量 $q_{1\text{-}2}$ 除以温度变化（t_2-t_1）所得的商，称为该气体在 t_1 到 t_2 的温度范围内的平均比热容，用 $c|_{t_1}^{t_2}$表示，即

$$c|_{t_1}^{t_2} = \frac{q_{1\text{-}2}}{t_2 - t_1} = \frac{\int_{t_1}^{t_2} c\mathrm{d}t}{t_2 - t_1} \tag{3-16}$$

由于气体从 t_1 加热到 t_2 所需要的热量 $q_{1\text{-}2}$ 等于从 0℃加热到 t_2 所需要的热量 $q_{0\text{-}2}$ 与从 0℃加热到 t_1 所需要的热量 $q_{0\text{-}1}$ 之差，即

$$q_{1\text{-}2} = q_{0\text{-}2} - q_{0\text{-}1} = \int_0^{t_2} c\mathrm{d}t - \int_0^{t_1} c\mathrm{d}t = c|_0^{t_2} t_2 - c|_0^{t_1} t_1 \tag{3-17}$$

因此，气体的平均比热容可以表示为

$$c|_{t_1}^{t_2} = \frac{q_{1\text{-}2}}{t_2-t_1} = \frac{c|_0^{t_2} t_2 - c|_0^{t_1} t_1}{t_2-t_1} \tag{3-18}$$

只要有了从 0℃到 t_1 和从 0℃到 t_2 之间的平均比热容 $c|_0^{t_1}$和 $c|_0^{t_2}$，就可以由式（3-18）求得从 t_1 到 t_2 之间的平均比热容。工程上，将常用气体从 0℃到 t 之间的平均比热容 $c|_0^t$列成表格，以供查用。由于 $c|_0^t$ 的下限固定在 0℃，因此 $c|_0^t$仅是 t 的函数。附录 B 和附录 C 提供了一些常用气体从 0℃→t 的平均比定压热容和平均比定容热容的数值。

在对计算要求不需十分精确的情况下，可以不考虑温度对比热容的影响，将比热容看成常数。根据气体分子运动论及能量按自由度均分的原则，原子数目相同的气体具有相同的摩尔热容。表 3-1 列举了单原子气体、双原子气体及多原子气体的摩尔热容，也称为定值摩尔热容，其中对多原子气体给出的是试验值。

表 3-1　理想气体的定值摩尔热容和比热容比 ［R=8.3145J/(mol·K)］

摩尔热容和比热容比	单原子气体(i=3)	双原子气体(i=5)	多原子气体(i=7)
$C_{V,\mathrm{m}}$/[J/(mol·K)]	$\frac{3}{2}R$	$\frac{5}{2}R$	$\frac{7}{2}R$
$C_{p,\mathrm{m}}$/[J/(mol·K)]	$\frac{5}{2}R$	$\frac{7}{2}R$	$\frac{9}{2}R$
$\gamma = C_{p,\mathrm{m}}/C_{V,\mathrm{m}}$	1.67	1.40	1.29

表 3-1 中所列的比热容比与由试验所得的实际比热容比相比，对于单原子气体，在相当大的温度范围内二者数值极为吻合，基本上与温度无关，这是因为单原子气体分子内部的原子本身没有振动能，与气体分子运动论不考虑分子内部原子振动自由度相一致；对双原子气体，如 O_2、N_2、H_2、CO 等，在常温下二者大致相近，这是因为双原子气体分子内部原子在常温下的振动能还处于基态，尚未激发，温度变化 1℃，振动能没有什么变化，在 0~200℃温度范围内，按表 3-1 计算的空气的比热容值与附录 B 和附录 C 所列的空气的平均比

热容实际值相当接近；而对于多原子气体，如 CO_2、H_2O、NH_3、CH_4 等，在常温下内部原子振动能已大多处于激发状态，温度升高1℃，振动能增加显著，因而与只考虑能量按移动和转动自由度均分的气体分子运动论得出的数值相差较大。

例3-1　一锅炉设备的空气预热器，要求每小时加热 3500nm^3 的空气，使之在0.11MPa的压力下从25℃升高到250℃，试计算每小时所需供给的热量。

解　空气的质量流量为

$$q_m=\frac{3500\text{nm}^3/\text{h}}{22.4\times10^{-3}\text{nm}^3/\text{mol}}\times29\times10^{-3}\text{kg/mol}=4.53\times10^3\text{kg/h}$$

1）如果采用表3-1给定的比热容计算，则空气的比热容为

$$c_p=\frac{C_\text{m}}{M}=\frac{7}{2}\frac{R}{M}=\frac{7}{2}\times\frac{8.314\text{J/(mol}\cdot\text{K)}}{29\times10^{-3}\text{kg/mol}}=1\ 003.4\text{J/(kg}\cdot\text{K)}$$

所以，需供给空气的热量为

$$\begin{aligned}Q&=q_mc_p(t_2-t_1)=4.53\times10^3\text{kg/h}\times1\ 003.4\text{J/(kg}\cdot\text{K)}\times(250-25)\text{K}\\&=1.023\times10^9\text{J/h}\end{aligned}$$

2）如果用平均比热容计算，由附录B查得

$$c_p\big|_0^{250}=1.016\text{J/(kg}\cdot\text{K)},\quad c_p\big|_0^{25}=1.005\text{J/(kg}\cdot\text{K)}$$

由式（3-18）可得

$$\begin{aligned}Q&=q_mq=q_m\left(c_p\big|_{0℃}^{250℃}\times250℃-c_p\big|_{0℃}^{25℃}\times25℃\right)\\&=4.53\times10^3\text{kg/h}\times[1.016\text{kJ/(kg}\cdot\text{K)}\times25℃-1.005\text{kJ/(kg}\cdot\text{K)}\times25℃]\\&=1.04\times10^9\text{J/h}\end{aligned}$$

在以上两种计算方法中，用平均比热容计算比较准确。在解决实际问题时用何种比热容为宜，可根据所要求的精度而定。

3. 理想气体的热力学能、焓和熵

（1）理想气体的热力学能和焓　如前所述，理想气体的热力学能和焓都是温度的单值函数，由式（3-8）、式（3-9）可得

$$\mathrm{d}u=c_V\mathrm{d}T \tag{3-19}$$

$$\mathrm{d}h=c_p\mathrm{d}T \tag{3-20}$$

以上两式适用于理想气体的任何过程。

根据式（3-19）和式（3-20），理想气体在任一过程中热力学能和焓的变化 Δu 和 Δh 可以分别由以下积分式求得

$$\Delta u=\int_1^2 c_V\mathrm{d}T \tag{3-21}$$

$$\Delta h=\int_1^2 c_p\mathrm{d}T \tag{3-22}$$

工程上，根据计算精度的要求，可以选用真实比热容或平均比热容进行计算，还可以直接查取热力学能-温度表和焓-温度表。书末附录D中列有空气的热力学能和焓的值，该表规定 $T=0\text{K}$ 时 $h=0$，$u=0$。如前所述，基准点的选择是任意的，对 Δu 和 Δh 的计算无影响，但是，只有以0K为基准时 h 和 u 才同时为零。

例3-2　空气在加热器中由300K加热到400K，求每千克空气流经加热器所吸收的热

量。试分别用附录B的平均比热容、表3-1及空气的焓-温度表进行计算。

解 1）用附录B计算。

因空气流经加热器时技术功为零，根据热力学第一定律

$$q=\Delta h=h_2-h_1=(h_2-h_0)-(h_1-h_0)$$
$$=c_p\Big|_0^{t_2}t_2-c_p\Big|_0^{t_1}t_1$$

查附录B，用内插法求得

$$t_1=27℃\text{时}，\quad c_p\Big|_0^{t_1}=1.0045\text{kJ/(kg}\cdot\text{K)}$$
$$t_2=127℃\text{时}，\quad c_p\Big|_0^{t_2}=1.0076\text{kJ/(kg}\cdot\text{K)}$$

所以，$q=\Delta h=(1.0076\times127-1.0045\times27)\text{kJ/kg}=100.8\text{kJ/kg}$

2）用表3-1计算。

空气可视为双原子气体，其比定压热容

$$c_p=\frac{C_m}{M}=\frac{7}{2}\frac{R}{M}=\frac{7}{2}\times\frac{8.314\text{J/(mol}\cdot\text{K)}}{29\times10^{-3}\text{kg/mol}}=1003.4\text{J/(kg}\cdot\text{K)}$$

所以

$$q=\Delta h=1003.4\text{J/(kg}\cdot\text{K)}\times(400-300)\text{K}=100340\text{J/kg}=100.34\text{kJ/kg}$$

3）用空气的热力性质表计算。

查附录B，得

$$T_1=300\text{K 时}，\quad h_1=300.19\text{kJ/kg}$$
$$T_2=400\text{K 时}，\quad h_2=400.98\text{kJ/kg}$$

所以

$$q=\Delta h=400.98\text{kJ/kg}-300.19\text{kJ/kg}=100.79\text{kJ/kg}$$

三种方法计算的结果非常接近。可以看出，在这一温度范围内，用比定压热容计算是可以满足工程需要的。

（2）理想气体的熵　根据熵的定义及热力学第一定律表达式，可得

$$ds=\frac{\delta q}{T}=\frac{du+pdv}{T}=\frac{du}{T}+\frac{p}{T}dv$$

$$ds=\frac{\delta q}{T}=\frac{dh-vdp}{T}=\frac{dh}{T}-\frac{v}{T}dp$$

对于理想气体，$du=c_VdT$，$dh=c_pdT$，$pv=R_gT$，分别代入上面两式，可得

$$ds=c_V\frac{dT}{T}+R_g\frac{dv}{v}\tag{3-23}$$

$$ds=c_p\frac{dT}{T}-R_g\frac{dp}{p}\tag{3-24}$$

将式（3-23）、式（3-24）两边积分，可得任一热力过程熵变化的计算公式

$$\Delta s=\int_1^2c_V\frac{dT}{T}+R_g\ln\frac{v_2}{v_1}\tag{3-25}$$

$$\Delta s=\int_1^2c_p\frac{dT}{T}-R_g\ln\frac{p_2}{p_1}\tag{3-26}$$

当比热容为定值时

$$\Delta s=c_V\ln\frac{T_2}{T_1}+R_g\ln\frac{v_2}{v_1} \tag{3-27}$$

$$\Delta s=c_p\ln\frac{T_2}{T_1}-R_g\ln\frac{p_2}{p_1} \tag{3-28}$$

将理想气体状态方程式微分，可得

$$\frac{\mathrm{d}p}{p}+\frac{\mathrm{d}v}{v}=\frac{\mathrm{d}T}{T}$$

将上式代入式（3-24）可得

$$\mathrm{d}s=c_p\left(\frac{\mathrm{d}p}{p}+\frac{\mathrm{d}v}{v}\right)-R_g\frac{\mathrm{d}p}{p}=(c_p-R_g)\frac{\mathrm{d}p}{p}+c_p\frac{\mathrm{d}v}{v}=c_V\frac{\mathrm{d}p}{p}+c_p\frac{\mathrm{d}v}{v} \tag{3-29}$$

将上式积分，可得

$$\Delta s=\int_1^2 c_V\frac{\mathrm{d}p}{p}+\int_1^2 c_p\frac{\mathrm{d}v}{v} \tag{3-30}$$

当比热容为定值时

$$\Delta s=c_V\ln\frac{p_2}{p_1}+c_p\ln\frac{v_2}{v_1} \tag{3-31}$$

以上分别是以 T 和 v、T 和 p、p 和 v 表示的比熵变的计算式。与热力学能和焓一样，在一般的热工计算中，只涉及熵的变化量，计算结果与基准点（零点）的选择无关。由于 c_p 和 c_V 都只是温度的函数，与过程的特性无关，$\int_1^2 c_V\frac{\mathrm{d}T}{T}$ 和 $\int_1^2 c_p\frac{\mathrm{d}T}{T}$ 仅取决于 T_1 和 T_2，因此从以上各式不难看出，理想气体的熵变完全取决于初态和终态，而与过程所经历的途径无关。也就是说，理想气体的熵是一个状态函数。因此，以上各熵变计算式对于理想气体的任何过程都适用。

3.2　理想气体的热力过程

1. 热力过程的研究目的与方法

热能和机械能的相互转换是借助工质在热工设备中的热力过程来实现的，不同的热力过程在不同的外部条件下产生。研究热力过程的目的，就在于了解外部条件对热能和机械能转换的影响，以便通过有利的外部条件，合理地安排工质的热力过程，达到提高热能和机械能转换效率的目的。

根据过程进行的条件，确定过程中工质状态参数的变化规律并分析过程中的能量转换关系，是研究热力过程的基本任务。热力学第一定律的表达式、理想气体状态方程以及可逆过程的特征关系式，是分析理想气体热力过程的基本依据。

工程实际的热力过程是多种多样的，有些过程比较复杂，而且一般情况下都是些程度不同的不可逆过程。为了便于分析研究，通常采用抽象、概括的方法，将复杂的实际不可逆过程简化为可逆过程，然后借助某些经验系数进行修正。有时为了突出实际过程中状态参数变化的主要特征，将实际过程近似为具有简单规律的典型过程，如定容、定压、定温、定熵过程等。这些典型过程在理论上可以用比较简单的方法进行分析计算，且所得结果一般与实际过程相近，常被用来定性地分析与评价热工设备的工作情况。

本书仅限于分析理想气体的可逆过程。分析的方法是将一般规律与过程的特征相结合，导出适用于具体过程的计算公式。分析内容与步骤可概括为以下几点：

1）确定过程中状态参数的变化规律，如

$$p=f_1(v),T=f_2(v),v=f_3(T)$$

这种状态参数变化规律反映了过程的特征，称为过程方程式。

2）根据已知参数及过程方程式，确定未知参数以及过程中热力学能和焓的变化。

3）将过程中状态参数的变化规律表示在 p-v 图和 T-s 图上。

4）根据可逆过程的特征，求膨胀功 w 和技术功 w_t。

5）用热力学第一定律表达式或比热容计算过程中的热量。

2. 理想气体的基本热力过程

（1）定容过程　气体比体积保持不变的过程称为定容过程，例如，在刚性密闭容器中气体的加热或冷却过程。工程上，某些热力设备的加热过程是在接近定容的情况下进行的。例如，汽油机中燃料的燃烧过程，由于燃烧极为迅速，在活塞还来不及运动的短时间内，气体的温度、压力急剧上升，这样的过程就可以看成定容加热过程。

1）过程方程式及初、终状态参数关系式。定容过程方程式

$$v=常数$$

根据过程方程式和理想气体状态方程式，定容过程初、终态基本状态参数间的关系为

$$v_2=v_1$$

$$\frac{p_2}{p_1}=\frac{T_2}{T_1}$$

理想气体的热力学能和焓都是温度的单值函数，对理想气体所经历的任何过程，热力学能和焓的变化均可按下面两式分别计算：

$$\Delta u=\int_1^2 c_V \mathrm{d}T$$

$$\Delta h=\int_1^2 c_p \mathrm{d}T$$

2）定容过程在 p-v 图和 T-s 图上的表示。由于 $v=$常数，定容过程在 p-v 图上为一条垂直于 v 轴的直线（图 3-1a）。

在 T-s 图上，定容过程的过程曲线的形状可用下面的方法确定，即

$$\mathrm{d}s=c_V\frac{\mathrm{d}T}{T}$$

由上式可见，定容过程线在 T-s 图上为一指数函数曲线，其斜率为

$$\left(\frac{\partial T}{\partial s}\right)_V=\frac{T}{c_V} \tag{3-32}$$

由于 T 与 c_V 都不会是负值，所以定容过程在 T-s 图上是一条斜率为正值的指

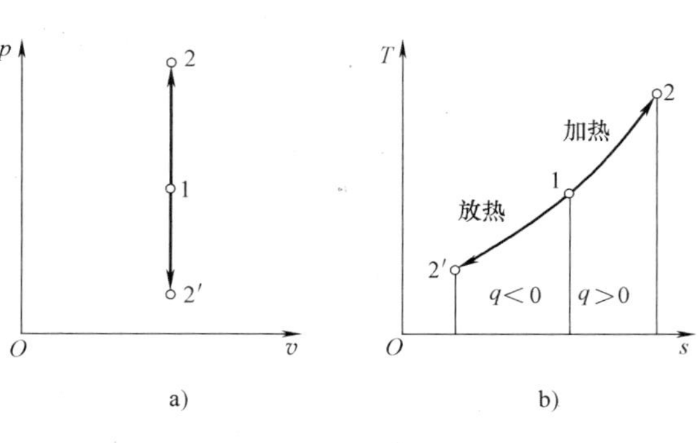

图 3-1　定容过程

数曲线，如图 3-1b 所示。

3）功和热量。因为 v=常数，$\mathrm{d}v=0$，所以定容过程中气体的膨胀功为零，即

$$w = \int_1^2 p\mathrm{d}v = 0$$

定容过程的技术功为

$$w_t = -\int_1^2 v\mathrm{d}p = v(p_1 - p_2) \tag{3-33}$$

上式说明，对于定容流动过程，技术功等于流体在进、出口处流动功之差。当压力降低（$p_1>p_2$）时技术功为正，对外做技术功；反之，技术功为负，即需外界对系统做技术功。定容过程吸收或放出的热量可以用比热容进行计算：

$$q = \int_1^2 c_V \mathrm{d}T$$

如图 3-1 所示，1-2 为定容吸热过程，1-2′为定容放热过程。还可以根据热力学第一定律计算定容过程的热量。由于容积不变，$w=0$，由式（2-3）可得

$$q = \Delta u \tag{3-34}$$

由此可见，在定容过程中加入的热量全部变为气体热力学能的增加。

（2）定压过程　气体压力保持不变的过程称为定压过程。

1）过程方程式及初、终状态参数关系式。定压过程方程式

$$p = \text{常数} \tag{3-35}$$

根据过程方程式及理想气体状态方程式，定压过程初、终态基本状态参数间的关系为

$$p_2 = p_1$$

$$\frac{v_2}{v_1} = \frac{T_2}{T_1} \tag{3-36}$$

2）定压过程在 p-v 图和 T-s 图上的表示。由于 p=常数，所以定压过程线在 p-v 图上为一条平行于 v 轴的直线（图 3-2a）。

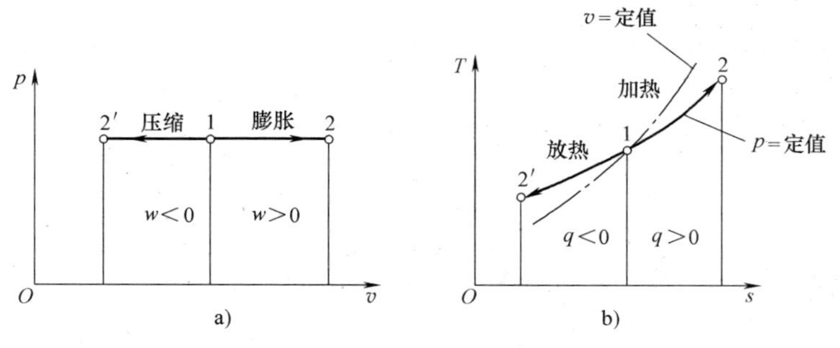

图 3-2　定压过程

在 T-s 图上，定压过程的过程曲线形状可仿照定容过程的方法确定，有

$$\mathrm{d}s = c_p \frac{\mathrm{d}T}{T} \tag{3-37}$$

由上式可见，定压过程线在 T-s 图上也是一指数函数曲线，其斜率为

$$\left(\frac{\partial T}{\partial s}\right)_p = \frac{T}{c_p} \tag{3-38}$$

由此可见，在 T-s 图上定压线也是一条斜率大于零的指数曲线，如图 3-2b 所示。图中 1-2 为定压加热过程，1-2′为定压放热过程。

在 T-s 图上，定压线与定容线同为指数曲线，由于在相同的温度下，$c_p>c_V$，因此定容线的斜率必大于定压线的斜率。如果从统一初态出发，二者的相对位置如图 3-2b 所示。

3）功量和热量。由于 p=常数，所以定压过程对外做的膨胀功为

$$w = \int_1^2 p\mathrm{d}v = p(v_2 - v_1) = R_g(T_2 - T_1) \tag{3-39}$$

定压过程的技术功为

$$w_t = -\int_1^2 v\mathrm{d}p = 0$$

根据开口系统的热力学第一定律表达式，气体在定压过程中吸收或放出的热量为

$$q = h_2 - h_1 \tag{3-40}$$

即气体在定压过程中吸收或放出的热量等于其焓的变化。

气体在定压过程中吸收或放出的热量，也可以用比定压热容计算，即

$$q = \int_1^2 c_p \mathrm{d}T$$

（3）定温过程　气体温度保持不变的过程称为定温过程。

1）过程方程式及初、终状态参数关系式。定温过程方程式为

$$T = 常数$$

根据理想气体状态方程式，定温过程的过程方程式也可表示为

$$pv = 常数$$

定温过程中初、终态基本状态参数间的关系为

$$T_2 = T_1$$

$$\frac{p_2}{p_1} = \frac{v_1}{v_2} \tag{3-41}$$

2）定温过程在 p-v 图和 T-s 图上的表示。由于 pv=常数，在 p-v 图上定温过程线为一等边双曲线，在 T-s 图上定温过程为一水平线，如图 3-3 所示，其中 1-2 为定温吸热过程，1-2′为定温放热过程。

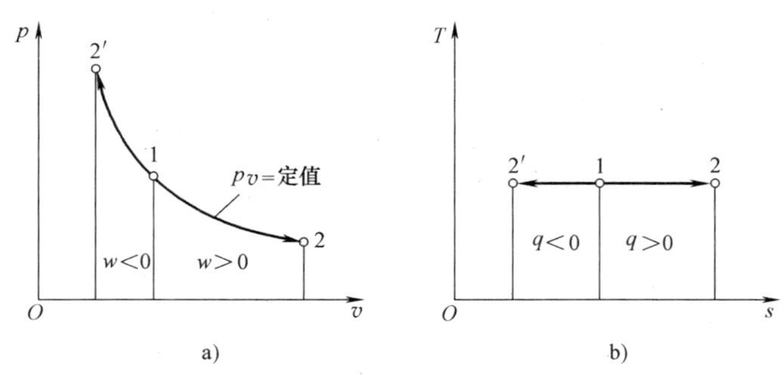

图 3-3　定温过程

3）功量和热量。定温过程的膨胀功为

$$w = \int_1^2 p\mathrm{d}v = \int_1^2 \frac{R_g T}{v}\mathrm{d}v = R_g T \ln\frac{v_2}{v_1} = R_g T \ln\frac{p_1}{p_2} \tag{3-42}$$

定温流动过程的技术功为

$$w_t = -\int_1^2 v\mathrm{d}p = -\int_1^2 \frac{R_g T}{p}\mathrm{d}p = R_g T\ln\frac{p_1}{p_2} \tag{3-43}$$

可见，定温过程中，膨胀功与技术功在数值上相等。

对于理想气体的定温过程，$\Delta u=\Delta h=0$，所以根据热力学第一定律表达式，定温过程中的热量分别为

$$q=\Delta u+w=w$$

$$q=\Delta h+w_t=w_t$$

结合式（3-42）、式（3-43），理想气体定温过程中的热量为

$$q=w=w_t=R_g T\ln\frac{v_2}{v_1}=R_g T\ln\frac{p_1}{p_2} \tag{3-44}$$

上式说明理想气体定温膨胀时，加入的热量等于对外所做的功量；定温压缩时，对气体所做的功量等于气体向外放出的热量。

此外，定温过程的热量也可以由熵的变化进行计算：

$$q = \int_1^2 T\mathrm{d}s = T(s_2 - s_1) \tag{3-45}$$

上式对实际气体或液体的可逆定温过程同样适用。

值得注意的是，定温过程中的比热容 $c=\delta q/\mathrm{d}T$ 趋于无穷大，故不能用 $q=\int_1^2 c\mathrm{d}T$ 来计算热量。

（4）定熵过程　气体与外界没有热量交换的状态变化过程称为绝热过程。

1）过程方程式及初、终状态参数关系式。绝热过程的特征为 $\delta q=0$，$q=0$。对于可逆绝热过程

$$\mathrm{d}s=\frac{\delta q}{T}=0 \tag{3-46}$$

因此，可逆绝热过程也称为定熵过程。根据理想气体熵的微分式可得

$$\frac{\mathrm{d}p}{p}+\gamma\frac{\mathrm{d}v}{v}=0$$

当取比热容比 γ 为定值时，上式积分可得

$$\ln p+\gamma\ln v=常数$$

即

$$pv^{\gamma}=常数 \tag{3-47}$$

式（3-47）即为理想气体定熵过程的过程方程式，其中理想气体的比热容比 γ 也称为等熵指数（绝热指数），通常用 κ 表示，因此式（3-47）又可表示为

$$pv^{\kappa}=常数 \tag{3-48}$$

各种理想气体的等熵指数可参阅表 3-1。

根据过程方程式以及理想气体状态方程式，可得定熵过程初、终态基本状态参数间的关系为

$$\frac{p_2}{p_1}=\left(\frac{v_1}{v_2}\right)^{\kappa} \tag{3-49}$$

将 $p=R_gT/v$ 代入过程方程式（3-48），得

$$Tv^{\kappa-1}=常数$$

于是可得

$$\frac{T_2}{T_1}=\left(\frac{v_1}{v_2}\right)^{\kappa-1} \tag{3-50}$$

同样，将 $v=R_gT/p$ 代入过程方程式，得

$$Tp^{-(\kappa-1)/\kappa}=常数$$

于是可得

$$\frac{T_2}{T_1}=\left(\frac{p_2}{p_1}\right)^{(\kappa-1)/\kappa} \tag{3-51}$$

由上述关系式可以看出，当气体定熵膨胀（$v_2>v_1$）时，p 与 T 均降低；当气体被定熵压缩（$v_2<v_1$）时，p 与 T 均增大。定熵过程中压力与温度的变化趋势是一致的。

2）定熵过程在 p-v 图和 T-s 图上的表示。从过程方程式 $pv^{\kappa}=$ 常数可以看出，在 p-v 图上，定熵过程线为一高次双曲线。根据过程方程式可导得定熵过程曲线的斜率为

$$\left(\frac{\partial p}{\partial v}\right)_s=-\kappa\frac{p}{v} \tag{3-52}$$

可知，过程线斜率为负。而定温过程线在 p-v 图上的斜率为

$$\left(\frac{\partial p}{\partial v}\right)_T=-\frac{p}{v} \tag{3-53}$$

由于 κ 值总是大于 1，因此，在 p-v 图上定熵线斜率的绝对值大于定温线斜率的绝对值，如图 3-4a 所示。

在 T-s 图上，定熵过程线为一垂直线，如图 3-4b 所示。其中 1-2 代表定熵膨胀；1-2′代表定熵压缩。

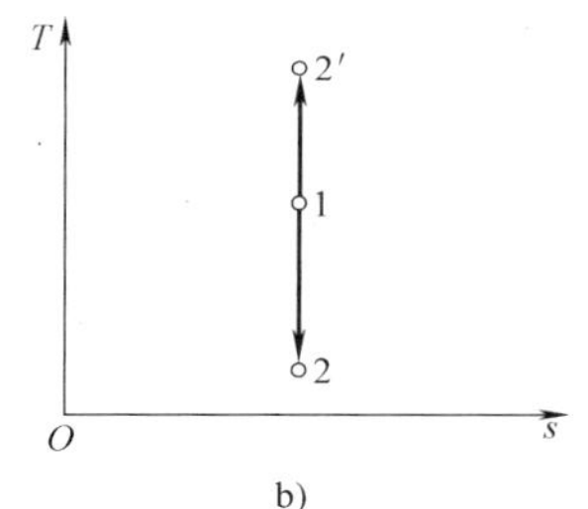

a)　　b)

图 3-4　定熵过程

3）功量和热量。对于绝热过程

$$q=0$$

根据热力学第一定律，过程的膨胀功为

$$w=-\Delta u=u_1-u_2 \tag{3-54}$$

即工质经绝热过程所做的膨胀功等于热力学能的减少，这一结论适用于任何工质的可逆或不可逆绝热过程。

对于比热容为定值的理想气体，上式可进一步表示为

$$\begin{aligned} w&=c_V(T_1-T_2)=\frac{R_g}{\kappa-1}(T_1-T_2)\\ &=\frac{1}{\kappa-1}(p_1v_1-p_2v_2) \end{aligned} \tag{3-55}$$

对于理想气体可逆绝热（等熵）过程，运用过程初、终状态参数间的关系，式（3-55）可变为

$$w=\frac{R_gT_1}{\kappa-1}\left[1-\left(\frac{p_2}{p_1}\right)^{\frac{\kappa-1}{\kappa}}\right] \tag{3-56}$$

同理，根据热力学第一定律，绝热过程的技术功为

$$w_t = -\Delta h = h_1 - h_2$$

即流动工质经绝热过程所做的技术功等于焓的减少。此结论同样适用于任何流动工质可逆与不可逆绝热过程。

对于比热容为定值的理想气体，上式可进一步表示为

$$w_t = c_p(T_1 - T_2) = \frac{\kappa}{\kappa-1}R_g(T_1 - T_2) = \frac{\kappa}{\kappa-1}(p_1 v_1 - p_2 v_2) \tag{3-57}$$

对于理想气体可逆绝热（定熵）过程，式（3-57）可变为

$$w_t = \frac{\kappa}{\kappa-1}R_g T_1\left[1-\left(\frac{p_2}{p_1}\right)^{\frac{\kappa-1}{\kappa}}\right] \tag{3-58}$$

将上式与膨胀功的计算式（3-56）对比，不难发现

$$w_t = \kappa w \tag{3-59}$$

即定熵过程的技术功是膨胀功的 κ 倍。

3. 多变过程

（1）多变过程的定义及过程方程式　前面讨论了四种典型热力学过程，其特点是过程中工质的某一状态参数保持不变或者与外界无热量交换。一般在实际热力过程中，工质的状态参数都会发生变化，并且与外界有热量交换。通过研究发现，许多过程可以近似地用下面的关系式描述：

$$pv^n = 常数 \tag{3-60}$$

式中，n 称为多变指数。

满足这一规律的过程就称为多变过程，式（3-60）即为多变过程的过程方程式。对于一些复杂的实际过程，可以将其分成几段具有不同 n 值的多变过程来加以分析。

（2）多变过程中状态参数的变化规律　将多变过程的过程方程式与定熵过程的过程方程式进行比较，可以发现，只要将等熵指数 κ 换成多变指数 n，定熵过程的初、终状态参数关系式就可用于多变过程，即

$$\frac{p_2}{p_1} = \left(\frac{v_1}{v_2}\right)^n \tag{3-61}$$

$$\frac{T_2}{T_1} = \left(\frac{v_1}{v_2}\right)^{n-1} \tag{3-62}$$

$$\frac{T_2}{T_1} = \left(\frac{p_2}{p_1}\right)^{\frac{n-1}{n}} \tag{3-63}$$

Δu、Δh、Δs 可按理想气体的有关公式进行计算。

（3）多变过程在 p-v 图与 T-s 图上的表示　在 p-v 图与 T-s 图上从同一初态出发，画出的四种基本热力过程的过程线如图 3-5 所示。通过比较过程线的斜率，可以说明它们的分布规律。

在 p-v 图上，多变过程线的斜率为

$$\frac{dp}{dv}=-n\frac{p}{v} \tag{3-64}$$

如果从同一初态出发，其 p、v 值相同，过程线的斜率取决于 n 值，即

由图 3-5 可以看出，在 p-v 图上，多变过程线的分布规律为：从定容线出发，n 由 $-\infty \to 0 \to 1 \to \kappa \to \infty$，按顺时针方向递增。

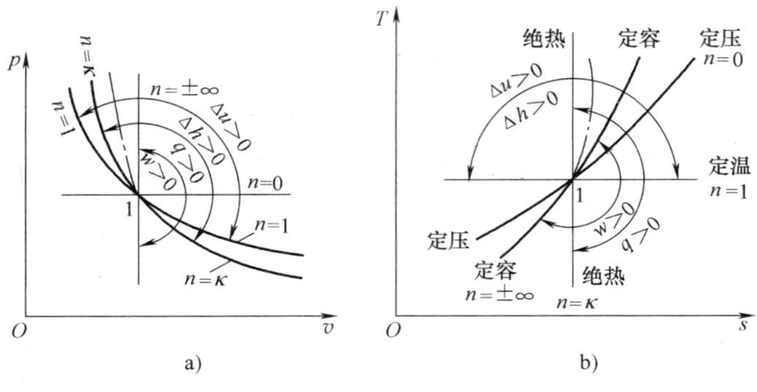

图 3-5　多变过程

在 T-s 图上，多变过程线的斜率可根据 $\delta q=T\mathrm{d}s=c_n\mathrm{d}T$ 得出，即

$$\frac{\mathrm{d}T}{\mathrm{d}s}=\frac{T}{c_n} \tag{3-65}$$

过程线的斜率也随 n 而变化。

膨胀功：

$$w=\int_1^2 p\mathrm{d}v$$

当 $n\neq1$ 时，将过程方程式 $p=p_1v_1{}^n/v^n$ 代入上式，积分后可得

$$w=\frac{1}{n-1}(p_1v_1-p_2v_2)=\frac{1}{n-1}R_g(T_1-T_2) \tag{3-66}$$

当 $n\neq0$ 和 $n\neq1$ 时，上式可进一步表示为

$$w=\frac{1}{n-1}R_gT_1\left[1-\left(\frac{p_2}{p_1}\right)^{\frac{n-1}{n}}\right] \tag{3-67}$$

技术功：

对于可逆过程，技术功为

$$w_t=-\int_1^2 v\mathrm{d}p$$

将过程方程式微分，可得 $v\mathrm{d}p=-np\mathrm{d}v$。当 $n\neq\infty$ 时，代入上式得

$$w_t=n\int_1^2 p\mathrm{d}v=nw \tag{3-68}$$

热量：

当 $n=1$ 时，为定温过程，由热力学第一定律可得

$$q=w$$

当 $n\neq1$ 时，若取比热容为定值，则

$$q=\Delta u+w=c_V(T_2-T_1)+\frac{1}{n-1}R_g(T_1-T_2)=\left(c_V-\frac{R_g}{n-1}\right)(T_2-T_1) \tag{3-69}$$

将 $c_V=\dfrac{R_g}{\kappa-1}$ 代入上式，得

$$q=\frac{n-\kappa}{n-1}c_V(T_2-T_1)=c_n(T_2-T_1) \tag{3-70}$$

式中，$c_n=\dfrac{n-\kappa}{n-1}c_V$，称为多变比热容。

如上所述，当 n 取不同的特定值时，多变过程变为前面讨论过的四种典型热力过程，多变过程的比热容也就分别取相应数值，即

膨胀功 w 的正负应以过起点的定容线为分界线。在 p-v 图上，由同一起点出发的多变过程线若位于定容线的右方，比体积增大，$w>0$；反之，$w<0$。在 T-s 图上，$w>0$ 的过程线位于定容线的右下方，$w<0$ 的过程线位于定容线的左上方。

技术功 w_t 的正负应以过起点的定压线为分界线。在 p-v 图上，由同一起点出发的多变过程线若位于定压线的下方，$w_t>0$；反之，$w_t<0$。在 T-s 图上，$w_t>0$ 的过程线位于定压线的右下方，$w_t<0$ 的过程线位于定压线的左上方。

热量 q 的正负应以过起点的定熵线为分界线。在 p-v 图上，吸热过程线位于绝热线的右上方，放热过程线位于绝热线的左下方。在 T-s 图上，$q>0$ 的过程线位于绝热线的右方，$q<0$ 的过程线位于绝热线的左方。

以上分别讨论了四种典型的基本热力工程和多变过程，为了便于对比，将四种典型热力过程和多变过程的公式汇总在表 3-2 中。

表 3-2　各种热力过程的计算公式

	定容过程 $n=\infty$	定压过程 $n=0$	定温过程 $n=1$	定熵过程 $n=\kappa$	多变过程 n
过程特征	$v=$定值	$p=$定值	$T=$定值	$s=$定值	
T、p、v 之间的关系式	$\dfrac{T_1}{p_1}=\dfrac{T_2}{p_2}$	$\dfrac{T_1}{v_1}=\dfrac{T_2}{v_2}$	$p_1v_1=p_2v_2$	$p_1v_1^{\kappa}=p_2v_2^{\kappa}$ $T_1v_1^{\kappa-1}=T_2v_2^{\kappa-1}$ $T_1p_1^{-\frac{\kappa-1}{\kappa}}=T_2p_2^{-\frac{\kappa-1}{\kappa}}$	$p_1v_1^{n}=p_2v_2^{n}$ $T_1v_1^{n-1}=T_2v_2^{n-1}$ $T_1p_1^{-\frac{n-1}{n}}=T_2p_2^{-\frac{n-1}{n}}$
Δu	$c_V(T_2-T_1)$	$c_V(T_2-T_1)$	0	$c_V(T_2-T_1)$	$c_V(T_2-T_1)$
Δh	$c_p(T_2-T_1)$	$c_p(T_2-T_1)$	0	$c_p(T_2-T_1)$	$c_p(T_2-T_1)$
Δs	$c_V\ln\dfrac{T_2}{T_1}$	$c_p\ln\dfrac{T_2}{T_1}$	$\dfrac{q}{T}$ $R_g\ln\dfrac{v_2}{v_1}$ $R_g\ln\dfrac{p_1}{p_2}$	0	$c_V\ln\dfrac{T_2}{T_1}+R_g\ln\dfrac{v_2}{v_1}$ $c_p\ln\dfrac{T_2}{T_1}-R_g\ln\dfrac{p_2}{p_1}$ $c_V\ln\dfrac{p_2}{p_1}+c_p\ln\dfrac{v_2}{v_1}$
比热容 c	$c_V=\dfrac{R_g}{\kappa-1}$	$c_p=\dfrac{\kappa R_g}{\kappa-1}$	∞	0	$\dfrac{n-\kappa}{n-1}c_V$
过程功 $w=\int_1^2 p\mathrm{d}v$	0	$p(v_2-v_1)$ $R_g(T_2-T_1)$	$R_gT\ln\dfrac{v_2}{v_1}$ $R_gT\ln\dfrac{p_1}{p_2}$	$-\Delta u$ $\dfrac{R_g}{\kappa-1}(T_1-T_2)$ $\dfrac{R_gT_1}{\kappa-1}\left[1-\left(\dfrac{p_2}{p_1}\right)^{\frac{\kappa-1}{\kappa}}\right]$	$\dfrac{R_g}{n-1}(T_1-T_2)$ $\dfrac{R_gT_1}{n-1}\left[1-\left(\dfrac{p_2}{p_1}\right)^{\frac{n-1}{n}}\right]$
技术功 $w_t=-\int_1^2 v\mathrm{d}p$	$v(p_1-p_2)$	0	$w_t=w$	$-\Delta h$ $\dfrac{\kappa R_g}{\kappa-1}(T_1-T_2)$ $\dfrac{\kappa R_gT_1}{\kappa-1}\left[1-\left(\dfrac{p_2}{p_1}\right)^{\frac{\kappa-1}{\kappa}}\right]$ $w_t=\kappa w$	$\dfrac{nR_g}{n-1}(T_1-T_2)$ $\dfrac{nR_gT_1}{n-1}\left[1-\left(\dfrac{p_2}{p_1}\right)^{\frac{n-1}{n}}\right]$ $w_t=nw$
过程热量 q	Δu	Δh	$T(s_2-s_1)$ $q=w=w_t$	0	$\dfrac{n-\kappa}{n-1}c_V(T_2-T_1)$

例 3-3 初态为 $p_1=0.1\text{MPa}$、$t_1=40℃$ 的空气，$V_1=0.052\text{m}^3$，在气缸中被可逆多变地压缩到 $p_2=0.565\text{MPa}$、$V_2=0.013\text{m}^3$，试求此多变过程的多变指数 n，压缩后的温度 t_2，过程中空气与外界交换的功量和热量，压缩过程中气体的热力学能、焓和熵的变化。

解 气缸内定量气体被压缩，取为闭口系统，被压缩的空气质量为

$$m=\frac{p_1V_1}{R_gT_1}=\frac{0.1\times10^6\text{Pa}\times0.052\text{m}^3}{287\text{J}/(\text{kg}\cdot\text{K})\times313\text{K}}=0.058\text{kg}$$

根据多变过程方程式，则有

$$p_1v_1^n=p_2v_2^n$$

对于一定量气体

$$p_1V_1^n=p_2V_2^n$$

由上式可求得多变指数为

$$n=\frac{\ln(p_2/p_1)}{\ln(V_1/V_2)}=\frac{\ln(0.565\text{MPa}/0.1\text{MPa})}{\ln(0.052\text{m}^3/0.013\text{m}^3)}=1.25$$

压缩终了的温度为

$$T_2=T_1\left(\frac{V_1}{V_2}\right)^{n-1}=313\text{K}\times\left(\frac{0.052\text{m}^3}{0.013\text{m}^3}\right)^{1.25-1}=442\text{K}$$

压缩过程中热力学能、焓、熵的变化量为

$$\Delta U=mc_V(T_2-T_1)=0.058\text{kg}\times0.717\text{kJ}/(\text{kg}\cdot\text{K})\times(442-313)\text{K}=5.36\text{kJ}$$

$$\Delta H=mc_p(T_2-T_1)=0.058\text{kg}\times1.004\text{kJ}/(\text{kg}\cdot\text{K})\times(442-313)\text{K}=7.51\text{kJ}$$

$$\begin{aligned}\Delta S&=m\left(c_V\ln\frac{T_2}{T_1}+R_g\ln\frac{v_2}{v_1}\right)=m\left(c_V\ln\frac{T_2}{T_1}+R_g\ln\frac{V_2}{V_1}\right)\\&=0.058\text{kg}\times\left[0.717\text{kJ}/(\text{kg}\cdot\text{K})\times\ln\frac{442\text{K}}{313\text{K}}+0.287\text{kJ}/(\text{kg}\cdot\text{K})\times\ln\frac{0.013\text{m}^3}{0.052\text{m}^3}\right]\\&=-0.0087\text{kJ/K}\end{aligned}$$

空气与外界交换的热量为

$$\begin{aligned}Q&=mq=m\frac{n-\kappa}{n-1}c_V(T_2-T_1)\\&=0.058\text{kg}\times\frac{1.25-1.40}{1.25-1}\times0.717\text{kJ}/(\text{kg}\cdot\text{K})\times(442-313)\text{K}=-3.21\text{kJ}\end{aligned}$$

式中负号说明过程中空气向外界放热。

空气做的膨胀功为

$$\begin{aligned}W&=\int_1^2p\text{d}V=\frac{1}{n-1}(p_1V_1-p_2V_2)\\&=\frac{1}{1.25-1}\times(0.1\times10^6\text{Pa}\times0.052\text{m}^3-0.565\times10^6\text{Pa}\times0.013\text{m}^3)\\&=-8580\text{J}=-8.58\text{kJ}\end{aligned}$$

式中负号说明空气被压缩，外界对系统做功。

3.3　理想混合气体

工程上常用的气态物质，往往不是单纯一种气体，而是由多种气体组成的混合气体。例如：空气就是一种混合气体，主要成分是 O_2 和 N_2，此外还有 H_2O、CO_2 及 Ar 等稀有气体；燃料燃烧后生成的燃气（烟气）是由 CO_2、N_2、O_2、H_2O 等气体组成的混合气体。

如果混合气体中各组成气体（简称组元）都具有理想气体的性质，则整个混合气体也具有理想气体的性质，其 p、v、T 之间的关系也符合理想气体状态方程式，这样的混合气体称为理想混合气体（以下简称混合气体）。在混合气体中，各组元之间不发生化学反应，它们各自互不影响地充满整个容器，每一种气体的行为就如同它们单独存在时一样。因此，混合气体的性质实际上就是各组元性质的组合，可以根据各组元的性质以及它们在混合气体中的组成份额，确定混合气体的密度、相对分子质量及气体常数等。

1. 理想混合气体的基本定律

（1）分压力与分压力定律　混合气体中每一种组元的分子都会撞击容器壁，从而产生各自的压力。通常，将各组元单独占有混合气体体积 V 并处于混合气体温度 T 时所呈现的压力，称为该组元的分压力，用 p_i 表示。

显然，混合气体的总压力应该等于各组元分压力之和，即

$$p = \sum_{i=1}^{k} p_i \tag{3-71a}$$

式中，p 为混合气体的总压力；p_i 为第 i 种组元的分压力。

式（3-71a）所表示的规律称为道尔顿分压定律。

其实，道尔顿分压定律表达式可以根据理想气体状态方程式导出。对理想混合气体

$$pV = nRT \tag{3-71b}$$

因为混合气体的物质的量等于各组元的物质的量之和，所以有

$$n = n_1 + n_2 + \cdots + n_k \tag{3-71c}$$

对各组元，以分压力表示的状态方程式为

$$\begin{gathered} p_1 V = n_1 RT \\ p_2 V = n_2 RT \\ \vdots \\ p_k V = n_k RT \end{gathered}$$

以上各式分别解出 n、n_i 并代入式（3-71c）可得

$$\frac{pV}{RT} = \frac{p_1 V}{RT} + \frac{p_2 V}{RT} + \cdots + \frac{p_k V}{RT}$$

于是可得

$$p = p_1 + p_2 + \cdots + p_k = \sum_{i=1}^{k} p_i$$

值得注意的是，道尔顿分压定律仅适用于理想混合气体，因为实际混合气体中，各组元气体之间存在着相互作用与影响。

（2）分体积与分体积定律　混合气体中第 i 种组元处于与混合气体相同压力 p 和相同温

度 T 时所单独占据的体积，称为该组元的分体积，用 V_i 表示。根据理想气体状态方程式，对第 i 种组元，可以分别写出以分压力和分体积表示的状态方程式

$$p_i V = n_i RT$$
$$p V_i = n_i RT$$

比较两式，可得

$$\frac{p_i}{p} = \frac{V_i}{V} \tag{3-72}$$

可见，任一组元的分压力与混合气体的压力之比，等于其分体积与混合气体的总体积之比。

对于各组元，可以分别写出以分体积表示的状态方程式：

$$pV_1 = n_1 RT$$
$$pV_2 = n_2 RT$$
$$\vdots$$
$$pV_k = n_k RT$$

从式（3-71b）和以上各式中分别解出 n 与 n_i，并代入式（3-71c）可得

$$\frac{pV}{RT} = \frac{pV_1}{RT} + \frac{pV_2}{RT} + \cdots + \frac{pV_k}{RT}$$

因此

$$V = V_1 + V_2 + \cdots + V_k = \sum_{i=1}^{k} V_i \tag{3-73}$$

式（3-73）说明，理想混合气体的总体积等于各组元的分体积之和，这一规律也常称为分体积相加定律。

2. 混合气体的成分

各组元在混合气体中所占的数量份额称为混合气体的成分。按所用数量单位的不同，成分的表示方法分为三种：质量分数、摩尔分数与体积分数。

（1）质量分数　如果混合气体由 k 种组元气体组成，其中第 i 种组元的质量 m_i 与混合气体总质量 m 的比值称为该组元的质量分数，用 w_i 表示，即

$$w_i = \frac{m_i}{m} \tag{3-74}$$

由于混合气体的总质量 m 等于各组元质量 m_i 的总和，即

$$m = \sum_{i=1}^{k} m_i \tag{3-75}$$

所以，各组元质量分数之和等于 1，即

$$\sum_{i=1}^{k} w_i = 1 \tag{3-76}$$

（2）摩尔分数　混合气体中，第 i 种组元的物质的量 n_i 与混合气体的物质的量 n 的比值，称为该组元的摩尔分数，用 x_i 表示，即

$$x_i = \frac{n_i}{n} \tag{3-77}$$

同样，由于混合气体的总物质的量 n 等于各组元的物质的量 n_i 之和，即

$$n=\sum_{i=1}^{k} n_i \tag{3-78}$$

因此，各组元气体的摩尔分数之和也等于 1，即

$$\sum_{i=1}^{k} x_i=1 \tag{3-79}$$

（3）体积分数　混合气体中，第 i 种组元的分体积 V_i 与混合气体总体积 V 的比值，称为该组元的体积分数，用 φ_i 表示，即

$$\varphi_i=\frac{V_i}{V} \tag{3-80}$$

根据分体积定律，各组成气体的体积分数之和也等于 1，即

$$\sum_{i=1}^{k} \varphi_i=1 \tag{3-81}$$

（4）各成分间的关系　对于第 i 种组元和混合气体，状态方程可分别表示为

$$pV_i=n_iRT$$
$$pV=nRT$$

比较两式，可得

$$\frac{V_i}{V}=\frac{n_i}{n}$$

即

$$\varphi_i=x_i \tag{3-82}$$

即理想混合气体中，各组元的体积分数 φ_i 与其摩尔分数 x_i 相等，所以混合气体的成分表示法实际上只有两种。

由式（3-72）与式（3-82）可得

$$p_i=\varphi_i p=x_i p \tag{3-83}$$

式（3-83）是计算各组成气体分压力的基本公式。

质量分数 w_i 和摩尔分数 x_i 是常用的两种成分表示法。如果用 M_i 代表第 i 种组成气体的摩尔质量，则

$$w_i=\frac{m_i}{m}=\frac{n_iM_i}{\sum_{i=1}^{k} n_iM_i}=\frac{\frac{n_i}{n}M_i}{\sum_{i=1}^{k}\frac{n_i}{n}M_i}=\frac{x_iM_i}{\sum_{i=1}^{k} x_iM_i} \tag{3-84}$$

同理

$$x_i=\frac{n_i}{n}=\frac{n_i}{\sum_{i=1}^{k} n_i}=\frac{m_i/M_i}{\sum_{i=1}^{k}(m_i/M_i)}$$
$$=\frac{m_i/(mM_i)}{\sum_{i=1}^{k} m_i/(mM_i)}=\frac{w_i/M_i}{\sum_{i=1}^{k} w_i/M_i} \tag{3-85}$$

已知一种成分，可以由以上两式换算成另一种成分。

3. 混合气体的平均摩尔质量和平均气体常数

混合气体的平均摩尔质量是为了计算方便而引入的一个假想的量。若混合气体的总质量为 m，总物质的量为 n，则混合气体的平均摩尔质量为

$$M=\frac{m}{n}$$

如果混合气体的质量分数 w_i 已知，则根据混合气体的总物质的量等于各组成气体物质的量之和，即

$$n=n_1+n_2+\cdots+n_k$$

亦即

$$\frac{m}{M}=\frac{m_1}{M_1}+\frac{m_2}{M_2}+\cdots+\frac{m_k}{M_k}$$

于是

$$M=\frac{1}{\dfrac{m_1}{mM_1}+\dfrac{m_2}{mM_2}+\cdots+\dfrac{m_k}{mM_k}}=\frac{1}{\sum\limits_{i=1}^{k}\dfrac{w_i}{M_i}} \tag{3-86}$$

可见，只要知道了各组元的种类及其质量分数 w_i，就可根据式（3-86）方便地计算出平均摩尔质量 M。

如果已知混合气体的摩尔分数 x_i（或体积分数 φ_i），则根据

$$m=m_1+m_2+\cdots+m_k$$

即

$$nM=n_1M_1+n_2M_2+\cdots+n_kM_k$$

可得混合气体的平均摩尔质量为

$$M=\sum_{i=1}^{k}x_iM_i=\sum_{i=1}^{k}\varphi_iM_i \tag{3-87}$$

当各组元的种类及摩尔分数（或体积分数）已知时，用式（3-87）计算 M 更为方便。

在求得混合气体平均摩尔质量的基础上，平均气体常数 R_g 即可由下式求得：

$$R_g=\frac{R}{M}=R\sum_{i=1}^{k}\frac{w_i}{M_i}=\frac{R}{\sum\limits_{i=1}^{k}x_iM_i}=\frac{R}{\sum\limits_{i=1}^{k}\varphi_iM_i}x_i \tag{3-88}$$

4. 混合气体的比热容

对质量为 m 的混合气体加热时，如果不发生化学反应，则使混合气体的温度升高 1K 所需要的热量就等于各组元分别升高 1K 所需热量的总和，即

$$mc=\sum_{i=1}^{k}m_ic_i$$

由上式可得

$$c_p=\sum_{i=1}^{k}w_ic_{p,i} \tag{3-89}$$

$$c_V = \sum_{i=1}^{k} w_i c_{V,i} \tag{3-90}$$

即混合气体的比热容等于各组元的比热容与各自的质量分数乘积的总和。同理可得

$$C_{p,m} = Mc_p = \sum_{i=1}^{k} x_i M_i c_{p,i} = \sum_{i=1}^{k} x_i C_{p,m,i} \tag{3-91}$$

$$C_{V,m} = Mc_V = \sum_{i=1}^{k} x_i M_i c_{V,i} = \sum_{i=1}^{k} x_i C_{V,m,i} \tag{3-92}$$

即混合气体的摩尔热容等于各组元的摩尔热容与各自摩尔分数乘积的总和。混合气体的体积热容可由其摩尔热容除以 22.4 得到。

例 3-4　由 2kg 的 CO_2 和 3kg 的 CO 所组成的混合气体，压力为 0.2MPa，温度为 80℃。对混合气体进行可逆绝热压缩，使其压力升高到 1MPa，温度升高到 268℃。如混合气体及各组成气体的比热容皆可视为定值，试求混合气体的比热容比、气体常数以及热力学能和焓的变化。

解　CO_2 为三原子理想气体，$\gamma=1.29$；CO 为双原子理想气体，$\gamma=1.40$。则

$$c_{V,CO_2}=\frac{R_g}{\gamma-1}=\frac{8.3145\text{J/(mol·K)}}{44\times10^{-3}\text{kg/mol}\times(1.29-1)}=0.652\text{kJ/(kg·K)}$$

$$c_{p,CO_2}=\gamma c_{V,CO_2}=1.29\times0.652\text{kJ/(kg·K)}=0.841\text{kJ/(kg·K)}$$

$$c_{V,CO}=\frac{R_g}{\gamma-1}=\frac{8.3145\text{J/(mol·K)}}{28\times10^{-3}\text{kg/mol}\times(1.40-1)}=0.742\text{kJ/(kg·K)}$$

$$c_{p,CO}=\gamma c_{V,CO}=1.40\times0.742\text{kJ/(kg·K)}=1.039\text{kJ/(kg·K)}$$

各组成气体的质量分数为

$$w_{CO_2}=\frac{2\text{kg}}{2\text{kg}+3\text{kg}}=\frac{2}{5}$$

$$w_{CO}=\frac{3\text{kg}}{2\text{kg}+3\text{kg}}=\frac{3}{5}$$

混合气体的 c_V、c_p、比热容比 γ 及 R_g 为

$$\begin{aligned}c_V &= \sum_{i=1}^{k} w_i c_{V,i} = w_{CO_2}c_{V,CO_2} + w_{CO}c_{V,CO}\\ &=\left(\frac{2}{5}\times0.652+\frac{3}{5}\times0.742\right)\text{kJ/(kg·K)}=0.706\text{kJ/(kg·K)}\end{aligned}$$

$$\begin{aligned}c_p &= \sum_{i=1}^{k} w_i c_{p,i} = w_{CO_2}c_{p,CO_2} + w_{CO}c_{p,CO}\\ &=\left(\frac{2}{5}\times0.841+\frac{3}{5}\times1.039\right)\text{kJ/(kg·K)}=0.960\text{kJ/(kg·K)}\end{aligned}$$

$$\gamma=\frac{c_p}{c_V}=\frac{0.960\text{kJ/(kg·K)}}{0.706\text{kJ/(kg·K)}}=1.36$$

$$R_g=c_p-c_V=(0.960-0.706)\text{kJ/(kg·K)}=0.254\text{kJ/(kg·K)}$$

混合气体的热力学能和焓的变化分别为

$$\Delta U=mc_V(T_2-T_1)=5\text{kg}\times0.706\text{kJ/(kg·K)}\times(541-353)\text{K}=663.6\text{kJ}$$

$$\Delta H = mc_p(T_2-T_1) = 5\text{kg}\times 0.960\text{kJ}/(\text{kg}\cdot\text{K})\times(541-353)\text{K} = 902.4\text{kJ}$$

3.4 水蒸气

工程上用的气态工质可以分为两类，即气体和蒸气，两者之间并无严格的界限。蒸气泛指刚刚脱离液态或比较接近液态的气态物质，在被冷却或被压缩时，很容易变回液态。一般地说，蒸气分子间的距离较小，分子间的作用力及分子本身的体积不能忽略，因此，蒸气一般不能作为理想气体处理。

工程上常用的蒸气有水蒸气、氨蒸气、氟利昂蒸气等。由于水蒸气来源丰富，耗资少，无毒无味，比热容大，传热好，有良好的膨胀和载热性能，是热工技术上应用最广泛的一种工质。

各种物质的蒸气虽然各有特点，但其热力性质及物态变化规律都有许多类似之处。这里仅以水蒸气（简称蒸汽）为例，对它的产生、状态的确定及其基本热力过程进行分析。

1. 水蒸气的产生过程

蒸气是由液体汽化而产生的。液体汽化有两种形式：蒸发和沸腾。

由于液体中的分子在不停地进行着无规则的热运动，每个分子的动能大小不等，在液体表面总会有一些动能大的分子克服邻近分子的引力而逸出液面。形成蒸气，这就是蒸发。蒸发是在液体表面进行的汽化现象。蒸发可以在任何温度下进行，但温度越高，能量较大的分子越多，蒸发越强烈。

与蒸发不同，在给定的压力下，沸腾是在特定温度下发生、在液体内部和表面同时进行并且伴随着大量汽泡产生的剧烈的汽化现象。实验证明，液体沸腾时，尽管对其继续加热，但液体的温度保持不变。

无论蒸发还是沸腾，如果液面上方是和大气相连的自由空间，那么一般情况下汽化过程可以一直进行到液体全部变为蒸气为止。当液体在有限的密闭空间内汽化时，则不仅有分子逸出液体表面而进入蒸气空间，而且会有分子从蒸气空间落到液体表面，回到液体中。开始时，单位时间从液面逸出的分子多于返回液面的分子，蒸气空间中的分子数不断增加。但当蒸气空间中蒸气的密度达到一定程度时，在同一时间内逸出液面的分子就会与回到液面的分子数目相等，气、液两相达到了动态平衡，这种状态称为饱和状态。饱和状态下的液体和蒸气分别称为饱和液体和饱和蒸气。饱和蒸气的压力和温度分别称为饱和压力（用 p_s 表示）和饱和温度（用 t_s 表示），二者一一对应，且饱和压力越高，饱和温度也越高。例如：对于水蒸气，当 $p_s=0.101325\text{MPa}$ 时，$t_s=100℃$；当 $p_s=1\text{MPa}$ 时，$t_s=179.916℃$。

工程上应用的水蒸气，通常是在锅炉内对水定压加热产生的。下面用图 3-6 说明水蒸气的产生过程：假设一筒状容器中盛有 1kg、温度为 t 的水，在水面上有一个可以移动的活塞，可施加一定的压力 p，并在容器底部对水加热。水蒸气的产生过程一般可以分为以下三个阶段。

（1）水定压预热　假设容器中水的初始状态的压力为 p，温度为 $t(<t_s)$，如图 3-6a 所示。这时水温低于压力 p 对应的饱和温度 t_s，所以称为未饱和水。随着热量的加入，水的温度逐渐升高，比体积也略有增加。当水的主体温度升高到压力 p 所对应的饱和温度 t_s 时，达到饱和状态，成为饱和水，如图 3-6b 所示。饱和水的参数用相应参数上方加一撇表示，如 v'、h'和 s'分别表示饱和水的比体积、比焓和比熵。从图 a 到图 b 的过程为定压预热过程。

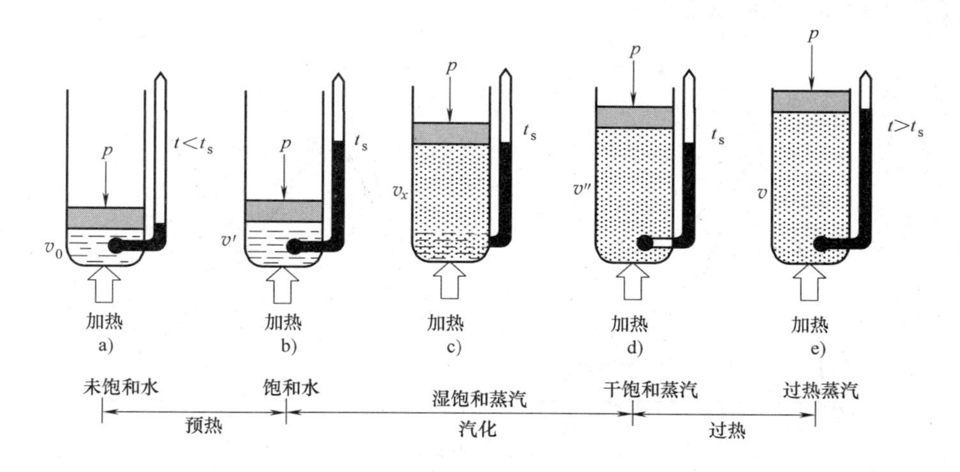

图 3-6　水蒸气产生过程示意图

（2）饱和水定压汽化　对饱和水继续加热，水开始汽化（沸腾），不断地变为蒸汽，水温保持饱和温度不变。这时容器内汽、液两相共存，统称为湿饱和蒸汽，简称湿蒸汽（图 3-6c）。由于湿蒸汽的温度和压力是两个互相依赖的参数，所以给出湿蒸汽的温度和压力并不能确定湿蒸汽的状态。由于湿蒸汽由压力、温度相同的干饱和蒸汽和饱和水按不同的质量比例所组成，所以要具体地确定湿蒸汽所处的状态，除了说明它的压力或温度外，还必须指出干饱和蒸汽和饱和水的质量比例。湿蒸汽中所含有的干饱和蒸汽的质量分数，称为湿蒸汽的干度，用 x 表示，即

$$x=\frac{m_v}{m_w+m_v} \tag{3-93}$$

式中，m_v 和 m_w 分别为湿蒸汽中所含干饱和蒸汽和饱和水的质量。

当对湿蒸汽继续加热直到最后一滴水变为蒸汽时，容器中的蒸汽称为干饱和蒸汽，简称干蒸汽，如图 3-6d 所示。干蒸汽的比体积、焓和熵分别用 v''、h''和 s''表示。从图 b 到图 d 为水的定压汽化过程，整个汽化过程吸收的热量称为汽化潜热（简称汽化热），以 r 表示，单位为 J/kg。

（3）干蒸汽定压过热　对干饱和蒸汽继续加热，蒸汽的温度又开始上升，超过了该压力对应的饱和温度，其比体积也继续增加，这时的蒸汽称为过热蒸汽，如图 3-6e 所示。从图 d 到图 e 为蒸汽的定压过热过程，这一过程吸收的热量称为过热热量。过热蒸汽的温度与同压力下饱和温度之差称为过热度。

综上所述，水蒸气的定压形成过程经历了预热、汽化和过热三个阶段，并先后经历未饱和水、饱和水、湿饱和蒸汽、干饱和蒸汽和过热蒸汽五种状态。

如果将不同压力下蒸汽的形成过程表示在 p-v 图与 T-s 图上，并将不同压力下对应的状态点连接起来，就得到了图 3-7 中的 $a_1a_2a_3\cdots$线、$b_1b_2b_3\cdots$线以及 $d_1d_2d_3\cdots$线，它们分别表示各种压力下的水、饱和水以及干饱和蒸汽状态。$a_1a_2a_3\cdots$线近乎一条垂直线，这是因为低温时的水几乎不可压缩，压力升高，比体积基本不变。$b_1b_2b_3\cdots$线称为饱和水线或下界线，它表示的是不同压力下饱和水的状态。$d_1d_2d_3\cdots$线称为干饱和蒸汽线或上界线，它表示的是

不同压力下干饱和蒸汽的状态。

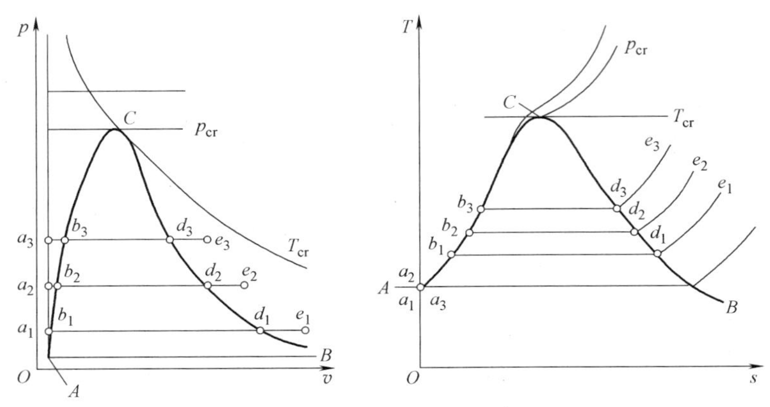

图 3-7　不同压力下水蒸气的产生过程

由图 3-7 可以清楚地看到，随着压力的增加，饱和水与干饱和蒸汽两点间的距离逐渐缩短。当压力增加到某一临界值时，饱和水与干饱和蒸汽不仅具有相同的压力和比体积，而且具有相同的温度和熵，这时的饱和水与干饱和蒸汽之间的差异已完全消失，在图中由同一点 C 表示，这个点称为临界点，这样一种特殊的状态称为临界状态。临界状态的各热力参数都加下角标“cr”，如水的临界参数为：$p_{cr}=22.064\text{MPa}$、$t_{cr}=373.99℃$、$v_{cr}=0.003106\text{m}^3/\text{kg}$、$h_{cr}=2085.9\text{kJ/kg}$、$s_{cr}=4.4092\text{kJ/(kg·K)}$。水在临界压力 p_{cr} 下定压加热到临界温度 t_{cr} 时，不存在汽液分界线和汽液共存的汽化过程，再加热就直接成为过热蒸汽。

饱和水线 CA 与饱和蒸汽线 CB 分别将 p-v 图和 T-s 图分为三个区域：CA 线的左方是未饱和水区；CA 线与 CB 线之间为汽液两相共存的湿蒸汽区；CB 线右方为过热蒸汽区。

综上所述，在表示水的汽化过程的 p-v 图与 T-s 图上，有 1 点（临界点）、2 线（上、下界线）、3 区（液相区、汽液两相区、汽相区）和 5 态（未饱和水、饱和水、湿蒸汽、干蒸汽、过热蒸汽）。

2. 水蒸气的状态参数

水蒸气的性质与理想气体差别很大，其 p、v、T 的关系不满足理想气体状态方程式 $pv=R_gT$，水蒸气的热力学能和焓也不是温度的单值函数，数学表达式很复杂。为了便于工程计算，将不同温度和不同压力下的未饱和水、饱和水、干饱和蒸汽和过热蒸汽的比体积、焓、熵等各种状态参数列成表或绘成线算图，利用它们可以很容易地确定水蒸气的状态参数。

（1）水与水蒸气表　有两种表，一种是饱和水与饱和蒸汽表，另一种是未饱和水与过热蒸汽表。为了使用方便，饱和水与饱和蒸汽表又分为以压力为序（附录 E）和以温度为序（附录 F）两种。

遵循国际规定，蒸汽表取三相点（即固、液、汽三相共存状态）液相水的热力学能和熵为零。在三相点，液相水的状态参数分别为 $p=611.7\text{Pa}$、$v=0.00100021\text{m}^3/\text{kg}$、$T=273.16\text{K}$、$u=0\text{kJ/kg}$、$s=0\text{kJ/(kg·K)}$。根据焓的定义，三相点液相水的焓为

$$
\begin{aligned}
h&=u+pv=0\text{kJ/kg}+611.7\text{Pa}\times0.00100021\text{m}^3/\text{kg}\\
&=0.00061\text{kJ/kg}\approx0\text{kJ/kg}
\end{aligned}
$$

在以温度为序的饱和水与饱和水蒸气表中，列出了不同温度对应的饱和压力 p_s；而在

以压力为序的表中则列出了与不同压力对应的饱和温度 t_s。两种表都列出了饱和水与干饱和蒸汽的比体积、焓和熵，同时还列出了每千克饱和水蒸发为同温度下的干蒸汽所需要的汽化热 γ，显然 $\gamma=h''-h'$。

利用附录 E、附录 F 可以确定饱和水、干蒸汽以及湿蒸汽的状态。对于饱和水与干蒸汽，只要知道压力和温度中的任何一个参数，就可以从饱和水与饱和蒸汽表中直接查得其他参数。

由于湿蒸汽是由压力、温度相同的饱和水与干蒸汽所组成的混合物，要确定其状态，除了要知道它的压力（或温度）外，还必须知道它的干度 x。因为 1kg 湿蒸汽是由 $x$kg 干蒸汽和（$1-x$）kg 饱和水混合而成的，因此，1kg 湿蒸汽的各有关参数就等于 $x$kg 干蒸汽的相应参数与（$1-x$）kg 饱和水的相应参数之和，即

$$v_x=xv''+(1-x)v'=v'+x(v''-v') \tag{3-94}$$

$$h_x=xh''+(1-x)h'=h'+x(h''-h') \tag{3-95}$$

$$s_x=xs''+(1-x)s'=s'+x(s''-s') \tag{3-96}$$

比热力学能 u 值一般不列入表中，需要时可由 $u=h-pv$ 计算。计算时应注意单位的统一，表中 h 的单位是 kJ/kg，因此计算时 p 的单位要用 kPa。

附录 G 是未饱和水与过热蒸汽表。表中粗黑线以上为未饱和水的参数，粗黑线以下为过热蒸汽的参数。对于未饱和水和过热蒸汽，已知任何两个状态参数都可以由附录 G 确定出其他状态参数，以上三张表中没有列出的状态，可以通过直线内插法求得。

例 3-5　利用水蒸气表确定下列各点所处的状态：

1）$t=200℃$，$v=0.00115641\text{m}^3/\text{kg}$；

2）$t=120℃$，$v=0.89219\text{m}^3/\text{kg}$；

3）$p=5\text{kPa}$，$s=6.5042\text{kJ/kg}$；

4）$p=0.5\text{MPa}$，$v=0.545\text{m}^3/\text{kg}$。

解　1）由 $t=200℃$ 查以温度为序的饱和蒸汽表（见附录 F），则对应于该温度的饱和水的比体积 $v'=0.00115641\text{m}^3/\text{kg}$，所以该状态为饱和水。

2）由 $t=120℃$ 查饱和蒸汽表，得 $v'=0.89219\text{m}^3/\text{kg}$，所以该点为干饱和蒸汽。

3）由 $p=5\text{kPa}$ 查饱和蒸汽表（附录 E）得 $s'=0.4761\text{kJ/(kg·K)}$，$s''=8.3930\text{kJ/(kg·K)}$，而 $s'<s<s''$，故此状态为湿蒸汽，其干度为

$$x=\frac{s-s'}{s''-s'}=\frac{(6.5042-0.4761)\text{kJ/(kg·K)}}{(8.3930-0.4761)\text{kJ/(kg·K)}}=0.76$$

4）由 $p=0.5\text{MPa}$ 查饱和蒸汽表，$v''=0.37486\text{m}^3/\text{kg}$，因 $v>v''$，故该状态为过热蒸汽。由附录 G，通过内插法确定其温度，查过热蒸汽表，得

$$300℃,\quad v=0.52255\text{m}^3/\text{kg}$$

$$350℃,\quad v=0.57012\text{m}^3/\text{kg}$$

所以 $v=0.545\text{m}^3/\text{kg}$ 时过热蒸汽的温度为

$$t=300℃+\frac{(0.545-0.52255)\text{m}^3/\text{kg}}{(0.57012-0.52255)\text{m}^3/\text{kg}}\times 50℃=323.60℃$$

（2）水蒸气的焓熵图　利用蒸汽表确定蒸汽的状态虽然准确度高，但往往需要进行内插。此外，从水蒸气表上并不能直接查得湿蒸汽的参数，如果根据表中的数据制成状态图，则将克服以上不足。尤其对水蒸气的热力过程进行分析计算时，图比表更直观方便。

工程上分析水蒸气的热力过程时，最常用的是水蒸气的焓熵图（h-s 图），其结构如图 3-8 所示。图中，C 为临界点，CA 为 $x=0$ 的下界线（即饱和水线），CB 为 $x=1$ 的上界线（即干饱和蒸汽线）。ACB 线的下面为湿蒸汽区，曲线 CB 的右上方为过热蒸汽区。图中标有定压线簇和定温线簇，在湿蒸汽区内还标有定干度线。

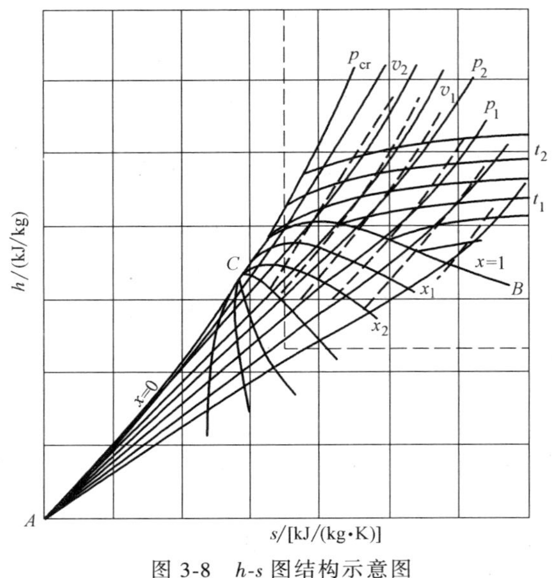

图 3-8　h-s 图结构示意图

湿蒸汽区的定压线是倾斜直线。根据热力学第一定律，$\delta q=\mathrm{d}h+\delta w_t$，对于可逆过程，$T\mathrm{d}s=\mathrm{d}h-v\mathrm{d}p$，于是可得定压线的斜率为$(\partial h/\partial s)_p=T$。由于湿蒸汽的压力与温度是互相依赖的，所以湿蒸汽区的定压线也就是定温线。

在过热蒸汽区，从干饱和蒸汽线开始，定压线不再是直线。其斜率随温度升高而增大，是向右上方翘的曲线。定温线与定压线在上界线处开始分离，而且随温度的升高及压力的降低，定温线逐渐接近于水平的定焓线。这表明，此时过热蒸汽的性质逐渐接近于理想气体。在工程计算用的详图中还标有定容线，一般用红线标出，其斜率大于定压线。

在焓熵图中，水及 $x<0.6$ 的湿蒸汽区域里曲线密集，查图所得数据误差很大，如果需要水或干度比较小的湿蒸汽的参数，可以查水与水蒸气表。由于工程上使用的多是过热蒸汽或 $x>0.7$ 的湿蒸汽，所以实用的焓熵图只限于图 3-8 中右上方用虚线框出的部分，工程上用的 h-s 图就是将这部分放大后绘制而成的。

此外，在 150℃以内，水的比热容可近似地取为 4.187kJ/(kg·K) 或 1kcal/(kg·K)，所以温度不超过 150℃时，水的焓 $h=4.187\{t\}_{℃}$ kJ/kg 或 $h\approx\{t\}_{℃}$ kcal/kg。

3.5　水蒸气的基本热力过程

与理想气体一样，分析水蒸气热力过程的目的，是了解过程中工质状态的变化规律，确定过程中工质与外界的能量交换。

在热工计算中，经常遇到蒸汽的定压过程和绝热过程。蒸汽的形成与凝结过程都是在定压下进行的，这种情况下蒸汽与外界之间无功量交换，与外界交换的热量可以用焓差表示。

蒸汽在蒸汽机或汽轮机中的膨胀做功过程，可近似认为是绝热过程，如不考虑摩擦损失，则为可逆绝热过程，在 h-s 图上为一垂直线，过程中与外界之间的功量交换也可用焓差表示。所以，h-s 图用于水蒸气热力过程的定量计算极为方便。

具体分析计算时，一般按下列步骤进行：

1）根据初态的给定条件，在 h-s 图上（或水蒸气表中）查出初态的其他参数值。

2）根据初态和过程的特点以及终态的一个参数值，确定终态，查出终态的其他参数值，并将过程表示在坐标图上，如图 3-9 所示。

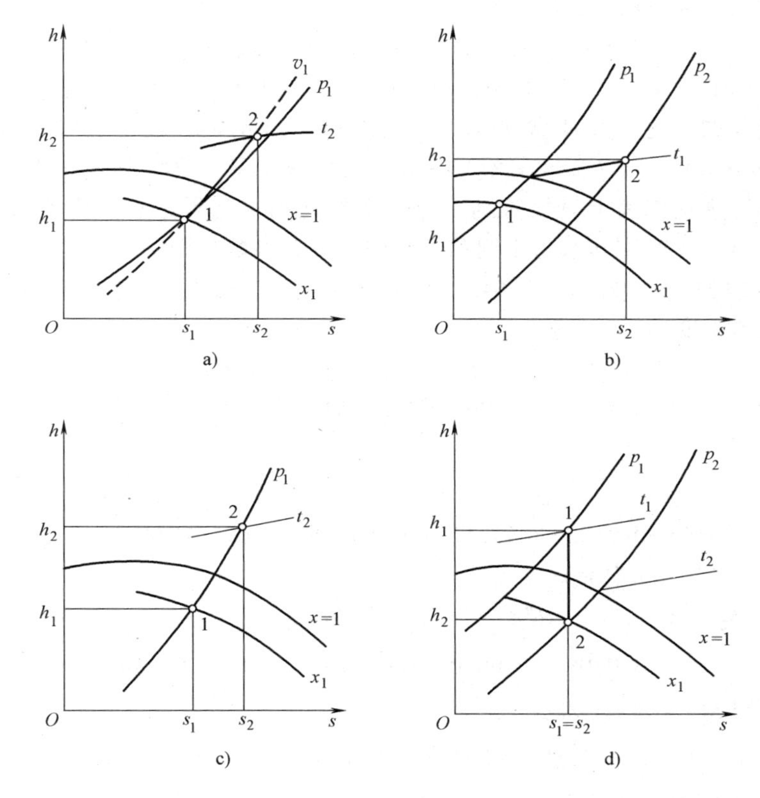

图 3-9　水蒸气的基本热力过程

a）定容过程　b）定温过程　c）定压过程　d）定熵过程

3）根据热力学基本定律，结合过程的特点，计算过程中工质与外界交换的能量，所采用的计算公式如下：

定容过程　$w=0$，$w_t=v(p_1-p_2)$

$$q=u_2-u_1=(h_2-h_1)-(p_2-p_1)v$$

定压过程　$w=p(v_2-v_1)$，$w_t=0$

$$q=h_2-h_1$$

定温过程　$w=q-\Delta u=T(s_2-s_1)-(h_2-h_1)+(p_2v_2-p_1v_1)$

$$w_t=q-\Delta u=T(s_2-s_1)-(h_2-h_1)$$

$$q=\int_1^2 T\mathrm{d}s=T(s_2-s_1)$$

定熵过程 $w=u_2-u_1$，$w_t=h_1-h_2$，$q=0$

例 3-6 水蒸气由 $p_1=1\text{MPa}$，$t_1=300℃$ 可逆绝热膨胀到 $p_2=0.1\text{MPa}$，求每千克蒸汽所做出的轴功和膨胀功。

解 首先用水蒸气表查出初态参数。根据 $p_1=1\text{MPa}$，$t_1=300℃$ 查未饱和水和过热蒸汽表，得

$$h_1=3050.4\text{kJ/kg}, v_1=0.25793\text{m}^3/\text{kg}$$
$$s_1=7.1216\text{kJ/(kg·K)}$$
$$u_1=h_1-p_1v_1$$
$$=3050.4\text{kJ/kg}-1\times10^6\text{Pa}\times0.25793\text{m}^3/\text{kg}=2792.47\text{kJ/kg}$$

根据 $p_2=0.1\text{MPa}$、$s_2=s_1=7.1216\text{kJ/(kg·K)}$，查出终态参数。首先应根据 p_2 和 s_2 值确定终态时水蒸气的状态。具体做法是，先查出 $p=0.1\text{MPa}$ 时饱和水与干饱和蒸汽的熵：$s'=1.3028\text{kJ/(kg·K)}$、$s''=7.3589\text{kJ/(kg·K)}$。因 $s'<s_2<s''$，故状态 2 是湿蒸汽，其参数不能从未饱和水和过热蒸汽表上直接查到，而需根据饱和水与干饱和蒸汽参数进行计算。为此，先查出 $p=0.1\text{MPa}$ 时饱和水与干饱和蒸汽的各有关参数，即

$$v'=0.0010431\text{m}^3/\text{kg}, v''=1.6493\text{m}^3/\text{kg}, h'=417.52\text{kJ/kg}, h''=2675.1\text{kJ/kg}$$

计算湿蒸汽的干度

$$x_2=\frac{s_2-s'}{s''-s'}=\frac{(7.1216-1.3028)\text{kJ/(kg·K)}}{(7.3589-1.3028)\text{kJ/(kg·K)}}=0.9608$$

于是可求出

$$h_2=(1-x_2)h'+x_2h''$$
$$=(1-0.9608)\times417.52\text{kJ/kg}+0.9608\times2675.1\text{kJ/kg}$$
$$=2586.6\text{kJ/kg}$$
$$v_2=(1-x_2)v'+x_2v''$$
$$=(1-0.9608)\times0.0010431\text{m}^3/\text{kg}+0.9608\times1.6493\text{m}^3/\text{kg}$$
$$\approx1.6279\text{m}^3/\text{kg}$$
$$u_2=h_2-p_2v_2=2586.6\text{kJ/kg}-0.1\times10^6\text{Pa}\times1.6279\times10^{-3}\text{m}^3/\text{kg}$$
$$=2423.8\text{kJ/kg}$$

于是可得蒸汽对外所做的轴功和膨胀功为

$$w_s=h_1-h_2=3050.4\text{kJ/kg}-2586.6\text{kJ/kg}=463.8\text{kJ/kg}$$
$$w=u_1-u_2=2792.47\text{kJ/kg}-2423.8\text{kJ/kg}=368.67\text{kJ/kg}$$

蒸汽在蒸汽机或汽轮机内膨胀时，如果忽略散热并假定没有摩擦损失，就可以按理想绝热过程进行计算。

3.6 湿空气

在自然界中，由于江河湖海里水的蒸发，使空气中总含有一些水蒸气。这种含有水蒸气的空气称为湿空气。完全不含水蒸气的空气称为干空气。由于湿空气中水蒸气的含量极少，在某些情况下往往可以忽略水蒸气的影响。但是，在干燥、空气调节以及精密仪表和电绝缘

的防潮等对空气中的水蒸气特殊敏感的领域，则必须考虑空气中水蒸气的影响。由于湿空气中水蒸气的分压力很低，可视水蒸气为理想气体。所以，一般情况下湿空气可以看作理想混合气体。根据道尔顿定律，湿空气的总压力 p 等于水蒸气的分压力 p_v 与干空气的分压力 p_a 之和，即

$$p=p_v+p_a \tag{3-97}$$

式中，下标 v 代表水蒸气；a 代表干空气。

1. 未饱和湿空气与饱和湿空气

根据湿空气中所含水蒸气的状态是否饱和，或者根据湿空气是否具有吸收水分的能力，可分为未饱和湿空气与饱和湿空气。

如果湿空气中所含水蒸气的分压力 p_v 低于湿空气温度 T 所对应的水蒸气的饱和压力 $p_s(T)$，则水蒸气处于过热状态（如图 3-10 中的 1 点所示），或者说湿空气还具有吸收水分的能力，这样的湿空气称为未饱和湿空气。

如果维持未饱和湿空气的温度不变，而使其中的水蒸气含量增加，其压力 p_v 也随之不断地增大。当 p_v 等于湿空气的温度 T 所对应的饱和压力 $p_s(T)$ 时，湿空气中的水蒸气达到饱和状态，湿空气不再具有吸收水分的能力，如图 3-10 中的 2 点。这种由于空气与饱和水蒸气组成的湿空气，称为饱和湿空气。

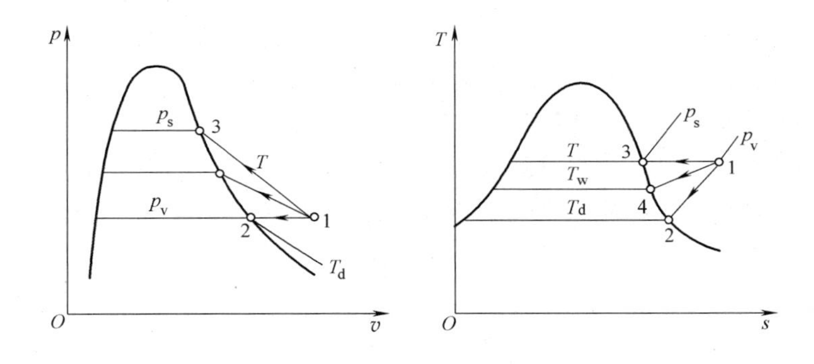

图 3-10　湿空气中水蒸气的状态

当饱和湿空气的温度提高时，饱和湿空气即变成未饱和湿空气。例如，当湿空气的温度为 20℃、水蒸气的分压力 $p_v=0.0023385\text{MPa}$ 时，是饱和湿空气。而在定压下将湿空气的温度提高到 30℃时，对应的饱和压力 $p_s=0.0042451\text{MPa}$。因 $p_s>p_v$，这时的湿空气就是未饱和湿空气。

2. 露点

如果将未饱和湿空气（其中水蒸气的状态由图 3-10 中的 1 点代表）在定压下逐渐冷却，由于湿空气的总压力、干空气和水蒸气的分压力均不变，所以过程中水蒸气的状态将沿着分压力 p_v 不变的过程 1-2 变化。当温度降到与水蒸气分压力相对应的饱和温度（如图 3-10 中的 2 点所示）时，湿空气中的水蒸气便由过热状态变为饱和状态，相应的湿空气也就由未饱和湿空气变为饱和湿空气。若继续冷却降温，则其中的部分水蒸气将凝结为水，即出现所谓的结露现象。结露在初秋早晨的草地上最为常见，即使在盛夏，当空气湿度较大时，在自

来水管的外表面也会出现结露。湿空气中水蒸气分压力 p_v 所对应的饱和温度，称为露点温度，简称露点，以 T_d 表示。如果露点温度低于 0℃，就会出现结霜，因此，测定露点还可以预报是否会有霜冻出现。

3. 绝对湿度、相对湿度和含湿量

湿空气的湿度是指湿空气中水蒸气的含量。前面已指出，水蒸气的分压力可以表示湿空气中所含水蒸气的多少。此外，湿空气中水蒸气的含量还可以用绝对湿度、相对湿度和含湿量来表示。

（1）绝对湿度　$1m^3$ 的湿空气中所含水蒸气的质量称为湿空气的绝对湿度。它等于按湿空气的温度 T 和水蒸气的分压力 p_v 所确定的水蒸气的密度 ρ_v，即

$$\rho_v = \frac{m_v}{V} = \frac{p_v}{R_{g,v}T} \tag{3-98}$$

式中，$R_{g,v}$ 为水蒸气的气体常数。

由式（3-98）可知，当温度一定时，绝对湿度随湿空气中水蒸气分压力 p_v 的增大而增大。当水蒸气分压力 p_v 达到湿空气温度 T 所对应的饱和压力 p_s 时，绝对湿度达到最大值，此时的湿空气就是饱和湿空气。最大绝对湿度可表示为

$$\rho_s = \frac{p_s}{R_{g,v}T} \tag{3-99}$$

具有相同绝对湿度的湿空气，由于所处的温度不同，吸湿能力也就有所不同，所以绝对湿度的大小还不能完全说明湿空气的吸湿能力，即不能说明湿空气的干燥或潮湿程度。为了说明湿空气的潮湿程度，引进相对湿度的概念。

（2）相对湿度　湿空气的绝对湿度 ρ_v 与同温度下湿空气的最大绝对湿度，即饱和湿空气的绝对湿度 ρ_s 之比称为湿空气的相对湿度，用 φ 表示，即

$$\varphi = \frac{\rho_v}{\rho_s}$$

根据理想气体状态方程式 $\rho_v = p_v/(R_{g,v}T)$，$\rho_s = p_s/(R_{g,v}T)$，可得

$$\varphi = \frac{\rho_v}{\rho_s} = \frac{p_v}{p_s} \tag{3-100}$$

相对湿度 φ 的数值范围为 0~1。φ 值越小，湿空气中水蒸气偏离饱和状态越远，空气越干燥，吸湿能力越强；对于干空气，$\varphi=0$；反之，φ 值越大，则湿空气中的水蒸气越接近饱和状态，空气越潮湿，吸湿能力越弱；当 $\varphi=1$ 时，空气为饱和湿空气，不具有吸湿能力。

（3）含湿量　在空调或干燥过程中，湿空气中水蒸气的含量会有变化，而干空气的含量则不改变。因此，为了分析和计算上的方便，通常采用单位质量干空气作为计算基准。在湿空气中，与单位质量干空气共存的水蒸气的质量，称为湿空气的含湿量或比湿度，用 d 表示，即

$$d = \frac{m_v}{m_a} = \frac{\rho_v}{\rho_a} \tag{3-101}$$

d 的单位为 kg/kg。

根据理想气体状态方程式，可得

$$\rho_v=\frac{p_v}{R_{g,v}T},\quad \rho_a=\frac{p_a}{R_{g,a}T}$$

其中 $R_{g,v}=461.5\text{J}/(\text{kg}\cdot\text{K})$，$R_{g,a}=287\text{J}/(\text{kg}\cdot\text{K})$，并考虑到湿空气的总压力为 $p=p_v+p_a$，代入式（3-101）可得

$$d=0.622\frac{p_v}{p-p_v}\tag{3-102}$$

式（3-102）说明，当湿空气压力 p 一定时，含湿量 d 只取决于水蒸气的分压力 p_v，即 $d=f(p_v)$。因为 $p_v=\varphi p_s$，所以

$$d=0.622\frac{\varphi p_s}{p-\varphi p_s}\tag{3-103}$$

例 3-7　测得某车间内空气的压力 $p=0.1\text{MPa}$、温度 $t=30℃$、相对湿度 $\varphi=0.80$，求该车间内空气的含湿量 d、水蒸气的分压力 p_v 和露点温度 t_d。

解　由饱和水与饱和水蒸气表（附录 F）查得，$t=30℃$ 时对应的饱和压力

$$p_s=0.042451\times10^5\text{Pa}$$

根据式（3-100），水蒸气分压力 p_v 为

$$p_v=\varphi p_s=0.80\times0.042451\times10^5\text{Pa}=0.03396\times10^5\text{Pa}$$

根据式（3-102），含湿量为

$$\begin{aligned}d&=0.622\frac{p_v}{p-p_v}=0.622\times\frac{0.03396\times10^5\text{Pa}}{(1.0-0.03396)\times10^5\text{Pa}}\\&=0.0219\text{kg/kg}\\&=21.9\text{g/kg}\end{aligned}$$

水蒸气分压力 p_v 所对应的饱和温度就是露点，根据 $p_v=0.033\,96\times10^5\text{Pa}$，由附录 F 查得 $t_d=26℃$。

总之，要确定湿空气的状态，除了压力 p、温度 t 之外还需知道湿蒸汽的水蒸气含量，即需要知道参数 ρ_v、φ、d、p_v、t_d 中的一个。如果湿空气压力为大气压力，且变化不大，可取 $p=0.1\text{MPa}$。

4. 湿空气的相对分子质量、气体常数及密度

干空气的相对分子质量为 $M_{r,a}=28.97$，水蒸气的相对分子质量为 $M_{r,v}=18.016$。湿空气的平均相对分子质量可由混合气体的体积分数 φ_i 或摩尔分数 x_i 计算如下：

$$\begin{aligned}M_r&=\varphi_aM_{r,a}+\varphi_vM_{r,v}=\frac{V_a}{V}M_{r,a}+\frac{V_v}{V}M_{r,v}=\frac{p_a}{p}M_{r,a}+\frac{p_v}{p}M_{r,v}\\&=\frac{p-p_v}{p}M_{r,a}+\frac{p_v}{p}M_{r,v}=M_{r,a}-\frac{p_v}{p}(M_{r,a}-M_{r,v})\\&=28.97-\frac{p_v}{p}\times(28.97-18.016)=28.97-10.954\frac{p_v}{p}\end{aligned}\tag{3-104}$$

于是湿空气的气体常数为

$$R_g=\frac{R}{M_r}=\frac{8.314\text{J}/(\text{mol}\cdot\text{K})}{\left(28.97-10.954\dfrac{p_v}{p}\right)\times10^{-3}\text{kg/mol}}=\frac{287}{1-0.378\dfrac{p_v}{p}}\text{J}/(\text{kg}\cdot\text{K})\tag{3-105}$$

由式（3-104）可知，湿空气的平均相对分子质量将随着水蒸气分压力的增大而减小，并且始终小于干空气的相对分子质量。水蒸气分压力越大，水蒸气的含量越多，湿空气的平均相对分子质量就越小。而由式（3-105）可知，湿空气的气体常数将随着水蒸气分压力的提高而增大。

每立方米湿空气所具有的质量就是湿空气的密度。因此

$$\rho=\frac{m}{V}=\frac{m_a+m_v}{V}=\rho_a+\rho_v$$

$$=\frac{p_a}{R_{g,a}T}+\frac{p_v}{R_{g,v}T}=\frac{p-p_v}{R_{g,a}T}+\frac{p_v}{R_{g,v}T}$$

$$=\frac{p}{R_{g,a}T}-\left(\frac{1}{R_{g,a}}-\frac{1}{R_{g,v}}\right)\frac{p_v}{T}$$

将 $R_{g,a}=\frac{8.314\text{J/(mol·K)}}{28.97\times10^{-3}\text{kg/mol}}=287\text{J/(kg·K)}$，$R_{g,v}=\frac{8.314\text{J/(mol·K)}}{18.016\times10^{-3}\text{kg/mol}}=461.5\text{J/(kg·K)}$

代入上式，得

$$\rho=\frac{p}{287T}-0.001317\frac{p_v}{T}$$

$$=\frac{p}{287T}-0.001317\frac{\varphi p_s}{T} \tag{3-106}$$

由式（3-106）可以看出，在大气压力和温度相同的情况下，湿空气的密度将永远小于干空气的密度，且湿度增大时湿空气的密度减小。

5. 湿空气的焓

湿空气的焓等于干空气的焓与水蒸气的焓之和，即

$$H=m_ah_a+m_vh_v$$

考虑到湿空气中水蒸气的质量在热力过程中常常是变化的，而干空气的质量往往是恒定的，所以湿空气的比焓 h 通常以单位质量的干空气为基准计算，即

$$h=\frac{H}{m_a}=h_a+dh_v \tag{3-107}$$

h 的单位为 kJ/kg。

由于湿空气中干空气和水蒸气的分压力都不高，温度与室温相差也不大，可认为它们的比热容分别为常数，通常干空气的比定压热容取为 1.005kJ/(kg·K)，水蒸气的比定压热容取为 1.842kJ/(kg·K)。工程上常取 0℃时干空气的焓值为零，所以温度为 t(℃）的干空气的比焓（kJ/kg）为

$$h_a=c_pt=1.005\text{kJ/(kg·K)}\cdot t$$

水蒸气的焓（kJ/kg）可按下列经验式计算，即

$$h_v=2501\text{kJ/kg}+1.842\text{kJ/(kg·K)}\cdot t$$

式中，2501kJ/kg 是 0℃时饱和水蒸气的焓值。

将 h_a 与 h_v 的计算式代入式（3-107），可得湿空气焓（kJ/kg）的计算式为

$$
\begin{aligned}
h &= h_a + d h_v \\
&= 1.005\text{kJ}/(\text{kg}\cdot\text{K})\cdot t + d[2501\text{kJ/kg} + 1.842\text{kJ}/(\text{kg}\cdot\text{K})\cdot t] \qquad (3\text{-}108)
\end{aligned}
$$

6. 湿空气的焓湿图

为了便于湿空气的计算，人们绘制了湿空气的焓湿图（h-d 图）。利用 h-d 图可以很方便地表示湿空气的状态变化过程，确定湿空气的状态参数，h-d 图是有关湿空气工程计算的重要工具。

h-d 图的主要结构如图 3-11 所示，图中绘出了在大气压力 $p=0.1\text{MPa}$ 下湿空气的焓 h、含湿量 d、温度 t、相对湿度 φ、水蒸气分压力 p_v 等主要参数的定值线簇，分别介绍如下。

（1）定焓线簇　为了读数方便，定焓线绘成一组与纵坐标轴（与定 d 线）成 135°夹角的相互平行的倾斜直线，并取温度 $t=0$℃时的焓值为零。

（2）定含湿量线簇　定 d 线是一组平行于纵坐标轴的垂直线，因此纵坐标轴即为 $d=0$ 的定含湿量线。自左向右，d 值逐渐增加。由式（3-102）可知，在一定的总压力下，水蒸气的分压力 p_v 与 d 值一一对应，因此定 d 线也就是定 p_v 线。另外，湿空气的露点 t_d 仅取决于水蒸气的分压力 p_v，所以定 d 线也是定 t_d 线。实际上，为避免图面过大，一般取水平线作为 d 轴。

（3）定温线簇　根据式（3-108），当 t(℃) 为定值时，h 与 d 呈线性关系，其斜率为 $2501\text{kJ/kg}+1.842\text{kJ}/(\text{kg}\cdot\text{K})\cdot t$。显然，不同的定温线斜率各不相同，$t$ 值越高，斜率越大，但由于 2 501kJ/kg 远大于 $1.842\text{kJ}/(\text{kg}\cdot\text{K})\cdot t$，所以这种差别并不显著。

（4）定相对湿度线簇　定相对湿度线簇是一组向上弯曲的曲线，随着温度的降低，相对湿度增大。因此，$\varphi=1$ 的定相对湿度线处于最下位置，称为饱和湿空气线，线上各点分别代表不同温度下的饱和湿空气。饱和湿空气线将 h-d 图分为上、下两部分，上部是未饱和湿空气。$\varphi=1$ 的定相对湿度线也是不同含湿量时的露点线。$\varphi=0$ 时，$d=0$，即为干空气，所以纵坐标轴就是 $\varphi=0$ 的定相对湿度线。

（5）水蒸气的分压力线　由式（3-102）

$$
d=0.622\frac{p_v}{p-p_v}
$$

可知，当大气压力 p 一定时，水蒸气的分压力仅是含湿量 d 的函数 $p_v=f(d)$，由于湿空气中水蒸气的分压力一般很小，所以 $p-p_v$ 近似为一常数，于是 p_v 和 d 的关系接近直线，且 p_v 随 d 的增大而增大。二者之间的函数关系通常绘制在 $\varphi=1$ 的饱和湿空气线下部，并在右边的纵轴上标出水蒸气分压力的数值。

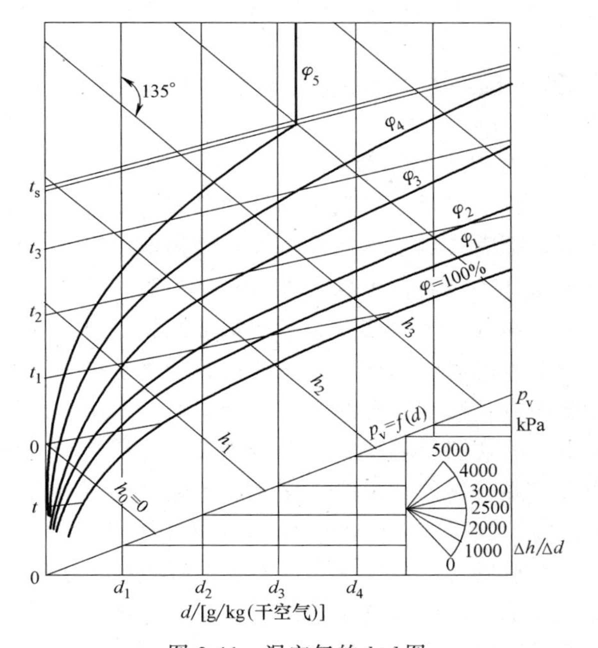

图 3-11　湿空气的 h-d 图

焓湿图都是在一定的大气压力下绘制而成的。书末附录 A 的焓湿图是在大气压力为 $p=0.1\text{MPa}$ 的条件下绘制的。大气压力在 $(0.1\pm0.01)\text{MPa}$ 的范围内时，按此图计算引起的误差不超过 2%。

要确定湿空气的状态，必须知道三个独立的状态参数。由于 h-d 图都是在一定的大气压力下绘制的，所以只要给出湿空气的另外两个独立参数，就可以利用 h-d 图确定其他参数。

例 3-8 已知湿空气的压力为 0.1MPa、温度为 30℃、相对湿度 $\varphi=0.60$，试用 h-d 图求空气的含湿量 d、露点 t_d、水蒸气分压力 p_v、湿空气的焓 h。

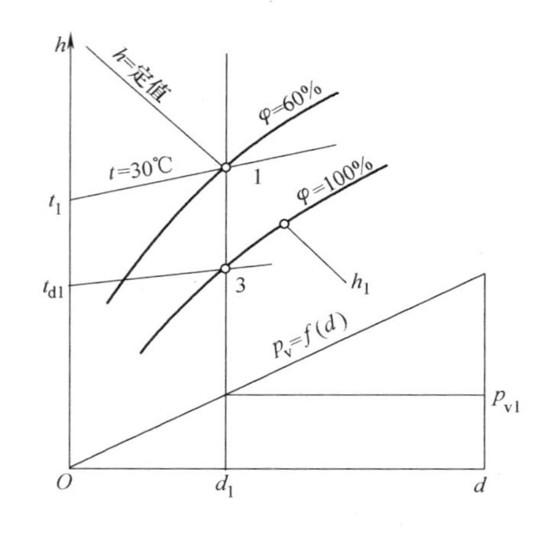

图 3-12 例 3-8 图

解 1) 求 h 及 d。首先在 h-d 图上找到 $t=30℃$ 与 $\varphi=0.60$ 的交点 1，如图 3-12 所示，查得

$$d=16.3\text{g/kg},\quad h=71.7\text{kJ/kg}$$

2) 求 t_d 和 p_v。由点 1 沿定 d 线垂直向下与 $\varphi=100\%$ 的饱和湿空气线交于点 3，点 3 的温度即为露点，查得 $t_d=21.4℃$。

由点 1 沿定 d 线继续向下与 $p_v=f(d)$ 线相交，从交点向右引水平线与右边纵轴相交，即可在纵轴上查得水蒸气的分压力为 $p_{v1}=2.5\text{kPa}$。

3.7 湿空气的基本热力过程

1. 加热吸湿过程

工程上经常会遇到干燥处理过程，如谷物、木材、药材、纺织品、食品、造纸等许多加工工艺都需要烘干。如果将被干燥物体放在适当的场地自然干燥，则不仅时间长，且容易受气候条件的限制，干燥效果也不易控制。所以，工程上一般采用人工干燥的方法，利用未饱和湿空气来吸收被干燥物体的水分，达到干燥的目的。为了提高湿空气的吸湿能力，通常先对湿空气进行加热。由于加热过程中湿空气的含湿量不变，但随着温度 t 升高，相对湿度 φ 降低，湿空气的吸湿能力增强。加热过程一般在加热器中进行，其过程曲线如图 3-13 中的 1-2 所示。

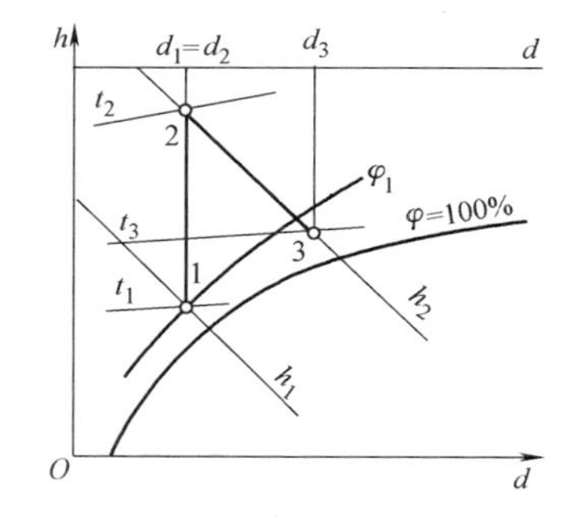

图 3-13 湿空气的加热吸湿过程

加热后的湿空气送入干燥室，吸收被干燥物料的水分，湿空气的含湿量 d 和相对湿度 φ 皆增加。由于湿空气在吸湿过程中与外界基本绝热，水分蒸发所吸收的潜热完全来自湿空气本身，因此是一绝热加湿过程。在这一过程中，湿空气的焓值基本不变，过程沿着等 h 线向 d 和 φ 增大、t 降低的方向进行，其过程如图 3-13 中的 2→3 所示。

例 3-9 已知空气的温度 $t_1=20℃$、相对湿度 $\varphi_1=0.60$，大气压力为 0.1MPa。将空气在

加热器中加热到 $t_2=50℃$ 后送入干燥室，从干燥室排出时温度为 $t_3=30℃$。求离开干燥室时湿空气的相对湿度 φ_3 及每蒸发 1kg 水分所需要的空气量及加热量。

解　参看图 3-13。根据已知条件，可将过程表示在 h-d 图上。首先由 t_1、φ_1 确定点 1，由点 1 向上引定 d 线与 $t_2=50℃$ 的定温线交于点 2，再由点 2 引定焓线与 $t_3=30℃$ 的定温线交于点 3。查书末附图，即湿空气的 h-d 图可得

$$d_1=8.9\text{g/kg}, h_1=42.8\text{kJ/kg}$$
$$h_2=73.5\text{kJ/kg}, d_2=d_1$$
$$d_3=17.0\text{g/kg}, \varphi_3=0.63, h_3=h_2=73.5\text{kJ/kg}$$

含 1kg 干空气的湿空气所吸收的水分为

$$d_3-d_2=d_3-d_1=(17.0-8.9)\text{g/kg}=8.1\text{g/kg}$$

每蒸发 1kg 水分所需要的干空气量为

$$m_a=1000\text{g}/(8.1\text{g/kg})=123\text{kg}$$

含 123kg 干空气的状态 1 的湿空气量为

$$123\text{kg}\times(1+d_1)=123\text{kg}\times1.0089=124\text{kg}$$

所需加热量为

$$\begin{aligned}Q&=123\text{kg}(h_2-h_1)=123\text{kg}(73.5\text{kJ/kg}-42.8\text{kJ/kg})\\&=3776\text{kJ}\end{aligned}$$

2. 冷却去湿过程

湿空气被冷却时，温度降低。在温度降至露点以前其含湿量保持不变，相对湿度逐渐增加；当相对湿度等于 1 时，再继续被冷却，则过程将沿着 $\varphi=1$ 的饱和曲线向含湿量减少、温度降低的方向进行，同时析出水分，如图 3-14 中的 1→2 所示。

例 3-10　将大气压力 $p=0.1\text{MPa}$、温度 $t=30℃$、相对湿度 $\varphi=0.80$ 的湿空气进行降温去湿处理，先将温度降至 $t=10℃$，析出部分水分，然后加热到 20℃，送入室内。试求去湿过程中析出的水分、加热过程中空气所吸收的热量以及送入室内空气的相对湿度。

解　如图 3-15 所示，空气先在含湿量不变的情况下从状态 1 降温至露点，相对湿度 φ 增加到 100%；继续降温，过程将沿饱和湿空气线至 $t_2=10℃$，析出水分 (d_1-d_2)；然后在含湿量不变的情况下加热至温度 $t_3=20℃$。

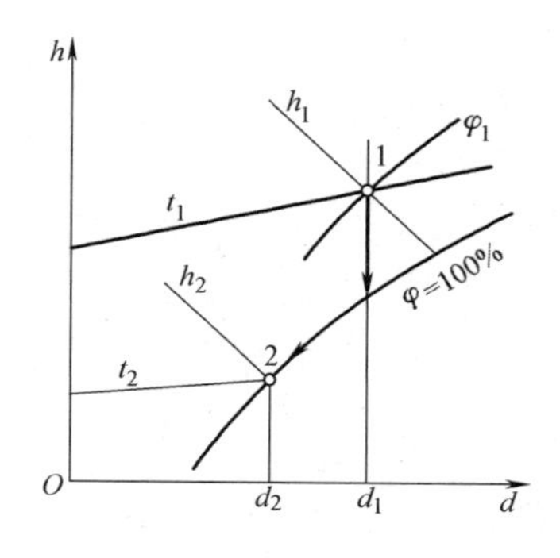

图 3-14　湿空气的冷却去湿过程

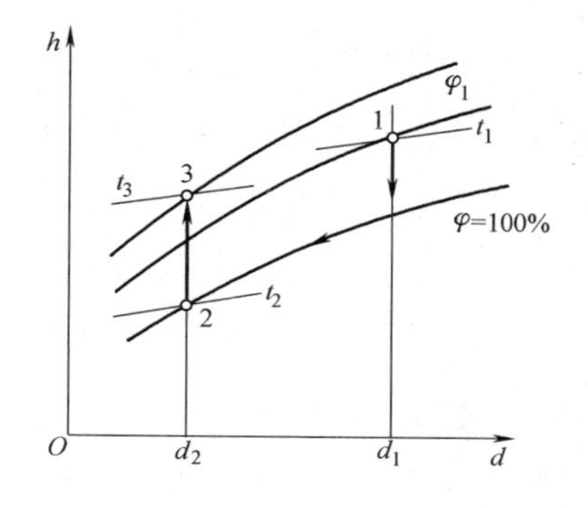

图 3-15　例 3-10 图

由附图湿空气 h-d 图查得

$$d_1 = 22\text{g/kg},\ h_1 = 86\text{kJ/kg}$$

$$d_2 = 7.7\text{g/kg}, h_2 = 29.2\text{kJ/kg}$$

$$h_3 = 40\text{kJ/kg}, \varphi_3 = 0.52$$

去湿过程中所析出的水分为

$$d_1 - d_2 = (22 - 7.7)\text{g/kg} = 14.3\text{g/kg}$$

加热过程 2→3 所吸收的热量为

$$h_3 - h_2 = 40\text{kJ/kg} - 29.2\text{kJ/kg} = 10.8\text{kJ/kg}$$

送入室内空气的相对湿度为 $\varphi_3 = 0.52$。

第4章　热力循环

学习目标

掌握各种气体动力循环的分析、计算和循环相应在坐标图的表示。掌握提高循环效率的方法和途径；理解活塞式内燃机实际循环的简化，了解活塞式内燃机各种理想循环的热力学比较；掌握空气压缩制冷循环的分析、计算和循环相应在坐标图的表示。掌握提高制冷系数的方法和途径。了解蒸汽压缩式制冷循环、喷射式制冷循环；熟练掌握郎肯循环、再热循环、回热循环的分析、计算。

由于热机所采用的工质以及工质经历的热力循环不同，各种热机在结构上有很大的差别，而且实际的热力循环是多种多样、不可逆的，往往非常复杂。如内燃机燃料在气缸内部燃烧，燃烧产物——燃气作为工质膨胀做功后排出，工作过程中内燃机不断吸进新鲜空气，排出做功后的废气，进行开式循环。蒸汽动力装置燃料在锅炉内燃烧，加热水使之汽化并成为高温高压蒸汽。燃烧产物排向大气，而蒸汽吸热、膨胀做功、排热，进行闭式循环。工程热力学并不着眼于不同热机的结构细节，而是对实际热力循环进行抽象、简化。用内可逆的封闭的理论循环来替代实际循环进行分析，计算循环热效率，找出影响热效率的各种因素，指出提高热效率的途径。只有将抽象、概括和简化建立在科学、合理、接近实际的基础上，理论循环的分析、计算的结果对实际循环的改进才是有价值的。本章简要讨论蒸汽动力装置循环、活塞式内燃机循环和制冷循环。分析这些循环的特性参数对循环经济指标的影响，用以改善实际热机的性能。

在热机中，热能连续地转换为机械能是通过工质的热力循环过程来实现的。热机的工作循环称为动力循环（或热机循环）。根据工质的不同，动力循环可分为蒸汽动力循环（如蒸汽机、蒸汽轮机的工作循环）和气体动力循环（如内燃机、燃气轮机装置的工作循环）两大类。从热力学的角度来分析热机循环，重点是分析其热能利用的经济性，即循环热效率，并分析影响循环热效率的各种因素，研究提高循环热效率的途径。因为实际动力循环过程都是十分复杂的，并且是不可逆的，因此在进行循环分析时，首先建立实际循环的简化热力学模型，用简单、典型的可逆过程和循环来近似实际复杂的不可逆过程和循环，通过热力学分析和计算，找出其基本特性和规律。只要这种简化的热力学模型是合理的，接近实际的，那么分析和计算的结果就具有理论上的指导意义。必要时还可以进一步考虑各种不可逆因素的影响，引入必要的修正，以提高其精度。

4.1　蒸汽动力装置循环

利用固体、液体或气体燃料燃烧放热产生动力发电称为热力发电（或称为火力发电）。现代大型热力发电都是由锅炉、汽轮机和发电机等主要设备构成的，其中由锅炉、汽轮机、凝汽器、水泵等主要热力设备组成的整套装置称为蒸汽动力装置。像热力发电这样以水蒸气为工质的蒸汽动力装置工作循环称为蒸汽动力循环。

1. 朗肯循环

朗肯循环是在实际蒸汽动力循环的基础上经简化处理得到的最简单、最基本的理想蒸汽动力循环，是研究其他复杂的蒸汽动力循环的基础。朗肯循环系统由水泵、锅炉、汽轮机和冷凝器四种主要设备组成，工作过程如下：水由给水泵加压送入锅炉，在锅炉中加热汽化形成高温高压的过热蒸汽，过热蒸汽在汽轮机中膨胀做功，做功后的低压蒸汽（乏汽）在冷凝器中被冷凝成水后送往给水泵，完成一个工作循环，如图 4-1 所示。如果忽略给水泵、汽轮机中的摩擦和散热以及工质在锅炉、冷凝器中的压力变化，上述工质的循环过程就可以简化为由以下 4 个理想化的可逆过程组成的朗肯循环：

1）水在给水泵中的可逆绝热压缩过程 3-4。

2）水与水蒸气在锅炉中的可逆定压加热过程 4-5-6-1。

3）水蒸气在汽轮机中的可逆绝热膨胀过程 1-2。

4）乏汽在冷凝器中的定压放热过程 2-3。

朗肯循环在 T-s 图中的表示如图 4-1b 所示。

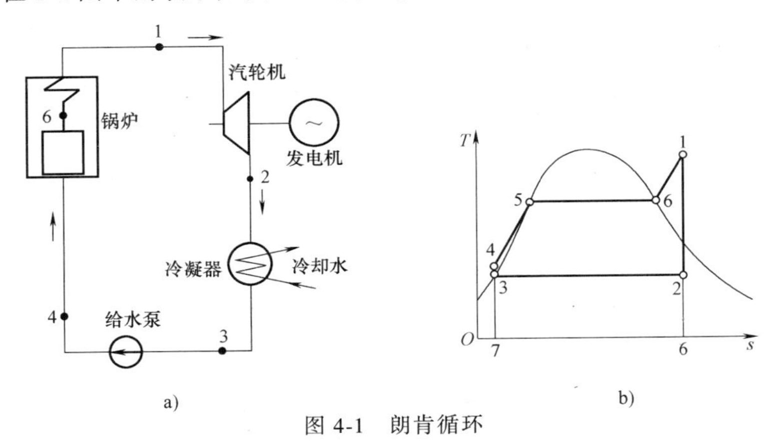

图 4-1　朗肯循环

2. 朗肯循环的净功及热效率

在朗肯循环中，每千克蒸汽对外所做出的净功 w_{net} 应等于蒸汽流过汽轮机所做的功 $w_{s,1\text{-}2}$ 与给水在给水泵内被绝热压缩所消耗的功 $w_{s,3\text{-}4}$ 之差。根据稳定流动能量方程式

$$w_{s,1\text{-}2}=h_1-h_2,\quad w_{s,3\text{-}4}=h_4-h_3$$

于是

$$w_{net}=(h_1-h_2)-(h_4-h_3)$$

锅炉中每千克蒸汽的定压吸热量为

$$q_1=h_1-h_4$$

冷凝器中，每千克蒸汽的定压放热量为

$$q_2=h_2-h_3$$

根据循环热效率的定义式，可得朗肯循环的热效率为

$$\eta_t=\frac{w_{net}}{q_1}=\frac{w_{s,1\text{-}2}-w_{s,3\text{-}4}}{q_1}=\frac{q_1-q_2}{q_1}=\frac{(h_1-h_2)-(h_4-h_3)}{q_1}\tag{4-1}$$

由于水的压缩性很小，水的比体积又比水蒸气的比体积小得多，因此水泵消耗的功与汽

轮机做出的功相比很小，一般情况下可忽略不计，即 $h_4-h_3\approx 0$。于是式（4-1）可简化为

$$\eta=\frac{h_1-h_2}{h_1-h_4}=\frac{h_1-h_2}{h_1-h_3} \tag{4-2}$$

蒸汽动力装置每输出 1kW · h（即 3600kJ）功量所消耗的蒸汽量称为汽耗率，用符号 d 表示，单位为 kg/(kW · h)，即

$$d=\frac{3600}{w_{\text{net}}} \tag{4-3}$$

例 4-1　一蒸汽动力装置按朗肯循环工作，已知汽轮机入口蒸汽压力 $p_1=3.5\text{MPa}$、温度 $t_1=435℃$，汽轮机排汽（乏汽）压力 $p_2=0.005\text{MPa}$，求每千克蒸汽在此循环中所做出的净功、循环热效率及此动力装置的汽耗率。

解　参照图 4-1b。根据已知条件，由 $p_1=3.5\text{MPa}$、$t_1=435℃$ 从水蒸气 h-s 图（或附录 H）可查得 $h_1=3305\text{kJ/kg}$。

从点 1 作定熵线与定压线 $p_2=0.005\text{MPa}$ 相交于点 2，查得 $h_2=2120\text{kJ/kg}$。根据 $p_2=0.005\text{MPa}$，由饱和水与饱和水蒸气表（附录 E）查得点 3 饱和水的焓 $h_3=137.27\text{kJ/kg}$。

忽略泵功，得循环净功为

$$w_{\text{net}}=h_1-h_2=(3305-2120)\text{kJ/kg}=1185\text{kJ/kg}$$

循环热效率为

$$\eta_{\text{t}}=\frac{h_1-h_2}{h_1-h_3}=\frac{1185\text{kJ/kg}}{(3305-137.72)\text{kJ/kg}}=37.4\%$$

汽耗率为

$$d=\frac{3600}{w_{\text{net}}}=\frac{3600\text{kJ/(kW·h)}}{1185\text{kJ/kg}}=3.04\text{kg/(kW·h)}$$

由于汽轮机内部有摩擦，沿途管路有阻力，各处还有散热损失，所以实际的热效率要低于 37.4%。

3. 蒸汽参数对朗肯循环热效率的影响

由式（4-2）可知，朗肯循环的热效率取决于汽轮机进口蒸汽的焓 h_1、乏汽的焓 h_2 以及凝结水的焓 h_3。汽轮机入口新蒸汽的焓 h_1 取决于新蒸汽的压力 p_1 与温度 t_1；h_2 除了与 p_1、t_1 有关外，还取决于乏汽的压力 p_2；h_3 是压力 p_2 对应的饱和水的焓。由此可见，朗肯循环的热效率 η_{t} 与新蒸汽的压力 p_1（初压）、温度 t_1（初温）以及乏汽的压力（终压）有关。

运用 T-s 图研究蒸汽参数对循环热效率的影响极为方便。在 T-s 图上，可将朗肯循环折合成熵变相等、吸（放）热量相同、热效率相同的卡诺循环，如图 4-2 所示。其中，吸热平均温度 $\overline{T_1}$ 为

$$\overline{T_1}=\frac{q_1}{s_a-s_b}$$

式中，s_a-s_b 为工质吸收热量 q_1 引起的熵变。

放热平均温度 $\overline{T_2}$ 就是压力 p_2 对应的饱和温度 $\overline{T_2}$，于是朗肯循环的热效率可以用等效卡诺循环的热效率表示为

$$\eta_{\text{t}}=\frac{h_1-h_2}{h_1-h_3}=1-\frac{\overline{T_2}}{\overline{T_1}}=1-\frac{T_2}{T_1}$$

由上式可见，提高吸热平均温度或降低放热平均温度都可以提高循环的热效率。

下面分析蒸汽参数变化对循环热效率的影响。

（1）蒸汽初温的影响　如图 4-3 所示，当保持蒸汽的初压 p_1、终压 p_2 不变时，将初温由 T_1 提高到 $T_{1'}$，则朗肯循环的吸热平均温度提高，在放热平均温度不变的情况下，循环的热效率将有所提高。由图 4-3 还可发现，提高初温使汽轮机出口的乏汽干度比原来有所增加（$x_{2'}>x_2$），这有利于汽轮机安全工作。但是，蒸汽的初温度越高，对锅炉的过热器及汽轮机的高压部分所使用金属的耐热及强度要求也越高，就不得不采用耐热合金钢（如镍铬钢、铬钼钢等）。在目前的火力发电厂中，最高初温一般在 550℃左右。

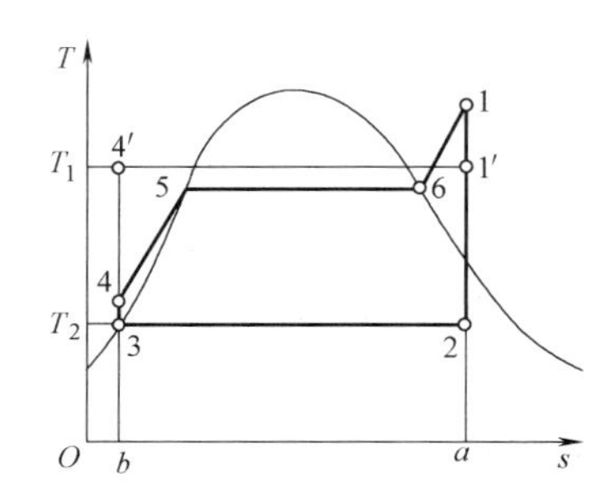

图 4-2　朗肯循环与等效卡诺循环

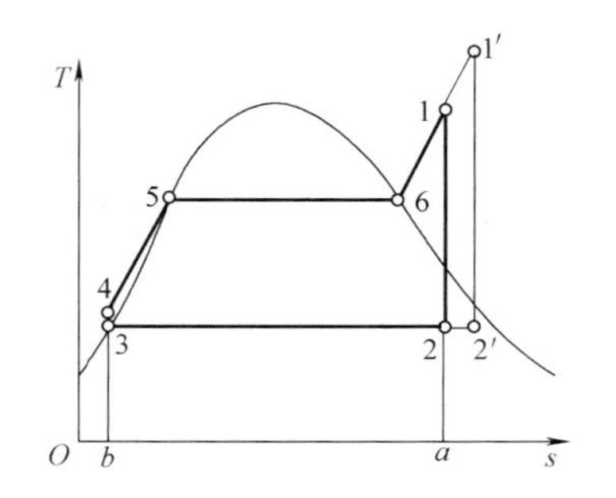

图 4-3　蒸汽初温的影响

（2）蒸汽初压的影响　如图 4-4 所示，当保持蒸汽的初温 T_1、终压 p_2 不变时，提高初压 p_1，将会提高循环吸热平均温度，而放热平均温度保持不变，因此提高初压可以提高循环的热效率。然而，随着初压的提高，汽轮机出口乏汽的干度减小，这意味着乏汽中所含水分增加，将会冲击和侵蚀汽轮机最后几级叶片，影响其使用寿命，并使汽轮机内部摩擦损失增加。工程上，通常在提高初压的同时提高初温，以保证乏汽的干度不低于 0.85~0.88。

（3）乏汽压力的影响　如图 4-5 所示，如果保持蒸汽初参数 p_1、T_1 不变，降低乏汽压力 p_2，则与之对应的饱和温度 T_2（即放热温度）降低，而吸热平均温度变化很小，因此循环热效率将有所提高。但是，终压 p_2 的降低受冷凝器冷却介质温度（通常是环境温度）的限制，不能任意降低。p_2 最低只能降低到 0.0035~0.005MPa，相应的饱和温度约为 27~33℃，已接近事实上可能达到的最低限度。

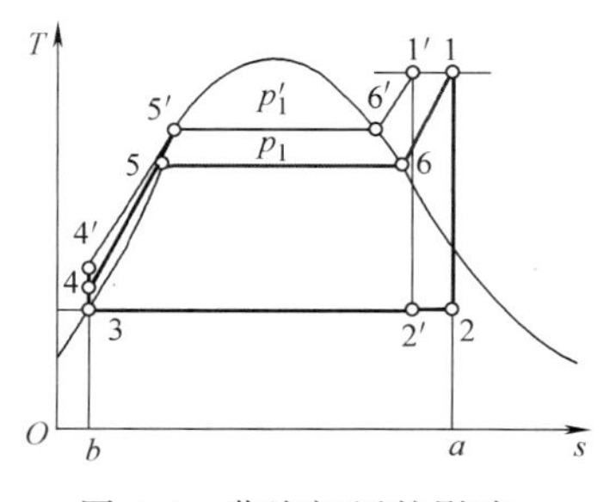

图 4-4　蒸汽初压的影响

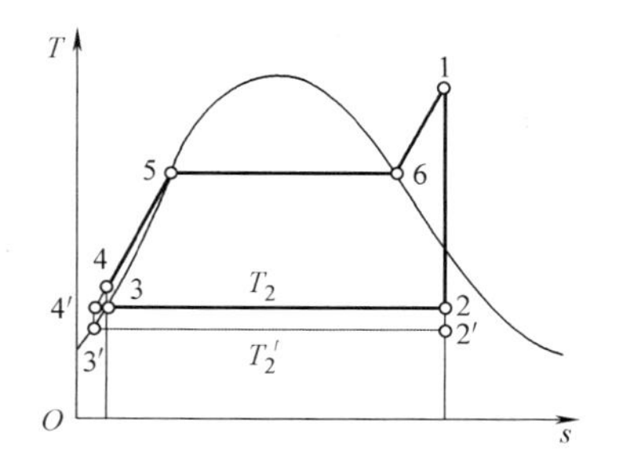

图 4-5　乏汽压力的影响

通过以上分析可以得出结论：为了提高蒸汽动力循环的热效率，应尽可能提高蒸汽的初压和初温，并降低乏汽压力。中小型火力发电厂为了节省设备投资，通常采用中低参数汽轮发电机组，所以热效率较低。大型火力发电厂为提高热效率，正朝着大功率、超高参数和自动控制的方向发展。对火力发电厂来说，提高热效率、节省燃料是十分重要的。

尽管提高蒸汽的初参数或降低乏汽的压力可提高朗肯循环的热效率，但前者受现有的耐高温高强度合金的限制，后者则受环境温度的限制。因此，为了进一步提高热效率，在采用上述措施的同时，可以在蒸汽朗肯循环的基础上加以改进，形成新的蒸汽动力循环。

4. 提高蒸汽动力循环热效率的其他途径

（1）再热循环　如上所述，提高蒸汽的初压力，可以提高朗肯循环的热效率。但如果蒸汽的初温度不能同时提高，则蒸汽在汽轮机内膨胀终了时的干度降低，影响汽轮机的安全运行。因此，为了提高蒸汽的初压又不致使乏汽的干度过低，常采用蒸汽中间再过热的方法。

如图 4-6 所示，新蒸汽在高压汽轮机中膨胀做功到某一中间压力以后，全部抽出导入锅炉中的再热器，吸收烟气放出的热量，然后再导入低压汽轮机继续膨胀做功到终压 p_2。这种循环称为蒸汽再热循环，简称再热循环。

一次再热循环在 T-s 图中的表示如图 4-7 所示。可以看出，蒸汽经中间再过热以后，其乏汽的干度明显地提高了。再热循环的吸热平均温度将高于基本的朗肯循环，使整个再热循环的热效率有所提高。

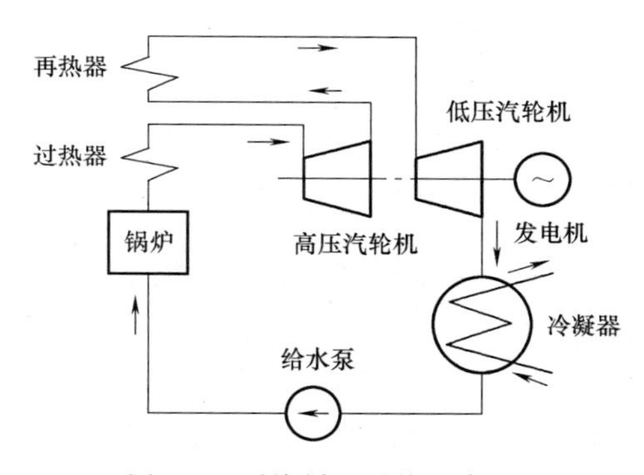

图 4-6　再热循环系统示意图

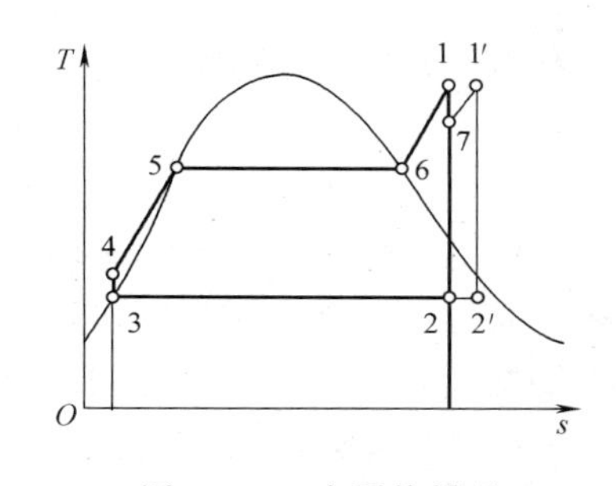

图 4-7　一次再热循环

工质在一次再热循环中吸收的总热量为

$$q_1=(h_1-h_4)+(h_{1'}-h_7)$$

对外放热量为

$$q_2=h_{2'}-h_3$$

再热循环的热效率为

$$\eta_t=\frac{q_1-q_2}{q_1}=\frac{(h_1-h_4)+(h_{1'}-h_7)-(h_{2'}-h_3)}{(h_1-h_4)+(h_{1'}-h_7)} \tag{4-4}$$

再热的目的主要在于增加蒸汽的干度，以便在初温度限制下可以采用更高的初压力，从而提高循环热效率。中间再热最佳压力需要根据给定的条件进行全面的经济技术分析确定，一般为蒸汽初压力的 20%～30%。通常一次再热可使热效率提高 2%～3.5%。由于实现再热循环的实际设备和管路都比较复杂，投资费用也很大，一般只有大型火力发电厂且蒸汽压力在 13MPa 以上时才采用。现代大型机组很少采用二次再热，因为再热次数增多，不仅增加设备费用，还会给运行带来不便。

例 4-2　某蒸汽动力装置采用一次再热循环，汽轮机入口压力为 17MPa、温度为 540℃，膨胀到4MPa时进行再热，再热器出口温度为540℃，排汽压力为0.008MPa。试确定乏汽干度和循环热效率，并与相同初、终参数的朗肯循环进行比较。

解 将一次再热循环表示在T-s图上（图4-7）。根据已知条件，利用计算机软件或水蒸气图表查出各有关状态点的焓值为

$$h_1=3400\text{kJ/kg},\quad h_7=2990\text{kJ/kg},\quad h_{1'}=3535\text{kJ/kg}$$
$$h_{2'}=2255\text{kJ/kg},\quad h_2=2000\text{kJ/kg},\quad h_3=173.81\text{kJ/kg}$$
$$h_4\approx h_3,\quad x_2=0.76,\quad x_{2'}=0.866$$

则循环吸热量为

$$\begin{aligned}q_1&=(h_1-h_4)+(h_{1'}-h_7)\\&=(h_1-h_3)+(h_{1'}-h_7)\\&=(3400\text{kJ/kg}-173.81\text{kJ/kg})+(3535\text{kJ/kg}-2990\text{kJ/kg})\\&=3771.2\text{kJ/kg}\end{aligned}$$

循环放热量

$$q_2=h_{2'}-h_3=2255\text{kJ/kg}-173.81\text{kJ/kg}=2081.2\text{kJ/kg}$$

循环热效率为

$$\eta_t=\frac{q_1-q_2}{q_1}=\frac{(h_1-h_4)+(h_{1'}-h_7)-(h_{2'}-h_3)}{(h_1-h_4)+(h_{1'}-h_7)}$$

而朗肯循环的热效率可根据式（4-2）计算为

$$\eta_t=\frac{h_1-h_2}{h_1-h_3}=\frac{3400\text{kJ/kg}-2000\text{kJ/kg}}{3400\text{kJ/kg}-173.81\text{kJ/kg}}=0.434$$

可见，采用再热循环后，循环热效率及乏汽的干度都得到了提高。必须指出，上述比较不很合理，因为与再热循环具有相同初、终参数的朗肯循环的排汽干度只有0.76。

（2）回热循环　由以上分析可知，提高蒸汽初温的办法可以提高朗肯循环的吸热平均温度，从而使其热效率得到提高。由图4-1b可以看出，朗肯循环的吸热平均温度不高，主要是水的预热过程4—5温度太低，实际上是锅炉给水的温度太低，因为锅炉给水的温度就是凝汽器压力p_2对应的饱和温度。例如，当$p_2=0.005\text{MPa}$时，给水温度约为32.9℃。如果用在汽轮机内做功后的蒸汽潜热加热进入锅炉之前的给水，减少从高温热源的吸热量，则循环的吸热平均温度将会有较大的提高。但是，利用乏汽加热是不可能的，因为乏汽的温度与给水的温度相等。目前采用的一种切实可行的方案是从汽轮机中间抽出部分已做过功但压力尚不太低的少量蒸汽来加热进入锅炉之前的低温给水。这种方法称为给水回热。有给水回热的蒸汽循环称为蒸汽回热循环，在现代蒸汽动力循环中普遍采用，可以有效地提高循环热效率。

图4-8为一次抽汽的蒸汽回热循环系统示意图，图4-9为该回热循环的T-s图。1kg压力为p_1的新蒸汽进入汽轮机膨胀做功，状态由1变化到7。此时抽出αkg($\alpha<1$)蒸汽引入回热加热器，在其中沿过程线7—8—9凝结放热，其余（$1-\alpha$）kg蒸汽继续在汽轮机中膨胀做功直至乏汽压力p_2，然后进入冷凝器被冷凝成水，经凝结水泵升压进入回热加热器，接受αkg抽汽凝结时放出的潜热并与之混合成为抽汽压力下的1kg饱和水。最后经水泵加压进入锅炉吸热、汽化、过热成为新蒸汽，完成一个循环。

抽汽量αkg的大小是根据质量守恒和能量守恒的原则确定的，应使αkg抽汽在回热器中所放出的热量恰好使（$1-\alpha$）kg的凝结水从T_4加热到抽汽压力下的饱和水温度T_9。根据热

力学第一定律，回热加热器中的能量平衡式为

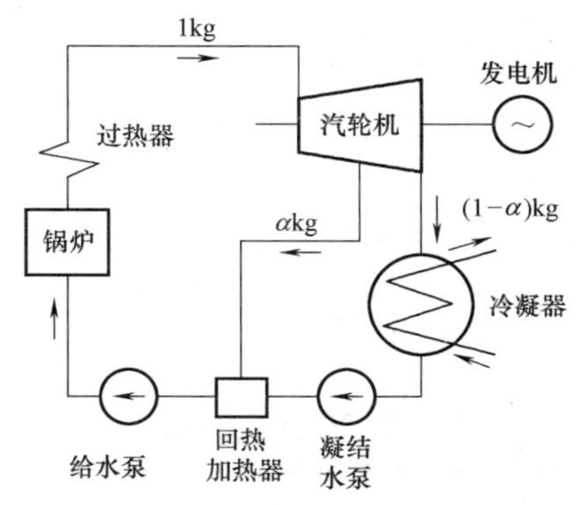

图 4-8 一次抽汽的蒸汽回热循环系统示意图

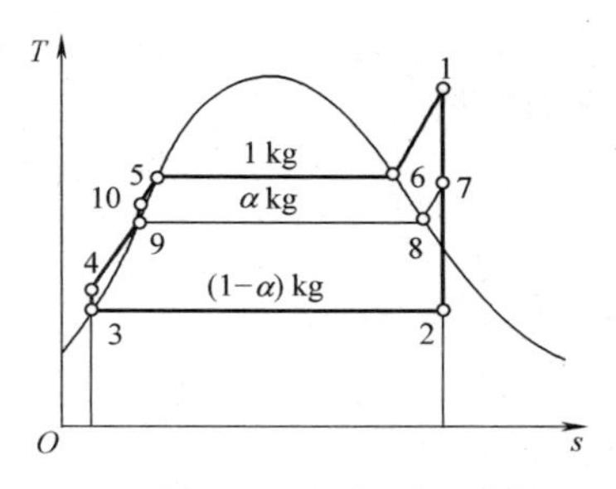

图 4-9 一次抽汽回热循环

$$\alpha(h_7-h_9)=(1-\alpha)(h_9-h_4)$$

则

$$\alpha=\frac{h_9-h_4}{h_7-h_4}$$

如果忽略泵功，则 $h_4 \approx h_3$，所以

$$\alpha=\frac{h_9-h_3}{h_7-h_3} \tag{4-5}$$

$$\eta_t=1-\frac{q_2}{q_1}=1-\frac{(1-\alpha)(h_2-h_3)}{h_1-h_9} \tag{4-6}$$

抽汽压力的选择是必须考虑的问题，它取决于锅炉前给水温度的高低，过高或过低都达不到提高循环热效率的目的。理论和实践表明，对于一次抽汽回热（也称一级回热），给水回热温度以选定新蒸汽饱和温度与乏汽饱和温度的中间平均值较好，并由此确定抽汽压力。不同压力下抽汽次数（回热级数）越多，给水回热温度和热效率越高，但设备投资费用将相应增加。因此，小型火力发电厂回热级数一般为1~3级，中大型火力发电厂一般为4~8级。

例 4-3 某蒸汽动力装置采用一次抽汽回热，已知新蒸汽参数为 $p_1=2.4\text{MPa}$、$t_1=390℃$、抽汽压力 $p_7=0.12\text{MPa}$、乏汽压力为 0.005MPa，求回热循环的热效率 $\eta_{t,R}$ 和汽耗率 d_R，并与原朗肯循环的热效率 η_t 和汽耗率 d 比较。

解 回热循环如图 4-10 所示。由已知条件查水蒸气图表，得各状态点参数如下。

点1（过热蒸汽）：$p_1=2.4\text{MPa}$、$t_1=390℃$

由 h-s 图查得

$$h_1=3220\text{kJ/kg},\ s_1=7.00\text{kJ/(kg·K)}$$

点7（湿蒸汽）： $s_7=s_1=7.00\text{kJ/(kg·K)}$

$$p_7=0.12\text{MPa},\ h_7=2570\text{kJ/kg}$$

点2（湿蒸汽）：

$s_2=s_1=7.00\text{kJ/(kg·K)}$，$p_2=0.005\text{MPa}$，$h_2=2133\text{kJ/kg}$

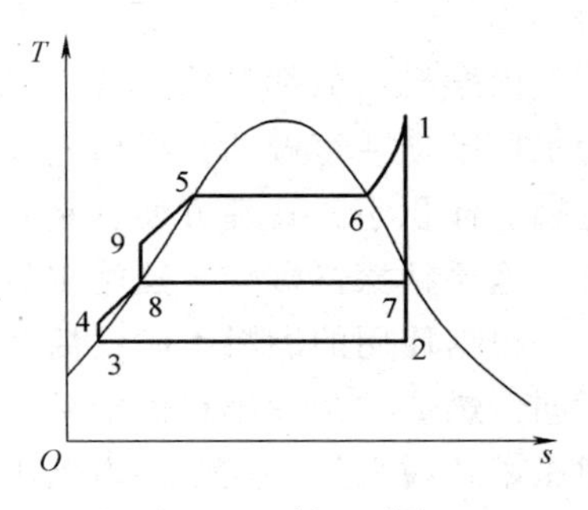

图 4-10 例 4-3 图

点 3（4）：忽略泵功

$$h_4 \approx h_3 = 137.72\text{kJ/kg}$$

点 8（9）：忽略泵功

$$h_9 \approx h_8 = 439.37\text{kJ/kg}$$

计算抽气量 α

$$\alpha(h_7 - h_8) = (1-\alpha)(h_8 - h_3)$$

$$\alpha = \frac{h_8 - h_3}{h_7 - h_3} = \frac{(439.37-137.72)\text{kJ/kg}}{(2570-137.72)\text{kJ/kg}} = 0.1240$$

回热循环的热效率和汽耗率分别为

$$\eta_{t,R} = 1 - \frac{(1-\alpha)(h_2 - h_3)}{h_1 - h_9} = 1 - \frac{(1-0.1240)\times(2133-137.72)\text{kJ/kg}}{(3220-439.37)\text{kJ/kg}} = 37.14\%$$

$$d_R = \frac{3600}{w} = \frac{3600}{\alpha(h_1-h_7)+(1-\alpha)(h_1-h_2)}$$

$$= \frac{3600\text{kJ/(kW}\cdot\text{h)}}{0.1240\times(3220-2570)\text{kJ/kg}+(1-0.1240)\times(3220-2133)\text{kJ/kg}}$$

$$= 3.486\text{kg/(kW}\cdot\text{h)}$$

朗肯循环的热效率和汽耗率为

$$\eta_t = \frac{h_1 - h_2}{h_1 - h_3} = \frac{(3220-2133)\text{kJ/kg}}{(3220-137.72)\text{kJ/kg}} = 35.27\%$$

$$d = \frac{1}{h_1 - h_2} = \frac{3600\text{kJ/(kW}\cdot\text{h)}}{(3220-2133)\text{kJ/kg}} = 3.312\text{kg/(kW}\cdot\text{h)}$$

显然，回热循环的热效率提高了，但由于回热循环抽汽后在汽轮机内每千克蒸汽所做的功减少了，所以汽耗率增加了。

4.2 活塞式内燃机循环

内燃机一般都是活塞式（或称往复式）的，燃料直接在气缸里燃烧，用燃烧的产物作为工质推动活塞做功，再由连杆带动曲轴转动。与蒸汽动力装置相比，内燃机结构紧凑、自重轻、体积小、管理方便，是一种轻便、有较高热效率的热机，被广泛用于各种汽车、拖拉机、地质钻探机械、土建施工机械、船舶、舰艇及铁路机车等方面。

根据使用的燃料不同，活塞式内燃机分为汽油机、柴油机、煤气机等。由于燃料的性质不同，燃烧方法和燃料供给系统方面有所差别，点火的方式也不同，因此内燃机分为点燃式和压燃式两大类。点燃式内燃机吸气时吸入的气体是燃料和空气的混合物，经压缩后，由电火花点火燃烧；而压燃式内燃机吸入的气体则仅仅是空气，经压缩后使空气温度上升到燃料自燃的温度，而后喷入燃料燃烧。

按完成一个工作循环活塞所经历的冲程数不同，内燃机又分为四冲程内燃机和二冲程内燃机。汽油机、煤气机一般是点燃式四冲程内燃机，而柴油机则是压燃式四冲程内燃机。

本节将以四冲程内燃机为例介绍其工作原理和循环过程。

1. 活塞式内燃机实际循环与理想循环

现以四冲程柴油机为例分析其实际工作循环。这种内燃机的每个工作循环有四个冲程，即每个循环活塞在气缸内往返两次。图4-11是用示功器在柴油机上测绘出来的示功图，从图中可以看到活塞式内燃机实际工作时，气缸内工质的压力与容积变化的情况。

柴油机工作循环的四个冲程分别如下：

(1) 进气冲程0—1　活塞从气缸上死点下行，进气阀开启，吸入空气。由于进气阀的节流作用，气缸内气体的压力低于大气压力。

(2) 压缩冲程1—2　活塞到达下死点1时，进气阀关闭，活塞上行，压缩空气，当行至上死点2前的点2′时，空气的压力可达3~5MPa，温度达600~800℃，大大超过了柴油的自燃温度（3MPa时柴油的自燃温度约为205℃）。这时柴油经高压雾化喷嘴喷入气缸。由于柴油有一个滞燃期，加之柴油机的转速较高，柴油实际上是在活塞接近上死点2时才开始燃烧。

(3) 动力冲程2—3—4—5　活塞到达上死点2时，气缸内已有相当数量的柴油，一旦燃烧就十分迅猛，压力迅速上升至5~9MPa，而活塞向下移动甚微，所以这一燃烧过程接近定容过程，如图4-11中的2—3所示。随着活塞下行，喷油和燃烧继续进行，此时缸内压力变化不大，这段燃烧过程接近定压，如图4-11中的3—4所示。活塞到达点4时喷油结束，此时气体温度可达1700~1800℃。高温高压气体膨胀做功，压力、温度下降，活塞到达点5时气体的压力下降到0.3~0.5MPa，温度约500℃左右。

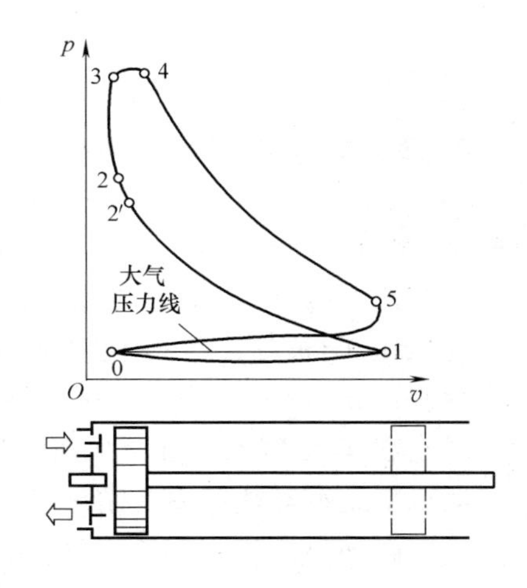

图4-11　四冲程柴油机实际示功图

(4) 排气冲程5—0　活塞移动到点5时，排气阀突然打开，部分废气排入大气，气缸中气体的压力迅速下降，而活塞移动极微，接近于定容降压过程。当气体压力降至略高于大气压力时，活塞开始上行，将气缸中剩余的气体排出，至此完成了一个实际循环。

显然，上述内燃机的实际循环是开式的不可逆循环，并且是不连续的，过程中工质的质量和成分也不断变化。这样复杂的不可逆循环给分析计算带来很大困难。为了便于理论分析，必须对实际循环加以合理的抽象、概括和简化，忽略次要因素，将实际循环理想化。具体做法是：

1) 忽略实际过程中进、排气阀的节流损失，认为进、排气都是在大气压力下进行的，进气过程中工质对活塞做的功与排气过程中活塞对工质做的功互相抵消，认为废气与吸入的新鲜空气状态相同。忽略喷入的油量，假设一定量的工质在气缸中进行封闭循环。

2) 假定工质是化学成分不变、比热容为常数的理想气体——空气。

3）忽略工质、活塞、气缸壁之间的热交换及摩擦阻力，认为工质的膨胀和压缩过程是可逆绝热的。

4）将燃料燃烧加热工质的过程，看成是工质从高温热源可逆吸热的过程，将排气放热过程看成是工质可逆地向低温热源放热的过程。

5）忽略工质的动能、位能变化。

经过上述简化、抽象和概括，可将实际柴油机循环理想化为如图 4-12 所示的理想可逆循环，其中 1—2 是可逆绝热压缩过程，2—3 是可逆定容加热过程，3—4 是可逆定压加热过程，4—5 是可逆绝热膨胀过程，5—1 是可逆定容放热过程。该循环称为混合加热循环，又称萨巴德（Sabathe）循环。

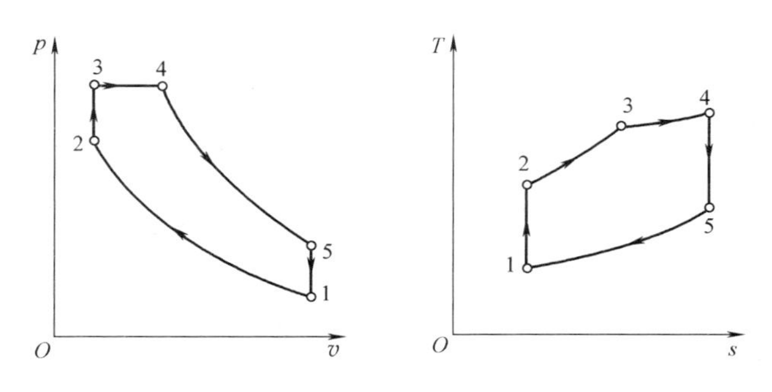

图 4-12　混合加热循环

2. 活塞式内燃机理想循环分析

（1）混合加热循环　为了说明内燃机的工作过程对循环热效率的影响，首先引入内燃机的下列特性参数：

压缩比 $\varepsilon=v_1/v_2$，表示压缩过程中工质体积被压缩的程度。

升压比 $\lambda=p_3/p_2$，表示定容加热过程中工质压力升高的程度。

预胀比 $\rho=v_4/v_3$，表示定压加热时工质体积膨胀的程度。

对于图 4-12 所示的混合加热循环，如果已知进气状态 1（即初态）以及 ε、λ、ρ 等参数，即可确定循环热效率及循环净功。

在混合加热循环中，单位质量工质从高温热源吸收的热量 q_1 及向低温热源放出的热量 q_2 分别为

$$q_1=c_V(T_3-T_2)+c_p(T_4-T_3)$$

$$q_2=c_V(T_5-T_1)$$

根据循环热效率的公式

$$\eta_t=1-\frac{q_2}{q_1}=1-\frac{c_V(T_5-T_1)}{c_V(T_3-T_2)+c_p(T_4-T_3)}$$

$$=1-\frac{T_5-T_1}{(T_3-T_2)+\kappa(T_4-T_3)} \tag{4-7}$$

由可逆绝热过程 1—2 得

$$T_2=T_1\left(\frac{v_1}{v_2}\right)^{\kappa-1}$$

由可逆定容过程 2—3 得

$$T_3 = T_2 \frac{p_3}{p_2} = T_2 \lambda = T_1 \varepsilon^{\kappa-1} \lambda$$

由可逆定压过程 3—4 得

$$T_4 = T_3 \frac{v_4}{v_3} = T_3 \rho = T_1 \varepsilon^{\kappa-1} \lambda \rho$$

由可逆绝热过程 4—5 可得

$$T_5 = T_4 \left(\frac{v_4}{v_5}\right)^{\kappa-1} = T_4 \left(\frac{\rho v_3}{v_1}\right)^{\kappa-1} = T_4 \left(\frac{\rho v_2}{v_1}\right)^{\kappa-1} = T_1 \lambda \rho^{\kappa}$$

将以上各温度代入式（4-7），得

$$\eta_t = 1 - \frac{T_1(\lambda \rho^{\kappa} - 1)}{T_1 \varepsilon^{\kappa-1}[(\lambda-1)+\kappa\lambda(\rho-1)]} = 1 - \frac{\lambda \rho^{\kappa} - 1}{\varepsilon^{\kappa-1}[(\lambda-1)+\kappa\lambda(\rho-1)]} \tag{4-8}$$

由式（4-8）可以看出，混合加热循环的热效率与多种因素有关，当压缩比 ε 增大、升压比 λ 增大以及预胀比 ρ 减小时，都会使混合加热循环的热效率提高。

（2）定容加热循环　当定压预胀比 $\rho=1$ 时，图 4-12 中的 4 与 3 重合为一点，成为如图 4-13 所示的定容加热循环，又称奥图（Otto）循环，它是汽油机和煤气机的理想循环。在汽油机中，吸气过程吸入的是汽油与空气的混合物，经活塞压缩到上死点时由火花塞点火而迅速燃烧。在此过程中活塞位移极小，可以认为是定容燃烧过程。根据 $\rho=1$，直接由式（4-8）得到定容加热循环的热效率为

$$\eta_t = 1 - \frac{1}{\varepsilon^{\kappa-1}} \tag{4-9}$$

可见，定容加热循环的热效率只与压缩比 ε 有关，且随压缩比的增大而提高。

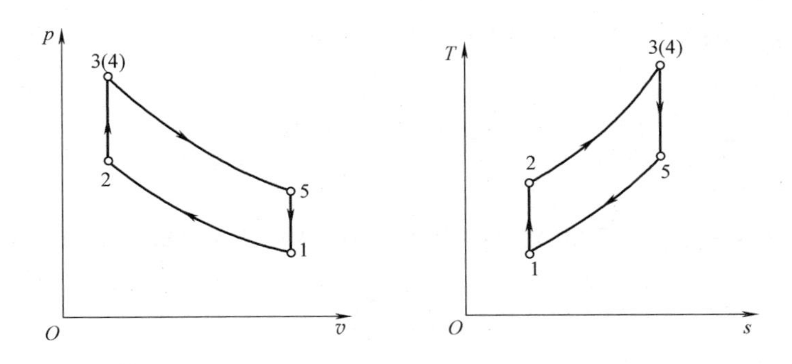

图 4-13　定容加热循环

（3）定压加热循环　当 $\lambda=1$ 时，图 4-12 中的 3 与 2 重合为一点，成为图 4-14 所示的定压加热循环，又称为狄塞尔（Diesel）循环。早期的低速柴油机就属于这种情况，柴油喷入气缸燃烧的同时，活塞向下移动，气缸内的压力变化很小，近似于在定压下燃烧。定压加热循环的热效率可根据 $\lambda=1$ 直接由式（4-8）得到

$$\eta_t = 1 - \frac{1}{\varepsilon^{\kappa-1}} \frac{\rho^{\kappa}-1}{\kappa(\rho-1)} \tag{4-10}$$

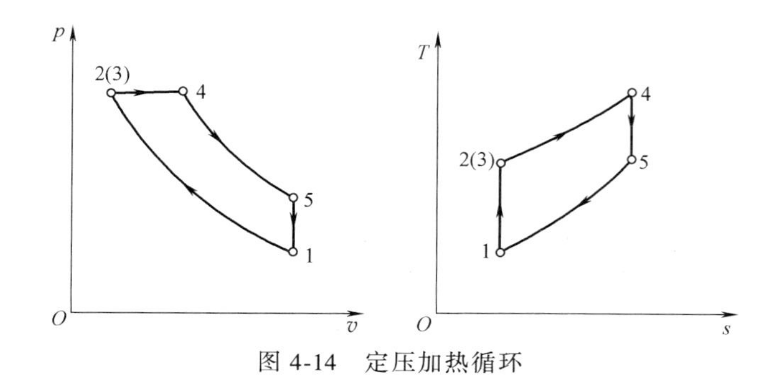

图 4-14　定压加热循环

这种柴油机是由高压空气将柴油喷入气缸进行雾化。尽管其喷油雾化好，但由于转速低，活塞移动慢，同时还需附带喷油用的压气机，整个设备从外形到自重都较庞大，现已被按混合加热循环工作的柴油机所代替，因此将不对其详细讨论。

例 4-4　以 1kg 空气为工质的混合加热循环，压缩开始时压力 $p_1=0.1\mathrm{MPa}$、温 $T_1=300\mathrm{K}$、压缩比 $\varepsilon=15$，定容下加入的热量为 700kJ，定压下加入的热量为 1160kJ。试求：

1）循环的最高压力 $p_{\max}$；

2）循环的最高温度 $T_{\max}$；

3）循环热效率 η_t；

4）循环净功 w_{net}。

解　1）参看图 4-12。

$$v_1=R_g T_1/p_1=287\mathrm{J/(kg\cdot K)}\times300\mathrm{K}/0.1\times10^6\mathrm{Pa}=0.861\mathrm{m^3/kg}$$

$$v_2=v_1/\varepsilon=0.861\mathrm{m^3/kg}/15=0.0574\mathrm{m^3/kg}$$

$$T_2=T_1(v_1/v_2)^{\kappa-1}=300\mathrm{K}\times15^{1.40-1}=886\mathrm{K}$$

$$p_2=p_1(v_1/v_2)^{\kappa}=0.1\mathrm{MPa}\times15^{1.40}=4.43\mathrm{MPa}$$

因为

$$q_{2\text{-}3}=c_V(T_3-T_2)$$

所以

$$T_3=\frac{q_{2\text{-}3}}{c_V}+T_2=700(\mathrm{kJ/kg})/[0.716\mathrm{J/(kg\cdot K)}]+886\mathrm{K}=1864\mathrm{K}$$

$$\frac{p_3}{p_2}=\frac{T_3}{T_2}$$

$$p_{\max}=p_3=p_2\frac{T_3}{T_2}=4.43\mathrm{MPa}\times\frac{1864\mathrm{K}}{886\mathrm{K}}=9.32\mathrm{MPa}$$

2）

$$q_{3\text{-}4}=c_p(T_4-T_3)=1.005\mathrm{kJ/(kg\cdot K)}(T_4-1864\mathrm{K})=1160\mathrm{kJ/kg}$$

$$T_{\max}=T_4=\frac{1160\mathrm{kJ/kg}}{1.005\mathrm{kJ/(kg\cdot K)}}+1864\mathrm{K}$$

$$=3018\mathrm{K}$$

3）

$$\frac{v_4}{v_3}=\frac{T_4}{T_3}=\frac{3018\mathrm{K}}{1864\mathrm{K}}=1.619$$

$$\frac{v_5}{v_4}=\frac{v_5}{v_3}\frac{v_3}{v_4}=\frac{v_1}{v_2}\frac{v_3}{v_4}=\varepsilon\frac{v_3}{v_4}=\frac{15}{1.619}=9.265$$

$$\frac{T_5}{T_4}=\left(\frac{v_4}{v_5}\right)^{\kappa-1}=\frac{1}{9.265^{1.40-1}}=0.410$$

$$T_5=T_4\left(\frac{v_4}{v_5}\right)^{\kappa-1}=3018\text{K}\times0.410=1237\text{K}$$

$$\eta_t=1-\frac{q_2}{q_1}=1-\frac{c_V(T_5-T_1)}{c_V(T_3-T_2)+c_p(T_4-T_3)}$$

$$=1-\frac{T_5-T_1}{(T_3-T_2)+\kappa(T_4-T_3)}$$

$$=1-\frac{(1237-300)\text{K}}{(1864-886)\text{K}+1.40\times(3018-1864)\text{K}}=0.639$$

4)

$$w_{net}=\eta_t q_1=\eta_t(q_{2\text{-}3}+q_{3\text{-}4})$$

$$=0.639\times(700+1160)\text{kJ/kg}=1189\text{kJ/kg}$$

3. 影响内燃机理想循环热效率的主要因素

（1）压缩比 ε 的影响　由式（4-8）、式（4-9）和式（4-10）可以发现，对于以上三种循环，压缩比 ε 越大，热效率越高。图 4-15 中绘出了升压比 λ、预胀比 ρ 一定时热效率 η_t 随压缩比 ε 的变化。

提高压缩比是提高内燃机循环热效率的主要途径之一。但是，过高的压缩比也会给内燃机的工作带来不利的影响。

对于汽油机，吸入缸内被压缩的是空气和汽油的均匀混合物，如果压缩比过高，在压缩过程中混合气体的温度就会超过它的自燃温度，以致点火前就会发生爆燃，使气缸出现爆燃现象。爆燃不仅对机件有损伤，而且使功率显著下降。因此，用提高压缩比的办法来改善点燃式内燃机（汽油机、煤气机）的经济性实际上受到严格的限制。对汽油机压缩比通常为 6～10。

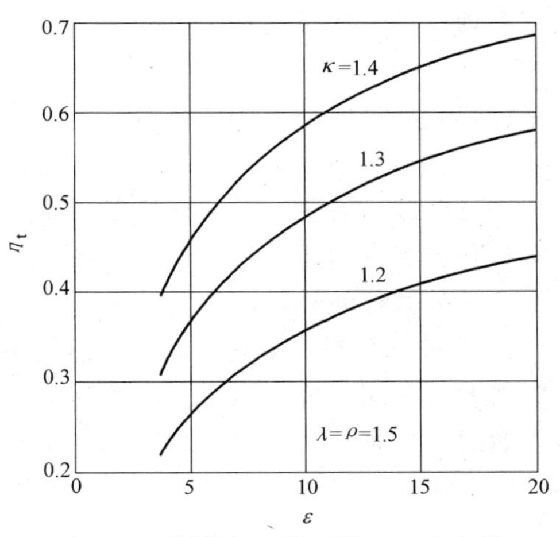

图 4-15　热效率 η_t 随压缩比 ε 的变化

在柴油机压缩过程中被压缩的是纯空气，不存在以上所说的爆燃问题，提高压缩比不受这方面的限制。但是，压缩比过大，压缩终了时气缸里的压力太高，使气缸和活塞等机件受力过大，如果采用粗大的部件，就会使机器过于笨重，也增加了机件的磨损；压缩比过小，则不能保证喷油自燃，尤其会使柴油机的冷起动发生困难。因此，柴油机的压缩比通常限制在 14～22 之间。

（2）等熵指数 κ 的影响　由式（4-8）、式（4-9）和式（4-10）可知，内燃机循环的热效率与等熵指数 κ 有关，κ 值增大，各循环的热效率都增加。κ 的影响从图 4-15 也可以看出。κ 值大小取决于工质的种类和温度，对同种工质，κ 值随温度的增加而减小，但变化范围不大。

(3) 升压比 λ 和预胀比 ρ 的影响　当压缩比 ε 和等熵指数 κ 一定时，升压比 λ 和预胀比 ρ 的大小对热效率的影响从图 4-16 可以看出：当预胀比 ρ 不变时，热效率 η_t 随升压比 λ 的升高而增加；当升压比 λ 不变时，热效率 η_t 随预胀比 ρ 的升高而降低。

4. 三种活塞式内燃机理想循环的比较

以上介绍了三种活塞式内燃机的理想循环，下面用下角标 V、m、p 分别代表定容加热循环、混合加热循环、定压加热循环中的各有关量，并在相同的条件下对它们的热工性能（如热效率）进行比较。

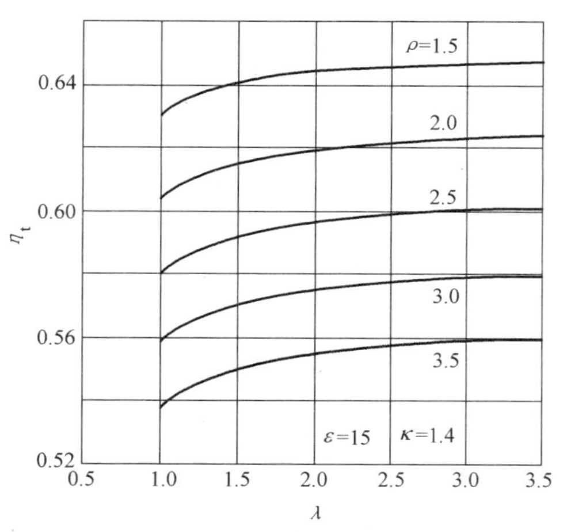

图 4-16　热效率 η_t 随升压比 λ 和预胀比 ρ 的变化

(1) 进气状态、最高压力、最高温度彼此相同　这种比较条件实际上是指内燃机的使用场合、机械强度与受热强度相同。

图 4-17 所示的 T-s 图示出了满足这种条件的三种理想循环：1—2—3—4—5—1 为混合加热循环；1—2′—4—5—1 为定容加热循环；1—2″—4—5—1 为定压加热循环。可以看出，三种理想循环的放热量相同，即

$$q_{2,V}=q_{2,\mathrm{m}}=q_{2,p}$$

而三种理想循环的吸热量的比较为

$$q_{1,V}<q_{1,\mathrm{m}}<q_{1,p}$$

于是由热效率公式 $\eta_t=1-q_2/q_1$ 可得

$$\eta_{t,V}<\eta_{t,\mathrm{m}}<\eta_{t,p} \tag{4-11}$$

式 (4-11) 说明，在进气状态、最高压力和最高温度相同的条件下，定压加热循环的热效率最高，定容加热循环的热效率最低。实际上，最高温度不易控制。另外，在这种比较条件下，三种循环的燃料消耗量（q_1）是不同的，因此这种比较方法也不尽合理。

(2) 进气状态、最高压力、吸热量彼此相同　这种比较条件的实质是，按不同方式工作的内燃机在同一地区使用，机器所承受的机械强度相同，燃料的消耗量相同。

如图 4-18 所示，1—2—3—4—5—1 是混合加热循环；1—2′—3′—4′—1 是定容加热循环；1—2″—3″—4″—1 是定压加热循环。很明显，三种理想循环的放热量之间存在下列关系：

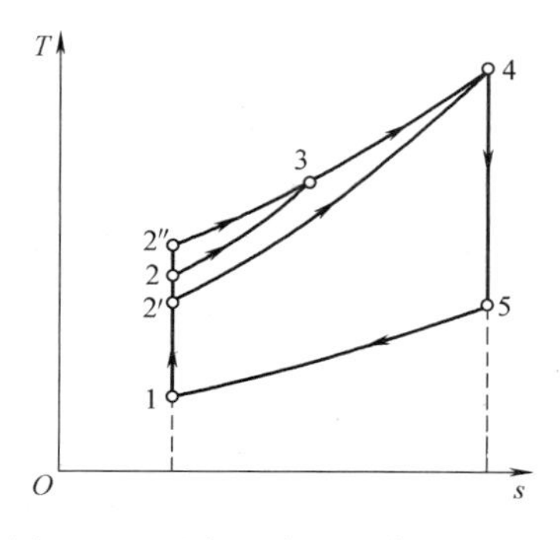

图 4-17　最高压力、最高温度相同

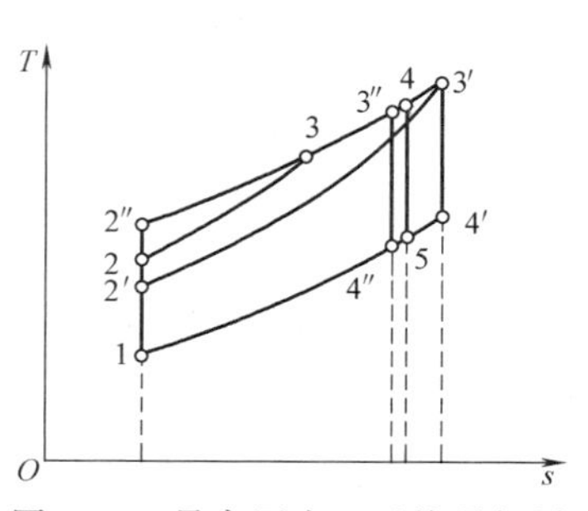

图 4-18　最高压力、吸热量相同

相同时三种循环的比较

$$q_{2,p}<q_{2,\mathrm{m}}<q_{2,V}$$

根据比较条件

$$q_{1,p}=q_{1,\mathrm{m}}=q_{1,V}$$

所以，由热效率公式 $\eta_\mathrm{t}=1-q_2/q_1$ 可得

$$\eta_{\mathrm{t},p}>\eta_{\mathrm{t,m}}>\eta_{\mathrm{t},V} \tag{4-12}$$

式（4-12）说明，在进气状态、最高压力、吸热量彼此相同的情况下，定压加热循环热效率最高。但是在这种情况下，定压加热循环的压缩比大于混合加热循环的压缩比，对机械强度的要求较高。此外，定压加热循环对柴油的雾化要求也较高。

实际上，压燃式内燃机（柴油机）的压缩比比汽油机高出很多，柴油机的热效率高于汽油机，且比较省油，柴油储运也比较安全，但柴油机比较笨重，机械效率较低（约为75%～80%），噪声和振动都比同功率的汽油机大，且喷油设备构造精细，对工艺和材料的要求都比较高。因此，柴油机适合用于功率较大的场合，如载重汽车、火车、轮船、电站等；对于要求轻便和间断操作的场合，多半采用汽油机。

4.3　燃气轮机装置的理想循环

往复式内燃机的压缩、燃烧和膨胀都在同一气缸里顺序、重复地进行，气流的不连续性以及活塞往复运动时惯性力对转速的影响都使发动机的功率受到很大的限制。如果让压气、燃烧和膨胀分别在压气机、燃烧室和燃气轮机三种设备里进行，就构成了一种新型的内燃动力装置——燃气轮机装置。

图 4-19 是燃气轮机装置示意图。空气首先被吸入轴流式压气机，压缩升压后送入燃烧室，同时燃油泵连续地将燃料油喷入燃烧室，与高压空气混合，在定压下进行燃烧，高温、

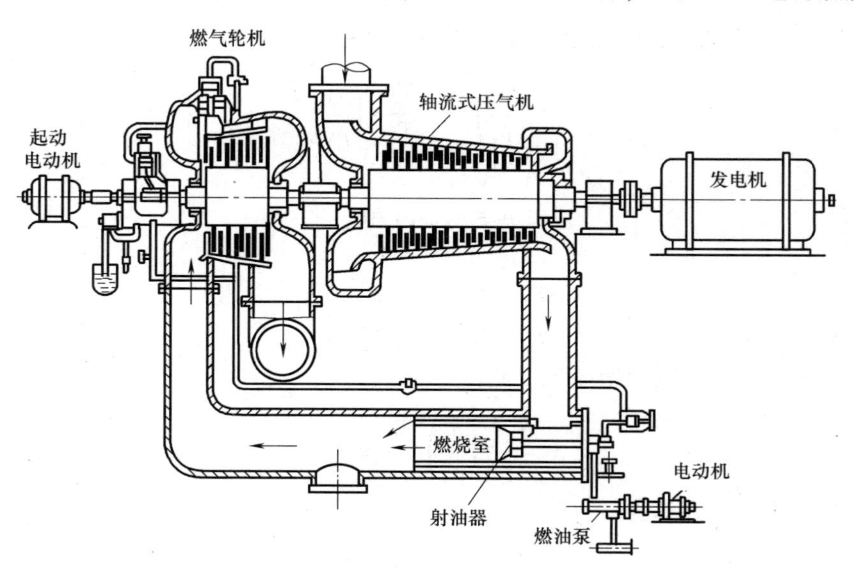

图 4-19　燃气轮机装置示意图

高压燃气进入燃气轮机膨胀做功，做功后的废气则排入大气，并在大气中放热冷却，从而完成一个开式循环。

为了对循环进行热力学分析，首先对实际循环进行理想化处理：

1）假设工质是比热容为定值的理想气体——空气，忽略喷入燃料的质量。

2）工质经历的所有过程都是可逆过程。

3）在压气机和燃气轮机中，工质所经历的过程皆为绝热过程。

4）燃烧室中工质所经历的是定压加热过程。

5）工质向大气的放热过程为定压放热过程。

图 4-20 是上述理想循环的 p-v 图和 T-s 图。图中，1—2 为空气在压气机中的可逆绝热压缩过程；2—3 为空气在燃烧室中的可逆定压加热过程；3—4 为空气在燃气轮机中的可逆绝热膨胀过程；4—1 为空气在大气中的可逆定压放热过程。

由于加热过程是在定压下进行的，所以上述循环称为定压加热燃气轮机装置循环，也称为布雷登循环（Brayton Cycle）。它是简单燃气轮机装置的理想热力循环。

循环中工质的吸热量为

$$q_1 = c_p(T_3 - T_2)$$

工质放出的热量为

$$q_2 = c_p(T_4 - T_1)$$

因此，循环的热效率为

$$\eta_t = 1 - \frac{q_2}{q_1} = 1 - \frac{c_p(T_4 - T_1)}{c_p(T_3 - T_2)} = 1 - \frac{T_1\left(\dfrac{T_4}{T_1} - 1\right)}{T_2\left(\dfrac{T_3}{T_2} - 1\right)}$$

对于可逆绝热压缩过程 1—2 和可逆绝热膨胀过程 3—4，有

$$\frac{T_2}{T_1} = \left(\frac{p_2}{p_1}\right)^{\frac{\kappa-1}{\kappa}},\quad \frac{T_3}{T_4} = \left(\frac{p_3}{p_4}\right)^{\frac{\kappa-1}{\kappa}}$$

因为

$$p_2 = p_3,\quad p_1 = p_4$$

所以

$$\frac{T_2}{T_1} = \frac{T_3}{T_4} \quad 或 \quad \frac{T_4}{T_1} = \frac{T_3}{T_2}$$

令 $p_2/p_1 = \pi$，称为工质的增压比，则

$$\frac{T_2}{T_1} = \left(\frac{p_2}{p_1}\right)^{\frac{\kappa-1}{\kappa}} = \pi^{\frac{\kappa-1}{\kappa}}$$

所以，该理想循环的热效率为

$$\eta_t = 1 - \frac{T_1}{T_2} = 1 - \frac{1}{\pi^{\frac{\kappa-1}{\kappa}}} \tag{4-13}$$

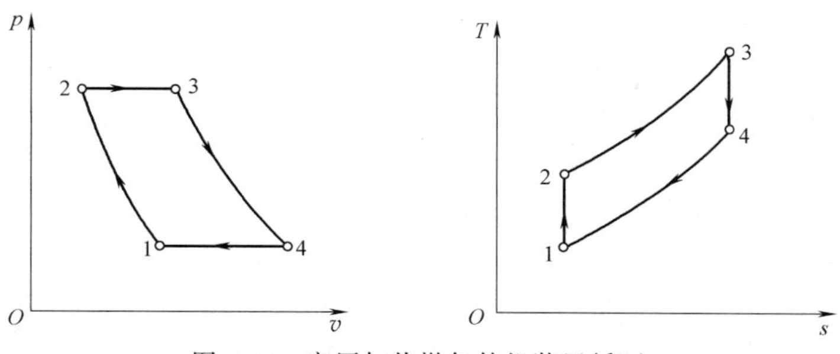

图 4-20　定压加热燃气轮机装置循环

由式（4-13）可知，简单燃气轮机装置理想循环的热效率 η_t 与增压比 π 和等熵指数 κ 有关。因为假定工质是空气，比热容为定值，则 κ 也为定值，所以 η_t 只与 π 有关。π 增大，η_t 也随之增大。通常 π 在 3~8 之间，最大不超过 10。如果 π 值过高，一方面压缩空气时压气机消耗的功增加；另一方面，压缩后空气的压力越高，温度也越高，进入燃烧室的空气温度也就越高。如果离开燃烧室进入燃气轮机的燃气温度不变（这是因为要保证燃气轮机长期安全运转，必须限制燃气进入燃气轮机时的最高温度，目前为 700~800℃），那么每千克工质在燃烧室中吸收的热量就减少了。

燃气轮机装置是一种旋转式的燃气动力装置，直接用燃气作为工质，不需要像蒸汽动力装置那样的从燃气到工质的庞大换热设备，也没有内燃机那样的往复运动机构，它可以采用很高的转速，可以连续进气，因此可以制成大功率的动力装置。由于其运转平稳，力矩均匀，结构紧凑轻巧，管理简便，起动迅速，特别适合用作航空发动机，也广泛用作机车、舰船及电站的动力装置。

4.4　制冷循环

制冷是指人为地维持物体的温度低于周围自然环境的温度，这就必须不断地将热量从该物体中取出并排向较高温度的物体（通常是自然环境，如大气、河水等）。能够获得并维持物体低温的设备称为制冷装置。

制冷装置循环是一种逆向循环，根据热力学第二定律，制冷装置工作时外界必须消耗机械能或其他形式的能量。热泵的工作循环也是逆向循环，不过其目的是从低温物体提取热量供给高温物体（如需供暖的房间），维持高温物体的温度。

压缩制冷装置是目前使用广泛的一种制冷装置，绝大多数家用冰箱、空调机、冷柜等都采用压缩式制冷。如果制冷工质（即制冷剂）在循环过程中一直处于气态，则称制冷循环为气体压缩式制冷循环。如果制冷工质的状态变化跨越液、气两态，则制冷循环称为蒸气压缩式制冷循环。除此之外，还有吸收式制冷循环、吸附式制冷循环、蒸气喷射式制冷循环以及半导体制冷等。

本书主要介绍两种压缩式制冷循环及热泵的工作原理。

1. 空气压缩式制冷循环

图 4-21 是空气压缩式制冷装置示意图。从冷藏室热交换器出来的空气被压缩机吸入并进行压缩，提高压力和温度后进入冷却器，被冷却后进入膨胀机膨胀做功，压力和温度大幅

度下降，低温低压空气进入冷藏室吸取热量，从而达到维持冷藏室低温（即制冷）的目的。吸热升温后的空气再次被吸入压缩机进行下一个循环。

如果忽略空气在冷却器、冷藏室内的压力变化以及在压气机、膨胀机中的散热，可以将空气压缩式制冷装置的实际工作循环理想化为图 4-22 所示的可逆制冷循环。其中，1—2 为可逆绝热压缩过程；2—3 为可逆定压放热过程；3—4 为可逆绝热膨胀过程；4—1 为可逆定压吸热过程。

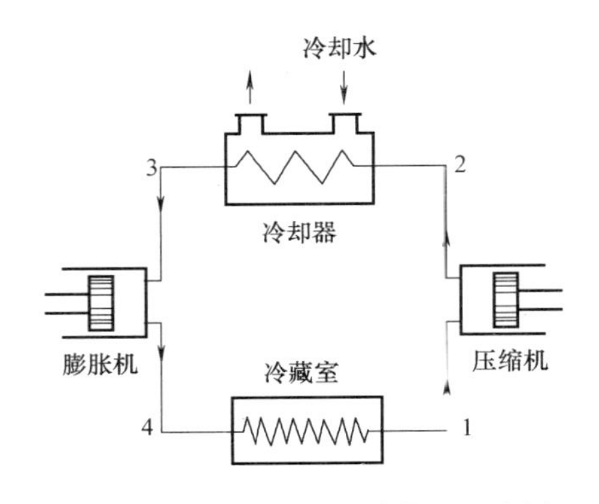

图 4-21　空气压缩式制冷装置示意图

若空气的比热容为定值，则单位质量空气在冷却器中放出的热量为

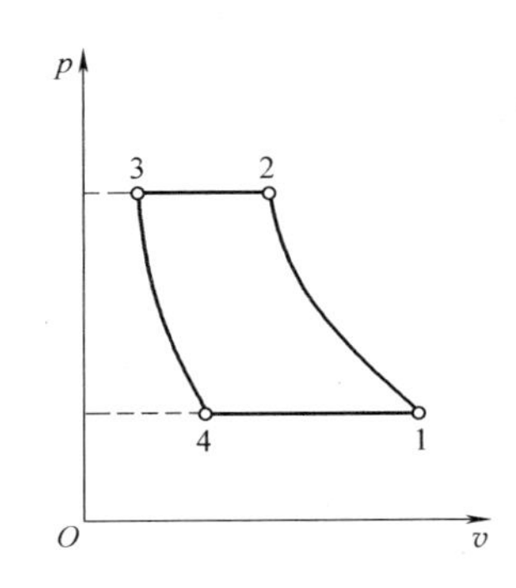

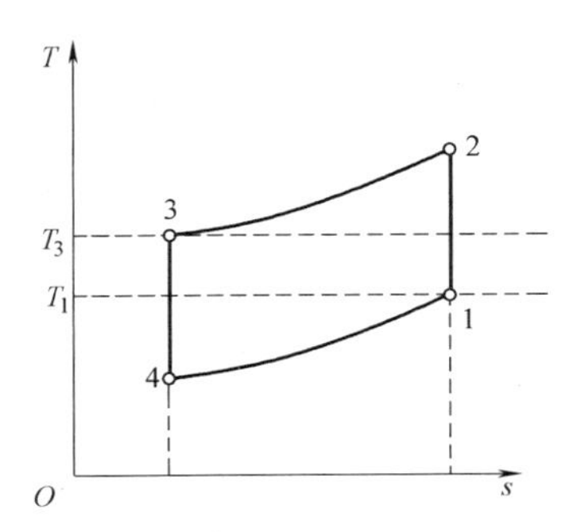

图 4-22　空气压缩式制冷循环

$$q_1=h_2-h_3=c_p(T_2-T_3)$$

在冷藏室中，空气从低温物体吸收的热量为

$$q_2=h_1-h_4=c_p(T_1-T_4)$$

于是，空气压缩式制冷循环的制冷系数为

$$\begin{aligned}\varepsilon&=\frac{q_2}{q_1-q_2}=\frac{T_1-T_4}{(T_2-T_3)-(T_1-T_4)}\\&=\frac{1}{\dfrac{T_2-T_3}{T_1-T_4}-1}\end{aligned}\tag{4-14}$$

对于可逆绝热过程 1—2 及 3—4

$$\frac{T_2}{T_1}=\left(\frac{p_2}{p_1}\right)^{\frac{\kappa-1}{\kappa}},\frac{T_3}{T_4}=\left(\frac{p_3}{p_4}\right)^{\frac{\kappa-1}{\kappa}}$$

因为 $p_2=p_3$、$p_1=p_4$，所以

$$\frac{T_2}{T_1}=\frac{T_3}{T_4}=\frac{T_2-T_3}{T_1-T_4}$$

于是可得空气压缩式制冷循环的制冷系数为

$$\varepsilon=\frac{1}{\frac{T_2}{T_1}-1}=\frac{1}{\left(\frac{p_2}{p_1}\right)^{\frac{\kappa-1}{\kappa}}-1}=\frac{1}{\pi^{\frac{\kappa-1}{\kappa}}-1}$$

如图 4-22 中的 T-s 图所示，在相同的大气温度 T_3 和冷藏室温度 T_1 下，逆向卡诺循环的制冷系数为

$$\varepsilon_{\mathrm{c}}=\frac{T_1}{T_3-T_1}=\frac{1}{\frac{T_3}{T_1}-1}$$

对比式（4-14），由于 $T_3<T_2$，所以空气压缩式制冷循环的制冷系数小于逆向卡诺循环的制冷系数。

空气以其容易获得、成本低、无毒安全等优点，最早被用作制冷工质。但由于空气的液化温度低，在制冷循环中不出现液气转变，不能利用汽化热，加上空气的比热容又较小，因而空气压缩式制冷循环单位质量空气的制冷量 q_2 比较小。由于活塞式压缩机一次吸入的空气质量不多，否则压缩机将很大、很笨重，所以空气压缩式制冷装置单位时间的制冷量受到限制。

由式（4-14）可知，降低增压比可以提高空气压缩式制冷循环的制冷系数。但是，π 越小，每一循环的制冷量越小，这是一个很大的矛盾。为了获得一定的制冷量，可采用叶轮式压缩机和膨胀机以增加空气流量，再辅以回热措施，组成回热式空气压缩式制冷装置，可以很好地解决上述矛盾。

图 4-23a 是一回热式空气压缩式制冷装置的示意图，图 4-23b 是其理想循环的 T-s 图。图中，1—2 为空气在回热器中的定压预热过程；2—3 为空气在压缩机中的绝热压缩过程；3—4 为空气在冷却器中的定压放热过程；4—5 为空气在回热器中的定压放热过程；5—6 为空气在膨胀机中的绝热膨胀过程；6—1 为空气在冷藏室中的定压吸热过程。这样就构成了一个理想的回热式空气压缩制冷循环 1—2—3—4—5—6—1。因为是理想回热，过程 4—5 中空气所放出的热量恰好等于过程 1—2 中空气所吸收的热量，即面积 4—5—6′—4′—4 与面积 1—2—2′—1′—1 相等。与不采用回热的空气压缩式制冷循环 1—3′—5′—6—1 相比，可以看出，当两种循环的最高温度相等时，每完成一个循环，二者的制冷量（即 q_2）相等，均为 T-s 图中的面积 6—1—1′—6′—6。它们在冷却器中的放热量（即 q_1）也相等，即面积

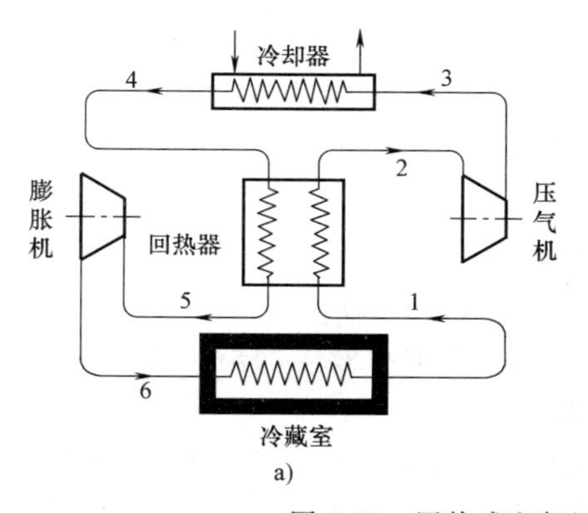

a)

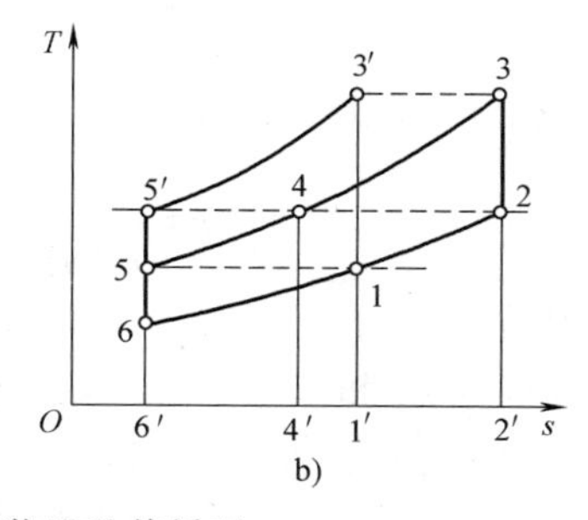

b)

图 4-23　回热式空气压缩式制冷装置及其循环

3—4—4′—2′—3 等于面积 3′—5′—6′—1′—3′。

可见两种循环的制冷系数相同。但是，与不采用回热的空气压缩式制冷循环相比，空气在压缩机中的压力升高值（或者说增压比）却减小了，这就为采用增压比不能很高的叶轮式压缩机和膨胀机提供了条件。叶轮式压缩机具有大流量的特性，从而可以大大地增加工质流量，提高制冷量。

2. 蒸气压缩式制冷循环

空气压缩式制冷循环在制冷技术发展的初期曾广泛使用，但由于其吸热、放热过程均在定压下进行，较大地偏离逆卡诺循环，因此经济性差，并且制冷量小，虽然在采用回热以及叶轮式压缩机和膨胀机之后，在制冷量方面有所提高，但空气的比定压热容较小，单位质量的制冷量小这个事实却无法得到改善，这是由空气的热力性质以及空气压缩制冷式循环本身所决定的。如果采用低沸点物质（指在大气压力下，其沸点 $t_s \leqslant 0℃$）作为制冷剂，就可以利用其在定温定压下汽化吸热和凝结放热的相变特性，实现定温吸、放热过程，可以大大地提高制冷量和经济性。因此，采用低沸点工质的蒸气压缩式制冷循环是一种广泛应用的制冷循环。

（1）蒸气压缩式制冷循环分析　图 4-24、图 4-25 分别是蒸气压缩式制冷装置及其理想制冷循环示意图。该制冷装置主要由压缩机、冷凝器、膨胀阀（或称节流阀）和蒸发器四大部件组成。

其工作循环如下：从蒸发器出来的状态 1 的干饱和蒸气被吸入压缩机进行绝热压缩过程 1—2，升压、升温至过热蒸气状态 2；然后进入冷凝器，进行定压放热过程 2—3，先从过热蒸气状态 2 定压下冷却成为干饱和蒸气 2′，然后继续在定压、定温下凝结为饱和液体 3；从冷凝器出来的饱和液体经过膨胀阀绝热节流，使部分液体蒸发，降压降温至湿蒸气状态 4；干度比较小的湿蒸气进入蒸发器（冷库），进行定压蒸发吸热过程 4—1，离开蒸发器时已成为干饱和蒸气，从而完成了一个循环 1—2—3—4—1。图 4-25a 是蒸气压缩式制冷理想循环的 T-s 图，其中绝热节流过程 3—4 是不可逆过程，所以用虚线表示。

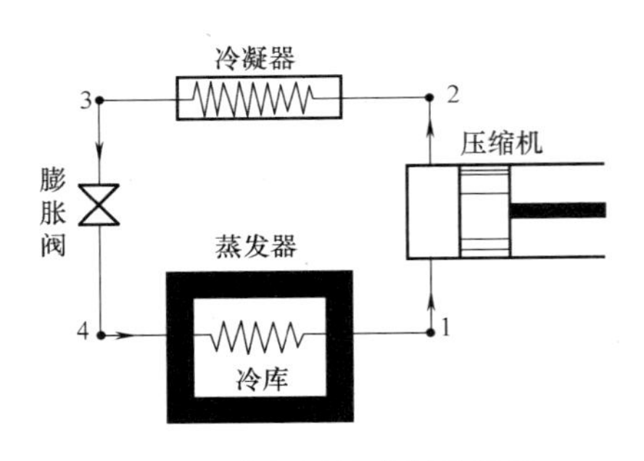

图 4-24　蒸气压缩式制冷装置

循环中，每完成一个循环，每千克制冷剂在蒸发器中吸收的热量为

$$q_2 = h_1 - h_4 = h_1 - h_3$$

在冷凝器中放出的热量为

$$q_1 = h_2 - h_3$$

所以，循环的制冷系数为

$$\varepsilon = \frac{q_2}{q_1 - q_2} = \frac{h_1 - h_3}{(h_2 - h_3) - (h_1 - h_3)} = \frac{h_1 - h_3}{h_2 - h_1} \tag{4-15}$$

式中，h_1 为压力 p_1 下干饱和蒸气的焓，h_3 为压力 p_2 下饱和液体的焓，皆可由饱和蒸气表查得；h_2 可根据 p_2 和 $s_2(s_2 = s_1)$ 由过热蒸气表确定。

由以上各式可见，蒸气压缩式制冷循环的吸热量、放热量以及所需功量皆可用工质在各状态点的焓差来表示。由于循环中包含两个定压换热过程，因此用以压力为纵坐标、焓为横

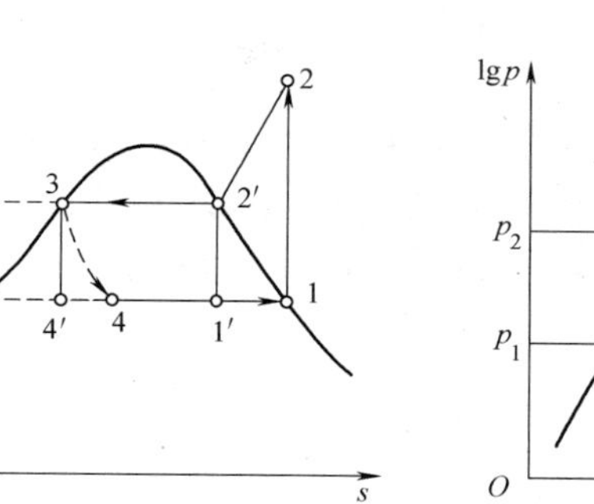

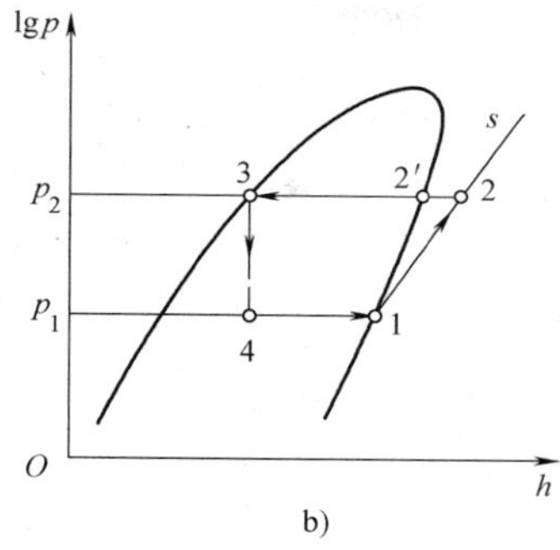

图 4-25　蒸气压缩式制冷循环

坐标所绘成的制冷剂的压焓图进行制冷循环的热力计算非常方便。通常，压焓图的纵坐标采用对数坐标，所以又称 lg$p$-h 图。图中共给出六种线簇，即定焓 h 线、定压 p 线、定温 t 线、定容 v 线、定熵 s 线和定干度 x 线。在压焓图上也绘有饱和液体（$x=0$）线和干饱和蒸气（$x=1$）线。蒸气压缩式制冷循环 1—2—3—4—1 在压焓图中的表示如图 4-25b 所示。制冷量、冷凝放热量以及压缩所需的功都可以用图中线段的长度表示。

理论上，蒸气压缩式制冷循环可以完全实现逆卡诺循环，如图 4-25a 所示的逆向卡诺循环 1′—2′—3—4′—1′。可见，绝热压缩过程与绝热膨胀过程都处于湿蒸气区。湿蒸气的压缩有难以克服的缺点。一方面，压缩终了时，气缸内往往留有液体工质，当压缩机进行再吸气时，残留在余隙里的液滴将首先因缸内压力降低而汽化，严重影响压缩机的实际吸气量；另一方面，液体是不可压缩的，当气缸内混有较多的液体，而活塞又在电动机的驱动下强行压缩时，缸内的压力会上升到不能允许的程度，造成活塞销、连杆等机件的损坏，甚至使气缸解体，出现通常所说的“液击”或“敲缸”现象。因此，湿压缩在制冷装置中不被采用，而代之以干蒸气压缩过程 1—2。这既比湿蒸气压缩安全，又增加了单位质量工质的制冷量。实际上，压缩机入口蒸气的状态还常稍微过热。从冷凝器出来已凝结为液体的工质，由于它能做出的膨胀功很小，如果采用结构简单、造价低廉的膨胀阀代替膨胀机，将可逆绝热膨胀变成不可逆绝热节流膨胀，这样虽然损失了一点可回收的功，但是从实用观点来看，膨胀阀结构简单、体积小、造价低、调节方便，极易控制所需的制冷温度。因此，实际的蒸气压缩式制冷循环是以图 4-24 所示的装置为基础的。有的蒸气压缩式制冷装置为了更有效、安全地运行，还添加一些设备，如膨胀阀前将液体过冷，膨胀阀后蒸发器前加气液分离器，采用回热和多级压缩等。

必须指出，虽然实际制冷设备不能完全按逆卡诺循环工作，但是逆卡诺循环对改进实际制冷循环具有很重要的指导意义。根据逆卡诺循环，提高低温物体的温度和降低高温物体的温度，可以减少功耗，提高制冷系数。

例 4-5　某压缩式制冷设备用氨作为制冷剂。已知氨的蒸发温度为-10℃，冷凝温度为 38℃，压缩机入口是干饱和氨蒸气，要求制冷量为 10^5kJ/h，试计算制冷剂流量、压缩机消耗的功率和制冷系数。

解　参看图 4-25b。根据题意，$t_1=-10℃$、$t_3=38℃$。由氨的 p-h 图查出各状态点的参数为

$$h_1 = 1430\text{kJ/kg},\ p_1 = 0.29\text{MPa},\ h_2 = 1670\text{kJ/kg}, p_2 = 1.5\text{MPa},\ h_4 = h_3 = 350\text{kJ/kg}$$

单位工质制冷量

$$q_2 = h_1 - h_4 = (1430-350)\text{kJ/kg} = 1080\text{kJ/kg}$$

氨的质量流量 $q_m = (10^5\text{kJ/h})/(1080\text{kJ/kg}) = 92.6\text{kg/h} = 0.0257\text{kg/s}$

$$w = h_2 - h_1 = (1670-1430)\text{kJ/kg} = 240\text{kJ/kg}$$

压缩机消耗的功率

$$P = q_m w = 0.0257\text{kg/s}\times 240\text{kJ/kg} = 6.17\text{kW}$$

制冷系数

$$\varepsilon = \frac{q_2}{w} = \frac{1080\text{kJ/kg}}{240\text{kJ/kg}} = 4.5$$

（2）热泵　热泵装置与制冷装置的工作原理没有什么差别，只是二者的工作目的不同。制冷装置是为了制冷，而热泵装置则是为了供热。如果将图 4-24 中的蒸发器放在室外，冷凝器放在室内，则当上述装置工作时，就可以从室外环境中吸取热量并释放到室内来，用于取暖。原则上，上面介绍的几种制冷装置都可以作为热泵装置使用，而且可以使同一套设备具备制冷和供热两种功能。如图 4-26 所示，如果用一只四通换向阀 A 来控制改变制冷工质在装置中的流向，就可以达到夏季对室内制冷、冬季对室内供热的目的。

热泵的经济性指标是供热系数 ε'，它等于制冷剂在冷凝器中放出的热量 q_1 与压缩机消耗的功 w 之比，即

$$\varepsilon' = \frac{q_1}{w}$$

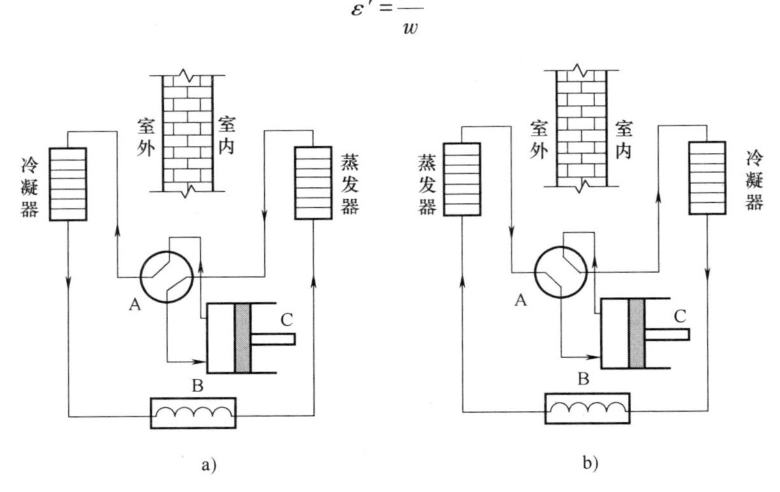

图 4-26　制冷与热泵两用装置示意图

a）夏季制冷循环　b）冬季热泵循环

A—四通换向阀　B—毛细节流装置　C—压缩机

由于 $q_1 = w + q_2$，代入上式可得供热系数与制冷系数之间的关系为

$$\varepsilon' = \frac{w+q_2}{w} = 1+\varepsilon$$

热泵的供热系数恒大于 1，它优于其他供暖装置（如电加热器等）之处，就在于消耗同样多的机械功对室内供暖，可比用其他方法得到更多的热量，即除了由机械功所转换的热量

外，还包括制冷剂在蒸发器中所吸收的热量。

热泵装置还可以将大量较低品位（即较低温度）的热能提升为较高品位（即较高温度）的热能，以满足生产上的需要。另外，采用热泵供热取代锅炉供热还有利于保护环境不受污染。但是，热泵的使用要受到其他条件的限制。例如，我国东北地区冬季室外温度在-20～-30℃或更低，用热泵供热就很不经济，并且由于室内外温差太大，热泵的供热系数将很低，不利于节能；又例如，对工业欠发达的国家或地区，热泵装置的造价往往比其他采暖设备高出很多，这也影响了热泵的使用与推广。随着世界性节能和环保压力的增大，以及热泵技术（如水源热泵、地源热泵技术）的发展，热泵的应用将越来越广泛。

第5章　热　传　导

学习目标

理解温度场、温度梯度和热导率的含义，掌握傅里叶定律的物理意义，熟悉进行平壁和圆筒壁的导热计算。熟悉一维非稳态导热的基础概念和集总参数法计算零维导热问题，了解一维非稳态导热的计算方法。掌握热传导问题的数值计算方法。

热传导是由于物体内部微观粒子（如分子、原子及自由电子等）的热运动而产生的热量传递现象。本章仅从宏观的角度来讨论热传导的基本规律及计算方法，并不讨论物体内部微观粒子的热运动规律及微观结构的热传递规律，包括热传导的基本概念、基本定律及热传导问题的数学描述，简单的热传导问题的分析解法及数值解法等内容。

5.1　热传导问题的基本概念及傅里叶定律

本节主要讨论与热传导有关的基本概念、基本定律，为进一步求解热传导问题奠定必要的理论基础。

1. 温度场

温差是热量传递的动力，是发生热传导的根本原因。在某一时刻 τ，物体内所有各点的温度分布称为该物体在 τ 时刻的温度场。一般情况下，温度场是物体中各点温度值的集合，是空间坐标和时间的函数，在空间直角坐标系中温度场可表示为

$$t=f(x,y,z,\tau) \tag{5-1}$$

式中，t 为温度；x、y、z 为空间直角坐标。

温度场随时间变化的称为非稳态温度场。非稳态温度场中的热传导称为非稳态热传导。

温度场不随时间变化的（$\partial t/\partial\tau=0$）称为稳态温度场，可表示为

$$t=f(x,y,z) \tag{5-2}$$

稳态温度场中的热传导称为稳态热传导。

若温度仅在空间两个坐标轴方向上发生变化，则称为二维温度场，即

$$t=f(x,y,\tau) \tag{5-3}$$

若温度仅在空间一个坐标轴方向上发生变化，则称为一维温度场，即

$$t=f(x,\tau) \tag{5-4}$$

2. 等温面与等温线

在同一时刻，温度场中温度相同的点所连成的线或面称为等温线或等温面。等温面上的任何一条线都是等温线。如果用一个平面和一组等温面相交，就会得到一组温度各不相同的等温线。物体的温度场可以用一组等温面或等温线来表示。沿着等温面或等温线，没有热量的传递。热量的传递只沿着等温面或等温线的法线方向进行。在同一时刻，物体中温度不同

的等温面或等温线不能相交，因为任何一点在同一时刻不可能具有两个或两个以上的温度值。在物体的内部，等温面（或等温线）或者在物体中构成封闭的曲面（或曲线），或者终止于物体的边界，不可能在物体内部中断。

3. 温度梯度

如图 5-1 所示，在温度场中，温度沿某一方向（如 x 轴方向）的变化在数学上可以用该方向上的温度变化率（即偏导数）来表示，即

$$\frac{\partial t}{\partial x}=\lim_{\Delta x\to 0}\frac{\Delta t}{\Delta x}$$

温度变化率$\frac{\partial t}{\partial x}$是标量。很明显，沿等温面或等温线的法线方向的温度变化最剧烈，即温度变化率最大，热量传递最大。数学上，也可以用矢量——温度梯度表示等温面法线方向的温度变化：

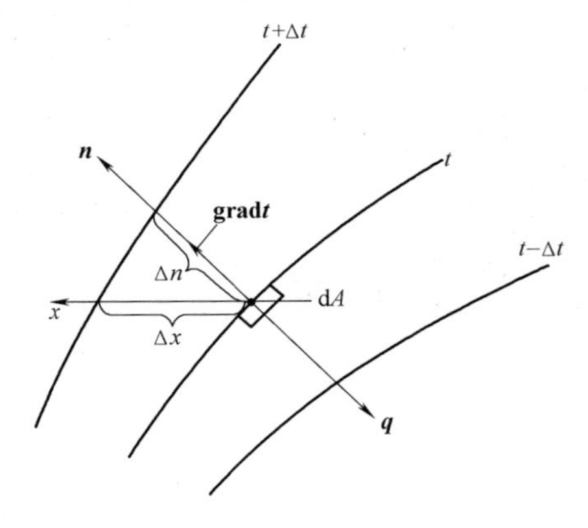

图 5-1 等温线、温度梯度与热流示意图

$$\mathbf{grad}t=\frac{\partial t}{\partial n}\boldsymbol{n} \tag{5-5}$$

式中，$\mathbf{grad}t$ 为温度梯度；$\frac{\partial t}{\partial n}$为等温面或等温线的法线方向的温度变化率（偏导数）；$\boldsymbol{n}$ 为等温面或等温线的法线方向的单位矢量，指向温度增加的方向。

温度梯度是矢量，其方向沿等温面或等温线的法线指向温度增加的方向，如图 5-1 所示。

在空间直角坐标系中，温度梯度可表示为

$$\mathbf{grad}t=\frac{\partial t}{\partial x}\boldsymbol{i}+\frac{\partial t}{\partial y}\boldsymbol{j}+\frac{\partial t}{\partial z}\boldsymbol{k} \tag{5-6}$$

式中，$\frac{\partial t}{\partial x}$、$\frac{\partial t}{\partial y}$、$\frac{\partial t}{\partial z}$分别为温度在 x、y、z 轴方向的偏导数；$\boldsymbol{i}$、$\boldsymbol{j}$、$\boldsymbol{k}$ 分别为 x、y、z 轴方向的单位矢量。

4. 热流密度

如图 5-1 所示，$\mathrm{d}A$ 是等温面 T 上的微元面积。假设垂直通过 $\mathrm{d}A$ 上的热传导热流量为 $\mathrm{d}\boldsymbol{\Phi}$，其方向指向温度降低的方向，则 $\mathrm{d}A$ 上的热传导热流密度为

$$q=\frac{\mathrm{d}\boldsymbol{\Phi}}{\mathrm{d}A} \tag{5-7}$$

热传导热流密度的大小和方向可以用热流密度矢量 $\boldsymbol{q}$ 表示为

$$\boldsymbol{q}=-\frac{\mathrm{d}\boldsymbol{\Phi}}{\mathrm{d}A}\boldsymbol{n} \tag{5-8a}$$

式中，负号表示 $\boldsymbol{q}$ 的方向与 $\boldsymbol{n}$ 的方向相反，即和温度梯度的方向相反。

在空间直角坐标系中，热流密度矢量可以表示为

$$\boldsymbol{q}=q_x\boldsymbol{i}+q_y\boldsymbol{j}+q_z\boldsymbol{k} \tag{5-8b}$$

式中，q_x、q_y、q_z 分别是热流密度矢量 $\boldsymbol{q}$ 在三个坐标轴方向的分量大小。

5. 傅里叶定律

1822 年，法国物理学家傅里叶（Fourier）在对热传导过程大量试验研究的基础上，发现了热流密度矢量与温度梯度之间的关系，提出了著名的热传导基本定律——傅里叶定律。对于物性参数不随方向变化的各向同性物体，傅里叶定律的数学表达式为

$$\boldsymbol{q}=-\lambda\,\mathbf{grad}t=-\lambda\frac{\partial t}{\partial n}\boldsymbol{n} \tag{5-9a}$$

式中，λ 为热导率。

傅里叶定律表明，热传导热流密度的大小与温度梯度的绝对值成正比，其方向与温度梯度的方向相反。

对于各向同性材料，各个方向上的热导率 λ 相等，由式（5-6）、式（5-8b）和（5-9a）可得

$$\boldsymbol{q}=-\lambda\left(\frac{\partial t}{\partial x}\boldsymbol{i}+\frac{\partial t}{\partial y}\boldsymbol{j}+\frac{\partial t}{\partial z}\boldsymbol{k}\right) \tag{5-9b}$$

$$q_x=-\lambda\frac{\partial t}{\partial x},q_y=-\lambda\frac{\partial t}{\partial y},q_z=-\lambda\frac{\partial t}{\partial z}$$

由傅里叶定律可知，要计算通过物体的热传导热流量，除了需要知道物体材料的热导率之外，还必须知道物体的温度场。所以，求解温度场是热传导分析的主要任务。

需要指出，傅里叶定律只适用于各向同性物体。许多天然和人造材料的热导率随方向而变化，存在热导率最大和最小的方向，这类物体称为各向异性物体，例如木材、石英、沉积岩、经过冲压处理的金属、层压板、强化纤维板、一些工程塑料等。在各向异性物体中，热流密度矢量的方向不仅与温度梯度有关，还与热导率的方向性有关，因此热流密度矢量与温度梯度不一定在同一条直线上。对各向异性物体中热传导的一般性分析比较复杂，已超出本书的范围。

还需要指出，对于工程技术中的一般稳态和非稳态热传导问题，傅里叶定律的表达式（5-9a）都适用，已被无数实践所证明。但对于极低温（接近 0K）的热传导问题和极短时间产生极大热流密度的瞬态热传导过程，如大功率、短脉冲（脉冲宽度仅为 $10^{-15}\sim10^{-12}$s）激光瞬态加热等，傅里叶定律表达式（5-9a）不再适用。

6. 热导率

热导率是物质的重要热物性参数，表示该物体热传导能力的大小。其定义为：单位温度梯度作用下的物体内所产生的热流量。热导率是标量，单位为 W/(m·K)。

根据定义，数学表达式为

$$\lambda=\frac{q}{|\mathbf{grad}t|} \tag{5-10}$$

该式说明，热导率的值等于温度梯度的绝对值为 1K/m 时的热流密度值。绝大多数材料的热导率值都是根据上式通过试验测得的。

各种材料热导率数值的差别很大，为了使读者对不同类型材料的热导率数值的量级有所了解，表 5-1 中列出了一些典型材料在常温下的热导率数值。书后附录 J、附录 K 中摘录了一些工程上常用材料在特定温度下的热导率数值，可供读者进行一般工程计算时参考。对于特殊材料或者在特殊条件下的热导率数值，请参阅有关工程手册或专著。

表 5-1　几种典型材料在 20℃时的热导率

材料名称	λ/[W/(m·K)]	材料名称	λ/[W/(m·K)]
金属(固体)：		松木(平行木纹)	0.35
纯银	427	冰(0℃)	2.22
纯铜	398	液体：	
黄铜[w(Cu)= 70%,w(Zn)= 30%]	109	水(0℃)	0.551
纯铝	236	水银(汞)	7.90
铝合金[w(Al)= 87%,w(Si)= 13%]	162	变压器油	0.124
纯铁	81.1	柴油	0.128
碳钢[w(C)≈0.5%]	49.8	润滑油	0.146
非金属(固体)：		气体(大气压力)：	
石英晶体(0℃,平行于轴)	19.4	空气	0.0257
石英玻璃(0℃)	1.13	氮气	0.0256
大理石	2.70	氢气	0.177
玻璃	0.65~0.71	水蒸气(0℃)	0.183
松木(垂直木纹)	0.15		

从表 5-1 可以看出，物质的热导率在数值上具有下述特点：

1）对于同一种物质来说，固态的热导率值最大，气态的热导率值最小。

2）一般金属的热导率大于非金属的热导率（相差 1~2 个数量级）。金属的热传导机理与非金属有很大区别：金属的热传导主要靠自由电子的运动，而非金属的热传导主要依靠分子或晶格的振动。

3）导电性能好的金属，其热传导性能也好。金属的热传导和导电都主要依靠自由电子的运动。如表 5-1 中的银，既是最好的导电体，也是最好的热传导体。

4）纯金属的热导率大于它的合金。例如，纯铜在 20℃时的热导率为 398W/(m·K)，而黄铜的热导率只有 109W/(m·K)，其他金属也如此。这主要是由于合金中的杂质（或其他成分）破坏了晶格的结构，并且阻碍了自由电子的运动。

热导率的影响因素较多，主要取决于物质的种类、物质结构与物理状态，此外温度、密度、湿度等因素对热导率也有较大的影响。由于热传导是在非均匀的温度场中进行的，所以温度对热导率的影响尤为重要。一般来说，所有物质的热导率都是温度的函数，在工业上和日常生活中常见的温度范围内，绝大多数材料的热导率可以近似地认为随温度线性变化，并可表示为

$$\lambda=\lambda_0(1+bt) \tag{5-11}$$

式中，λ_0 为按式（5-11）计算的 0℃下的热导率值，并非材料在 0℃下的热导率真实值；b 为由试验确定的常量，其数值与物质的种类有关。

国家标准 GB/T 4272—2008 中规定，将平均温度为 298K（25℃）时热导率小于 0.08W/(m·K) 的材料称为保温材料，如泡沫塑料、膨胀珍珠岩、矿渣棉等。常温下空气的热导率为 0.0257W/(m·K)，是很好的保温材料。

5.2 热传导问题的数学描述

1. 热传导微分方程的导出

由傅里叶定律可知，要计算物体的热传导热流量，必须知道物体的温度场，例如，在空间直角坐标系下，必须知道函数 $t=f(x,y,z,\tau)$。为求得温度场，必须要根据能量守恒定律和傅里叶定律建立描述温度场一般性规律的微分方程——热传导微分方程。

热传导微分方程是根据在热传导物体内选取的微元控制体（简称微元体）的能量守恒定律和傅里叶定律导出的。如图 5-2 所示，在空间直角坐标系中，选取平行六面微元体作为研究对象，其边长分别为 dx、dy、dz。$d\Phi_x$、$d\Phi_y$、$d\Phi_z$ 分别为 x、y、z 三个坐标轴方向导入微元体的热流量；$d\Phi_{x+dx}$、$d\Phi_{y+dy}$、$d\Phi_{z+dz}$ 分别为 x、y、z 三个坐标轴方向导出微元体的热流量。

对于微元体，根据能量守恒定律，在任一时间间隔内的热平衡关系式如下：

净导入微元体的热流量+微元体内热源的发热量=微元体热流量的增量。

1）净导入微元体的热流量。$d\Phi_\lambda$ 等于从 x、y、z 三个坐标轴方向净导入微元体的热流量之和，即

$$d\Phi_\lambda = d\Phi_{\lambda x}+d\Phi_{\lambda y}+d\Phi_{\lambda z}$$

x、y、z 轴方向净导入微元体的热流量为

$$\begin{cases} d\Phi_{\lambda x} = d\Phi_x - d\Phi_{x+dx} \\ d\Phi_{\lambda y} = d\Phi_y - d\Phi_{y+dy} \\ d\Phi_{\lambda z} = d\Phi_z - d\Phi_{z+dz} \end{cases} \tag{5-12a}$$

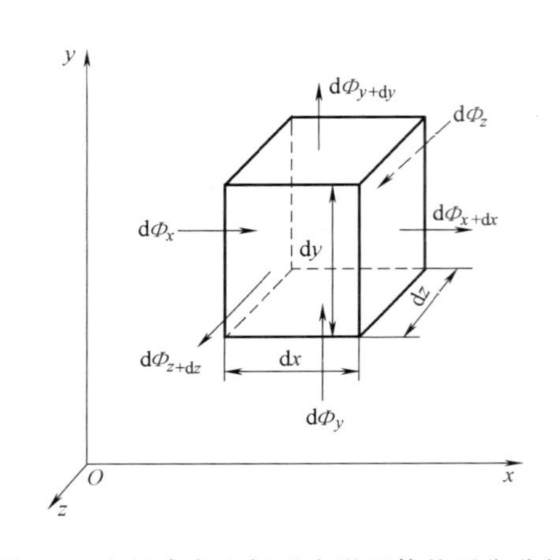

图 5-2 空间直角坐标系中微元体热平衡分析

通过 $x+dy$，$y+dy$，$z+dz$ 三个表面导出微元体的热流量按傅里叶定律为

$$\begin{cases} \Phi_{x+dx} = \Phi_x + \dfrac{\partial \Phi_x}{\partial x}dx = \Phi_x - \dfrac{\partial}{\partial x}\left(\lambda \dfrac{\partial t}{\partial x}\right)dxdydz \\ \Phi_{y+dy} = \Phi_y + \dfrac{\partial \Phi_y}{\partial y}dy = \Phi_y - \dfrac{\partial}{\partial y}\left(\lambda \dfrac{\partial t}{\partial y}\right)dxdydz \\ \Phi_{z+dz} = \Phi_z + \dfrac{\partial \Phi_z}{\partial z}dz = \Phi_z - \dfrac{\partial}{\partial z}\left(\lambda \dfrac{\partial t}{\partial z}\right)dxdydz \end{cases} \tag{5-12b}$$

于是，在单位时间内从三个坐标轴方向净导入微元体的热流量之和为

$$d\Phi_\lambda = \left[\frac{\partial}{\partial x}\left(\lambda \frac{\partial t}{\partial x}\right) + \frac{\partial}{\partial y}\left(\lambda \frac{\partial t}{\partial y}\right) + \frac{\partial}{\partial z}\left(\lambda \frac{\partial t}{\partial z}\right)\right]dxdydz \tag{5-12c}$$

2）单位时间内，微元体内热源的发热量为

$$d\Phi_v = \dot{\Phi}dxdydz \tag{5-12d}$$

3）单位时间内，微元体热力学能的增量为

$$dU=\rho c\frac{\partial t}{\partial \tau}dxdydz \tag{5-12e}$$

式中，ρ 为物体的密度（kg/m^3）；c 为物体的比热容 [$J/(kg\cdot K)$]，对于固体和不可压缩流体，比定压热容 c_p 与比定容热容 c_V 相差很小，$c_p=c_V=c$。

将式（5-12c）~（5-12e）代入热平衡关系式，并消去 $dxdydz$，可得

$$\rho c\frac{\partial t}{\partial \tau}=\left[\frac{\partial}{\partial x}\left(\lambda\frac{\partial t}{\partial x}\right)+\frac{\partial}{\partial y}\left(\lambda\frac{\partial t}{\partial y}\right)+\frac{\partial}{\partial z}\left(\lambda\frac{\partial t}{\partial z}\right)\right]+\dot{\Phi} \tag{5-13}$$

式（5-13）称为热传导微分方程。它建立了热传导过程中物体的温度随时间和空间变化的函数关系。

下面针对一系列具体情形导出式（5-13）的简化形式。

1）当热导率 λ 为常数时，式（5-13）可简化为

$$\frac{\partial t}{\partial \tau}=\frac{\lambda}{\rho c}\left(\frac{\partial^2 t}{\partial x^2}+\frac{\partial^2 t}{\partial y^2}+\frac{\partial^2 t}{\partial z^2}\right)+\frac{\dot{\Phi}}{\rho c} \tag{5-14a}$$

或写成

$$\frac{\partial t}{\partial \tau}=a\,\nabla^2 t+\frac{\dot{\Phi}}{\rho c} \tag{5-14b}$$

式中，$a=\dfrac{\lambda}{\rho c}$称为热扩散率（$m^2/s$）。

热扩散率 a 是对非稳态热传导过程有重要影响的热物性参数，其大小反映物体被瞬间加热或冷却时物体内温度变化的快慢。由式（5-14a）也可以看出，热扩散率 a 越大，物体内部温度“扯平”的能力越大。例如，一般木材的热扩散率约为 $1.5\times10^{7}m^2/s$，纯铜的热扩散率约为 $5.33\times10^{-5}m^2/s$，是木材的 355 倍。如果两手分别握住同样长短粗细的木棒和纯铜棒的一端，同时将另一端伸到灼热的火炉中，则当拿纯铜棒的手感到很烫时，拿木棒的手无热的感觉。这说明，在纯铜棒中温度的变化要比在木棒中快得多。

2）当热导率为常数，无内热源时，式（5-13）可简化为

$$\frac{\partial t}{\partial \tau}=a\,\nabla^2 t \tag{5-15}$$

3）当常物性、稳态时，式（5-13）可简化为

$$a\,\nabla^2 t+\frac{\dot{\Phi}}{\rho c}=0 \tag{5-16}$$

该式在数学上称为泊松方程。

4）当常物性、稳态、无内热源时，式（5-13）可简化为

$$\nabla^2 t=0$$

即

$$\frac{\partial^2 t}{\partial x^2}+\frac{\partial^2 t}{\partial y^2}+\frac{\partial^2 t}{\partial z^2}=0 \tag{5-17}$$

该式在数学上称为拉普拉斯方程。

当所研究的对象是圆柱坐标系或球坐标系时，如图 5-3 和图 5-4 所示，采用类似的分析

方法，可以得出一般形式的热传导微分方程。

1）圆柱坐标系。

$$\rho c\frac{\partial t}{\partial \tau}=\frac{1}{r}\frac{\partial}{\partial r}\left(\lambda r\frac{\partial t}{\partial r}\right)+\frac{1}{r^2}\frac{\partial}{\partial \varphi}\left(\lambda\frac{\partial t}{\partial \varphi}\right)+\frac{\partial}{\partial z}\left(\lambda\frac{\partial t}{\partial z}\right)+\dot{\Phi} \tag{5-18a}$$

当 λ 为常数时，式（5-18a）可简化为

$$\frac{\partial t}{\partial \tau}=a\left(\frac{\partial^2 t}{\partial r^2}+\frac{1}{r}\frac{\partial t}{\partial r}+\frac{1}{r^2}\frac{\partial^2 t}{\partial \varphi^2}+\frac{\partial^2 t}{\partial z^2}\right)+\frac{\dot{\Phi}}{\rho c} \tag{5-18b}$$

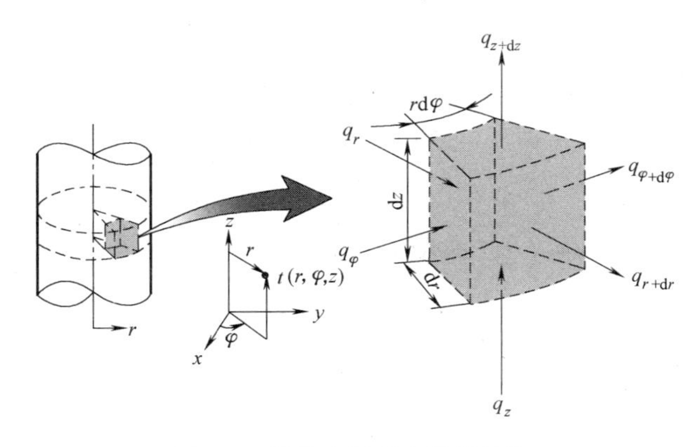

图 5-3　圆柱坐标系中的微元体

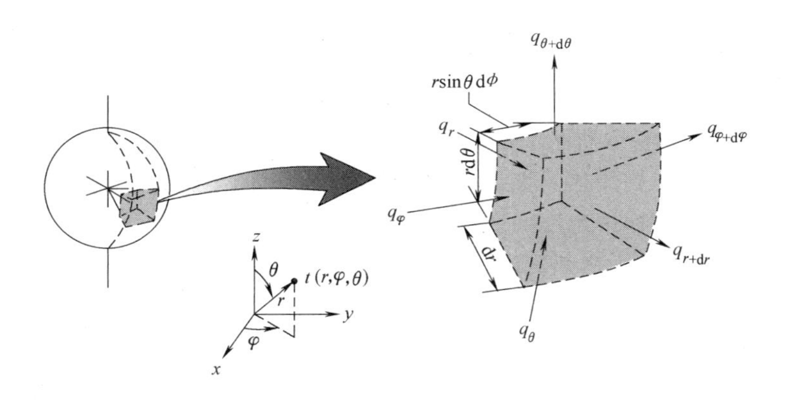

图 5-4　球坐标系中的微元体

2）球坐标系。

$$\rho c\frac{\partial t}{\partial \tau}=\frac{1}{r^2}\frac{\partial}{\partial r}\left(\lambda r^2\frac{\partial t}{\partial r}\right)+\frac{1}{r^2\sin\theta}\frac{\partial}{\partial \theta}\left(\lambda\sin\theta\frac{\partial t}{\partial \theta}\right)+\frac{1}{r^2\sin^2\theta}\frac{\partial}{\partial \varphi}\left(\lambda\frac{\partial t}{\partial \varphi}\right)+\dot{\Phi} \tag{5-19a}$$

当 λ 为常数时，式（5-19a）可简化为

$$\frac{\partial t}{\partial \tau}=a\left[\frac{1}{r}\frac{\partial^2(rt)}{\partial r^2}+\frac{1}{r^2\sin\theta}\frac{\partial}{\partial \theta}\left(\sin\theta\frac{\partial t}{\partial \theta}\right)+\frac{1}{r^2\sin^2\theta}\frac{\partial^2 t}{\partial \varphi^2}\right]+\frac{\dot{\Phi}}{\rho c} \tag{5-19b}$$

2. 定解条件

热传导微分方程是描写热传导问题的共性表达式，给出的是物体的温度随时间和空间变

化的关系，没有涉及具体、特定的导热过程，是一个通用表达式，所以它适用于任一个的热传导过程，也就是说它有无穷多个解。为了获得某一具体物理问题的温度分布，需要给出表征该问题的附加条件，这个附加条件称为单值性条件或定解条件。热传导微分方程与单值性条件一起，构成了具体热传导过程完整的数学描述。

单值性条件一般包括以下几个方面：

（1）几何条件　即物体的几何形状及尺寸大小，如平壁或圆筒壁，厚度、直径等。在其他条件相同的情况下，物体的几何形状及尺寸对其温度场的影响非常大，它决定了温度场的空间分布特点和进行分析时所采用的坐标系。

（2）物理条件　即说明热传导物体的物理性质。例如：给出热物性参数（λ、ρ、c 等）的数值及其特点，是常物性（物性参数为常数）还是变物性（一般指物性参数随温度而变化），有无内热源、大小和分布；是否各向同性……热物性参数对物体中的温度分布具有显著的影响，尤其是稳态热传导过程中的热导率 λ、非稳态热传导过程中的热扩散率 a。几乎所有工程材料的热物性参数都不同程度地随温度而变化。本来温度场的求解是以物性参数已知为条件的，如果物性又随温度变化，则变成非线性热传导微分方程，其求解方法是热传导及对流换热问题的一个难点，本书不做具体阐述。

（3）时间条件　即在时间上导热过程进行的特点。稳态导热过程不需要时间条件——与时间无关，对非稳态导热过程应给出过程初始时刻物体内部的温度分布，即

$$t|_{\tau=0}=f(x,y,z) \tag{5-20}$$

将式（5-20）称为非稳态热传导过程的初始条件式。如果过程开始时物体内部的温度分布均匀，则初始条件式简化为

$$t_{\tau=0}=t_0=\text{常数}$$

（4）边界条件　常见的边界条件有下面三类：

1）第一类边界条件。给出物体边界上的温度分布及其随时间的变化规律

$$t_w=f(x,y,z,\tau) \tag{5-21}$$

如果在整个热传导过程中物体边界上的温度为常数，则

$$t_w=\text{常量}$$

2）第二类边界条件。给出物体边界上的热流密度分布及其随时间的变化规律

$$q_w=f(x,y,z,\tau) \tag{5-22}$$

根据傅里叶定律的数学表达式

$$q_w=-\lambda\left(\frac{\partial t}{\partial n}\right)_w$$

可得

$$\left(\frac{\partial t}{\partial n}\right)_w=-\frac{q_w}{\lambda} \tag{5-23}$$

所以，第二类边界条件给出了边界面法线方向的温度变化率，但边界温度 t_w 未知，如图 5-5 所示。用电热片加热物体表面可实现第二类边界条件。

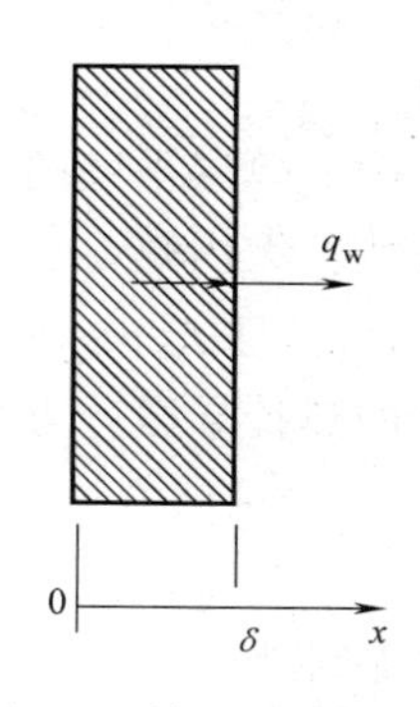

图 5-5　第二类边界条件

如果在热传导过程中，物体的某一表面是绝热的，即 $q_w=0$，则

$$\left(\frac{\partial t}{\partial n}\right)_{\mathrm{w}}=0$$

在这种情况下，物体内部的等温面或等温线与该绝热表面垂直相交。

3）第三类边界条件。给出与物体表面进行对流换热的流体的温度 t_{f} 及表面传热系数 h，如图 5-6 所示。

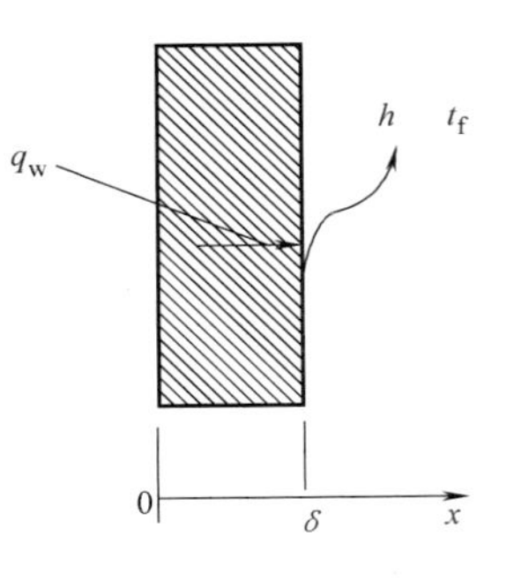

图 5-6　第三类边界条件

根据边界面的热平衡，由物体内部导向边界面的热流密度应该等于从边界面传给周围流体的热流密度，由傅里叶定律和牛顿冷却公式可得

$$-\lambda\left(\frac{\partial t}{\partial n}\right)_{\mathrm{w}}=h(t_{\mathrm{w}}-t_{\mathrm{f}}) \tag{5-24}$$

式（5-24）建立了物体内部温度在边界处的变化率与边界处对流换热之间的关系，所以第三类边界条件也称为对流换热边界条件。

对于稳态的对流换热，t_{f} 与 h 为常数；对于非稳态的对流换热，还应给出 t_{f}、h 与时间的函数关系。

在处理复杂的工程问题时，如果热传导物体的边界处除了对流换热还存在与周围环境之间的辐射换热，则物体边界面的热平衡表达式为

$$-\lambda\left(\frac{\partial t}{\partial n}\right)_{\mathrm{w}}=h(t_{\mathrm{w}}-t_{\mathrm{f}})+q_{\mathrm{r}} \tag{5-25}$$

式中，q_{r} 为物体边界面与周围环境之间的净辐射热流密度。

5.3　稳态热传导

温度场不随时间变化的热传导过程称为稳态热传导，例如，暖气片的散热。

下面分别讨论日常生活和工程上常见的平壁、圆筒壁、球壁及肋壁的一维稳态热传导问题，并对一些工程上常见的二维或三维稳态热传导问题的形状因子解法以及接触热阻的概念，做简单的介绍。

1. 平壁的稳态热传导

当平壁的两表面分别维持均匀恒定的温度时，平壁的热传导为一维稳态热传导。下面对第一类边界条件下单层和多层平壁的一维稳态热传导问题进行分析。

（1）单层平壁的稳态热传导　假设平壁的厚度为 δ，热导率为常数，无内热源，平壁两侧的表面分别保持均匀恒定的温度 t_{w1}、t_{w2}，且 $t_{\mathrm{w1}}>t_{\mathrm{w2}}$。选取坐标轴 x 与壁面垂直，如图 5-7 所示。平壁的热传导微分方程为

$$\frac{\mathrm{d}^2 t}{\mathrm{d}x^2}=0 \tag{5-26a}$$

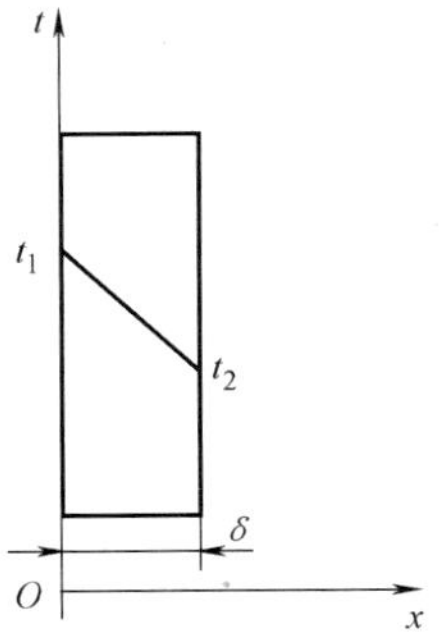

边界条件为

$$x=0,t=t_{\mathrm{w1}}$$

图 5-7　平壁稳态热传导

$$x=\delta,t=t_{w2}$$

应用直接积分法求解式（5-26），可以得通解

$$t=C_1x+C_2 \tag{5-26b}$$

代入边界条件，可得

$$C_2=t_{w1}$$

$$C_1=-\frac{t_{w1}-t_{w2}}{\delta}$$

将 C_1、C_2 代入通解，平壁内的温度分布为

$$t=t_{w1}-\frac{t_{w1}-t_{w2}}{\delta}x \tag{5-26c}$$

可见，当热导率 λ 为常数时，平壁内的温度呈线性分布，温度分布曲线的斜率为

$$\frac{\mathrm{d}t}{\mathrm{d}x}=-\frac{t_{w1}-t_{w2}}{\delta} \tag{5-26d}$$

通过平壁的热流密度可由傅里叶定律得出

$$q=-\lambda\frac{\mathrm{d}t}{\mathrm{d}x}=\lambda\frac{t_{w1}-t_{w2}}{\delta} \tag{5-27}$$

可见，通过平壁的热流密度为常数，与坐标 x 无关。

通过整个平壁的热流量为

$$\Phi=Aq=A\lambda\frac{t_{w1}-t_{w2}}{\delta} \tag{5-28}$$

当平壁材料的热导率是温度的函数时，一维稳态热传导微分方程的形式为

$$\frac{\mathrm{d}}{\mathrm{d}x}\left(\lambda\frac{\mathrm{d}t}{\mathrm{d}x}\right)=0 \tag{5-29}$$

当温度变化范围不大时，可以近似地认为材料的热导率随温度线性变化，即

$$\lambda=\lambda_0(1+bt)$$

（2）多层平壁的稳态热传导　日常生活中与工程上，经常遇到由不同材料组成的多层平壁。例如房屋的墙壁，一般由白灰内层、水泥砂浆层和红砖（或青砖）主体层构成，高档楼房还有一层水泥砂砾或瓷砖修饰层。再如锅炉的炉墙，一般由耐火砖砌成的内层、用于隔热的加气混凝土砌块层或保温层以及普通砖砌的外墙构成，大型锅炉还外包一层钢板。当这种多层平壁的两表面分别维持均匀恒定的温度时，其热传导也是一维稳态热传导。

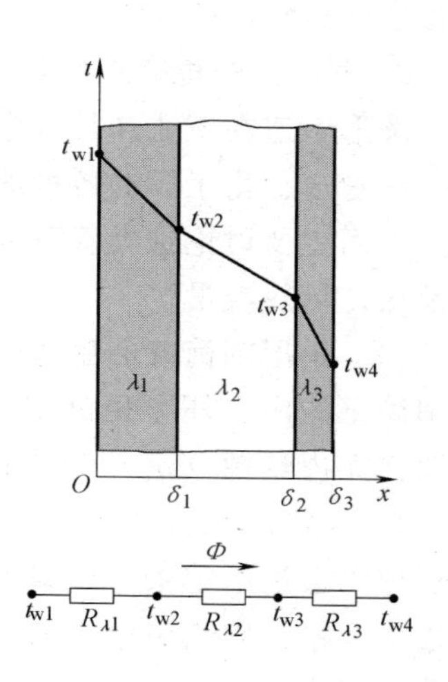

图 5-8　三层平壁的稳态导热

下面运用热阻法分析多层平壁的一维稳态热传导问题。以图 5-8 所示具有第一类边界条件的三层平壁为例进行分析。

假设三层平壁材料的热导率分别为 λ_1、λ_2、λ_3，且为常数；厚度分别为 δ_1、δ_2、δ_3；各层之间的接触非常紧密，因此相互接触的表面具有相同的温度，分别为 t_{w2}、t_{w3}；平

壁两侧外表面分别保持均匀恒定的温度 t_{w1}、t_{w4}。显然，通过此三层平壁的热传导为稳态热传导，通过各层的热流量相同。根据单层平壁稳态热传导时热流量的计算公式

$$\Phi=\frac{t_{w1}-t_{w2}}{\dfrac{\delta_1}{A\lambda_1}}=\frac{t_{w1}-t_{w2}}{R_{\lambda 1}} \tag{5-30a}$$

$$\Phi=\frac{t_{w2}-t_{w3}}{\dfrac{\delta_2}{A\lambda_2}}=\frac{t_{w2}-t_{w3}}{R_{\lambda 2}} \tag{5-30b}$$

$$\Phi=\frac{t_{w3}-t_{w4}}{\dfrac{\delta_3}{A\lambda_3}}=\frac{t_{w3}-t_{w4}}{R_{\lambda 3}} \tag{5-30c}$$

由以上三式和等比定理可得

$$\Phi=\frac{t_{w1}-t_{w4}}{\dfrac{\delta_1}{A\lambda_1}+\dfrac{\delta_2}{A\lambda_2}+\dfrac{\delta_3}{A\lambda_3}}=\frac{t_{w1}-t_{w4}}{R_{\lambda 1}+R_{\lambda 2}+R_{\lambda 3}} \tag{5-30d}$$

可见，三层平壁稳态热传导的总热传导热阻 R_λ 为各层热传导热阻之和，可以用热阻网络来表示。

由此类推，对于 n 层平壁的稳态热传导，热流量的计算公式应为

$$\Phi=\frac{t_{w1}-t_{w(n+1)}}{\sum_{i=1}^{n}R_{\lambda i}} \tag{5-30e}$$

式中，分子为多层平壁两侧外壁面之间的温差；分母为总热传导热阻，是各层热传导热阻之和。

可见，利用热阻的概念，可以很容易地求得通过多层平壁稳态热传导的热流量，进而求出各层间接触面的温度。

2. 圆筒壁的稳态热传导

圆形管道在工业和日常生活中的应用非常广泛，如发电厂的蒸汽管道，化工厂的各种液、气输送管道以及供暖热水管道等。下面主要讨论这类管壁在稳态热传导过程中的壁内温度分布及热传导热流量。

(1) 单层圆筒壁的稳态热传导　如图 5-9 所示，已知一单层圆筒壁的内、外半径分别为 r_1、r_2，长度为 l，热导率 λ 为常数，无内热源（$q_V=0$），内、外壁面维持均匀恒定的温度 t_{w1}、t_{w2}，且 $t_{w1}>t_{w2}$。

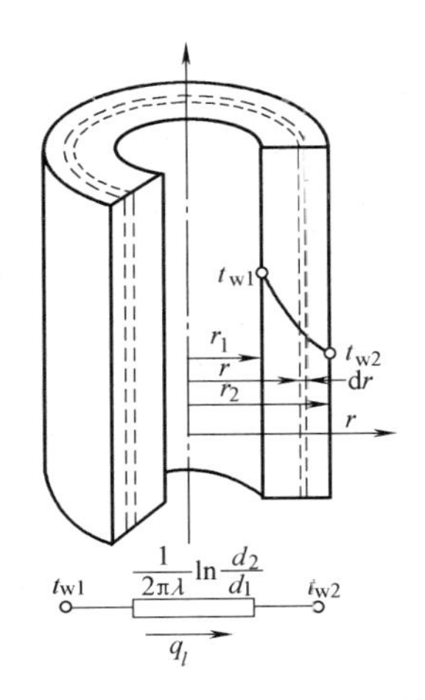

图 5-9　单层圆筒壁的稳态热传导

根据上述给定条件，壁内的温度只沿径向变化，如果采用圆柱坐标系，则圆筒壁内的热传导为一维稳态热传导，热传导微分方程为

$$\frac{\mathrm{d}}{\mathrm{d}r}\left(r\frac{\mathrm{d}t}{\mathrm{d}r}\right)=0 \tag{5-31}$$

第一类边界条件

$$r=r_1, t=t_{w1}$$
$$r=r_2, t=t_{w2}$$

对式（5-31）进行两次积分，可得热传导微分方程的通解为

$$t=C_1\ln r+C_2$$

代入边界条件得

$$C_1=-\frac{t_{w1}-t_{w2}}{\ln(r_2/r_1)}$$

$$C_2=t_{w1}+\frac{t_{w1}-t_{w2}}{\ln(r_2/r_1)}\ln r_1$$

代入 C_1、C_2 通解，可得圆筒壁内的温度分布为

$$t=t_{w1}-(t_{w1}-t_{w2})\frac{\ln(r/r_1)}{\ln(r_2/r_1)}$$

可见，壁内的温度分布为对数曲线。温度沿 r 方向的变化率为

$$\frac{\mathrm{d}t}{\mathrm{d}r}=-\frac{t_{w1}-t_{w2}}{\ln(r_2/r_1)}\frac{1}{r}$$

上式说明，温度变化率的绝对值沿 r 方向逐渐减小。

根据傅里叶定律，圆筒壁沿 r 方向的热流密度为

$$q=-\lambda\frac{\mathrm{d}t}{\mathrm{d}r}=\lambda\frac{t_{w1}-t_{w2}}{\ln(r_2/r_1)}\frac{1}{r}$$

由上式可见，径向热流密度不等于常数，而是 r 的函数，并且随着 r 的增加，热流密度逐渐减小。但是，对于稳态热传导，通过整个圆筒壁的热流量是不变的，其计算公式为

$$\Phi=2\pi rlq=\frac{t_{w1}-t_{w2}}{\dfrac{1}{2\pi\lambda l}\ln\dfrac{r_2}{r_1}}=\frac{t_{w1}-t_{w2}}{\dfrac{1}{2\pi\lambda l}\ln\dfrac{d_2}{d_1}}=\frac{t_{w1}-t_{w2}}{R_\lambda} \tag{5-32}$$

式中，R_λ 为整个圆筒壁的热传导热阻（K/W）。

单位长度圆筒壁的热流量为

$$\Phi_l=\frac{\Phi}{l}=\frac{t_{w1}-t_{w2}}{\dfrac{1}{2\pi\lambda}\ln\dfrac{d_2}{d_1}}=\frac{t_{w1}-t_{w2}}{R_{\lambda l}} \tag{5-33a}$$

式中，$R_{\lambda l}$ 为单位长度圆筒壁的热传导热阻（m·K/W）。

于是，单层圆筒壁的稳态热传导可以用热阻网络来表示。

上面介绍了根据热传导微分方程及边界条件进行求解的一般过程。实际上，对于无内热源的圆筒壁一维稳态热传导问题，单位长度圆筒壁的热流量 Φ_l 在壁内任意位置都相等，根据傅里叶定律，得

$$\Phi_l=-2\pi r\lambda\frac{\mathrm{d}t}{\mathrm{d}r}$$

将上式分离变量，并按照相应的边界条件积分求解，同样可以得出式（5-32）。

（2）多层圆筒壁的稳态热传导　在单层圆筒壁稳态热传导分析的基础上，运用热阻的概念，很容易分析多层圆筒壁的稳态热传导问题。

图 5-10 所示为三层圆筒壁，无内热源，各层的热导率为常数，分别为 λ_1、λ_2、λ_3，内、外壁面维持均匀恒定的温度 t_{w1}、t_{w4}。这显然也是一维稳态热传导问题，通过各层圆筒壁的热流量相等，总热传导热阻等于各层热传导热阻之和，可以用图中的热阻网络表示。单位长度圆筒壁的热传导热流量为

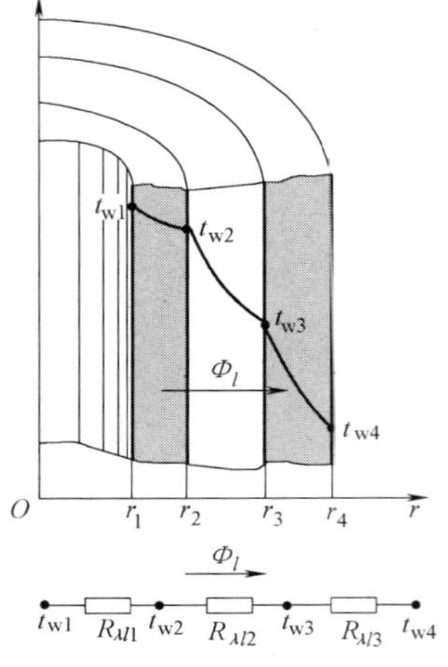

图 5-10　多层圆筒壁的稳态导热

$$\Phi_l=\frac{t_{w1}-t_{w4}}{R_{\lambda l1}+R_{\lambda l2}+R_{\lambda l3}}=\frac{t_{w1}-t_{w4}}{\dfrac{1}{2\pi\lambda_1}\ln\dfrac{d_2}{d_1}+\dfrac{1}{2\pi\lambda_2}\ln\dfrac{d_3}{d_2}+\dfrac{1}{2\pi\lambda_3}\ln\dfrac{d_4}{d_3}} \tag{5-33b}$$

以此类推，对于 n 层不同材料组成的多层圆筒壁的稳态热传导，单位管长的热流量为

$$\Phi_l=\frac{t_{w1}-t_{w(n+1)}}{\sum\limits_{i=1}^{n}R_{\lambda li}}=\frac{t_{w1}-t_{w(n+1)}}{\sum\limits_{i=1}^{n}\dfrac{1}{2\pi\lambda_i}\ln\dfrac{d_{i+1}}{d_i}} \tag{5-34}$$

同理，可以推导出圆球壁的稳态导热及多层圆球壁的稳态导热问题。

3. 肋片的稳态热传导

由计算对流换热的牛顿冷却公式得热流量为

$$\Phi=Ah(t_w-t_f)$$

可以看出，增加换热面积 A 是强化对流换热的有效方法之一。在换热表面上加装肋片是增加换热面积的主要措施，在工业及日常生活中得到了广泛的应用，例如暖气片、汽车散热器及家用空调的冷凝器、蒸发器等。肋片的结构如图 5-11 所示。肋片的形状有多种，图 5-12 示出了几种常见的肋片形状。

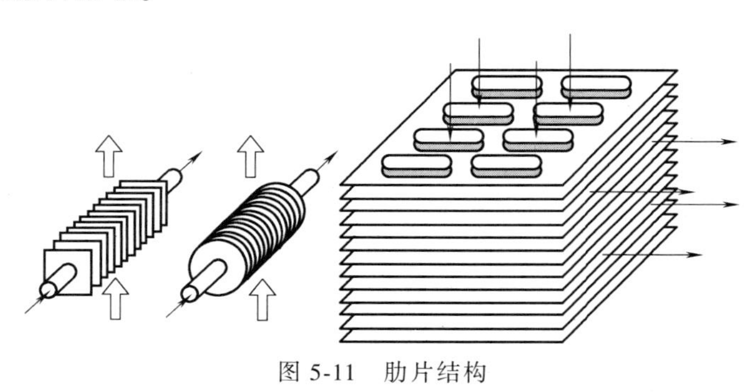
图 5-11　肋片结构

下面以等截面直肋为例，说明肋片稳态热传导的求解方法。

（1）等截面直肋的稳态热传导　图 5-12a、b 所示的矩形肋片和圆柱形肋片都属于等截面直肋，下面以矩形肋片为例进行分析。

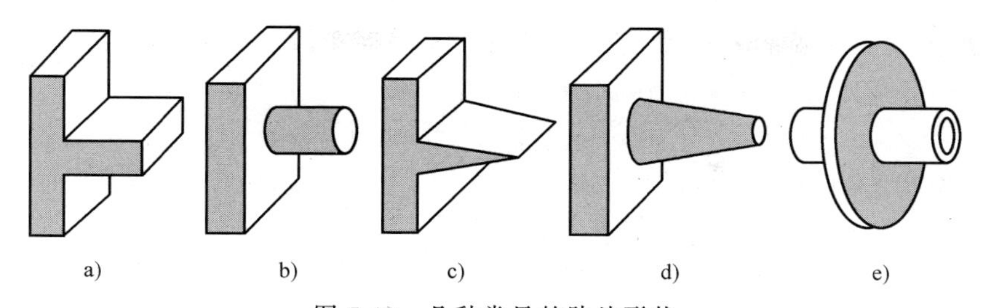

图 5-12　几种常见的肋片形状

a）矩形　b）圆柱形　c）三角形　d）圆锥形　e）圆环形

如图 5-13 所示，矩形肋片的高度为 H，厚度为 δ，宽度为 l，与高度方向垂直的横截面面积为 A，周长为 U。为简化分析，做下列假设：

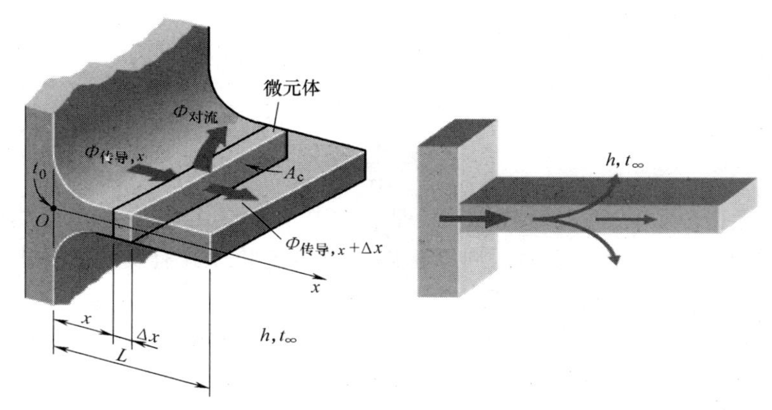

图 5-13　矩形肋片的稳态导热分析

1）肋片材料均匀，热导率 λ 为常数。

2）肋片根部与肋基接触良好，温度一致，即不存在接触热阻。

3）肋片厚度方向的热传导热阻 δ/λ 与肋片表面的对流换热热阻 $1/h$ 相比很小，可以忽略。一般肋片都用金属材料制造，热导率很大，肋片很薄，基本上都能满足这一条件。在这种情况下，肋片的温度只沿高度方向发生变化，肋片的热传导可以近似地认为是一维的。

4）肋片表面各处与流体之间的表面传热系数 h 都相同。

5）忽略肋片端面的散热量，即认为肋片端面是绝热的。

假设肋片温度高于周围流体温度，热量从肋基导入肋片，然后从肋根导向肋端，沿途不断有热量从肋片的侧面以对流换热的方式散给周围的流体。这种情况可以当作肋片具有负的内热源来处理。于是，肋片的热传导过程是具有负内热源的一维稳态热传导过程，热传导微分方程为

$$\frac{\mathrm{d}^2 t}{\mathrm{d}x^2}-\frac{\dot{\Phi}}{\lambda}=0 \tag{5-35a}$$

边界条件为

$$x=0,\quad t=t_0$$

$$x=H,\quad \frac{\mathrm{d}t}{\mathrm{d}x}=0$$

内热源强度 $\dot{\Phi}$ 为单位容积的发热（或吸热）量。对于图 5-13 所示的微元段

$$\dot{\Phi}=\frac{U\mathrm{d}x\cdot h(t-t_\infty)}{A\mathrm{d}x}=\frac{Uh(t-t_\infty)}{A}$$

代入热传导微分方程［式（5-35a）］，得

$$\frac{\mathrm{d}^2t}{\mathrm{d}x^2}-\frac{hU}{\lambda A}(t-t_\infty)=0 \tag{5-35b}$$

令 $m=\sqrt{\frac{hU}{\lambda A}}\approx\sqrt{\frac{h\times 2l}{\lambda\delta l}}=\sqrt{\frac{2h}{\lambda\delta}}$；$\Theta=t-t_\infty$。$\Theta$ 称为过余温度，则肋根处的过余温度为 $\Theta_0=t_0-t_\infty$，肋端处的过余温度为 $\Theta_H=t_H=t_\infty$，于是肋片的热传导微分方程可写成

$$\frac{\mathrm{d}^2\Theta}{\mathrm{d}x^2}-m^2\Theta=0 \tag{5-36a}$$

而边界条件可改写成

$$x=0,\Theta=\Theta_0$$

$$x=H,\frac{\mathrm{d}\Theta}{\mathrm{d}x}=0$$

肋片的热传导微分方程［式（5-36a）］是直接从有内热源的一维稳态热传导微分方程［式（5-35a）］导出的，将肋片表面向周围流体的散热按肋片具有负内的热源处理。如果肋片的温度低于流体的温度，可按肋片具有正内热源处理，同样也可以导出式（5-36a）。实际上，如果以图 5-13 所示的微元段作为研究对象，分析其热平衡，同样可以推导出肋片的热传导微分方程［式（5-36a）］。

式（5-36a）的通解为

$$\Theta=C_1\mathrm{e}^{mx}+C_2\mathrm{e}^{-mx} \tag{5-36b}$$

代入边界条件，可求得常数 C_1、C_2：

$$C_1=\Theta_0\frac{\mathrm{e}^{-mH}}{\mathrm{e}^{mH}+\mathrm{e}^{-mH}}$$

$$C_2=\Theta_0\frac{\mathrm{e}^{-mH}}{\mathrm{e}^{mH}+\mathrm{e}^{-mH}}$$

代入通解（5-36b），可得肋片过余温度的分布函数为

$$\Theta=\Theta_0\frac{\mathrm{e}^{m(H-x)}+\mathrm{e}^{-m(H-x)}}{\mathrm{e}^{mH}+\mathrm{e}^{-mH}} \tag{5-36c}$$

根据双曲余弦函数的定义式

$$\mathrm{ch}x=\frac{\mathrm{e}^x+\mathrm{e}^{-x}}{2}$$

可将式（5-36c）改写为

$$\Theta=\Theta_0\frac{\mathrm{ch}[m(H-x)]}{\mathrm{ch}(mH)} \tag{5-37}$$

可见，肋片的过余温度从肋根开始沿高度方向按双曲余弦函数的规律变化，如图 5-14 所示。

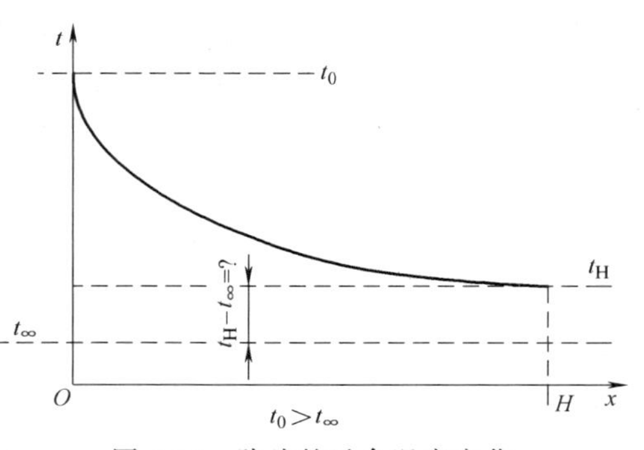

图 5-14　肋片的过余温度变化

由式（5-37）可得肋端的过余温度为

$$\Theta_H = \Theta_0 \frac{1}{\mathrm{ch}(mH)}$$

在稳态情况下，整个肋片的散热量应等于从肋根导入肋片的热流量。因此肋片的散热量为

$$\begin{aligned}\Phi &= -A\lambda \frac{\mathrm{d}\Theta}{\mathrm{d}x}\bigg|_{x=0} = \Theta_0 \frac{m\mathrm{sh}[m(H-x)]}{\mathrm{ch}(mH)} = A\lambda\Theta_0 \frac{\mathrm{sh}(mH)}{\mathrm{ch}(mH)} \\ &= A\lambda m\Theta_0 \mathrm{th}(mH) = \sqrt{h\lambda UA}\Theta_0 \mathrm{th}(mH)\end{aligned} \tag{5-38}$$

结合图 5-14，式（5-38）可以看出，随着 mH 的增大，肋片的散热量随之逐渐增加，且开始时增加很迅速，后来越来越缓慢，逐渐趋于一渐近值。这说明，增大 mH 虽然可以增加肋片的散热量，但增加到一定程度后，再增大 mH 所产生的效果已不显著，因此在设计肋片时应该考虑经济性问题。

需要指出，上述分析虽然是针对矩形肋片进行的，但结果同样适用于其他形状的等截面直肋，如圆柱形肋片。

此外，在上述推导过程中，假设肋片端面的散热量为零（绝热），这对于实际采用的大多数薄而高的肋片来说，用上述公式进行计算已足够精确。如果必须考虑肋片端面的散热，可以采用近似修正方法，将肋片端面面积折算到侧面上去，相当于将肋加高（$H+\Delta H$），其中

$$\Delta H = \frac{A}{U}$$

对于矩形肋

$$\Delta H = \frac{l\delta}{2(l+\delta)} \approx \frac{\delta}{2}$$

还需要指出，对工程上绝大多数薄而高的矩形或细而长的圆柱形金属肋片来说，将肋片的温度场近似为一维的处理结果已足够精确。但对于肋片厚度方向的热传导热阻 δ/λ 与肋片表面的对流换热热阻 $1/h$ 相比不可忽略的情况来说，肋片的热传导不能认为是一维的，上述公式不再适用。此外，上述推导没有考虑辐射换热的影响，对一些温差较大的场合，必须加以考虑。

（2）肋片效率　如上所述，加装肋片的目的是扩大散热面积，增大散热量。但随着肋片高度的增加，肋片的平均过余温度会逐渐降低，即肋片单位质量的散热量会逐渐减小。这就提出了一个加装肋片的效果问题。为了衡量肋片散热的有效程度，引进肋片效率的概念。肋片效率定义为肋片的实际散热量 Φ 与假设整个肋片都具有肋基温度时的理想散热量 Φ_0 之比，用符号 η_f 表示，即

$$\eta_f = \frac{\Phi}{\Phi_0} = \frac{UHh(t_m - t_\infty)}{UHh(t_0 - t_\infty)} = \frac{\Theta_m}{\Theta_0} \tag{5-39}$$

式中，t_m、Θ_m 分别为肋面的平均温度和平均过余温度；t_0、Θ_0 分别为肋基温度与肋基过余温度。

由于 $\Theta_m < \Theta_0$，所以肋片效率 η_f 小于 1。

因此前面假设肋片表面各处 h 都相等，所以等截面直肋的平均过余温度可按下式计算：

$$\Theta_{\mathrm{m}}=\frac{1}{H}\int_0^H\Theta\mathrm{d}x=\frac{1}{H}\int_0^H\Theta_0\frac{\mathrm{ch}[m(H-x)]}{\mathrm{ch}(mH)}\mathrm{d}x=\frac{\Theta_0}{mH}\mathrm{th}(mH)$$

代入式（5-39），可得

$$\eta_{\mathrm{f}}=\frac{\mathrm{th}(mH)}{mH} \tag{5-40}$$

式（5-40）表示了等截面直肋的肋片效率 η_{f} 随 mH 变化的规律。由图可见，mH 越大，肋片效率越低。

对于矩形肋片，$mH=\sqrt{\frac{2h}{\lambda\delta}}H$，由此可以看出影响矩形肋片效率的主要因素有：

1）肋片材料的热导率 λ。热导率越大，肋片效率越高。

2）肋片高度 H。肋片越高，肋片效率越低。

3）肋片厚度 δ。肋片越厚，肋片效率越高。

4）表面传热系数 h。h 越大，即对流换热越强，肋片效率越低。

4. 多维稳态热传导的形状因子解法

前面讨论了简单的一维稳态热传导的分析解法，对于多维稳态热传导问题，分析解法要困难得多，只有少数几何形状、边界条件简单的情况，才能获得分析解。近些年来，随着计算机的发展和计算方法的进步，数值方法被越来越多地用于求解多维热传导问题，其基本原理见文献［3］，这里介绍求解多维稳态热传导的形状因子解法。

假设一个任意形状的物体，其材料的热导率 λ 为常数，无内热源，具有两个温度均匀、恒定的表面，温度分别为 t_1、t_2，且 $t_1>t_2$，其他表面绝热。这显然是一个多维稳态热传导问题。运用热阻的概念，这两个等温面之间的热流量可表示为

$$\Phi=\frac{t_1-t_2}{R_\lambda} \tag{5-41a}$$

式中，R_λ 为两个等温面之间的热传导热阻。

显然，R_λ 与物体的热导率、物体的几何形状和尺寸大小有关，并且与热导率 λ 成反比。令比例系数为 S^{-1}，于是

$$R_\lambda=(S\lambda)^{-1} \tag{5-41b}$$

将上式代入式（5-41a），可得

$$\Phi=S\lambda(t_1-t_2) \tag{5-41c}$$

式中，S 的大小取决于物体的几何形状及尺寸，称为形状因子（m）。

利用式（5-41c）可以计算满足上述条件的多维稳态热传导问题的热流量，公式的形式虽然简单，但难点在于如何确定物体的形状因子 S。大量工程上有用的形状因子计算公式已利用数学分析或数值方法求出，并收集在有关手册或文献之中。

5. 接触热阻

前面在分析多层平壁、多层圆筒壁及肋片的热传导时，都假设层与层之间、肋根与肋基之间接触非常紧密，相互接触的表面具有相同的温度。实际上，无论固体表面看起来多么光滑，都不是一个理想的平整表面，总存在一定的表面粗糙度，两个固体表面之间不可能完全接触，只能是局部的，甚至存在点接触，如图 5-15 所示。当未接触的空隙中充满空气或其他气体时，由于气体的热导率远小于固体，将会对两个固体间的热传导产生热阻 R_{c}，这个热阻称为接触热阻。由于接触热阻的存在，使两个接触表面之间出现温差 Δt_{c}。根据热阻的

定义，有

$$\Delta t_{c}=\Phi R_{c} \tag{5-42}$$

可见，热流量 Φ 越大，接触热阻产生的温差就越大。对于高热流密度的场合，接触热阻的影响不容忽视。例如大功率晶闸管，热流密度高于 $10^{6}\mathrm{W/m^{2}}$，元件与散热器之间的接触热阻产生较大的温差，影响晶闸管的散热，必须设法减小接触热阻。

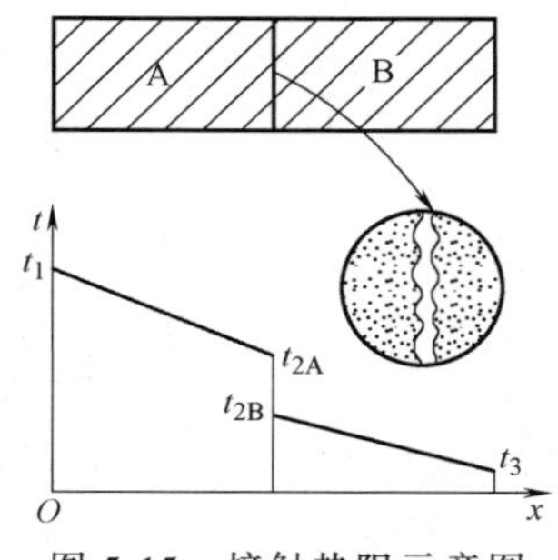

图 5-15　接触热阻示意图

接触热阻的主要影响因素有：

1）相互接触的物体表面的粗糙度。表面粗糙度值越大，接触热阻越大。

2）相互接触的物体表面的硬度。在其他条件相同的情况下，两个都比较坚硬的表面之间接触面积较小，因此接触热阻较大；而两个硬度较小或者一个硬、一个软的表面之间接触面积较大，因此接触热阻较小。

3）相互接触的物体表面之间的压力。显然，加大压力会使两个物体直接接触的面积加大，中间空隙变小，接触热阻也就随之减小。

工程上，为了减小接触热阻，除了尽可能抛光接触表面、加大接触压力之外，有时在接触表面之间加一层热导率大、硬度又很小的纯铜箔或银箔，或者在接触面上涂一层热传导油（亦称导热姆，是一种热导率较大的有机混合物），在一定的压力下可将接触空隙中的气体排挤掉，从而显著减小接触热阻。

5.4　非稳态热传导

非稳态热传导是指温度场随时间变化的热传导过程。绝大多数的非稳态热传导过程都是由于边界条件的变化引起的。例如：蒸汽轮机、内燃机及喷气发动机等在起动、停机或改变工况时引起的零部件内的温度变化与热传导过程，环境温度变化等都属于非稳态热传导问题。本节主要讨论求解非稳态热传导问题的集总参数法。

对于第三类边界条件下的非稳态问题，可以引入一个无量纲特征数毕渥数 Bi 来表征该物理问题的传热特性。$Bi=(\delta/\lambda)/(1/h)$ 表征的是导热热阻 δ/λ 与对流换热热阻 $1/h$ 之间的比值，所以 Bi 的大小对平壁内的温度分布有很大影响。

以平板为例，$Bi\to\infty$ 表明对流换热热阻趋于零，平壁表面与流体之间的温差趋于零。这意味着，非稳态热传导一开始，平壁的表面温度就立即变为流体温度 t_{∞}，平壁内部的温度变化完全取决于平壁的热传导热阻。由于 t_{∞} 在第三类边界条件中已给定，所以这种情况相当于给定了壁面温度，即给定了第一类边界条件。这种情况下的定向点位于平壁表面上，平壁内的过余温度分布如图 5-16a 所示。$Bi\to\infty$ 是一种极限情况，实际上只要 $Bi>100$，就可以近似地按这种情况处理。

$Bi\to 0$ 意味着平壁的热传导热阻趋于零，平壁内部各点的温度在任一时刻都趋于均匀一致，只随时间而变化，且变化的快慢完全取决于平壁表面的对流换热强度。在这种情况下，$\lambda/h=\delta/Bi\to\infty$，定向点在离平壁表面无穷远处，平壁内的过余温度分布如图 5-16b 所示。$Bi\to 0$ 同样是一种极限情况，工程上只要 $Bi<0.1$，就可以近似地按这种情况处理，这种情况下的非稳态热传导可以采用集总参数法计算。

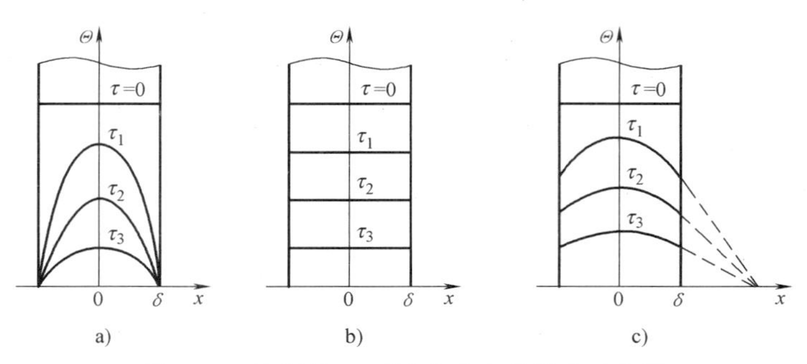

图 5-16　毕渥数 Bi 对温度分布的影响示意图

a) $Bi\to\infty$　b) $Bi\to 0$　c) $0.1\leqslant Bi\leqslant 100$

当 $0.1\leqslant Bi\leqslant 100$ 时，平壁内的过余温度分布如图 5-16c 所示。在这种情况下，平壁的温度变化既取决于平壁内部的热传导热阻，也取决于平壁外部的对流换热热阻。

对于一般的非稳态热传导问题，当 $Bi\leqslant 0$ 时物体内部的热传导热阻远小于其表面的对流换热热阻，认为物体在瞬时处于同一温度下，物体的温度只是时间的函数，与坐标无关。对于这种情况下的非稳态热传导问题，只需求出温度随时间的变化规律，以及在温度变化过程中物体放出或吸收的热量。这种忽略物体内部热传导热阻的简化分析方法称为集总参数法。实际上，如果物体的热导率很大，几何尺寸很小，表面传热系数也不大，则物体内部的热传导热阻一般都远小于其表面的对流换热热阻，都可以用集总参数法来分析。例如，小金属块在加热炉中的加热或在空气中的冷却过程，以及热电偶在测温时端部接点的升温或降温过程等。

集总参数法实质上就是直接运用能量守恒定律导出物体在非稳态热传导过程中温度随时间的变化规律。说明如下：

一个任意形状的物体，如图 5-17 所示，体积为 V，表面面积为 A，密度 ρ、比热容 c 及热导率 λ 为常数，无内热源，初始温度为 t_0，突然将该物体放入温度恒定为 t_∞ 的流体之中，且 $t_0>t_\infty$，物体表面和流体之间对流换热的表面传热系数 h 为常数，需要确定该物体在冷却过程中温度随时间的变化规律以及放出的热量。

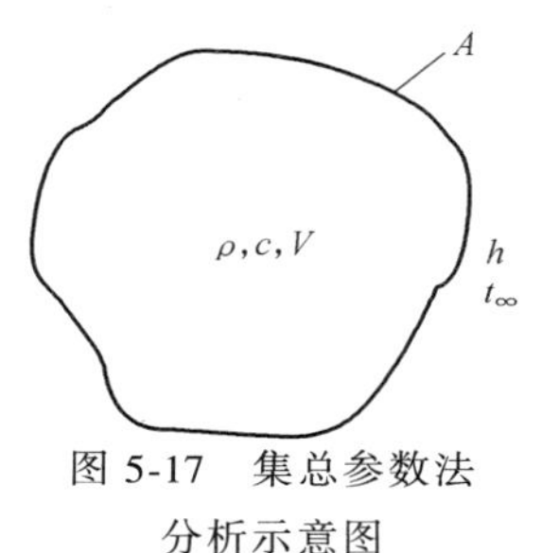

图 5-17　集总参数法分析示意图

假设该问题满足 $Bi\leqslant 0.1$ 的条件。根据能量守恒，单位时间物体热力学能的变化量应该等于物体表面与流体之间的对流换热量，即

$$\rho cV\frac{\mathrm{d}t}{\mathrm{d}\tau}=-hA(t-t_\infty)\tag{5-43a}$$

引进过余温度 $\Theta=t-t_\infty$，式（5-43a）可改写为

$$\rho cV\frac{\mathrm{d}\Theta}{\mathrm{d}\tau}=-hA\Theta\tag{5-43b}$$

初始条件为

$$\tau=0,\Theta=\Theta_0=t_0-t_\infty$$

通过分离变量，式（5-43b）可改写为

$$\frac{d\Theta}{\Theta}=-\frac{hA}{\rho cV}d\tau$$

将上式积分

$$\int_{\Theta_0}^{\Theta}\frac{d\Theta}{\Theta}=-\int_0^{\tau}\frac{hA}{\rho cV}d\tau$$

可得

$$\ln\frac{\Theta}{\Theta_0}=-\frac{hA}{\rho cV}\tau$$

即

$$\frac{\Theta}{\Theta_0}=e^{-\frac{hA}{\rho cV}\tau}=\exp\left(-\frac{hA}{\rho cV}\tau\right) \tag{5-43c}$$

其中

$$\frac{hA\tau}{\rho cV}=\frac{h(V/A)}{\lambda}\frac{\lambda}{\rho c}\frac{\tau}{(V/A)^2}$$

令 $V/A=l$，l 具有长度的量纲，称为物体的特征长度。于是

$$\frac{hA\tau}{\rho cV}=\frac{hl}{\lambda}\frac{\lambda}{\rho c}\frac{\tau}{l^2}=\frac{hl}{\lambda}\frac{a\tau}{l^2}=Bi_V Fo_V$$

将上式代入式（5-43c），得

$$\frac{\Theta}{\Theta_0}=e^{-Bi_V Fo_V}=\exp(-Bi_V Fo_V) \tag{5-44}$$

式中，$Fo=a\tau/l^2$，Fo 为傅里叶数。从 $Fo=\tau/(l^2/a)$ 可见：分子为从非稳态热传导过程开始到 τ 时刻的时间；分母也具有时间的量纲，并可理解为温度变化波及 δ^2 面积所需要的时间。所以，Fo 为两个时间之比，是非稳态热传导过程的量纲为一的特征数。毕渥数 Bi_V 与傅里叶数 Fo_V 的下角标 V 表示以 $l=V/A$ 为特征长度。很容易计算出，对于厚度为 2δ 的无限大平壁，$l=\delta$；对于半径为 R 的圆柱，$l=\frac{1}{2}R$；对于半径为 R 的圆球，$l=\frac{1}{3}R$。

分析结果表明，对于形状如平板、柱体或球这样的物体，只要满足

$$Bi_V<0.1M \tag{5-45}$$

物体内各点过余温度之间的偏差就小于 5%，就可以使用集总参数法计算。式（5-45）中的 M 是与物体形状有关的量纲为一的量。对于无限大平板，$M=1$；对于无限长圆柱，$M=1/2$；对于球，$M=1/3$。

式（5-43c）表明，当 $Bi\leq 0.1$ 时，物体的过余温度 Θ 按指数函数规律下降，一开始温差大，下降迅速，随着温差的减小，下降的速度越来越缓慢，如图 5-18 所示。同时也可以看出，式中指数部分中的$\frac{\rho cV}{hA}$具有时间的量纲，$\tau_c=\frac{\rho cV}{hA}$，$\tau_c$ 称为时间常数，单位是 s。当物体的冷却（或加热）的时间等于时间常数，即 $\tau=\tau_c$ 时，由式（5-43c）可得

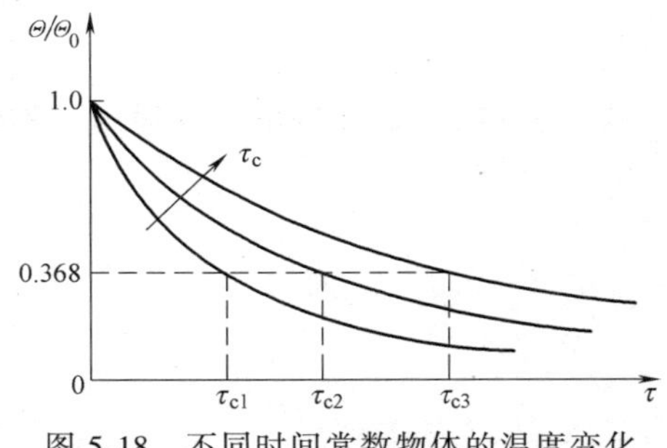

图 5-18　不同时间常数物体的温度变化

$$\frac{\Theta}{\Theta_0}=e^{-1}=0.368=36.8\%$$

即物体的过余温度达到初始过余温度的36.8%。这说明，时间常数反映物体对周围环境温度变化响应的快慢，时间常数越小，物体的温度变化越快，越迅速地接近周围流体的温度，如图5-18所示。

由式 $\tau_c=\frac{\rho cV}{hA}$ 可见，影响时间常数大小的主要因素是物体的热容 ρcV 和物体表面的对流换热条件 hA。物体的热容量越小，表面的对流换热越强，物体的时间常数越小。利用热电偶测量流体温度，总是希望热电偶的时间常数越小越好，因为时间常数越小，热电偶越能迅速地反映被测流体的温度变化。所以，热电偶端部的接点总是做得很小，用其测量流体温度时，也总是设法强化热电偶端部的对流换热，如采用抽气式热电偶。

如果几种不同形状的物体都用同一种材料制作，并且和周围流体之间的表面传热系数 h 也相同，都满足 $Bi\leqslant 0.1$ 的条件，则由式 $\tau_c=\frac{\rho cV}{hA}$ 可以看出，单位体积的表面积 A/V 越大的物体，时间常数越小，在初始温度相同的情况下放在温度相同的流体中被冷却（或加热）的速度越快。例如：对于用同一种材料制成的体积相同的圆球、长度等于直径的圆柱与正方体，可以很容易算出，三者的表面积之比为

$$A_{\text{圆球}}:A_{\text{圆柱}}:A_{\text{正方体}}=1:1.146:1.242$$

正方体的表面积最大，时间常数最小，相同条件下的冷却（或加热）速度最快，圆柱次之，圆球最慢。但直径为 $2R$ 的球体、长度等于直径 $2R$ 的圆柱体与边长为 $2R$ 的正方体相比，三者单位体积的表面积都相同，都为 $\frac{A}{V}=\frac{3}{R}$，三者的时间常数相同，在相同条件下的冷却（或加热）速度也相同。

物体温度随时间的变化规律确定之后，$0\sim\tau$ 时间内物体和周围环境之间交换的热量就可以计算如下：

$$\begin{aligned}Q_\tau&=\rho cV(t_0-t)=\rho cV(\Theta_0-\Theta)\\&=\rho cV\Theta_0\left(1-\frac{\Theta}{\Theta_0}\right)=\rho cV\Theta_0(1-e^{-Bi_VFo_V})\end{aligned}$$

令 $Q_0=\rho cV\Theta_0$，表示物体温度从 t_0 变化到周围流体温度 t_∞ 所放出或吸收的总热量，上式可改写成无量纲形式：

$$\frac{Q_\tau}{Q_0}=1-e^{-Bi_VFo_V} \tag{5-46}$$

式（5-44）、式（5-46）既适用于物体被加热的情况，也适用于物体被冷却的情况。

第6章 对流换热

学习目标

了解牛顿冷却定律及影响对流换热的因素，理解相似理论的基本思想、相似准则、准则方程、定性温度和定形尺寸的意义和作用。熟练地利用准则方程计算大空间自然对流、管内受迫流动、流体横掠管束时的换热。能利用换热公式计算大容积沸腾换热、管内沸腾换热、竖管和竖壁的凝结换热。

6.1 对流换热概述

对流换热是流体流过固体壁面时，由于两者温度不同所发生的热量传递的过程。

1. 牛顿冷却公式

对流换热量可以用牛顿冷却公式计算，其计算表达式如下：

$$\Phi = Ah(t_w - t_f) \tag{6-1}$$

$$q = h(t_w - t_f) \tag{6-2}$$

式中，h 为整个固体表面的平均表面传热系数；t_w 为固体表面的平均温度；t_f 为流体温度。对于外部绕流（如流体掠过平板、圆管等），t_f 取流体的主流温度，即远离壁面的流体温度；对于内部流动（如各种形状槽道内的流动），t_f 取流体的平均温度。

由于沿固体表面换热条件（如固体表面的几何条件、表面温度以及流体的流动状态等）的变化，使局部表面传热系数 h_x、温差 $(t_w - t_f)_x$ 以及热流密度 q_x 都会沿固体表面发生变化。对于局部对流换热，牛顿冷却公式可表示为

$$q_x = h_x(t_w - t_f)_x \tag{6-3}$$

于是，整个固体表面面积 A 上的总对流换热量可写成

$$\Phi = \int_A q_x \mathrm{d}A = \int_A h_x(t_w - t_f)_x \mathrm{d}A$$

如果固体表面温度均匀（等壁温边界），壁面各处与流体之间的温差都相同，即常数，$(t_w - t_f)_x = t_w - t_f =$ 常数，则上式变为

$$\Phi = (t_w - t_f)_x \int_A h_x \mathrm{d}A$$

将该式与式（6-1）比较，可以得出固体表面温度均匀条件下平均表面传热系数 h 与局部表面传热系数 h_x 之间的关系式

$$h = \frac{1}{A}\int_A h_x \mathrm{d}A \tag{6-4}$$

牛顿冷却公式描述了对流换热量与表面传热系数及温差之间的关系，是表面传热系数的定义式，形式虽然简单，但难点都集中在表面传热系数的确定上。如何确定表面传热系数的

大小是对流换热的核心问题，也是本章所要讨论的主要内容。

2. 影响对流换热的因素

对流换热是热传导与热对流两种传热方式共同作用的复杂传热过程。因此，凡是影响热传导和热对流的因素都将对对流换热产生影响。归纳起来，主要有以下五个方面：

（1）流动的起因　根据流动的起因，对流换热主要分为强迫对流换热与自然对流换热两大类。强迫对流是指流体在风机、水泵或其他外部动力作用下产生的流动。自然对流指流体在不均匀的体积力（重力、离心力及电磁力等）的作用下产生的流动。由于流体的密度是温度的函数，流体内部温度场不均匀会导致密度场的不均匀，在重力的作用下就会产生浮升力而促使流体发生流动，室内暖气片周围空气的流动就是这种自然对流最典型的实例。

一般地说，自然对流的流速较低，因此自然对流换热通常要比强迫对流换热弱，表面传热系数要小。例如，气体的自然对流换热表面传热系数在 $1\sim10\text{W}/(\text{m}^2\cdot\text{K})$ 范围内，而气体的强迫对流换热表面传热系数通常在 $10\sim100\text{W}/(\text{m}^2\cdot\text{K})$ 范围内。

（2）流动的状态　由流体力学可知，流体的流动有层流和湍流两种流态。层流时流速缓慢，流体将分层地沿平行于壁面的方向流动；湍流时，流体内存在强烈的脉动和漩涡，使各部分流体之间迅速混合，因此湍流对流换热要比层流对流换热强烈，表面传热系数大。

（3）流体有无相变　在对流换热过程中流体会发生相变，如液体在对流换热过程中被加热而沸腾，由液态变为气态；蒸气在对流换热过程中被冷却而凝结，由气态变为液态。由于流体在沸腾和凝结换热过程中吸收或者放出汽化热（相变热），沸腾时流体还受到气泡的强烈扰动，所以流体发生相变时的对流换热规律以及换热强度和单相流体不同。

（4）流体的物理性质　流体的物理性质（简称物性）对对流换热影响很大。由于对流换热是导热和对流两种基本传热方式共同作用的结果，所以对导热和对流产生影响的物性都将影响对流换热。以无相变对流换热为例，流体的热导率 λ、密度 ρ、比热容 c、动力黏度 η、体胀系数 α_V 等对流体的速度分布及热量的传递都有影响，因而影响表面传热系数。流体的热导率 λ 越大，流体导热热阻越小，对流换热越强烈。ρc 反映单位体积流体热容量的大小，其数值越大，通过对流所转移的热量越多，对流换热越强烈。从流体力学已知，流体的黏度影响速度分布与流态（层流还是湍流），因此对对流换热产生影响。体胀系数是影响重力场中的流体因密度差而产生的浮升力的大小，因此影响自然对流换热。

流体的物性参数随流体的种类、温度和压力而变化。对于同一种不可压缩牛顿流体，其物性参数的数值主要随温度变化。在分析计算对流换热时，用来确定物性参数数值的温度称为定性温度。定性温度的取法取决于对流换热的类型，常用的定性温度有：流体的平均温度 t_f、壁面温度 t_w 以及流体与壁面的算术平均

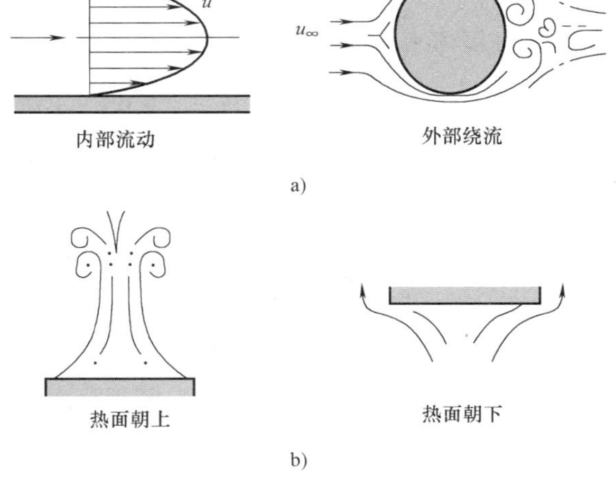

图 6-1　影响对流换热的几何因素示意图

a）强迫对流　b）自然对流

温度$\frac{1}{2}(t_w+t_\infty)$。

(5) 换热表面的几何因素　图6-1为影响对流换热的几何因素示意图。换热表面的几何形状、尺寸、相对位置以及表面粗糙度等几何因素将影响流体的流动状态，因此影响流体的速度分布和温度分布，对对流换热产生显著影响。

综上所述，影响对流换热的因素有很多，表面传热系数是很多变量的函数，一般函数关系式可表示为

$$h=f(u,t_w,t_f,\lambda,\rho,c,\eta,\alpha,l,\varphi) \tag{6-5}$$

式中，l为换热表面的特征长度，习惯上称为定性尺寸，通常是指对换热影响最大的尺寸，如管内流动时的管内径、横向外掠圆管时的圆管外径等；φ为换热表面的几何因素，如形状、相对位置等。

6.2　对流换热的数学描述

1. 微分方程组

对流换热问题完整的数学描述包括对流换热微分方程组及定解条件，微分方程组中包括质量守恒、动量守恒及能量守恒三个守恒定律的数学表达式。相关的流体力及传热学教材中均已给出相关的推导过程，这里只给出结果，不再推导。以二维、不可压缩、常物性、无内热源、忽略黏性耗散的物理问题为例：

质量守恒方程

$$\frac{\partial u}{\partial x}+\frac{\partial v}{\partial y}=0 \tag{6-6}$$

动量守恒方程

$$\rho\left(\frac{\partial u}{\partial \tau}+u\frac{\partial u}{\partial x}+v\frac{\partial u}{\partial y}\right)=F_x-\frac{\partial p}{\partial x}+\eta\left(\frac{\partial^2 u}{\partial x^2}+\frac{\partial^2 u}{\partial y^2}\right) \tag{6-7}$$

$$\rho\left(\frac{\partial v}{\partial \tau}+u\frac{\partial v}{\partial x}+v\frac{\partial v}{\partial y}\right)=F_y-\frac{\partial p}{\partial y}+\eta\left(\frac{\partial^2 v}{\partial x^2}+\frac{\partial^2 v}{\partial y^2}\right) \tag{6-8}$$

能量守恒方程

$$\rho c_p\left(\frac{\partial t}{\partial \tau}+u\frac{\partial t}{\partial x}+v\frac{\partial t}{\partial y}\right)=\lambda\left(\frac{\partial^2 t}{\partial x^2}+\frac{\partial^2 t}{\partial y^2}\right) \tag{6-9}$$

以上质量守恒的微分方程式(6-6)、动量守恒的微分方程式(6-7)、式(6-8)和能量守恒的微分方程式(6-9)这四个微分方程组成了对流换热微分方程组。该方程组中含有u、v、p、t四个未知量，所以方程组是封闭的。原则上，该方程组适用于所有满足上述假设条件的对流换热，既适用于强迫对流换热，也适用于自然对流换热；既适用于层流换热，也适用于湍流换热（湍流时，方程组中的u、v、p、t等参数都表示瞬时值）。这说明该方程组有无穷多个解。对于一个具体的对流换热过程，除了给出微分方程组外，还必须给出单值性条件，才能构成其完整的数学描述。

2. 对流换热的单值性条件

对流换热过程的单值性条件就是使对流换热微分方程组具有唯一解的条件，也称定解条

件，是对所研究的对流换热问题的所有具体特征的描述。与热传导过程类似，对流换热过程的单值性条件包含以下四个方面：

（1）几何条件　说明对流换热表面的几何形状、尺寸，壁面与流体之间的相对位置，壁面的粗糙度等。

（2）物理条件　说明流体的物理性质，例如给出热物性参数（λ、ρ、c_p、a 等）的数值及其变化规律等。此外，物体有无内热源以及内热源的分布规律等也属于物理条件的范畴。

（3）时间条件　说明对流换热过程进行的时间上的特点，例如是稳态还是非稳态。对于非稳态对流换热过程，还应该给出初始条件，即过程开始时刻的速度场与温度场。

（4）边界条件　说明所研究的对流换热在边界上的状态（如边界上的速度分布和温度分布规律）以及与周围环境之间的相互作用。常遇到的主要有两类对流换热边界条件：

第一类边界条件给出边界上的温度分布及其随时间的变化规律，即

$$t_w = f(x, y, z, \tau)$$

如果在对流换热过程中固体壁面上的温度为定值，即 t_w 为常数，则称为等壁温边界条件。

第二类边界条件给出边界上的热流密度分布及其随时间的变化规律

$$q_w = f(x, y, z, \tau)$$

因为紧贴固体壁面的流体是静止的，热量传递依靠导热，根据傅里叶定律

$$-\left.\frac{\partial t}{\partial n}\right|_w = \frac{q_w}{\lambda}$$

所以第二类边界条件等于给出了边界面法线方向的流体温度变化率，但边界温度未知。如果 q_w = 常数，则称为常热流边界条件。

上述对流换热微分方程组和单值性条件构成了对一个具体对流换热过程的完整数学描述。但是，由于这些微分方程的复杂性，尤其是动量微分方程的高度非线性，使方程组的分析求解非常困难。直到 1904 年，德国科学家普朗特（L. Prandtl）在对黏性流体的流动进行大量试验观察的基础上提出了著名的边界层概念，使微分方程组得以简化，使其分析求解成为可能。

6.3 流动边界层

1. 速度边界层

下面以流体平行外掠平板的强迫对流换热为例，来说明流动边界层的定义、特征及其形成和发展过程。

由试验观察可知，当黏性流体流过固体壁面时，由于黏性力的作用，靠壁面处的流体内的速度变化最为显著，紧贴壁面（$y=0$）的流体速度为零。随着与壁面距离 y 的增加，速度越来越大，逐渐接近主流速度 u_∞，速度梯度 $\frac{\partial u}{\partial y}$ 越来越小，如图 6-2 所示。根据牛顿黏性应力公式 $\tau = \eta\frac{\partial u}{\partial y}$，随着与壁面距离 y 的增加，黏性力的作用也越来越小。这一速度发生明显

变化的流体薄层称为速度边界层（或流动边界层）。

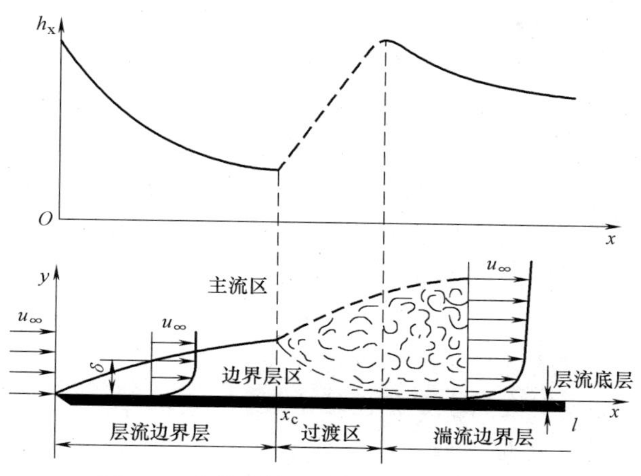

图 6-2　流体外掠平板时速度边界层的形成与发展及局部表面传热系数变化示意图

通常规定速度达到 $0.99u_\infty$ 处的 y 值作为边界层的厚度，用 δ 表示。实测表明，温度为 20℃ 的空气以 $u_\infty = 10\text{m/s}$ 的速度掠过平板时，离平板前沿 100mm 处的边界层厚度只有 1.8mm。可见，速度边界层的厚度 δ 与流动方向特征长度 L 相比非常小，相差一个数量级以上。

由于速度边界层的存在，流场分成了两个区：边界层区（$0 \leqslant y \leqslant \delta$）和主流区（$y>\delta$）。速度边界层区域由于速度梯度与黏性力的作用，是发生动量传递的主要区域，流体的流动由动量微分方程来描写；边界层以外的区域称为主流区，在主流区内速度梯度趋近于零，黏性力的作用忽略，流体可近似为理想流体。主流区的流动由理想流体的欧拉方程描写。

假设来流是速度均匀分布的层流，平行流过平板。在平板的前沿 $x=0$ 处，速度边界层的厚度 $\delta=0$。随着流体向前流动，由于动量的传递，壁面处黏性力的影响逐渐向流体内部发展，速度边界层越来越厚。在距平板前沿的一段距离之内（$0<x<x_c$），边界层内的流动处于层流状态，这段边界层称为层流边界层。随着边界层的加厚，边界层边缘处黏性力的影响逐渐减弱，惯性力的影响相对加大。当边界层达到一定厚度之后，边界层的边缘开始出现扰动，并且随着向前流动，扰动的范围越来越大，逐渐形成旺盛的湍流区（或称为湍流核心），边界层过渡为湍流边界层。在层流边界层和湍流边界层中间存在一段过渡区。即使在湍流边界层内，在紧靠壁面处，黏性力与惯性力相比还是占绝对的优势，仍然有一薄层流体保持层流，称之为层流底层（又称黏性底层）。层流底层内具有很大的速度梯度，而湍流核心内由于强烈的扰动混合使速度趋于均匀，速度梯度较小。层流底层和湍流核心中间有一层从层流到湍流的过渡层，通常称为缓冲层。这种将湍流边界层分为三层不同流动状态的模型称为湍流边界层的三层结构模型。

边界层从层流开始向湍流过渡的距离 x_c 称为临界距离，其大小取决于流体的物性、固体壁面的粗糙度等几何因素以及来流的稳定度，由试验确定，通常用临界雷诺数的特征数 Re_c 给出。对于流体外掠平板的流动，$Re_c = \dfrac{u_\infty x_c}{v} = 2\times10^5 \sim 3\times10^6$，一般情况下取 $Re_c =$

5×10^5。

2. 温度边界层

当温度均匀的流体与它所流过的固体壁面温度不同时，在壁面附近会形成一层温度变化较大的流体层，称为温度边界层或热边界层。如图 6-3 所示，在温度边界层内，紧贴壁面的流体温度等于壁面温度 t_w，随着远离壁面，流体温度逐渐接近主流温度 t_∞。与速度边界层类似，规定流体过余温度 $\Theta=t-t_w=0.99(t_\infty-t_w)$ 处到壁面的距离为温度边界层的厚度，用 δ_t 表示。所以说，温度边界层就是温度梯度存在的流体层，因此也是发生热量传递的主要区域，其温度场由能量微分方程描写。温度边界层之外，温度梯度忽略不计，流体温度为主流温度 t_∞。

前面曾指出，流体的温度场与速度场密切相关。在层流边界层内，速度梯度由大到小变化比较平缓；温度边界层内温度梯度的变化也比较平缓，垂直于壁面方向上的热量传递主要依靠热传导。湍流边界层内，层流底层中具有很大的速度梯度，也具有很大的温度梯度，热量传递主要靠导热；而湍流核心内由于强烈的扰动混合使速度和温度都趋于均匀，速度梯度和温度梯度都较小，热量传递主要靠对流。对于工业和日常生活中常见流体（液态金属除外）的湍流对流换热，热阻主要在层流底层。

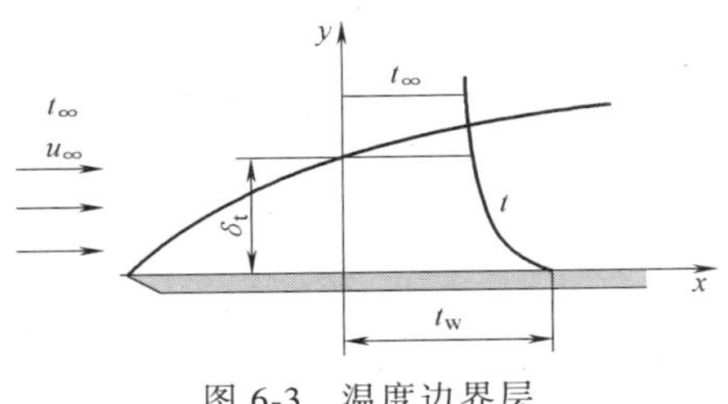

图 6-3 温度边界层

图 6-2 所示的局部表面传热系数的变化趋势可以这样来理解：在层流边界层区，热量传递主要依靠导热，随着边界层的加厚，导热热阻增大，所以局部表面传热系数逐渐减小；在过渡区，随着流体扰动的加剧，对流传热方式的作用越来越大，局部表面传热系数迅速增大；而在湍流边界层区，随着湍流边界层的加厚，热阻也增大，所以局部表面传热系数随之减小。

如果整个平板都与流体进行对流换热，则温度边界层和速度边界层都从平板前缘开始同时形成和发展，在同一位置，这两种边界层厚度的相对大小取决于流体的运动黏度（动量扩散率）ν 与热扩散率 a 的相对大小。运动黏度反映流体动量扩散的能力，在其他条件相同的情况下，ν 值越大，速度边界层越厚；热扩散率 a 反映物体热量扩散的能力，在其他条件相同的情况下，a 值越大，温度边界层越厚。ν 与 a 具有相同的单位（m^2/s），令 $\nu/a=Pr$，Pr 是一个量纲为一的特征数，称为普朗特数，其物理意义为流体的动量扩散能力与热量扩散能力之比。分析结果表明，对于层流边界层，如果温度边界层和速度边界层都从平板前缘开始同时形成和发展，当 $Pr\geqslant1$ 时，$\delta\geqslant\delta_t$；当 $Pr\leqslant1$ 时，$\delta\leqslant\delta_t$。对于液态金属，$Pr<0.05$，温度边界层的厚度要远大于速度边界层的厚度。对于液态金属以外的一般流体，$Pr=0.6\sim4000$。气体的 Pr 较小，在 0.6~0.8 范围内，所以气体的速度边界层比温度边界层略薄；对于高 Pr 的油类（$Pr=10^2\sim10^3$），速度边界层的厚度要远大于温度边界层的厚度。

当平板只有局部被加热或冷却时，速度边界层和温度边界层就不同时形成和发展，如图 6-4 所示。

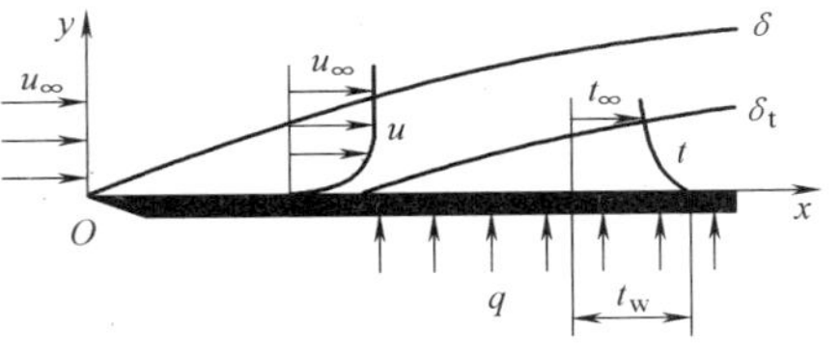

图 6-4 速度边界层与温度边界层不同时发展

以上分别介绍了速度边界层与温度边界层的概念。综上所述，边界层具有以下几个特征：

1）边界层的厚度（δ、δ_t）与壁面特征长度 L 相比是很小的量。

2）流场划分为边界层区和主流区。速度边界层内存在较大的速度梯度，是发生动量扩散（即黏性力作用）的主要区域。在速度边界层之外的主流区，流体可近似为理想流体。温度边界层内存在较大的温度梯度，是发生热量扩散的主要区域，温度边界层之外的温度梯度可以忽略。

3）根据流动状态，边界层分为层流边界层和湍流边界层。湍流边界层分为层流底层、缓冲层与湍流核心三层。层流底层内的速度梯度和温度梯度远大于湍流核心。

4）在层流边界层与层流底层内，垂直于壁面方向上的热量传递主要靠导热。湍流边界层的主要热阻在层流底层。

以上四点也是边界层理论的基本内容。

6.4 内部强制对流换热的试验关联式

内部流动与外部流动的区别主要在于速度边界层与流道壁面之间的相对关系不同：在外部流动中，换热壁面上的流体边界层可以自由地发展，不会受到流道壁面的阻碍或限制。因此，在外部流动中往往存在着一个边界层外的区域，在那里无论速度梯度还是温度梯度，都可以忽略。而在内部流动中，换热壁面上边界层的发展受到流道壁面的限制，因此其换热规律就与外部流动有明显的区别。本节先介绍内部流动，即流体在圆管以及非圆形截面通道（槽道）内的换热规律。

1. 管槽内强制对流流动与换热的一些特点

（1）两种流态　我们知道，流体在管道内的流动可以分为层流与湍流两大类，其分界点为以管道直径为特征尺度的 Re，称为临界 Re，记为 Re_c，其值为 2300。一般认为，Re 大于 10000 后为旺盛湍流，而 $2300 \leqslant Re \leqslant 10000$ 的范围为过渡区。

（2）入口段与充分发展段　流体力学告诉我们，当流体从大空间进入一根圆管时，速度边界层有一个从零开始增长直到汇合于管子中心线的过程。类似地，当流体与管壁之间有热交换时，管子壁面上的温度边界层也有一个从零开始增长直到汇合于管子中心线的过程。当速度边界层及温度边界层汇合于管子中心线后称流动或换热已经充分发展（Fully Developed），此后的换热强度将保持不变。从进口到充分发展段之间的区域称为入口段（Entrance Region）。入口段的温度边界层较薄，局部表面传热系数比充分发展段的大，且沿着主流方向逐渐降低（图 6-5a）。如果边界层中出现湍流，则因湍流的扰动与混合作用又会使局部表面传热系数有所提高，再逐渐趋向于一个定值，如图 6-5b 所示。试验研究表明，层流时入口段长度的计算式为

$$\frac{l}{d} \approx 0.05 RePr \tag{6-10}$$

而湍流时，只要 $l/d>60$，则平均表面传热系数就不受入口段的影响。工程技术中常常利用入口段换热效果大这一特点来强化设备的换热。基于此，下面介绍特征数方程时先讲清充分发展段的关联式，然后再引入入口效应的修正。

（3）两种典型的热边界条件——均匀热流和均匀壁温　当流体在管内被加热或被冷却

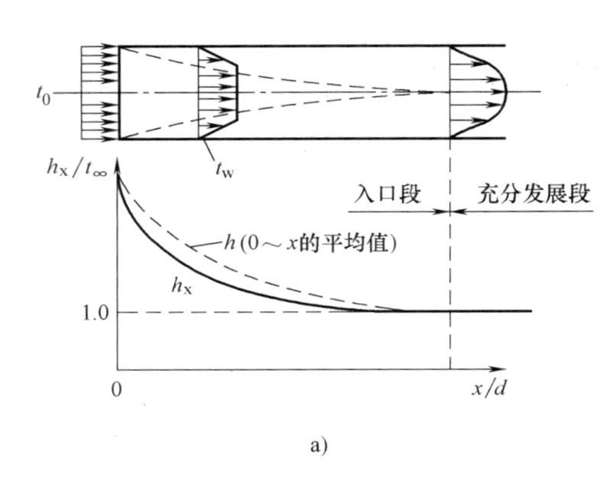

a)

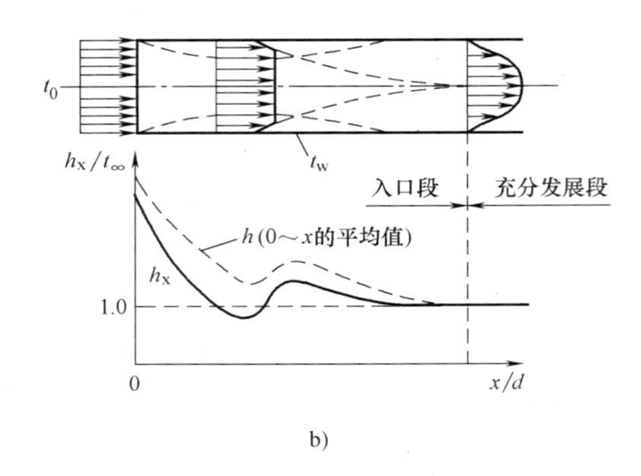

b)

图 6-5　管内对流传热局部表面传热系数 h_x 的沿程变化

a）层流　b）湍流

时，加热或冷却壁面的热状况称为热边界条件（Thermal Boundary Condition）。实际的工程传热情况是多种多样的，为便于研究与应用，从各种复杂情况中抽象出两类典型的条件：轴向与周向热流密度均匀，简称均匀热流（Uniform Heat Flux），以及轴向与周向壁温均匀，简称均匀壁温（Uniform Wall Temperature）。图 6-6 示意性地给出了在这两种热边界条件下沿主流方向流体截面平均温度 $t_f(x)$ 及管壁温度 $t_w(x)$ 的变化情况。湍流时，由于各微团之间的剧烈混合，除液态金属外，两种热边界条件对表面传热系数的影响可以忽略不计。但对层流及低 Pr 介质的情况，两种边界条件下的差别是不容忽视的。

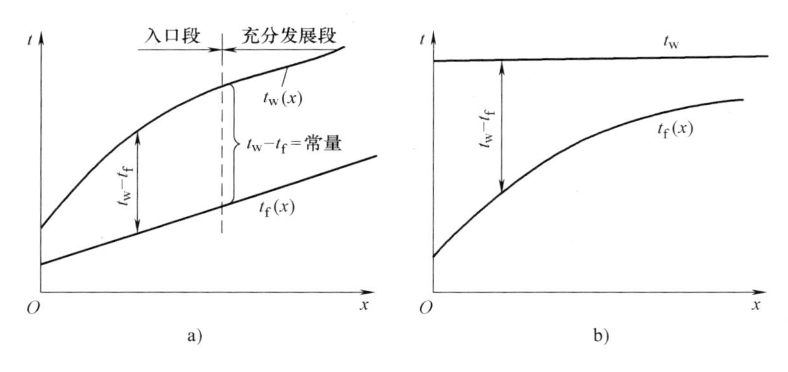

图 6-6　均匀热流与均匀壁温下流体平均温度与壁面温度的沿程变化

a）q_w = 常量　b）t_w = 常量

那么什么情况下能造成这样的热边界条件呢？采用蒸汽凝结来加热或者液体沸腾来冷却时，壁面温度可以认为是均匀的；当采用均匀缠绕的电热丝来加热壁面时，就造成了接近均匀热流密度的条件。

（4）流体平均温度以及流体与壁面的平均温差　计算物性的定性温度多为截面上流体的平均温度（或进、出口截面平均温度）。在用试验方法或用数值模拟确定了同一截面上的速度及温度分布后，可采用下式确定该截面上流体的平均温度，即

$$t_f = \frac{\int_{A_c} c_p \rho t u \mathrm{d}A}{\int_{A_c} c_p \rho u \mathrm{d}A} \tag{6-11}$$

当采用试验方法来测定截面平均温度时，应在测温点之前设法将截面上各部分的流体充分混合，只有这样才能保证测得的温度是流体的截面平均温度，文献中又称为整体温度（Bulk Temperature）。值得指出，在进行对流传热的试验测定时，使加热或冷却后的流体充分混合是测得准确的流体平均温度的重要措施。图 6-7 示意性地给出了这样一种混合器的结构。图中流体进入混合器前壁面上均匀缠绕的电热丝就是为了造成均匀加热的边界条件。

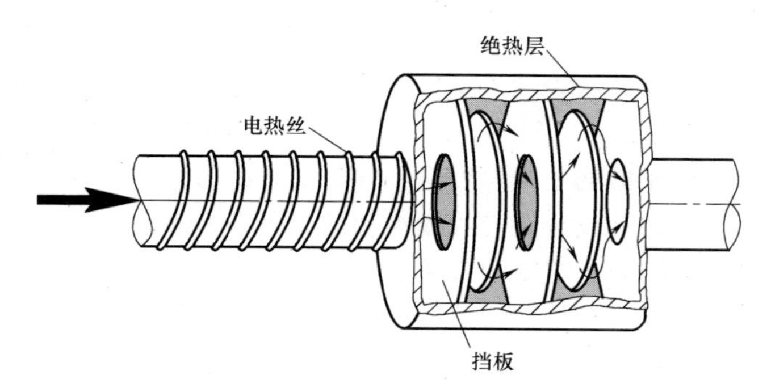

图 6-7 测定流体截面平均温度的混合器示意图

如果要确定流体与一长通道表面间的平均表面传热系数，在应用牛顿冷却公式时要注意平均温度的确定方法。对于均匀热流的情形，如果其中充分发展段足够长，则可取充分发展段的温差 $t_w - t_f$ 作为 Δt_m（图 6-6a）。但对均匀壁温的情形，截面上的局部温差在整个换热面上是不断变化的（图 6-6b），这时应利用以下的热平衡式确定平均的对流传热温差：

$$h_m A \Delta t_m = q_m c_p (t_f'' - t_f') \tag{6-12}$$

式中，q_m 为质量流量；t_f''、t_f'分别为出口、进口截面上的平均温度；Δt_m 按对数平均温差计算，即

$$\Delta t_m = \frac{t_f'' - t_f'}{\ln \dfrac{t_w - t_f'}{t_w - t_f''}} \tag{6-13}$$

当出口截面与进口截面上的温差比 $(t_w - t_f'')/(t_w - t_f')$ 在 0.5～2 之间时，算术平均温差 $t_w - \dfrac{t_f'' + t_f'}{2}$ 与上述对数平均温差间的差别为 4%。

2. 管槽内湍流强制对流传热关联式

（1）常规流体（$Pr>0.6$ 的流体）

1）Dittus-Boelter（席德-塔特）公式。对于管道内的强制对流传热，历史上应用时间最长也最普遍的关联式是

$$Nu_f = 0.023 Re_f^{0.8} Pr_f^n \tag{6-14}$$

加热流体时，$n=0.4$；冷却流体时，$n=0.3$。上式习惯上称为席德-塔特公式。此式适用于流体与壁面温度具有中等温差的场合。式中采用流体平均温度 t_f（即管道进、出口两个截面

平均温度的算术平均值）为定性温度，取管内径 d 为特征长度。试验验证范围为 $Re_f=10^4\sim 1.2\times10^5$，$Pr_f=0.7\sim120$，$l/d\geqslant60$。

所谓中等以下温度差，其具体数字视计算准确程度而定，有一定的幅度。一般来说，对于气体不超过50℃；对于水不超过30℃；对于$\frac{1}{\eta}\frac{\mathrm{d}\eta}{\mathrm{d}t}$大的油类不超过10℃。

式（6-14）历史上曾经得到广泛的应用，由于其形式简单，目前仍在工程上应用。但是该式关于流体与换热壁面间的温差和 l/d 的限制常常会不能满足。下面介绍这些条件不能满足时对式（6-14）的修正方法，分别从温差、l/d 以及非圆形截面槽道三个方面予以说明。

① 变物性影响的修正。所谓温差的影响，实际上是考虑流体热物理性质随温度变化而引起的影响。那么为什么物性变化会影响到传热效果呢？式（6-14）中 Pr 的指数 n 在加热与冷却时取不同值，是考虑流体物理性质随温度变化而引起的对热量传递过程影响的一种最简单的方式。

在有换热的条件下，管子截面上的温度是不均匀的。因为温度要影响黏度，所以截面上的速度分布与等温流动的分布有所不同。图6-8示出了换热时速度分布畸变的景象：图中曲线1为等温流的速度分布。先对液体进行分析。因液体的黏度随温度的降低而升高，液体被冷却时，近壁处的黏度较管心处高，因而速度分布低于等温曲线，变成曲线2。若液体被加热，则速度分布变成曲线3，近壁处流速高于等温曲线。近壁处流速增强会加强换热，反之会减弱换热，这就说明了不均匀物性场对换热的影响。对于气体，由于黏度随温度升高而升高，与液体的情形相反，故曲线2适用于气体被加热，而曲线3适用于气体被冷却。综上所述，不均匀物性场对换热的影响，视液体还是气体，加热还是冷却，以及温差的大小而异。考虑不均匀物性场的影响有以下两种方式：

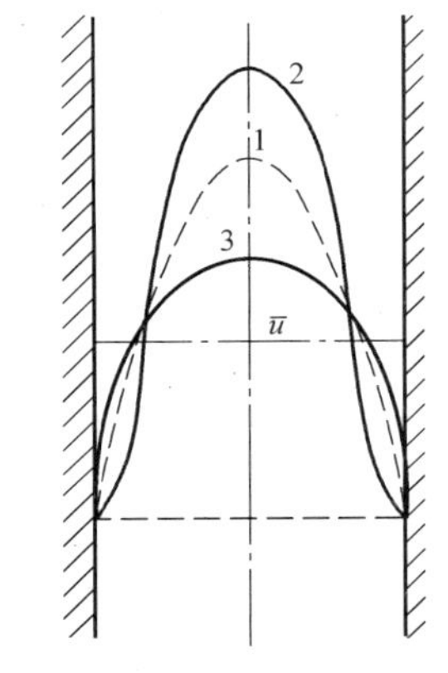

图6-8　管内速度分布随换热情况的畸变

1—等温流动　2—液体冷却或气体加热　3—液体加热或气体冷却

a. 在式（6-14）中 Pr 的指数 n 在加热与冷却时取不同值，这是考虑流体物理性质随温度变化而引起的对热量传递过程影响的一种最简单的方式。这种方式能涵盖的温差范围前面已经给出。

b. 当流体平均温度与表面温度的差值大于上述数值时，只靠 Pr 指数的区别已经不能充分反映物性变化的影响。这时可以采取引入温差修正系数的方法，即在式（6-14）（此时 n 恒取0.4）右端乘上系数 c_t，其计算式为

对气体，被加热时
$$c_t=\left(\frac{T_f}{T_w}\right)^{0.5} \tag{6-15a}$$

被冷却时
$$c_t=1.0 \tag{6-15b}$$

对液体，被加热时
$$c_t=\left(\frac{\eta_f}{\eta_w}\right)^{0.11} \tag{6-16a}$$

被冷却时
$$c_t=\left(\frac{\eta_f}{\eta_w}\right)^{0.25} \tag{6-16b}$$

式中，T 为热力学温度（K）；η 为动力黏度（Pa·s）；下标 f、w 分别表示以流体平均温度及壁面温度来计算流体的动力黏度。

② 入口段的影响。前面已定性地讨论过入口效应，即入口段由于温度边界层较薄而具有比充分发展段高的表面传热系数。但究竟高出多少要视不同入口条件（如入口为尖角还是圆角，加热段前有否辅助入口段等）而定。对于通常工业设备中常见的尖角入口，推荐的入口效应修正系数为

$$c_l = 1 + \left(\frac{d}{l}\right)^{0.7} \tag{6-17}$$

即应用式（6-14）计算的 Nu，乘上 c_l 后即为包括入口段在内的总长为 l 的管道的平均 Nu。

③ 非圆形截面的槽道。对于非圆形截面槽道，可采用当量直径（Equivalent Diameter）作为特征尺度，应用于对圆管得出的湍流传热公式进行近似。当量直径的计算式为

$$d_e = \frac{4A_c}{P} \tag{6-18}$$

式中，A_c 为槽道的流动截面面积（m^2）；P 为润湿周长，即槽道壁与流体接触面的长度（m）。

对于内管外径为 d_1、外管内径为 d_2 的同心套管环状通道

$$d_e = \frac{\pi(d_2^2 - d_1^2)}{\pi(d_2 + d_1)} = d_2 - d_1 \tag{6-19}$$

2）Gnielinski（格尼林斯基）公式。

$$Nu_f = \frac{(f/8)(Re - 1000)Pr}{1 + 12.7\sqrt{f/8}(Pr_f^{2/3})}\left[1 + \left(\frac{d}{l}\right)^{2/3}\right]c_t \tag{6-20a}$$

对液体

$$c_t = \left(\frac{Pr_f}{Pr_w}\right)^{0.01}, \quad \frac{Pr_f}{Pr_w} = 0.05 \sim 20 \tag{6-20b}$$

对气体

$$c_t = \left(\frac{T_f}{T_w}\right)^{0.45}, \quad \frac{T_f}{T_w} = 0.5 \sim 1.5 \tag{6-20c}$$

式中，l 为管长；f 为管内湍流流动的 Darcy（达西）阻力系数，按 Petukhov（贝图霍夫）公式

$$f = (0.79\ln Re_f - 1.64)^{-2} \tag{6-21}$$

计算。式（6-20a）的试验验证范围为：$Re_f = 2300 \sim 10^6$，$Pr_f = 0.6 \sim 10^5$。

值得指出，格尼林斯基公式是迄今为止计算准确度最高的一个关联式。在所依据的800多个试验数据中，90%数据与关联式的最大偏差在±20%以内，大部分在±10%以内。同时，在应用席德-塔特（Sieder-Tate）公式时关于温差以及长径比的限制，在格尼林斯基公式中已经有了考虑。对非圆形截面通道，采用当量直径后格尼林斯基公式也适用。当需要较高的计算精确度时推荐使用这一公式。

3）在应用以上两个关联式时，还要注意以下几点：①格尼林斯基公式可以应用于过渡区，但席德-塔特公式仅能用于旺盛湍流的范围。一般地，对旺盛湍流得出的试验关联式，应用于过渡区时都得出偏高的表面传热系数的结果。②以上两式都只适用于水力光滑区，对

于粗糙管，作为初步的计算可以采用格尼林斯基公式，其中阻力系数按粗糙管的数值代入。③这两个关联式都仅适用于平直的管道。

工程技术中为强化换热或因工艺的需要，常采用螺旋管（Helically Coiledtube）。下面简要介绍考虑流体做螺旋运动对换热影响的方法。

螺旋管内的流体在向前运动的过程中连续地改变方向，因此会在横截面上引起二次环流而强化换热。所谓二次环流，一般指垂直于主流方向的流动。图 6-9 所示为二次环流的定性描述，其中图 a 给出了螺旋管的外貌及截面上的二次环流，图 b 则显示了二次环流与主流合成后的流体运动情况。对于流体在螺旋管内的对流换热的计算，工程上的一种实用做法是，应用前述的准则式计算出平均 Nu 后再乘以一个螺旋管修正系数 c_r，对于 c_r，推荐：

对于气体
$$c_r = 1+1.77\frac{d}{R} \tag{6-22a}$$

对于液体
$$c_r = 1+10.3\left(\frac{d}{R}\right)^3 \tag{6-22b}$$

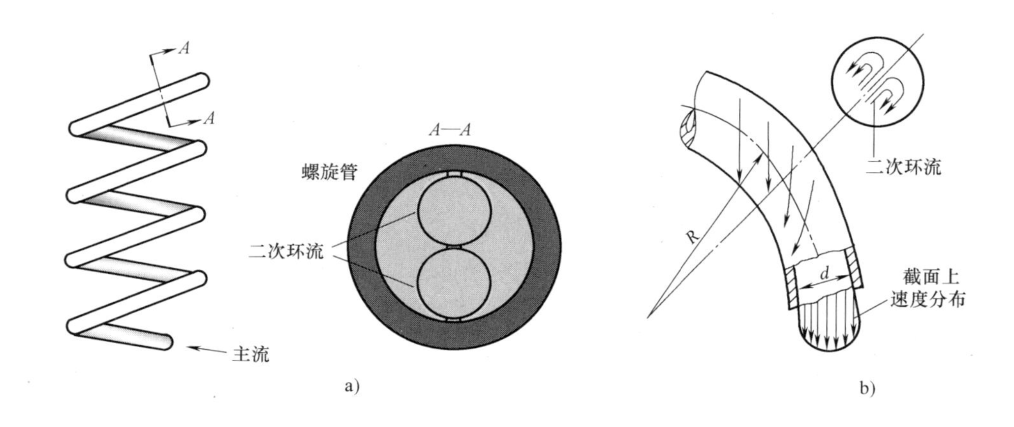

图 6-9　螺旋管中的流动

（2）液态金属　对 Pr 很小的液态金属（$Pr=3\times10^{-3}\sim5\times10^{-2}$），由于速度边界层与温度边界层的相互关系与常规流体完全不同，使换热具有不同的规律。这里推荐用于光滑圆管的充分发展湍流的试验关联式。

对均匀热流边界条件
$$Nu_f = 4.82+0.0185Pe_f^{0.8} \tag{6-23}$$
其中，特征长度为内径，定性温度为流体平均温度。试验验证范围为
$$Re_f = 3.6\times10^3\sim9.05\times10^5,\quad Pe_f = 10^2\sim10^4$$

对均匀壁温边界条件
$$Nu_f = 5.0+0.025Pe_f^{0.8} \tag{6-24}$$
式中特征长度及定性温度取法同上，试验验证范围为 $Pe_f>100$。

3. 管槽内层流强制对流换热关联式

管槽内层流充分发展对流换热的理论分析工作做得比较充分，表 6-1～表 6-3 中给出了一些代表性的结果。由表 6-1 可以看出以下特点：①对于同一截面形状的通道，均匀热流条

件下的 Nu 总是高于均匀壁温下的 Nu（对圆管而言要高19%），可见层流条件下热边界条件的影响不能忽略。②对于表中所列的等截面直通道的情形，层流充分发展时的 Nu 与 Re 无关，这与湍流有很大的不同。③即使用当量直径作为特征长度，不同截面管道层流充分发展的 Nu 也不相等。这说明，对于层流，当量直径仅仅是一个几何参数，不能用它来统一不同截面通道的换热与阻力计算的表达式。

表6-1 不同截面形状的管内层流充分发展换热的 Nu

截面形状		$Nu=hd_e/\lambda$		$fRe\left(Re=\frac{ud_e}{\nu}\right)$
		均匀热流	均匀壁温	
正三角形		3.11	2.47	53
正方形		3.61	2.98	57
正六边形		4.00	3.34	60.22
圆形		4.36	3.66	64
长方形	$\frac{b}{a}=2$	4.12	3.39	62
	$\frac{b}{a}=3$	4.79	3.96	69
	$\frac{b}{a}=4$	5.33	4.44	73
	$\frac{b}{a}=8$	6.49	5.60	82
	$\frac{b}{a}=\infty$	8.23	7.54	96

表6-2 环形空间内层流充分发展换热的 Nu（一侧绝热，另一侧均匀壁温）

内、外径之比 d_i/d_o	内壁 Nu_i（外壁绝热）	外壁 Nu_o（内壁绝热）
0	—	3.66
0.05	17.46	4.06
0.10	11.56	4.11
0.25	7.37	4.23
0.50	5.74	4.43
1.00	4.86	4.86

表6-3 环形空间内层流充分发展对流换热的 Nu（内、外侧均维持均匀热流）

内外径之比 d_i/d_o	内壁 Nu_i	外壁 Nu_o
0	—	4.364
0.05	17.81	4.792
0.10	11.91	4.834
0.20	8.499	4.833
0.40	6.583	4.979
0.60	5.912	5.099
0.80	5.580	5.240
1.00	5.385	5.385

实际工程换热设备中，层流时的传热常常处于入口段的范围。对于这种情形，推荐采用下列席德-塔特公式来计算长 l 的管道的平均 Nu，即

$$Nu_{\mathrm{f}}=1.86\left(\frac{Re_{\mathrm{f}}Pr_{\mathrm{f}}}{l/d}\right)^{1/3}\left(\frac{\eta_{\mathrm{f}}}{\eta_{\mathrm{w}}}\right)^{0.14} \tag{6-25}$$

此式的定性温度为流体平均温度 t_{f}（但 η_{w} 按壁温计算），验证范围为

$$Pr_{\mathrm{f}}=0.48\sim16700,\quad \frac{\eta_{\mathrm{f}}}{\eta_{\mathrm{w}}}=0.0044\sim9.75,\quad \left(\frac{Re_{\mathrm{f}}Pr_{\mathrm{f}}}{l/d}\right)^{1/3}\left(\frac{\eta_{\mathrm{f}}}{\eta_{\mathrm{w}}}\right)^{0.14}\geqslant2$$

且管子处于平均壁温。值得指出，当以

$$\left(\frac{Re_{\mathrm{f}}Pr_{\mathrm{f}}}{l/d}\right)^{1/3}\left(\frac{\eta_{\mathrm{f}}}{\eta_{\mathrm{w}}}\right)^{0.14}=2$$

的条件代入式（6-25）时，得出 $Nu=3.74$，比 3.66 仅高 16%，所以可以认为式（6-25）主要适用于均匀壁温的条件，这也是大多数工程技术中可以近似实现的情形。

关于流体在管槽内层流与湍流范围内表面传热系数的计算，在文献中还可以见到其他多种形式的试验关联式，本书仅介绍有代表性的几个关联式，以使读者通过有限时间的计算实践掌握选用关联式的要点。

6.5 外部强制对流换热的试验关联式

所谓外部流动换热是指这样一类流动与换热：换热壁面上的速度边界层与温度边界层能自由发展，不会受到邻近通道壁面存在的限制。因而，在外部流动中存在着一个边界层外的区域，那里无论是速度梯度还是温度梯度，都可以忽略。本节将分别按横掠单管及横掠管束来介绍对流换热的试验关联式。

1. 流体横掠单管的试验结果

（1）流体横掠单管流动的特点——边界层的分离　所谓横掠单管，就是流体沿着垂直于管子轴线的方向流过管子表面。流体横掠单管流动除了具有边界层特征外，还要发生绕流脱体，从而产生回流、漩涡和涡束。下面定性说明绕流脱体现象。如图 6-10a 所示，流体在一平板通道内绕掠圆管，通道的高度足够大，圆管表面上的边界层可以自由发展。但当流体流过圆管所在位置时，由于流动截面的缩小，流速增加，压力递降，而在后半部由于流动截面的增加，压力又回升。考察压力升高条件（$\mathrm{d}p/\mathrm{d}x\geqslant0$）下边界层的流动特征，发现它与外掠平板的边界层流动不同。此时，在边界层内流体靠本身的动量克服压力增长而向前流动，速度分布趋于平缓。近壁的流体层由于动量不大，在克服上升的压力时显得越来越困难，最终将出现壁面处速度梯度变为 0，即 $\partial u/\partial y\mid_{y=0}=0$ 的局面。随后产生与原流动方向相反的回流，如图 6-10b 所示。这一转折点称为绕流脱体的起点（或称分离点）。从此点起边界层内缘脱离壁面，如图 6-10c 中虚线所示，故称绕流脱体。脱体起点位置取决于 Re。$Re\leqslant10$ 时不出现脱体。$10<Re\leqslant1.5\times10^5$ 时边界层为层流，脱体发生在 $\varphi=80°\sim85°$ 处。而 $Re>1.5\times10^5$ 时，边界层在脱体前已转变为湍流，脱体的发生推后到 $\varphi=140°$ 处。

（2）沿圆管表面局部表面传热系数的变化　边界层的成长和绕流脱体决定了外掠圆管换热的特征。图 6-11 所示为恒定热流壁面局部 Nu 随角度 φ 的变化。这些曲线在 $\varphi=0°\sim80°$ 范围内随角度的增大而递降，这是层流边界层不断增厚的缘故。低 Re 时，回升点反映了绕

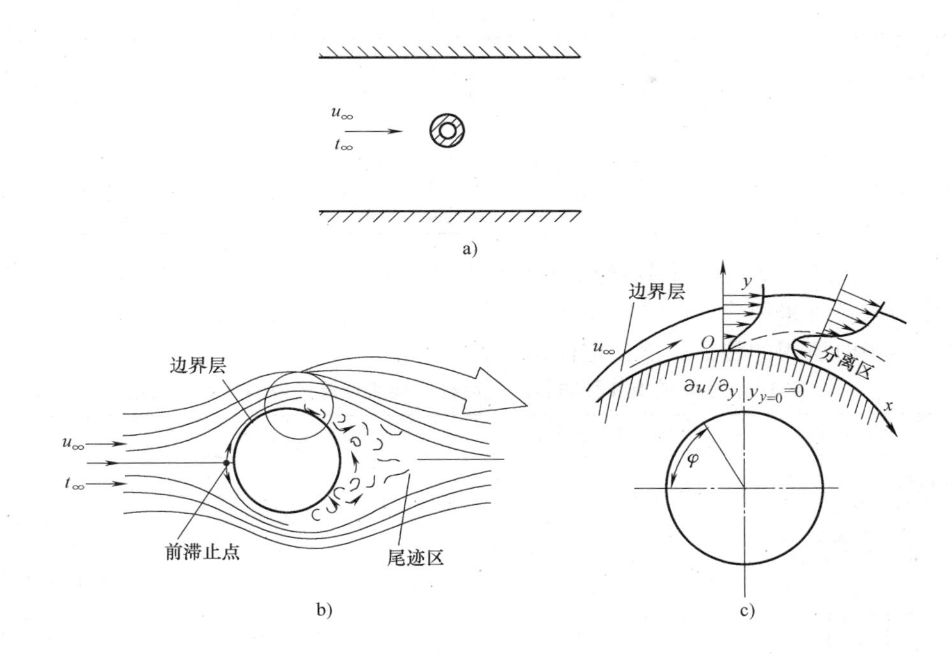

图 6-10　流体横掠单管边界层的分离

流脱体的起点，这是由于脱体区的扰动强化了换热。高 Re 时，第一次回升是由于转变成湍流的原因；第二次回升约在 $\varphi=140°$，是脱体的缘故。

（3）圆管表面平均表面传热系数的关联式　流体横掠圆管的平均表面传热系数可以用下列关联式来表示：

$$Nu=CRe^{n}Pr^{1/3} \tag{6-26}$$

式中，C 及 n 的值见表 6-4；定性温度为 $(t_w+t_\infty)/2$；特征长度为管外径；Re 中的特征速度为通道来流速度 u_∞；该式对空气的试验温度验证范围为 $t_\infty=15.5\sim980℃$，$t_w=21\sim1046℃$。

值得指出，上式是根据对空气的试验结果而推广到液体的。

邱吉尔（Churchill）和朋斯登（Bernstein）对流体横向外掠单管提出了以下在整个试验范围内都适用的准则式：

$$Nu=0.3+\frac{0.62Re^{1/2}Pr^{1/3}}{[1+(0.4/Pr)^{2/3}]^{1/4}}\left[1+\left(\frac{Re}{282000}\right)^{5/8}\right]^{4/5} \tag{6-27}$$

此式的定性温度为 $(t_w+t_\infty)/2$，并适用于 $RePr>0.2$ 的情形。

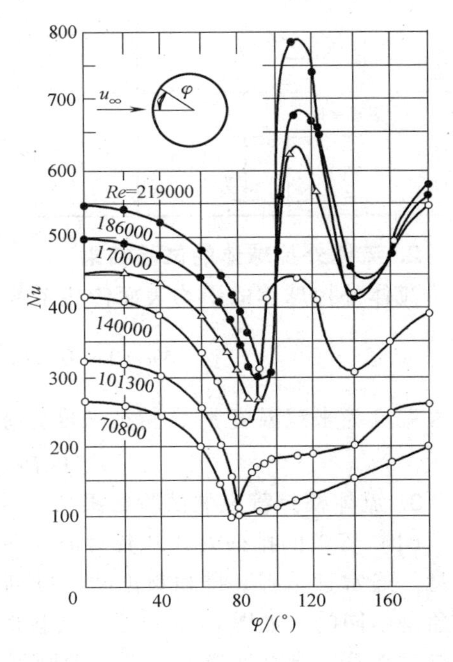

图 6-11　恒定热流壁面局部 Nu 随角度 φ 的变化

表 6-4　式（6-26）中 C 与 n 的值

Re	C	n
0.4～4	0.989	0.330
4～40	0.911	0.385
40～4000	0.683	0.466
4000～40000	0.193	0.618
40000～400000	0.0266	0.805

（4）气体横掠非圆形截面柱体的试验关联式　对几种非圆形截面的柱体，气体横掠换热的试验结果也可采用式（6-26）的形式，其中 C 与 n 的值列在表 6-5 中，图中符号 l 表示整理试验结果时所用的特征长度，定性温度为 $(t_w+t_\infty)/2$。

表 6-5　气体横掠几种非圆形截面柱体换热计算式中的常数与系数

截面形状	Re	C	n
正方形 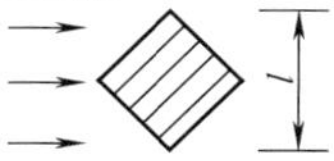 l	5×10^3～10^5	0.246	0.588
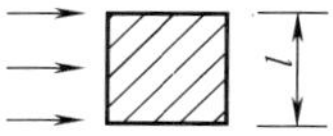 l	5×10^3～10^5	0.102	0.675
正六边形 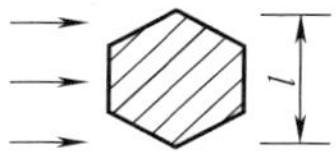 l	5×10^3～1.95×10^4 1.95×10^4～10^5	0.160 0.0385	0.638 0.782
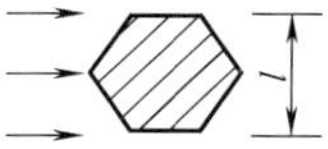 l	5×10^3～10^5	0.153	0.638
竖直平板 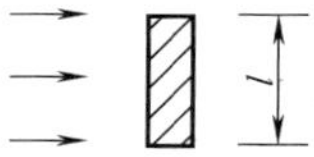 l	4×10^3～1.5×10^4	0.228	0.731

2. 流体外掠球体的试验结果

流体外掠球体的平均表面传热系数可以用以下关联式来确定，即

$$Nu=2+(0.4Re^{1/2}+0.06Re^{2/3})Pr^{0.24}\left(\frac{\eta_\infty}{\eta_w}\right)^{1/4} \tag{6-28}$$

定性温度为来流温度 t_∞，特征长度为球体直径，适用范围为

$$0.71<Pr<380,\ 3.5<Re<7.6\times10^4$$

3. 流体横掠管束的试验结果

（1）管束的排列方式及其对流动与传热的影响　外掠管束换热在各种换热设备中最为常见。通常管子有叉排和顺排两种排列方式，如图 6-12 所示。流体冲刷叉排和顺排管束的景象是不同的，如图 6-13 所示。叉排时流体在管间交替收缩和扩张的弯曲通道中流动，比顺排时在管间走廊通道的流动扰动剧烈，因此一般地说叉排时的换热比顺排时强。然而，也应注意到叉排管束的能量损失大于顺排，且对于需要冲刷清洗的管束，顺排更易于清洗，所

以叉排、顺排的选择要全面权衡。

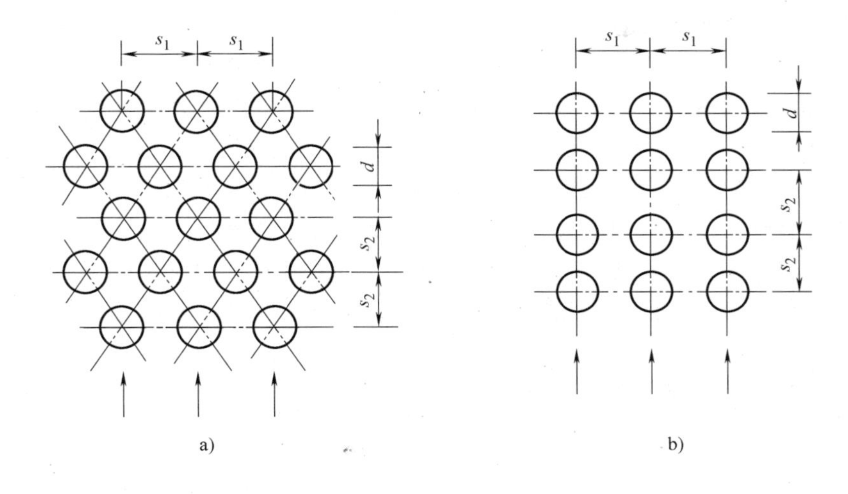

图 6-12　叉排与顺排管束

a）叉排　b）顺排

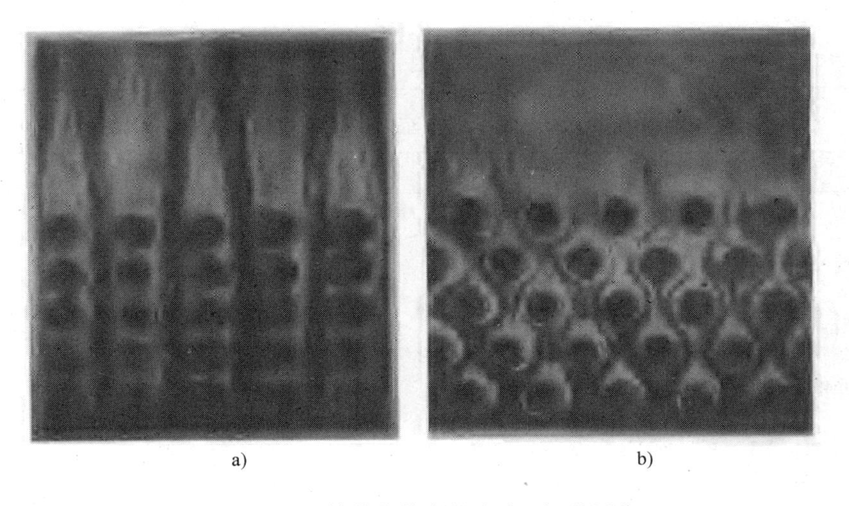

a)　　b)

图 6-13　流体横掠管束的流动可视化图像

a）顺排　b）叉排

（2）影响管束平均传热性能的因素　影响管束平均传热性能的因素有流动 Re、流体的 Pr。由于沿着主流方向流体的平均流速不断地发生变化，因此要选定一个特征流速以计算 Re。一般取为管束中的最大流速，排列方式以及管间距 s_1、s_2 相对大小的不同对传热也有影响，尤其是叉排管束的情形，s_1、s_2 相对大小的不同会涉及产生最大流速的位置。此外，沿着主流方向流体流过每一排（对顺排）或每两排（对叉排）管子时，流体的运动不断周期性地重复，当流过主流方向的管排数达到一定数目后，流动与换热会进入周期性的充分发展的阶段（Periodical Fully Developed）。在该局部地区，每排管子的平均表面传热系数保持为常数。对于整个管束的平均值，要想使它进入与管排数无关的状态，需要经历更多的管排数。在进行试验研究时，一般先确定整个管束的平均表面传热系数与管排数无关时的试验关联式，然后引入考虑排数减少时的影响。当流体进出管束的温度变化比较大时，需要考虑物性变化的影响。作为考虑这种影响的一种实用方式，可采用物性修正因子 $(Pr_f/Pr_w)^{0.25}$。

（3）Zhukauskas 关联式　茹卡乌斯卡斯（Zhukauskas）对流体外掠管束的换热总结出了一套在很宽的 Pr 变化范围内更便于使用的公式。这些公式列在表 6-6 及表 6-7 中，它们是用于计算沿流体流动方向排数大于或等于 16 的管束平均表面传热系数的关联式。式中，定性温度为管束进、出口流体的平均温度；Pr_w 按管束的平均壁温确定；Re 中的流速取管束中最小截面处的平均流速；特征长度为管子外径。这些关联式适用于 $Pr=0.6\sim500$ 的范围。对于排数小于 16 的管束，其平均表面传热系数应按表 6-6、表 6-7 计算所得之值再乘上小于 1 的修正值 ε_n。修正值 ε_n 列于表 6-8。

表 6-6　流体横掠顺排管束平均表面传热系数计算关联式（≥16 排）

关　联　式	适用 Re 范围
$Nu_f=0.9Re_f^{0.4}Pr_f^{0.36}(Pr_f/Pr_w)^{0.25}$	$1\sim10^2$
$Nu_f=0.52Re_f^{0.5}Pr_f^{0.36}(Pr_f/Pr_w)^{0.25}$	$10^2\sim10^3$
$Nu_f=0.27Re_f^{0.63}Pr_f^{0.36}(Pr_f/Pr_w)^{0.25}$	$10^3\sim2\times10^5$
$Nu_f=0.033Re_f^{0.8}Pr_f^{0.36}(Pr_f/Pr_w)^{0.25}$	$2\times10^5\sim2\times10^6$

表 6-7　流体横掠叉排管束平均表面传热系数计算关联式（≥16 排）

关联式	适用 Re 范围
$Nu_f=1.04Re_f^{0.4}Pr_f^{0.36}(Pr_4/Pr_w)^{0.25}$	$1\sim5\times10^2$
$Nu_f=0.71Re_f^{0.5}Pr_f^{0.36}(Pr_f/Pr_w)^{0.25}$	$5\times10^2\sim10^3$
$Nu_f=0.35\left(\frac{s_1}{s_2}\right)^{0.2}Re_f^{0.6}Pr_f^{0.36}(Pr_f/Pr_w)^{0.25},\frac{s_1}{s_2}\leqslant2$	$10^3\sim2\times10^5$
$=0.40Re_f^{0.6}Pr_f^{0.36}(Pr_f/Pr_w)^{0.25},\frac{s_1}{s_2}>2$	$10^3\sim2\times10^5$
$Nu_f=0.031\left(\frac{s_1}{s_2}\right)^{0.2}Re_f^{0.8}Pr_f^{0.36}(Pr_f/Pr_w)^{0.25}$	$2\times10^5\sim2\times10^6$

表 6-8　茹卡乌斯卡斯公式的管排修正系数 ε_n

总排数		1	2	3	4	5	6	7	8	9	10	11	12	13	14	15
顺排 $Re>10^3$		0.700	0.800	0.865	0.910	0.928	0.942	0.954	0.965	0.972	0.978	0.983	0.987	0.990	0.992	0.994
叉排	$10^2<Re\leqslant10^3$	0.832	0.874	0.914	0.939	0.955	0.963	0.970	0.976	0.980	0.984	0.987	0.990	0.993	0.996	0.999
	$Re>10^3$	0.619	0.758	0.840	0.897	0.923	0.942	0.954	0.965	0.971	0.977	0.982	0.986	0.990	0.994	0.997

采用肋片管（翅片管）是强化换热的有效途径。工程技术中许多类型的气-液热交换器常在气侧采用不同形式的肋片管。流体横掠肋片管束的换热性能不仅与肋片管的结构参数（如肋片的高度、间距、形状等）有关，还与肋片管的制造工艺（影响肋片与基管间的接触热阻）有关。

6.6　自然对流的试验关联式

本书只讨论最常见的在重力场中的自然对流换热，其产生原因是固体壁面与流体间存在温差，使流体内部温度场不均匀，导致密度场不均匀，于是在重力场作用下产生浮升力而促使流体发生流动，引起热量交换。例如没有通风设备的室内暖气片与周围空气间的换热，冰箱后面蛇形管散热片的散热，不安装强制冷却装置的电器设备元器件的散热，以及对人类生活环境有重大影响的大气环流等。这种自然对流换热不消耗动力，在工业和日常生活中发挥着重要作用。

在大多数情况下，只要固体表面和所接触的流体之间存在温差，就会发生自然对流换热。但有温差也并非一定会引起自然对流，例如一块温度为 t_w 的大平板，水平悬空放置在大房间内，假设房间内的空气温度为 t_∞，并且没有其他原因引起的流动。如果 $t_w>t_\infty$，则大平板上边的空气会发生自然对流，下边（边缘附近除外）的空气却几乎是静止的，因为平板阻止被加热的空气向上运动，下表面与空气间的热量传递只能靠导热，如图 6-14a 所示；如果 $t_w<t_\infty$，则正好相反，平板下边的空气发生自然对流，而上边（边缘附近除外）的空气几乎是静止的，因为平板阻止被冷却的空气向下运动，空气与上表面间的热量传递主要靠导热，如图 6-14b 所示。再如两块温度不同的水平平板夹层中的流体，当上面平板的温度低于下面平板的温度时，就会发生自然对流，反之则不能。

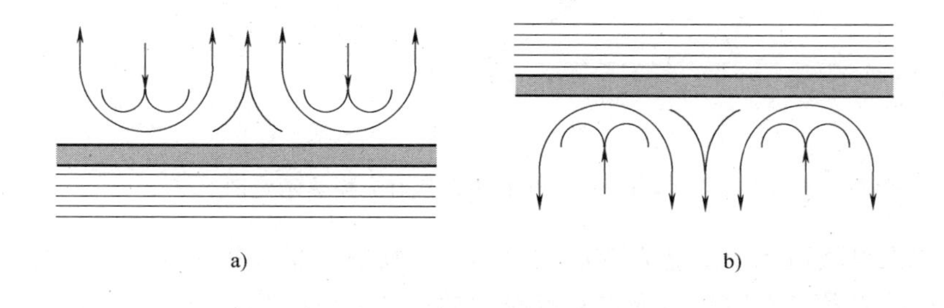

图 6-14　水平大平板上、下表面不同的自然对流状态示意图

a）$t_w>t_\infty$　b）$t_w<t_\infty$

根据自然对流所在空间的大小，其他物体是否影响自然对流边界层的形成和发展，可分为大空间自然对流和有限空间自然对流。对于各种形状的封闭有限空间内的自然对流换热，科技工作者已进行了大量的研究工作，感兴趣的读者可参考有关文献。本书重点介绍大空间内的自然对流换热特点及特征数关联式。

1. 自然对流换热的数学描述

了解自然对流换热的数学模型对于掌握自然对流换热的特点和规律非常重要。

下面以大空间内沿竖直壁面的自然对流换热为例进行说明。一个具有均匀温度 t_w 的竖直壁面位于一大空间内，远离壁面处的流体处于静止状态，没有强迫对流。假设流体的温度 t_∞ 低于壁面温度，即 $t_w>t_\infty$，于是壁面与流体之间发生自然对流换热，并在紧贴壁面处形成自下而上的自然对流边界层。与流体外掠平板的强迫对流换热类似，自然对流边界层也有层流和湍流之分，从壁面的下边开始向上，由层流边界层逐渐过渡到湍流边界层。如果选取如图 6-15 所示的坐标系，则根据对流换热的数学描述一节中所做的分析，对于常物性、无内热源、不可压缩牛顿流体沿竖直壁面的二维稳态对流换热，应该由下面几个方程式描述：

$$h_x=-\frac{\lambda}{(t_w-t_\infty)_x}\frac{\partial t}{\partial y}\bigg|_{y=0,x} \tag{6-29a}$$

$$\frac{\partial u}{\partial x}+\frac{\partial v}{\partial y}=0 \tag{6-29b}$$

$$\rho\left(u\frac{\partial u}{\partial x}+v\frac{\partial u}{\partial y}\right)=F_x-\frac{\mathrm{d}p}{\mathrm{d}x}+\eta\frac{\partial^2 u}{\partial y^2} \tag{6-29c}$$

$$u\frac{\partial t}{\partial x}+v\frac{\partial t}{\partial y}=a\frac{\partial^2 t}{\partial y^2} \tag{6-29d}$$

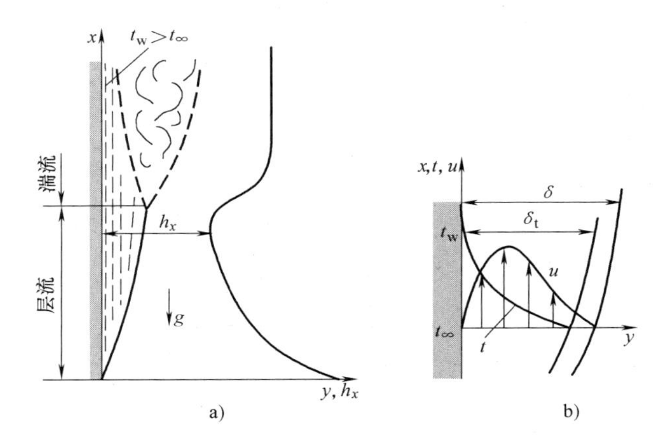

图 6-15　竖直壁面的自然对流换热示意图

原则上，该方程组既适用于沿竖直壁面的自然对流换热，也适用于流体平行外掠竖直壁面的强迫对流换热，以及自然对流与强迫对流叠加的混合对流换热，只不过在前面分析强迫对流换热时忽略了动量微分方程式（6-29c）中的体积力项 F_x。

在重力场中，体积力项（即重力项）可表示为

$$F_x=-\rho g$$

因为在利用边界层理论对微分方程组进行数量级分析时忽略了 y 方向的动量微分方程，y 方向的压力变化 $\partial p/\partial y$ 也随之忽略，所以边界层内 x 方向的压力梯度 $\mathrm{d}p/\mathrm{d}x$ 就等于边界层外主流区的压力梯度。根据伯努利方程

$$p+p_\infty gx+\frac{1}{2}\rho_\infty u_\infty^2=常数$$

考虑沿平板的流动，$\dfrac{\mathrm{d}u_\infty}{\mathrm{d}x}=0$，所以上式可得

$$\frac{\mathrm{d}p}{\mathrm{d}x}=-\rho_\infty g$$

可见，x 方向的压力梯度就等于流体的静压力梯度。于是，式（6-29c）中重力项与压力梯

度项之和为

$$F_x-\frac{\mathrm{d}p}{\mathrm{d}x}=-\rho g+\rho_\infty g=(\rho_\infty-\rho)g$$

动量微分方程式（6-29c）变为

$$\rho\left(u\frac{\partial u}{\partial x}+v\frac{\partial u}{\partial y}\right)=(\rho_\infty-\rho)g+\eta\frac{\partial^2 u}{\partial y^2} \tag{6-30}$$

式中，$(\rho_\infty-\rho)g$ 为重力场中由于密度差而产生的浮升力项。

对于不可压缩牛顿流体，密度只是温度的函数，密度差（$\rho_\infty-\rho$）主要由温度差（$t_\infty-t$）引起。按照波希涅斯克（J. Boussinesq）假设，微分方程中除浮升力项中的密度随温度线性变化外，其他各项中的密度及别的物性都可以近似地按常物性处理。再根据体胀系数 α 的定义，即

$$\alpha=\frac{1}{v}\left(\frac{\partial \nu}{\partial t}\right)_p=-\frac{1}{\rho}\left(\frac{\partial \rho}{\partial t}\right)_p\approx-\frac{1}{\rho}\frac{\rho_\infty-\rho}{t_\infty-t}$$

得

$$\rho_\infty-\rho\approx\alpha\rho(t-t_\infty)=\alpha\rho\theta$$

代入式（6-30），得

$$\rho\left(u\frac{\partial u}{\partial x}+v\frac{\partial u}{\partial y}\right)=\rho g\alpha\theta+\eta\frac{\partial^2 u}{\partial y^2} \tag{6-31}$$

上式即为体积力项和压力梯度项不能忽略情况下的二维稳态对流换热动量微分方程式，式中等号左边为惯性力项，右边分别为浮升力项和黏性力项。

引进下列量纲为一的变量：

$$X=\frac{x}{l},\quad Y=\frac{y}{l},\quad U=\frac{u}{u_0},\quad V=\frac{v}{u_0},\quad \Theta=\frac{t-t_\infty}{t_w-t_\infty}$$

式中，u_0 为任意选择的一个参考速度，对于有强迫对流存在的情况，可取为远离壁面的主流速度 u_∞，对于没有强迫对流存在的情况，可取为自然对流边界层内的某一速度。

将上述量纲为一的量代入式（6-29a）、式（6-29b）、式（6-29d）、式（6-31）组成的微分方程组，与前面分析流体外掠平板时的强迫对流换热一样，将式（6-29a）、式（6-29b）及式（6-29d）分别无量纲化为

$$Nu=-\left.\frac{\partial \Theta}{\partial Y}\right|_{Y=0} \tag{6-32a}$$

$$\frac{\partial U}{\partial X}+\frac{\partial V}{\partial Y}=0 \tag{6-32b}$$

$$U\frac{\partial \Theta}{\partial X}+V\frac{\partial \Theta}{\partial Y}=\frac{1}{RePr}\frac{\partial^2 \Theta}{\partial Y^2} \tag{6-32c}$$

而动量微分方程式（6-31）变为

$$U\frac{\partial U}{\partial X}+V\frac{\partial U}{\partial Y}=\frac{g\alpha(t_w-t_\infty)l}{u_0^2}\Theta+\frac{\nu}{u_0 l}\frac{\partial^2 U}{\partial Y^2} \tag{6-32d}$$

其中

$$\frac{g\alpha(t_w-t_\infty)l}{u_0^2}=\frac{\dfrac{g\alpha\Delta tl^3}{\nu^2}}{\left(\dfrac{u_0 l}{\nu}\right)^2}=\frac{Gr}{Re^2}$$

式中，$Gr=\dfrac{g\alpha\Delta tl^3}{\nu^2}$称为格拉晓夫数，表征浮升力与黏性力的相对大小，反映自然对流的强弱。Gr 越大，浮升力的相对作用越大，自然对流越强。

于是式（6-31）无量纲化为

$$U\frac{\partial U}{\partial X}+V\frac{\partial U}{\partial Y}=\frac{Gr}{Re^2}\Theta+\frac{1}{Re}\frac{\partial^2 U}{\partial Y^2} \tag{6-33}$$

式中 Gr 反映了浮升力与惯性力之比，这可以通过比较式（6-31）中的浮升力项与惯性力项的数量级看出

浮升力项 $\rho g\alpha\theta=\rho g\alpha(t-t_\infty)\approx\rho g\alpha(t_w-t_\infty)$

惯性力项 $\rho\left(u\dfrac{\partial u}{\partial x}+\nu\dfrac{\partial u}{\partial y}\right)\approx\rho\dfrac{u_0^2}{l}$

二者之比 $\dfrac{g\alpha(t_w-t_\infty)l}{u_0^2}=\dfrac{Gr}{Re^2}$

因此自然对流和强迫对流的相对强弱可以用$\dfrac{Gr}{Re^2}$的数值大小来判断。

如果$\dfrac{Gr}{Re^2}$的数值接近于 1，即浮升力与惯性力的数量级相同，二者与黏性力共同决定流体的运动，形成自然对流与强迫对流叠加的混合对流换热。分析由式（6-32a）、式（6-32b）、式（6-32c）、式（6-33）组成的无量纲方程组可知，这种情况下的对流换热特征数关联式的形式应为

$$Nu=f(Re,Gr,Pr) \tag{6-34}$$

如果$\dfrac{Gr}{Re^2}\ll 1$，浮升力与惯性力相比很小，式（6-33）中的$\dfrac{Gr}{Re^2}\Theta$ 项可以忽略，认为流体只在惯性力与黏性力的作用下运动，可按纯强迫对流换热处理，特征数关联式的形式为

$$Nu=f(Re,Pr)$$

如果$\dfrac{Gr}{Re^2}\gg 1$，惯性力与浮升力相比很小，可以忽略，流体只在浮升力与黏性力的作用下运动，可以按纯自然对流换热处理，这时的雷诺数 Re 是格拉晓夫数 Gr 的函数，特征数关联式的形式为

$$Nu=f(Gr,Pr) \tag{6-35}$$

按照$\dfrac{Gr}{Re^2}$的数值范围近似地将一些对流换热区分为纯强迫对流换热、混合对流换热和纯自然对流换热。$\dfrac{Gr}{Re^2}$数值范围的划分除了与要求的精确程度有关外，还取决于流动的状况、

流体的性质和边界条件等因素。

奥斯特拉赫（S. Ostrach）对大空间内竖直壁面的自然对流层流换热进行了分析求解，所获得的速度分布与温度分布分别示于图 6-16。图 6-16 中，η 为离壁面的量纲为一的距离，f'为量纲为一的速度，T^* 为量纲为一的温度，表达式分别如下：

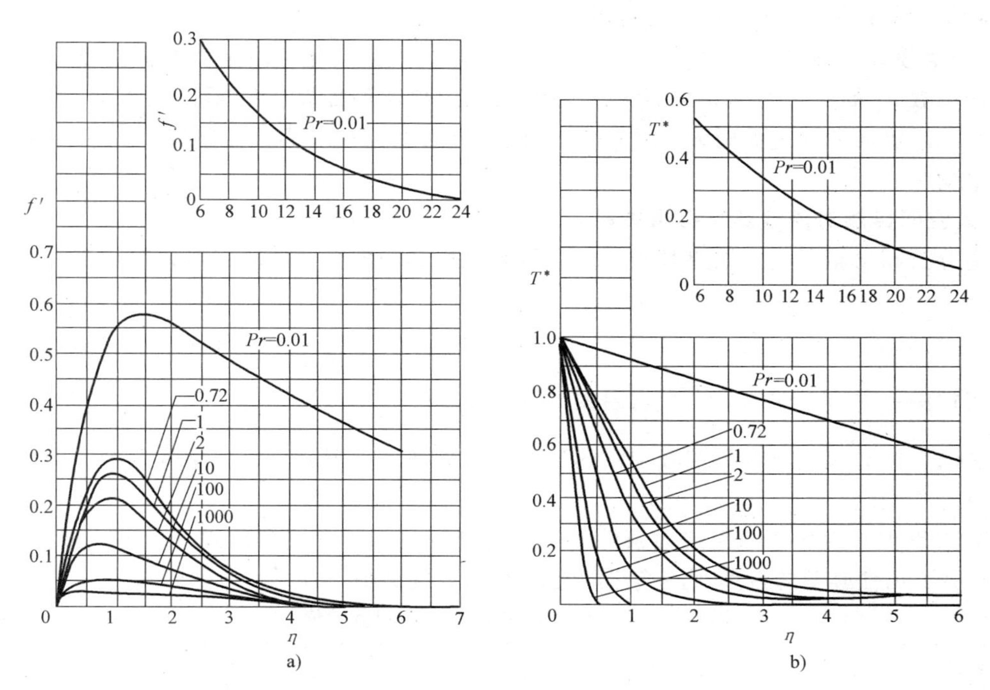

图 6-16　自然对流边界层的速度分布与温度分布

a）速度分布　b）温度分布

$$\eta=\frac{y}{x}\left(\frac{Gr_x}{4}\right)^{1/4},\quad f'=\frac{ux}{2\nu}Gr_x^{-1/2},\quad T^*=\frac{t-t_\infty}{t_w-t_\infty}$$

式中，$Gr_x=\dfrac{g\alpha\Delta t x^3}{\nu^2}$为局部格拉晓夫数。

理论分析和试验研究结果表明，大空间内竖直壁面的自然对流换热具有以下特点：

1）浮升力是自然对流的动力，反映浮升力与黏性力相对大小的格拉晓夫数 Gr 对自然对流换热起决定作用，这也是所有自然对流换热的共同特点。

2）自然对流边界层内的流体在浮升力与黏性力的共同作用下运动，而强迫对流边界层内的流体在惯性力与黏性力的共同作用下运动，这就决定了自然对流边界层内的速度分布与强迫对流不同：自然对流的最大速度位于边界层内部，并随着 Pr 的增大，量纲为一的速度的最大值减小，并且位置向壁面移动，如图 6-16 所示。

3）原则上，有温差就有密度差，就会产生浮升力使流体运动。按此说法，自然对流的温度边界层厚度 δ_t 应该等于速度边界层的厚度 δ。但事实上，只有黏度非常小、$Pr\ll1$ 的流体（如液态金属），δ 才近似等于 δ_t，而其他所有流体的 δ 都大于 δ_t。这是在黏性力的作用下，温度边界层外邻近的未受热流体一起运动的缘故。对自然对流层流换热的理论分析结果证明，δ 与 δ_t 的比值取决于 Pr。从图 6-16 可见，随着 Pr 的增大，层流边界层的厚度 δ 变化不大，但温度边界层的厚度 δ_t 迅速减小，壁面处温度梯度的绝对值增大，换热增强。

4）Gr 的大小决定了自然对流的流态。绝大多数文献推荐用瑞利数 $Ra=GrPr$ 作为流态的判据，例如对于竖直壁面的自然对流换热，当 $Ra\leqslant10^9$ 时为层流，当 $Ra>10^9$ 时为湍流。也有文献认为应该用 Gr 作为自然对流流态的判据。

5）随着流态的改变，自然对流换热的强度也随之发生变化。沿竖直壁面高度方向局部表面传热系数 h_x 的变化如图 6-15 所示，随着层流边界层的加厚，h_x 沿高度方向逐渐减小，当边界层从层流向湍流过渡时 h_x 又增大。试验研究表明，在旺盛湍流阶段，h_x 基本上不随壁面高度变化。

2. 大空间自然对流换热特征数关联式

理论分析和试验研究的结果都表明，自然对流换热的特征数关联式可以写成下面的幂函数形式：

$$Nu=C(GrPr)^n=CRa^n \tag{6-36}$$

该式的定性温度为边界层的算术平均温度 $t_m=\dfrac{1}{2}(t_w+t_\infty)$。

常见的自然对流换热有等壁温和常热流两种边界条件，下面分别介绍这两种边界条件下的特征数关联式。

（1）等壁温　对于等壁温边界条件的自然对流换热，可直接利用式（6-36）进行计算，表 6-9 列出了几种典型的自然对流换热的常数 C 和 n 的数值。

表 6-9　式（6-36）中的常数 C 和 n 的值

加热表面形状与位置	流动情况示意	流态	系数 C 及指数 n		Gr 适用范围
			C	n	
竖直平壁或竖直圆柱		层流 过渡 湍流	0.59 0.0292 0.11	1/4 0.39 1/3	$1.43\times10^4\sim3\times10^9$ $3\times10^9\sim2\times10^{10}$ $>2\times10^{10}$
水平圆柱		层流 过渡 湍流	0.48 0.0165 0.11	1/4 0.42 1/3	$1.43\times10^4\sim5.76\times10^8$ $5.76\times10^8\sim4.65\times10^9$ $>4.65\times10^9$
壁面形状与位置	**流动情况**	**特征长度**	**C**	**n**	**$GrPr$ 适用范围**
水平热面朝上或水平冷面朝下①	或	平壁面积与周长之比 A/U，圆盘取 $0.9d$	0.54 0.15	1/4 1/3	$10^4\sim10^7$ $10^7\sim10^{11}$

（续）

壁面形状与位置	流动情况	特征长度	C	n	$GrPr$ 适用范围
水平热面朝下或水平冷面朝上	或	平壁面积与周长之比 A/U，圆盘取 $0.9d$	0.27	1/4	$10^5 \sim 10^{11}$

① 热壁指 $t_w > t_\infty$，冷壁指 $t_w < t_\infty$。

对于竖直圆柱，当满足式

$$\frac{d}{H} \geqslant \frac{35}{Gr^{1/4}} \tag{6-37}$$

时，可以按竖直壁面处理；否则，直径 d 将影响边界层的厚度，进而影响换热强度。这时，无论对层流还是湍流，式（6-36）中的常数 C 值都取为 0.686，n 的值与竖直壁面的情况相同。

对于大气压下的空气，在工程和日常生活中常见的温度范围内，物性参数可近似为常数，式（6-36）可以进一步简化。对于表 6-9 中的几种典型的自然对流换热情况，简化后的公式列于表 6-10。

表 6-10　大气压下空气的大空间自然对流换热的简化公式

壁面形状与位置	特征长度	简化公式	$GrPr$ 适用范围
竖直平壁或竖直圆柱	壁面高度 H	$h=1.42(\Delta t/H)^{1/4}$ $h=1.31(\Delta t)^{1/3}$	$10^4 \sim 10^9$ $10^9 \sim 10^{13}$
水平圆柱	圆柱外径 d	$h=1.32(\Delta t/d)^{1/4}$ $h=1.24(\Delta t)^{1/3}$	$10^4 \sim 10^9$ $10^9 \sim 10^{12}$
水平热面朝上或水平冷面朝下	平壁面积与周长之比 A/U，圆盘取 $0.9d$	$h=1.32(\Delta t/l)^{1/4}$ $h=1.52(\Delta t)^{1/3}$	$10^4 \sim 10^7$ $10^7 \sim 10^{11}$
水平热面朝下或水平冷面朝上	平壁面积与周长之比 A/U，圆盘取 $0.9d$	$h=0.59(\Delta t/l)^{1/4}$	$10^5 \sim 10^{11}$

如果压力略高于或略低于大气压，可在表 6-10 所示简化公式的右边乘以一个修正系数 ε_p：

对于层流　$$\varepsilon_p = \left(\frac{p}{101.32}\right)^{1/2}$$

对于湍流　$$\varepsilon_p = \left(\frac{p}{101.32}\right)^{2/3}$$

式中，p 为压力（kPa）。

（2）常热流　对于常热流边界条件下的自然对流换热，例如电加热器、电子元器件表面的散热，一般壁面热流密度 q 是给定的，但壁面温度未知，并且沿壁面分布不均匀，计算的目的往往是确定局部壁面温度 $t_{w,x}$。

对于竖直壁面，通常引进一个修正的局部格拉晓夫数 Gr_x^*，定义为

$$Gr_x^* = Gr_x Nu_x = \frac{g\alpha\Delta t x^3}{\nu^2}\frac{h_x x}{\lambda} = \frac{g\alpha q_w x^4}{\nu^2\lambda} \tag{6-38}$$

推荐采用下面的关联式计算常热流边界条件下竖直壁面自然对流换热的局部表面传热系数：

适用范围为 $10^5 < Gr_x^* Pr < 10^{11}$，层流，有

$$Nu_x = 0.60(Gr_x^* Pr)^{1/5} \tag{6-39}$$

适用范围为 $2\times10^{13} < Gr_x^* Pr < 10^{16}$，湍流，有

$$Nu_x = 0.17(Gr_x^* Pr)^{1/4} \tag{6-40}$$

式（6-39）、式（6-40）的定性温度为局部边界层平均温度 $t_{m,x} = \frac{1}{2}(t_{w,x} + t_\infty)$，但由于 $t_{w,x}$ 未知，定性温度 $t_{m,x}$ 不能确定。对于这种情况，可以采用试算法。先假设一个 $t'_{w,x}$，确定一个定性温度，再根据式（6-39）或式（6-40）求得 h_x，将其代入式 $q_w = h_x(t_{w,x} - t_\infty)$ 求出 $t_{w,x}$。如果求出的 $t_{w,x}$ 与假设的 $t'_{w,x}$ 偏差太大，再重新假设，重复上述计算，直到计算结果满意为止。

需要指出，由于在常热流边界条件下，温差（$t_{w,x} - t_\infty$）沿壁面高度方向是变化的，所以不能用式 $h = \frac{1}{H}\int_0^H h_x \mathrm{d}x$ 计算平均表面传热系数。

邱吉尔（Churchill）和朱（Chu）在整理大量文献试验数据的基础上，提出了对等壁温和常热流边界条件下的竖直壁面自然对流换热都适用的平均表面传热系数计算公式：

$$Nu = \left\{0.825 + \frac{0.387Ra^{1/6}}{[1+(0.492/Pr)^{9/16}]^{8/27}}\right\}^2 \tag{6-41}$$

该式的适用范围较广，为 $10^{-1} < Ra < 10^{12}$，且对层流和湍流都适用。对于 $Ra < 10^9$ 的层流换热，利用下式计算更为精确：

$$Nu = 0.68 + \frac{0.67Ra^{1/4}}{[1+(0.492/Pr)^{9/16}]^{4/9}} \tag{6-42}$$

以上两式的定性温度也是边界层平均温度 $t_m = \frac{1}{2}(t_w + t_\infty)$，特征长度为壁高 H。对于常热流边界条件，t_w 未知，仍需采用试算法。

对于与竖直方向的倾斜角度 φ 小于 60°的倾斜壁面的自然对流换热，仍然可以用式（6-41）、式（6-42）进行计算，但需要将 Ra 表达式中的 g 替换成 $g\cos\varphi$。

对于水平长圆柱表面的自然对流换热，邱吉尔和朱提出了等壁温和常热流边界条件都适用的平均表面传热系数计算公式：

$$Nu = \left\{0.60 + \frac{0.387Ra^{1/6}}{[1+(0.599/Pr)^{9/16}]^{8/17}}\right\}^2 \tag{6-43}$$

该式的适用范围是 $Ra < 10^{12}$，定性温度同样是边界层平均温度 t_m，特征长度为圆柱外径 d。

从上述竖直壁面和水平圆柱的自然对流湍流换热特征数关联式可以看出，无论在等壁温还是常热流边界条件下，关联式等号两边的特征长度都会消失。这说明，自然对流湍流换热的表面传热系数与特征长度无关，这一现象称为自模化现象。根据这一特点，可以用较小尺

寸物体的自然对流湍流换热来模拟较大尺寸物体的自然对流湍流换热。

6.7 凝结与沸腾传热

流体相变换热设备在工业生产实践中的应用非常广泛，如发电厂中的凝汽器、锅炉，制冷装置中的冷凝器和蒸发器，热管式热交换器等。蒸气被冷却凝结成液体的换热过程称为凝结换热；液体被加热沸腾变成蒸气的换热过程称为沸腾换热。这两种换热同属于有相变的对流换热。在这两种相变换热过程中，流体都是在饱和温度下放出或者吸收汽化热，所以换热过程的性质以及换热强度都与单相流体的对流换热有明显的区别。一般情况下，凝结换热和沸腾换热的表面传热系数要比单相流体的对流换热高出几倍甚至几十倍。

下面分别介绍凝结换热和沸腾换热的特点和规律。

1. 凝结换热

当蒸气与低于其饱和温度的壁面接触时就会发生凝结换热。有两种凝结现象：如果凝结液能很好地润湿壁面，凝结液就会在壁面形成一层液膜，这种凝结现象称为膜状凝结；如果凝结液不能很好地润湿壁面，凝结液的表面张力大于它与壁面之间的附着力，则凝结液就会在壁面形成大大小小的液珠，这种凝结现象称为珠状凝结，如图 6-17 所示。究竟会发生哪一种凝结现象，取决于凝结液和壁面的物理性质，如凝结液的表面张力、壁面的粗糙度等。如果凝结液与壁面之间的附着力大于凝结液的表面张力，则形成膜状凝结；如果表面张力大于附着力，则形成珠状凝结。

当发生膜状凝结时，在壁面形成的凝结液膜阻碍蒸气与壁面直接接触，蒸气只能在液膜表面凝结，所放出的汽化热必须通过液膜才能传到壁面，液膜成为膜状凝结换热的主要阻力。因此，如何排除凝结液、减小液膜厚度就是强化膜状凝结换热时考虑的核心问题。

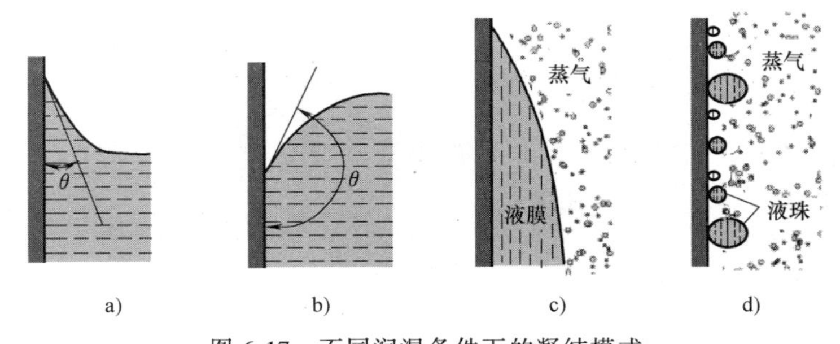

图 6-17 不同润湿条件下的凝结模式

a）润湿能力强 b）润湿能力弱 c）膜状凝结 d）珠状凝结

当发生珠状凝结时，大部分蒸气可以与壁面直接接触凝结，所放出的汽化热直接传给壁面，因此珠状凝结换热与相同条件下的膜状凝结换热相比，表面传热系数要大几倍甚至一个数量级，但形成珠状凝结的条件难以长久维持。近些年来，有关科技工作者对形成珠状凝结的技术措施进行了大量的研究，也取得了可喜的研究成果，但终因珠状凝结的条件保持时间有限而不能在工业上推广应用。

鉴于目前绝大多数工业设备中的凝结换热都是膜状凝结换热，所以下面重点介绍膜状凝结换热的特点、计算方法和影响因素。

（1）层流膜状凝结换热的努塞尔理论解简介　1916年，努塞尔（W. Nusselt）对层流膜状凝结换热进行了理论分析，得出了著名的努塞尔理论解。他根据层流膜状凝结换热的特点，做了以下合理假定：

1）蒸气为纯饱和蒸气，温度均匀，忽略蒸气的过热度。

2）蒸气是静止的，对液膜表面无黏性力作用，$\left.\frac{du}{dy}\right|_{\delta}=0$。

3）凝结液的物性参数为常数。

4）液膜流速缓慢，忽略液膜的惯性力。

5）忽略液膜内的热对流，液膜内部的热量传递只靠导热。在常物性条件下，液膜内的温度分布为线性，液膜表面温度等于饱和温度，即 $t_{\delta}=t_{s}$。

6）忽略液膜的过冷度，凝结液的焓近似为饱和液的焓，这意味着传给壁面的换热量就等于蒸气在液膜表面凝结时放出的汽化热量。

根据上述假设，可以将层流膜状凝结的数学描述大为简化。对于图6-18所示的竖直壁面上的层流膜状凝结，如果忽略 y 方向的压力梯度，则液膜内 x 方向的压力梯度与蒸气内 x 向的压力梯度相等。根据假设条件2)，蒸气是静止的，所以 x 方向的压力梯度为蒸气内的静压力梯度，即

$$\frac{dp}{dx}=\rho_{s}g$$

再根据假设条件3)、4)，忽略惯性力项，考虑体积力项 $F_x=\rho g$，于是液膜的动量微分方程式

$$\rho\left(u\frac{\partial u}{\partial x}+v\frac{\partial u}{\partial y}\right)=F_x-\frac{dp}{dx}+\eta\frac{\partial^2 u}{\partial y^2}$$

可简化为

$$\eta\frac{\partial^2 u}{\partial y^2}+(\rho-\rho_s)g=0$$

因为蒸气的密度 ρ_s 和凝结液的密度 ρ 相比很小，可以忽略，所以上式可以进一步简化为

$$\eta\frac{\partial^2 u}{\partial y^2}+\rho g=0 \qquad (6\text{-}44)$$

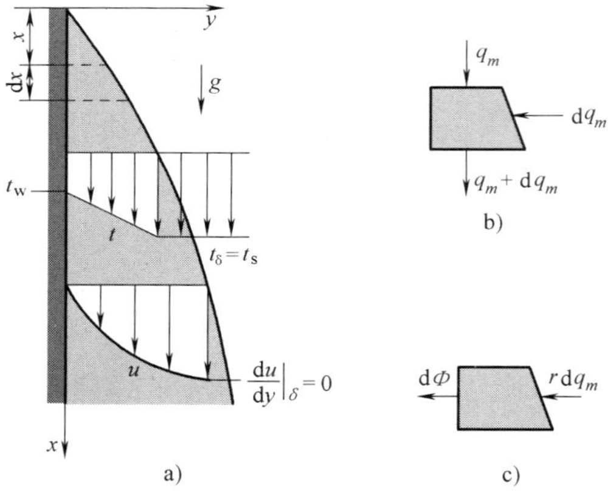

图6-18　努塞尔理论分析示意图

a）理论解示意图　b）微元段质量守衡　c）微元段热平衡

根据假设条件3)、5)，能量微分方程式

$$u\frac{\partial t}{\partial x}+v\frac{\partial t}{\partial y}=a\frac{\partial^2 t}{\partial y^2}$$

中的对流项可以忽略，凝结液膜的能量微分方程可简化为液膜在 y 方向的一维导热微分方程

$$\frac{d^2 t}{dy^2}=0 \qquad (6\text{-}45)$$

式（6-44）、式（6-45）的边界条件为

$$y=0,\ t=t_w,\ u=0$$

$$y=\delta,\ t=t_s,\ \left.\frac{du}{dy}\right|_{\delta}=0$$

式（6-44）、式（6-45）及其边界条件就是努塞尔对层流液膜内速度场和温度场的数学描述，由此很容易求出液膜的速度分布与温度分布，再根据图 6-18 所示的微元段液膜的质量守恒和热平衡，可以求出液膜的厚度 δ_x。这里只给出求解结果：

$$\delta_x=\left[\frac{4\eta\lambda(t_s-t_w)x}{g\rho^2 r}\right]^{1/4} \tag{6-46}$$

按照努塞尔的假设，单位时间内微元段液膜的凝结换热量就是通过微元段液膜的导热热流量，即

$$\mathrm{d}\Phi_x=h_x(t_s-t_w)\mathrm{d}x=\lambda\frac{t_s-t_w}{\delta}\mathrm{d}x$$

由此可得

$$h_x=\frac{\lambda}{\delta_x} \tag{6-47}$$

将式（6-46）代入上式，可求得层流膜状凝结换热的局部表面传热系数为

$$h_x=\left[\frac{gr\rho^2\lambda^3}{4\eta(t_s-t_w)x}\right]^{1/4} \tag{6-48}$$

由于在高度为 H 的整个竖直壁面上温差（t_s-t_w）为常数，所以整个竖直壁面的平均表面传热系数 h 可用下式计算：

$$h=\frac{1}{H}\int_0^H h_x\mathrm{d}x$$

将式（6-48）代入上式，可得

$$h=\frac{4}{3}h_{x=H}=0.943\left[\frac{gr\rho^2\lambda^3}{\eta H(t_s-t_w)}\right]^{1/4} \tag{6-49}$$

上式就是竖直壁面层流膜状凝结换热的努塞尔理论分析结果。对于与竖直方向的倾角为 φ 的倾斜壁面，需要将式中的 g 替换成 $g\cos\varphi$。

如果定义膜层雷诺数为

$$Re=\frac{u_H d_e}{\upsilon}=\frac{\rho u_H d_e}{\eta} \tag{6-50a}$$

$$d_e=\frac{4\delta b}{b}=4\delta$$

$$Re=\frac{4\rho u_H\delta}{\eta}=\frac{4q_{m,H}}{\eta} \tag{6-50b}$$

式中，u_H 为 $x=H$ 处液膜的平均流速；d_e 为该处液膜截面的当量直径；b 为液膜宽度，也为液膜截面的润湿周边长度，如图 6-19 所示；$q_{m,H}$ 为 $x=H$ 处单位宽度液膜的质量流量。

根据液膜的热平衡

$$rq_{m,H}=h(t_s-t_w)H$$

从该式中解出 $q_{m,H}$ 并代入式（6-50b），可将膜层雷诺数表示为

$$Re=\frac{4hl(t_s-t_w)}{\eta r} \tag{6-50c}$$

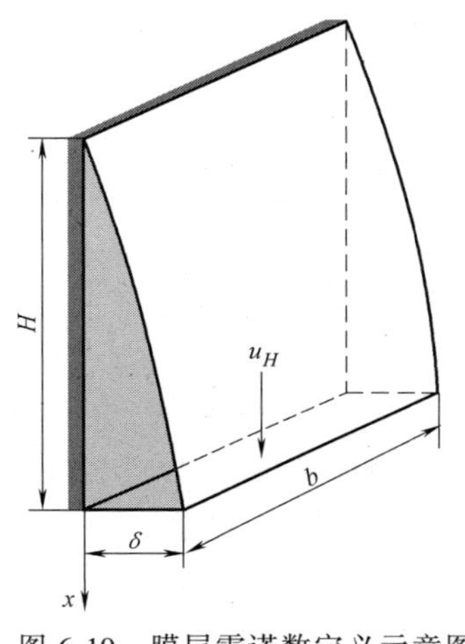

图 6-19 膜层雷诺数定义示意图

试验观察结果表明：当 $Re<1800$ 时，液膜为层流；当 $Re>1800$ 时，液膜为湍流。

试验证实，当 $Re<30$ 时，试验结果与式（6-49）表示的理论解相吻合；但当 $Re>30$ 时，由于液膜表面的波动增强了液膜的传热，实际平均表面传热系数的数值要比式（6-49）的计算结果大 20%左右，所以在工程计算时将该式的系数加大 20%，改为

$$h=1.13\left[\frac{gr\rho^{2}\lambda^{3}}{\eta H(t_{s}-t_{w})}\right]^{1/4} \tag{6-51}$$

努塞尔的理论分析方法可以推广用于水平圆管外壁面上的层流膜状凝结换热。对于单根水平圆管，所得的平均表面传热系数计算公式为

$$h=0.729\left[\frac{gr\rho^{2}\lambda^{3}}{\eta d(t_{s}-t_{w})}\right]^{1/4} \tag{6-52}$$

如果管子竖直放置，则需按竖直壁面层流膜状凝结换热的计算公式（6-49）或式（6-51）计算。比较式（6-49）与式（6-52）可知，当 $H/d=50$ 时，水平管的平均表面传热系数要比竖直管高一倍，所以冷凝器的管子一般都采用水平布置。

工业上绝大多数冷凝器都由多排水平圆管组成的管束构成。当竖直方向的管间距比较小时，上下管壁上的液膜连在一起，并且从上向下液膜逐渐增厚，如图 6-20 所示。如果液膜保持层流状态，则仍可以用式（6-52）计算平均表面传热系数，但需要将式中的特征长度 d 改为 nd，n 为竖直方向层流液膜流经的管排数。当管间距较大时，上一排管子的凝结液会滴到下一排管子上，扰动下一排管子上的液膜，使凝结换热增强，上述计算结果就会偏低。

需要指出，在式（6-49）、式（6-51）、式（6-52）中，除汽化热 r 按饱和温度 t_s 确定外，其他物性参数皆为凝结液在液膜平均温度 $t_m=\frac{1}{2}(t_s+t_w)$ 下的物性参数。

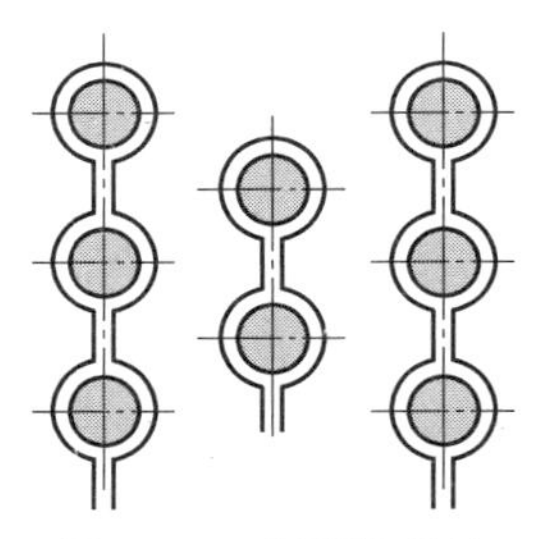
图 6-20　水平管束的层流膜状凝结

（2）湍流膜状凝结换热　对于竖直壁面上的凝结换热，当 $Re>1800$ 时，液膜由层流变为湍流，凝结换热大为增强，努塞尔理论解不再适用。这时，可以对液膜的层流段和湍流段分别进行计算，再根据层流段和湍流段的高度将求得的结果加权平均，以求得整个壁面的平均表面传热系数。推荐用下面的特征数关联式计算整个竖直壁面的平均表面传热系数：

$$Nu=Ga^{1/3}\frac{Re}{58Pr^{-1/2}\left(\dfrac{Pr_{w}}{Pr_{s}}\right)^{1/4}(Re^{3/4}-253)+9200} \tag{6-53}$$

式中，$Nu=hl/\lambda$；$Ga=gl^{3}/\upsilon^{2}$，称为伽利略（Galileo）数；式中各物性参数都是凝结液的，除 Pr_w 用壁面温度 t_w 作为定性温度外，其余都采用饱和温度 t_s 作为定性温度；式中的特征长度为竖直壁面的高度，即 $l=H$。

因为一般水平管上的液膜达不到湍流阶段，所以不存在湍流凝结换热的问题。

（3）膜状凝结换热的影响因素　由上述分析可知，流体的种类（关系到凝结液的物性、饱和温度 t_s），换热面的几何形状、尺寸和位置，蒸气的压力（决定饱和温度 t_s 的大小）以及温差（t_s-t_w）都是影响膜状凝结换热的主要因素。工程实际的凝结换热过程往往比较复杂，除上述因素之外，对膜状凝结换热产生重要影响的因素还有：

1）不凝结气体。当蒸气中含有不凝结气体（如空气）时，即使是微量的，也会对凝结换热产生十分有害的影响。一方面，随着蒸气的凝结，不凝结气体会越来越多地汇集在换热面附近，阻碍蒸气靠近；另一方面，换热面附近的蒸气分压力会逐渐下降，饱和温度 t_s 降低，凝结换热温差（t_s-t_w）减小。这两方面的原因使凝结换热大大削弱。例如工程实际证实，如果水蒸气中含有1%的空气，就会使凝结表面传热系数降低60%。因此，排除冷凝器中的不凝结气体是保证冷凝器高效工作的重要措施。

2）蒸气流速。前面介绍的努塞尔对层流膜状凝结换热进行的理论分析中假设蒸气是静止的，而实际上蒸气具有一定的流速，当流速较高时会对凝结换热产生明显的影响。由于蒸气与液膜表面之间的黏性切应力作用，当蒸气与液膜的流动方向相同时，液膜会被拉薄，使热阻减小；而当蒸气与液膜的流动方向相反时，液膜会变厚，使热阻增加。当然，蒸气流速较高时会使凝结液膜产生波动，甚至会吹落液膜，使凝结换热大大强化。

3）蒸气过热。努塞尔的理论解是在假设蒸气为饱和蒸气的情况下得出的。如果蒸气过热，在它凝结换热的过程中会首先放出显热，冷却到饱和温度，然后再凝结，放出汽化热。过热蒸气的膜状凝结换热仍然可以用上述公式计算，但须将公式中的汽化热 r 改为过热蒸气与饱和液的焓差。

（4）膜状凝结换热的强化。通过上述分析可知，液膜的导热热阻是膜状凝结换热的主要热阻。因此，强化膜状凝结换热的关键措施就是设法将凝结液从换热面排走，并尽可能减小液膜厚度。例如，目前工业上由水平管束构成的冷凝器都采用低肋管或锯齿形肋片管，利用凝结液的表面张力将凝结液拉入肋间槽内，使肋端部表面直接和蒸气接触，达到强化凝结换热的目的。

2. 沸腾换热

当液体与高于其饱和温度的壁面接触时，液体被加热汽化并产生大量汽泡的现象称为沸腾。

沸腾的形式有多种：如果液体的主体温度低于饱和温度，汽泡在固体壁面上生成、长大，脱离壁面后又会在液体中凝结消失，这样的沸腾称为过冷沸腾；若液体的主体温度达到或超过饱和温度，汽泡脱离壁面后会在液体中继续长大，直至冲出液体表面，这样的沸腾称为饱和沸腾；如果液体具有自由表面，不存在外力作用下的整体运动，这样的沸腾又称为大容器沸腾（或池沸腾）；如果液体沸腾时处于强迫对流运动状态，则称之为强迫对流沸腾，如大型锅炉和制冷机蒸发器的管内沸腾。

本书只简要介绍大容器沸腾换热的特点、影响因素与计算方法。

（1）大容器饱和沸腾曲线　通过对水在一个大气压（1.013×10^5Pa）下的大容器饱和沸腾换热过程的试验观察，可以画出图6-21所示的曲线，称为饱和沸腾曲线。曲线的横坐标为沸腾温差 $\Delta t=t_w-t_s$，或称为加热面的过热度；纵坐标为热流密度 q。

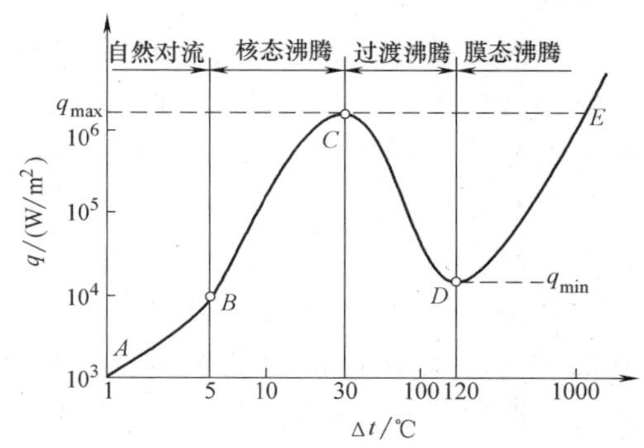

图6-21　水在压力 $p=1.013\times10^5$Pa 下的饱和沸腾曲线

如果控制加热面的温度，使 Δt 缓慢增加，可以观察到以下四种不同的换热状态。

1）自然对流。当沸腾温差 Δt 比较小（图中 AB 段）时，加热面上只有少量汽泡产生，并且不脱离壁面，看不到明显的沸腾现象，热量传递主要靠液体的自然对流，因此可近似地按自然对流换热规律计算。

2）核态沸腾。如果沸腾温差 Δt 继续增加，加热面上产生的汽泡将迅速增多，并逐渐长大，直到在浮升力的作用下脱离加热面，进入液体。这时的液体已达到饱和，并具有一定的过热度，因此汽泡在穿过液体时会继续被加热而长大，直至冲出液体表面，进入汽相空间。由于加热面处液体的大量汽化以及液体被汽泡剧烈地扰动，换热非常强烈，热流密度 q 随 Δt 的增大迅速增加，直至峰值 q_{max}（图 6-21 中点 C）。因为从 B 到 C 这一阶段，汽泡的生成、长大及运动对换热起决定作用，所以这一阶段的换热状态称为核态沸腾（或泡态沸腾）。由于核态沸腾温差小、换热强，因此在工业上被广泛应用。

3）过渡沸腾。如果从点 C 继续提高沸腾温差 Δt，热流密度 q 不仅不增加，反而迅速降低至一极小值 q_{min}（图 6-21 中点 D）。这是由于产生的汽泡过多而连在一起形成汽膜，覆盖在加热面上不易脱离，使换热条件恶化。这时的汽膜时而破裂成大汽泡脱离壁面，所以从 C 到 D 这一阶段的换热状态是不稳定的，称为过渡沸腾。

4）膜态沸腾。在点 D 之后，随着沸腾温差 Δt 的继续提高，加热面上开始形成一层稳定的汽膜，汽化在汽液界面上进行，热量除了以导热和对流的方式从加热面通过汽膜传到汽液界面外，热辐射传热方式的作用也随着 Δt 的增加而加大，因此热流密度也随之增大。点 D 以后的换热状态称为膜态沸腾。

包含上述四个换热状态的饱和沸腾曲线是在试验中通过调节加热功率、控制加热面温度得到的。如果加热功率不变，例如用电加热器加热，则一旦热流密度达到并超过峰值 q_{max}，工况将非常迅速地由点 C 沿虚线跳到膜态沸腾线上的点 E，壁面温度会急剧升高到 1000℃以上，导致加热面因温度过高而烧毁。因此热流密度峰值 q_{max} 是非常危险的数值，也称为临界热流密度。为了保证安全的核态沸腾换热，必须控制热流密度低于热流密度峰值。

前面介绍了在一个大气压下水的大容器饱和沸腾曲线。对于其他液体在不同压力下的大容器饱和沸腾，都会得出类似的饱和沸腾曲线，即所有液体的大容器饱和沸腾现象都遵循类似的规律，只是各参数数值不同而已。

（2）核态沸腾换热的主要影响因素　由核态沸腾的特点可以看出，汽泡的生成、长大及脱离加热面的运动对核态沸腾换热起决定作用。汽泡的数量越多，越容易脱离加热面，核态沸腾换热就越强烈。

加热面的材料与表面状况、加热面的过热度、液体所在空间的压力以及液体的物性是影响核态沸腾换热的主要因素。科技工作者经过大量的试验观察研究和对汽泡的生长过程所进行的理论分析，一致认为汽泡是在加热面上所谓的汽化核心处生成的，而形成汽化核心的最佳位置是加热面上的凹缝、孔隙处。这里残留着微量气体，最容易生成汽泡核（即微小汽泡），如图 6-22 所示。加热面的过热度越大，压力越高，能够长成汽泡的汽泡核越多，核态沸腾换热就越强烈。

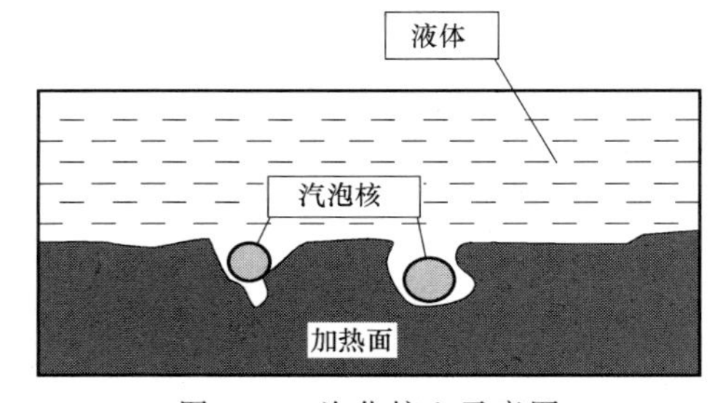

图 6-22　汽化核心示意图

工业上采用的强化核态沸腾换热的主要措施

就是用烧结、钎焊、喷涂、机加工等方法在换热表面上造成一层多孔结构，如图 6-23 所示，以利于形成更多的汽化核心。经过这种处理的换热面的沸腾换热表面传热系数，要比未经处理的光滑表面提高几倍甚至十几倍。

（3）大容器饱和核态沸腾换热的计算公式

1）米海耶夫关联式。对于水在 $10^5 \sim 4\times10^6$Pa 压力范围内的大容器饱和沸腾换热，米海耶夫（MHxeeB M. A）推荐用下式计算核态沸腾换热表面传热系数，即

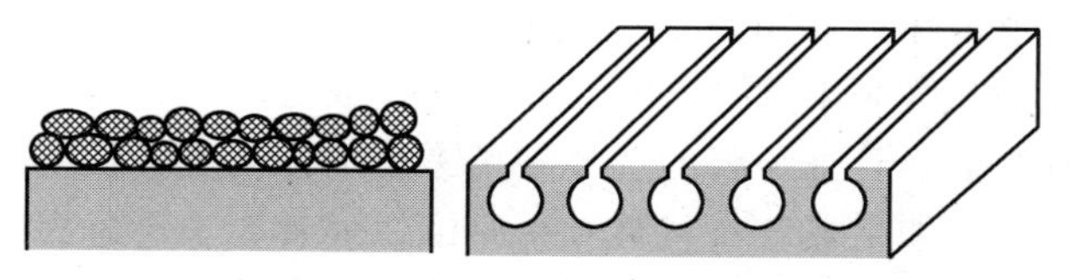

图 6-23　强化核态沸腾换热的加热面结构示意图

$$h=0.1224\Delta t^{2.33}p^{0.5} \tag{6-54}$$

因为 $q=h\Delta t$，上式可改变为

$$h=0.533q^{0.7}p^{0.5} \tag{6-55}$$

式中，h 为沸腾换热表面传热系数 [W/(m² · K)]；Δt 为沸腾温差（℃）；p 为沸腾绝对压力（Pa）；q 为热流密度（W/m²）。

2）罗森诺关联式。基于核态沸腾换热主要是汽泡强烈扰动的对流换热的设想，罗森诺（Rohsenow）推荐下面适用性较广的关联式，即

$$q=\eta_l r\left[\frac{g(\rho_l-\rho_v)}{\sigma}\right]^{1/2}\left(\frac{c_{pl}\Delta t}{C_{wl}Pr_l^s}\right)^3 \tag{6-56}$$

式中，η_l 为饱和液体的动力黏度（Pa · s）；r 为汽化热（J/kg）；g 为重力加速度（m/s²）；ρ_l、ρ_v 分别为饱和液体和饱和蒸气的密度（kg/m³）；σ 为蒸气-液体界面的表面张力（N/m）；c_{pl} 为饱和液体的比定压热容 [J/(kg · K)]；Δt 为沸腾温差（℃）；Pr_l 为饱和液体的普朗特数，$Pr_l=\dfrac{c_{pl}\eta_l}{\lambda_l}$；$s$ 为经验指数，对于水，$s=1$，对于其他液体，$s=1.7$；C_{wl} 为取决于加热面与液体组合情况的经验常数，C_{wl} 由试验确定，一些加热面-液体组合的 C_{wl} 值列于表 6-11 中。

表 6-11　一些加热面-液体组合的 C_{wl} 值

加热面-液体组合	C_{wl}	加热面-液体组合	C_{wl}
水-抛光的铜	0.013	水-化学腐蚀的不锈钢	0.013
水-粗糙表面的铜	0.0068	水-研磨并抛光的不锈钢	0.0060
水-黄铜	0.0060	乙醇-铬	0.0027
水-铂	0.013	苯-铬	0.010
水-机械抛光的不锈钢	0.013		

3）大容器沸腾临界热流密度的计算公式。朱泊（N. Zuber）推荐用下面的半经验公式来计算大容器饱和沸腾热流密度峰值 q_{max}，即

$$q_{max}=\frac{\pi}{24}r\rho_v^{1/2}[g\sigma(\rho_l-\rho_v)]^{1/4} \tag{6-57}$$

3. 热管的工作原理

热管是20世纪70年代发展起来的高效传热元件，它将沸腾和凝结两种相变换热过程巧妙地结合在一起，具有较高的传热性能，在现代工程及科学技术中得到了广泛的应用，其结构及工作原理如图6-24所示。

热管是由管壳、管芯和工质组成的一个封闭系统。管壳一般由铜、不锈钢、镍等金属材料制成。管壳材料的选择除了考虑工作温度、强度、耐蚀性等因素外，还要考虑与工质的相容性。如果热管材料被工质腐蚀，或者在工作过程中与工质反应生成不凝气体而破坏热管的正常工作，则称管壳材料与工质不相容。管芯是由金属丝网、玻璃纤维或金属粉末烧结做成的多孔材料毛细液芯层，其作用是利用毛细力输送液态工质。热管所用的工质主要根据热管的工作温度范围来选择，此外还要考虑和管壳、管芯材料的相容性以及液体工质能否浸润管芯等因素。常用的工质有氨、甲醇、水、导热姆、液态金属等。

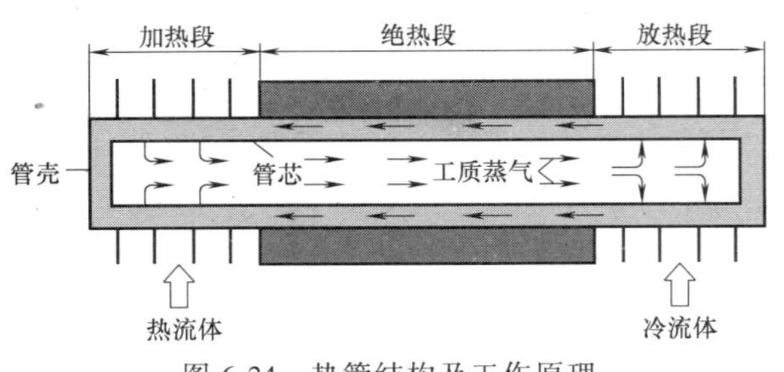

图6-24 热管结构及工作原理

根据工作原理，热管在整体上可分为三段：加热段（蒸发段）、绝热段与放热段（冷凝段）。热管工作时，加热段被管外的热流体加热，液态工质在加热段吸收汽化热而汽化，其蒸气流经绝热段到达放热段后被管外的冷流体冷却，放出汽化热而凝结，凝结液在毛细力的作用下沿管芯又回到加热段，至此工质完成一个工作循环。通过热管内工质不间断的沸腾与凝结的换热过程，实现热量从热流体传递给冷流体。

由于管芯的毛细力是热管内凝结液回流的驱动力，也就是热管工质工作循环的驱动力，因此对热管的形状与位置没有限制，可以根据工作环境需要做成各种形状。但这种热管制造成本较高，多用于航天器的热控制和电子器件冷却等较为特殊的应用环境。对于工业上大量使用的热管式热交换器，通常采用结构简单、依靠重力驱动凝结液回流的重力热管，其结构如图6-25所示。既然重力热管的凝结液是靠重力由放热段流回加热段，工作时必须使加热段在下，放热段在上。

热管的工作原理决定了热管传热具有下述主要特点：

（1）热阻小、温差小、传热能力强　热管的传热热阻主要包含热流体和冷流体与热管外壁面的对流换热热阻、管壳的导热热阻、管内工质沸腾换热与凝结换热的热阻。

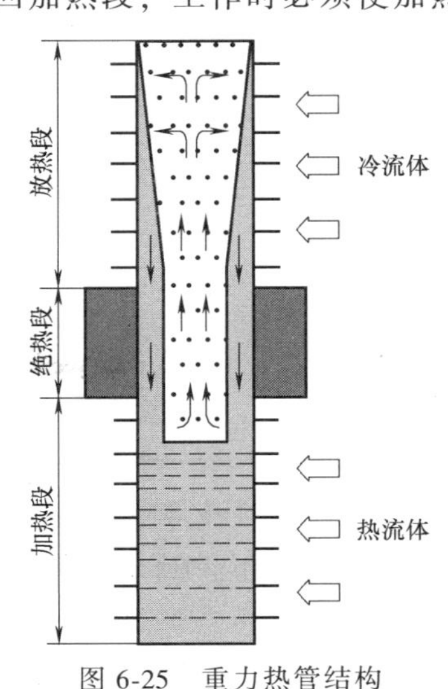

图6-25 重力热管结构

因为热管内部工质沸腾与凝结换热的表面传热系数很大，一般在5000W/(m^2·K)以上，所以热阻很小。由于沸腾和凝结同处于一个热管空腔内，加热段与放热段的温差（即工质的饱和温度之差）是由工质蒸气的流动阻力导致的两端压力差所引起的。在热管不太长的情况下，由于蒸气的流动阻力很小，因此热管两端的温差很小，对应的热阻也很小，一般情况下可以忽略不计。因此，温差小、热阻小是热管重要的传热特性。由于实现了小温差传热，因此大大减少了传递热量的不可逆损失。计算表明，一根内、外径分别为21mm、25mm，加热段、放热段长度都为1m的钢-水重力热管的热阻（管外对流换热热阻除外）是直径相同、长度为2m的纯铜棒导热热阻的1/1500，即这种热管的传热能力是纯铜棒的1500倍。可见，热管是非常优良的传热元件。

（2）适应温度范围广、工作温度可调　通过选择不同的热管工质和相容的管壳材料，可以使热管在-200~2000℃温度范围内工作。对于同一种热管，还可以通过调整管内压力达到调整工质饱和温度（即工作温度）的目的。

表6-12列举了一些常用的热管工质、相容管壳材料以及适用的温度范围。

表6-12　热管工质和相容管壳材料及适用温度范围

工　质	相容管壳材料	适用温度范围/℃
甲醇	铜、镍、不锈钢	-45~120
水	铜、镍、碳钢(表面处理)	5~230
导热姆A		150~350
钾	碳钢、铜、不锈钢	400~800
钠	镍、不锈钢	500~900
锂	镍、不锈钢	900~1500
	铌+1%锆	

（3）热流密度可调　热管加热段和放热段的热流密度可以通过改变加热段和放热段的长度或管外传热面积（如加装肋片）进行调节。

由于热管具有上述特性，因此在现代工业和航天、电子等高科技领域获得了广泛的应用。但热管的传热能力也受到热流密度、工质的流动阻力以及管芯毛细力等因素的限制，存在工作极限。

第7章 热 辐 射

学习目标

理解吸收、反射、透射、黑体、灰体、辐射强度等概念，掌握斯忒藩-玻耳兹曼定律与基尔霍夫定律。理解有效辐射和角系数，掌握两平行平板之间、空腔内物体与空腔内壁之间的辐射换热计算。

热辐射是热量传递的基本方式之一，以热辐射方式进行的热量交换称为辐射换热。辐射换热在热能动力工程、核能工程、冶金、化工、航天、太阳能利用、干燥技术，以及日常生活中的加热、供暖等方面具有非常广泛的应用。

本章主要从宏观的角度介绍热辐射的基本概念、基本定律以及辐射换热的计算方法。

7.1 辐射换热概述

7.1.1 热辐射的定义及区别于导热、对流的特点

我们知道，辐射是电磁波传递能量的现象。按照产生电磁波的不同原因可以得到不同频率的电磁波。高频振荡电路产生的无线电波就是一种电磁波，此外还有红外线、可见光、紫外线、X射线及 γ 射线等各种电磁波。由于热的原因而产生的电磁波辐射称为热辐射(Thermal Radiation)，热辐射这一名词有时也指热辐射能的传递过程。热辐射的电磁波是物体内部微观粒子的热运动状态改变时激发出来的。只要物体的温度高于0K，物体就总是不断地把热能变为辐射能，向外发出热辐射。同时，物体也不断地吸收周围物体投射到它表面上的热辐射，并把吸收的辐射能重新转变成热能。辐射传热就是指物体之间相互辐射和吸收的总效果。当物体与环境处于热平衡时，其表面上的热辐射仍在不停地进行，但其净的辐射传热量等于零。

与导热、对流相比，热辐射这种传递能量方式有两个特点：1）热辐射的能量传递不需要其他介质存在，而且在真空中传递的效率最高；2）在物体发射与吸收辐射能量的过程中发生了电磁能与热能两种能量形式的转换。这两个特点都是由辐射是电磁波的传递这个基本事实所决定的。

7.1.2 物体表面对电磁波的作用

辐射换热计算必然要涉及物体本身对热辐射的发射、吸收、反射及透射特性以及辐射能的定量描述，这一节主要介绍与此有关的一些基本概念。

1. 吸收、反射与透射之间的关系

与可见光的情况一样，当热辐射能投射到实际物体表面上时，将有一部分被物体表面反射，还有一部分被物体吸收，其余部分透过物体，即反射、吸收和透射现象，如图7-1

所示。

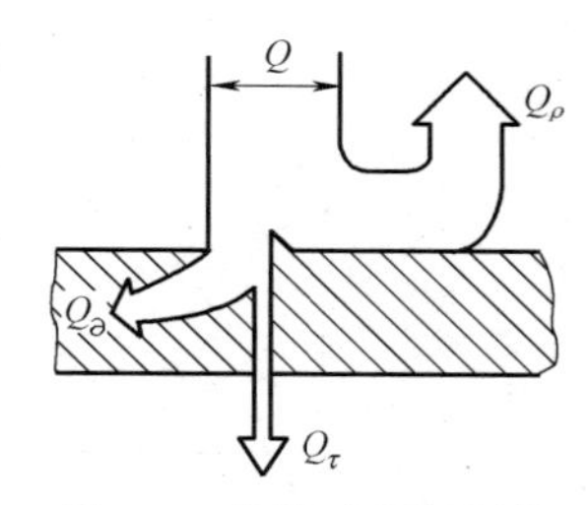

图 7-1 物体对热辐射的吸收、反射和透射

单位时间内投射到单位面积物体表面上的全波长范围内的辐射能称为投入辐射，用 G 表示，单位为 W/m^2。其中被物体吸收、反射和透射的部分分别为 G_∂ 、G_ρ 和 G_τ，则 G_∂ 、G_ρ 和 G_τ 在投入辐射 G 中所占的份额分别为

$$\partial=\frac{G_\partial}{G},\quad \rho=\frac{G_\rho}{G},\quad \tau=\frac{G_\tau}{G}$$

式中，∂、ρ、τ 分别为物体对投射辐射能的吸收比、反射比与透射比。

根据能量守恒，$G_\partial+G_\rho+G_\tau=G$，于是有

$$\partial+\rho+\tau=1 \tag{7-1}$$

如果一波长 λ 的辐射能 G_λ 投射到物体表面，则被物体穿透、吸收和反射的能量分别为 $G_{\lambda\partial}$、$G_{\lambda\rho}$ 和 $G_{\lambda\tau}$，则它们所占总辐射能 G_λ 的比例

$$\partial_\lambda=\frac{G_{\lambda\partial}}{G_\lambda},\quad \rho_\lambda=\frac{G_{\lambda\rho}}{G_\lambda},\quad \tau_\lambda=\frac{G_{\lambda\tau}}{G_\lambda}$$

分别称为物体对该波长辐射能的光谱吸收比、光谱反射比和光谱透射比。与式（7-1）类似，有

$$\partial_\lambda+\rho_\lambda+\tau_\lambda=1 \tag{7-2}$$

∂_λ、ρ_λ、τ_λ 属于物体的光谱辐射特性，取决于物体的种类、温度和表面状况，一般是波长 λ 的函数。

对于固体和液体表面来说，辐射能射入时，在一个极短的距离内就被吸收完了。而对于金属导体，这一距离只有 1μm 的数量级；对于大部分非导电材料，这一距离也小于 1mm。然而，在实用工程应用中，材料的厚度一般都大于这个数值，因此可以认为固体和液体不允许热辐射穿透，即 $\tau=0$。于是，对固体和液体，式（7-1）简化为

$$\partial+\rho=1 \tag{7-3}$$

当辐射能投射到气体上时，与固体和液体不同的是，气体对辐射能几乎没有反射能力，可以认为反射比 $\rho=0$，式（7-1）就简化成

$$\partial+\tau=1 \tag{7-4}$$

由上可知，固体和液体对投入辐射所呈现的吸收和反射特性，都具有在物体表面上进行的特点，而不波及物体的内部。因此物体表面状况对这些辐射特性的影响是至关重要的。而对于气体，辐射和吸收在整个气体容积中进行，表面形状则是无关紧要的。

2. 固体表面的两种反射

固体表面对热辐射的反射有两种现象：镜反射与漫反射。镜反射的特点是反射角等于入射角，如图 7-2a 所示。漫反射时被反射的辐射能在物体表面上方空间各个方向上均匀分布，如图 7-2b 所示。物体表面对热辐射的反射情况取决于物体表面的粗糙程度和投射辐射能的波长。当物体表面粗糙度小于投射辐射能的波长时，就会产生镜反射，例如高度抛光的金属表面就会产生镜反射；当物体表面的粗糙度大于投射辐射能的波长时，就会产生漫反射。对全波长范围的热辐射能完全镜反射或完全漫反射的物体是不存在的，绝大多数工程材料对热射辐的反射都近似于漫反射。

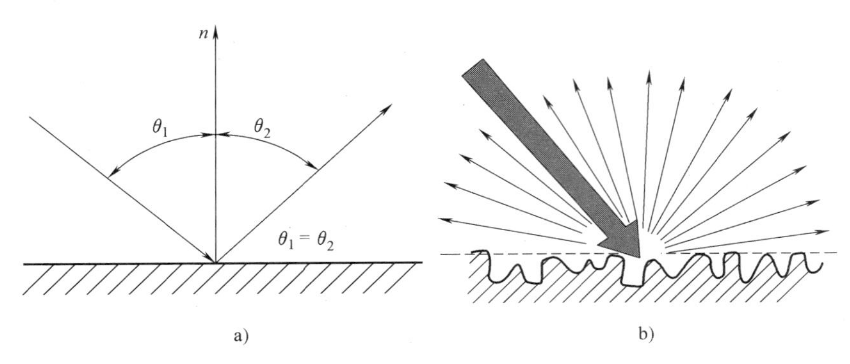

图 7-2 镜反射与漫反射示意图

a）镜反射 b）漫反射

7.1.3 黑体及其重要性

自然界不同物体的吸收比∂、反射比ρ和穿透比τ因具体条件不同而千差万别，给热辐射的研究带来很大困难。为了方便起见，从理想物体入手进行研究，可理出一个处理复杂问题的头绪来。我们把吸收比$\partial=1$的物体称为绝对黑体（简称黑体）；把反射比$\rho=1$的物体称为镜体（当为漫反射时称作绝对白体）；把穿透比$\tau=1$的物体称为绝对透明体（简称透明体）。显然，黑体、镜体（或白体）、透明体都是假定的理想物体。

这里所说的黑体、白体与日常生活中所说的白色物体与黑色物体不同，颜色只是对可见光而言，而可见光在热辐射的波长范围中只占很小一部分，所以不能凭物体颜色的黑白来判断它对热辐射吸收比的大小。例如，白雪对红外线的吸收比高达 0.94；白布和黑布对可见光的吸收比差别很大，但对红外线的吸收比基本相同。

黑体只是假定的理想模型，自然界并不存在黑体，但用人工的方法可以制造出十分接近于黑体的模型。黑体的吸收比$\partial=1$，这就意味着黑体能够全部吸收各种波长的辐射能，黑体的模型就要具备这一基本特性。选用吸收比较大的材料制造一个空腔，并在空腔壁面上开一个小孔，再设法使空腔壁面保持均匀的温度，这时空腔上的小孔就具有黑体辐射的特性。这种带有小孔的温度均匀的空腔就是一个黑体模型。

黑体的引进对热辐射规律的研究具有重要意义：由于实际物体的热辐射特性和规律非常复杂，黑体辐射相对简单，所以人们首先研究黑体辐射的性质和规律，再把实际物体的辐射特性与之比较，找出与黑体辐射的区别，就可以将黑体辐射的规律进行修正后用于实际物体。

7.1.4 辐射强度

物体辐射是向周围空间各个方向上的辐射，故引入立体角的定义。在平面几何中，一个半径为r、弧长为s的圆弧所对应的圆心角是平面角，大小为$\theta=s/r$，单位是 rad（弧度）。而半径为r的球面上，面积A与球心所对应的是一个空间角度，用Ω表示，称为立体角，其大小定义为

$$\Omega=\frac{A}{r^2},\quad \mathrm{d}\Omega=\frac{\mathrm{d}A}{r^2} \tag{7-5}$$

立体角单位为球面度，用 sr 表示。故可以推出半个球面所对应的立体角为 2πsr。

在图7-3的球坐标系中，φ 称为经度角（Azimuthal Angle），θ 称为纬度角（Latitudinal Angle）。空间的方向用经度角和纬度角来表示。显然，在微元面积 dA 上方半径为 r 的球面上，在（θ，φ）方向上有微元面积 dS，面积为

$$\mathrm{d}S = r\mathrm{d}\theta \cdot r\sin\theta\mathrm{d}\varphi = r^2\sin\theta\mathrm{d}\varphi$$

dS 对应的微元立体角为

$$\mathrm{d}\Omega = \frac{\mathrm{d}S}{r^2} = \sin\theta\mathrm{d}\theta\mathrm{d}\varphi \tag{7-6}$$

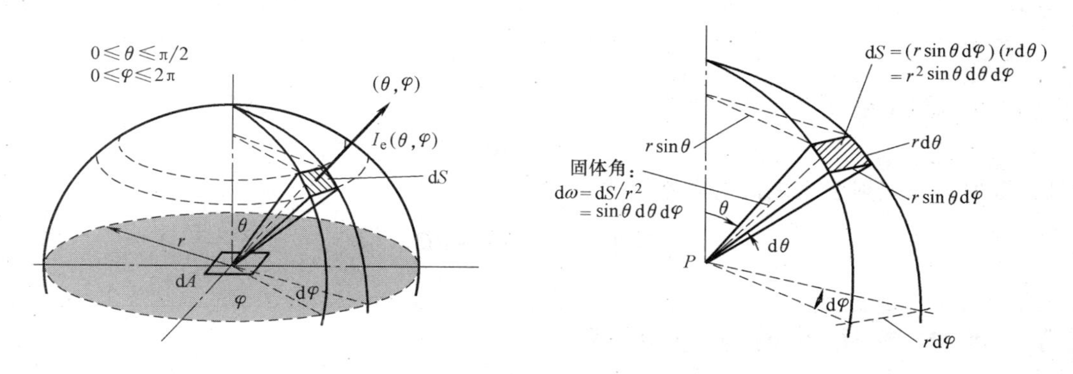

图7-3 立体角的定义和辐射强度的定义

若单位时间内微元面积 dA 向 dS 所发射的辐射能为 dφ，dA 在 θ 方向的投影面积为 dAcosθ，则单位投影面积所发出的包含在单位立体角内的所有波长的辐射能可表示为

$$I = \frac{\mathrm{d}\varphi}{\mathrm{d}A\cos\theta\mathrm{d}\Omega} \tag{7-7}$$

式中，I 为 dA 在（θ，φ）方向的辐射强度，或称为定向辐射强度［W/(m^2·sr)］。这里的 dAcosθ 可以视为从 θ 方向看过去的面积，称为可见面积，所以辐射强度也可以说是单位时间内从单位可见面积上发出的包含在单位立体角内所有波长的辐射能。

辐射强度的大小不仅取决于物体种类、表面性质、温度，还与方向有关，对于各向同性的物体表面，辐射强度与 φ 角无关，$I(\theta,\varphi)=I(\theta)$。以下的讨论仅限于各向同性物体表面。

对某一波长辐射能而言的辐射强度称为光谱辐射强度，用符号 $I_\lambda(\theta)$ 表示。辐射强度与光谱辐射强度之间的关系可表示为

$$I(\theta) = \int_0^\infty I_\lambda(\theta)\,\mathrm{d}\lambda \tag{7-8}$$

式中，λ 为波长（m）；$I_\lambda(\theta)$ 为光谱辐射强度［W/(m^3·sr)］。

7.1.5 辐射力

为了定量地表述单位黑体表面在一定温度下向外界辐射能量的多少，需要引入辐射力的概念。单位时间内单位表面积向其上的半球空间的所有方向辐射出去的全部波长范围内的能量称为辐射力，记为 E，其单位为 W/m^2。任意微元表面 dA 都将空间划分为对称的两部分：该表面之上与之下，每一部分都是一个半球空间；微元面积 dA 能向其上的半球空间发射辐射能，如图7-4所示，也能接收来自该半球空间的辐射能。

单位时间内，单位面积物体表面向半球空间发射的某一波长的辐射能称为光谱辐射力，

用符号 E_λ 表示，单位为 W/m³。辐射力与光谱辐射力之间的关系可表示为

$$E=\int_0^\infty E_\lambda \mathrm{d}\lambda \tag{7-9}$$

单位时间内，单位面积物体表面向某个方向发射的单位立体角内的辐射能，称为该物体表面在该方向上的定向辐射力，用符号 E_θ 表示，单位是 $\mathrm{W/(m^2 \cdot sr)}$。

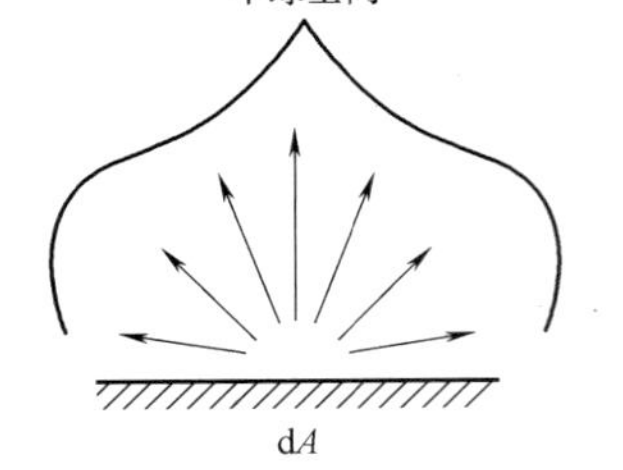

图 7-4　半球空间示意图

与辐射力、辐射强度的定义相对比，可知定向辐射力与辐射力之间的关系为

$$E=\int_{\Omega=2\pi} E_\theta \mathrm{d}\Omega \tag{7-10}$$

定向辐射力与辐射强度之间的关系为

$$E_\theta = I\cos\theta \tag{7-11}$$

于是，辐射力与辐射强度之间的关系可表示为

$$E=\int_{\Omega=2\pi} I(\theta)\cos\theta \mathrm{d}\Omega \tag{7-12}$$

7.2 黑体热辐射的基本定律

7.2.1 普朗克定律

1900 年，普朗克（M. Planck）在量子假设的基础上，从理论上确定了黑体辐射的光谱分布规律，给出了黑体的光谱辐射力 $E_{b\lambda}$ 与热力学温度 T、波长 λ 之间的函数关系，称为普朗克定律，即

$$E_{b\lambda}=\frac{C_1\lambda^{-5}}{e^{C_2/(\lambda T)}-1} \tag{7-13}$$

式中，λ 为波长（m）；T 为热力学温度（K）；C_1 为普朗克第一常数，$C_1=3.742\times10^{-16}$；C_2 为普朗克第二常数，$C_2=1.439\times10^{-2}\mathrm{m \cdot K}$。

不同温度下黑体的光谱辐射力随波长的变化如图 7-5 所示。可以看出，黑体的光谱辐射力随波长和温度的变化具有下述特点：

1）温度越高，同一波长下的光谱辐射力越大。

2）在一定的温度下，黑体的光谱辐射力随波长连续变化，并在某一波长下具有最大值。

3）随着温度的升高，光谱辐射力取得最大值的波长 λ_{max} 越来越小，即在 λ 坐标中的位置向短波方向移动。

在温度不变的情况下，由普朗克定律表达式（7-13）求极值，可以确定黑体的光谱辐射力取得最大值的波长 λ_{max} 与热力学温度 T 之间的关系为

$$\lambda_{max}T=2.8976\times10^{-3}\mathrm{m \cdot K}\approx2.9\times10^{-3}\mathrm{m \cdot K} \tag{7-14}$$

此关系式称为维恩（Wien）位移定律。

根据维恩位移定律，可以确定任一温度下黑体的光谱辐射力取得最大值的波长。例如，太阳辐射可以近似为表面温度约为 5800K 的黑体辐射，由上式可求得太阳光谱辐射力取得

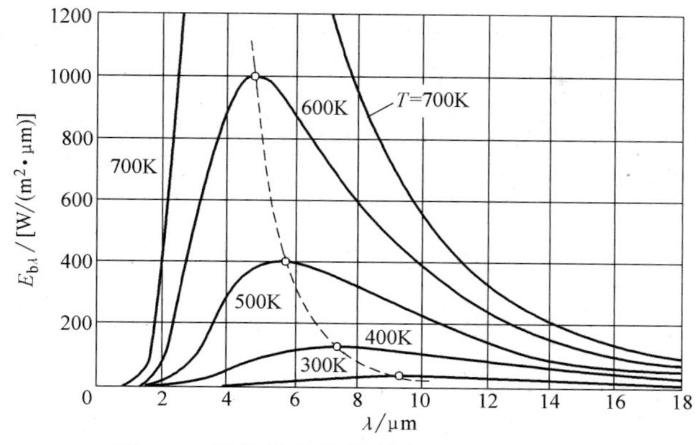

图 7-5　黑体的光谱辐射力 $E_{b\lambda}=f(\lambda,\ T)$

最大值的波长 $\lambda_{max}=0.5\mu m$，位于可见光的范围内。所以，可见光的波长范围虽然很窄（$0.38\sim0.76\mu m$），但所占太阳辐射能的份额却很大（约为 44.6%）。再如，工业上常见的高温一般低于 2000K，由上式可以确定，2000K 温度下黑体的光谱辐射力取得最大值的波长 $\lambda_{max}=1.45\mu m$，处于红外线范围内。加热炉中铁块升温过程中颜色的变化也能体现黑体辐射的特点：当铁块的温度低于 800K 时，所发射的热辐射主要是红外线，人的眼睛感受不到，看起来还是暗黑色的。随着温度的升高，铁块的颜色逐渐变为暗红色、鲜红色、橘黄色、亮白色，这是由于随着温度的升高，铁块发射的热辐射中可见光的比例逐渐增大。

7.2.2　斯忒藩-玻耳兹曼定律

斯忒藩（J. Stefan）-玻耳兹曼（D. Boltzmann）定律确定了黑体的辐射力 E_b 与热力学温度 T 之间的关系，它首先由斯忒藩在 1879 年从试验中得出，后来玻耳兹曼于 1884 年运用热力学理论进行了证明。其表达式为

$$E_b=\sigma T^4=C_0\left(\frac{T}{100}\right)^4 \tag{7-15}$$

式中，$\sigma=5.67\times10^{-8}W/(m^2\cdot K^4)$，称为斯忒藩-玻耳兹曼常数，又称为黑体辐射常数；$C_0$ 称为黑体辐射系数，其值为 $5.67W/(m^2\cdot K^4)$；下角 b 表示黑体。

斯忒藩-玻耳兹曼定律说明黑体的辐射力 E_b 与热力学温度 T 的四次方成正比，故又称为四次方定律。斯忒藩-玻耳兹曼定律表明，随着温度的上升，辐射力急剧增加。

斯忒藩-玻耳兹曼定律表达式可以直接根据辐射力与光谱辐射力之间的关系式（7-9）由普朗克定律表达式导出

$$E_b=\int_0^{\infty}E_{b\lambda}d\lambda=\int_0^{\infty}\frac{C_1\lambda^{-5}}{e^{C_2/(\lambda T)}-1}d\lambda$$

在工程上或其他实际问题中，常常需要计算黑体在一定的温度下发射的某一波长范围（或称波段）$\lambda_1\sim\lambda_2$ 内的辐射能 $E_{b(\lambda_1-\lambda_2)}$（也称为波段辐射力）。根据积分运算得

$$E_{b(\lambda_1\sim\lambda_2)}=\int_{\lambda_1}^{\lambda_2}E_{b\lambda}d\lambda=\int_0^{\lambda_2}E_{b\lambda}d\lambda-\int_0^{\lambda_1}E_{b\lambda}d\lambda$$

这一波段的辐射能占黑体辐射力 E_b 的百分数为

$$F_{b(\lambda_1 \sim \lambda_2)} = \frac{E_{b(\lambda_1 \sim \lambda_2)}}{E_b} = \frac{\int_0^{\lambda_2} E_{b\lambda} d\lambda}{E_b} - \frac{\int_0^{\lambda_1} E_{b\lambda} d\lambda}{E_b} = F_{b(0 \sim \lambda_2)} - F_{b(0 \sim \lambda_1)}$$

式中，$F_{b(0\sim\lambda_1)}$、$F_{b(0\sim\lambda_2)}$ 分别为波段 $0\sim\lambda_1$、$0\sim\lambda_2$ 的辐射能所占同温度下黑体辐射力的百分数。

根据普朗克定律表达式

$$F_{b(0 \sim \lambda)} = \frac{\int_0^{\lambda} E_{b\lambda} d\lambda}{\sigma T^4} = \frac{\int_0^{\lambda} \frac{C_1 \lambda^{-5}}{e^{C_2/(\lambda T)} - 1} d\lambda}{\sigma T^4}$$
$$= \frac{1}{\sigma} \int_0^{\lambda T} \frac{C_1 \lambda^{-5}}{e^{C_2/(\lambda T)} - 1} d(\lambda T) = f(\lambda T) \tag{7-16}$$

式中，$F_{b(0\sim\lambda)} = f(\lambda T)$ 称为黑体辐射函数，表示温度为 T 的黑体所发射的在波段 $0\sim\lambda$ 内的辐射能占同温度下黑体辐射力的百分数，黑体辐射函数的具体数值列在表 7-1 中。

表 7-1　黑体辐射函数

λT/μm·K	$F_{b(0\sim\lambda)}$	λT/μm·K	$F_{b(0\sim\lambda)}$
1000	0.0323	6500	77.66
1100	0.0916	7000	80.83
1200	0.214	7500	83.46
1300	0.434	8000	85.64
1400	0.782	8500	87.47
1500	1.29	9000	89.07
1600	1.979	9500	90.32
1700	2.862	10000	91.43
1800	3.946	12000	94.51
1900	5.225	14000	96.29
2000	6.69	16000	97.38
2200	10.11	18000	98.08
2400	14.05	20000	98.56
2600	18.64	22000	98.89
2800	22.82	24000	99.12
3000	27.36	26000	99.3
3200	31.85	28000	99.43
3400	36.21	30000	99.53
3600	40.4	35000	99.7
3800	44.38	40000	99.79
4000	48.13	45000	99.85
4200	51.64	50000	99.89
4400	54.92	55000	99.92
4600	57.96	60000	99.94
4800	60.79	70000	99.96
5000	63.41	80000	99.97
5500	69.12	90000	99.98
6000	73.81	100000	99.99

利用黑体辐射函数表，可以很容易地用下式计算黑体在某一温度下发射的任意波段的波段辐射力：

$$E_{b(\lambda_1 \sim \lambda_2)} = [F_{b(0\sim\lambda_2)} - F_{b(0\sim\lambda_1)}] E_b \tag{7-17}$$

7.2.3 兰贝特定律

理论上可以证明，黑体的辐射强度与方向无关，即半球空间各方向上的辐射强度都相等。这种黑体辐射强度所遵循的空间均匀分布规律称为兰贝特（Lambert）定律。

辐射强度在空间各个方向上都相等的物体也称为漫发射体。对于漫发射体

$$I(\theta)=I=\text{常数} \tag{7-18}$$

根据定向辐射力与辐射强度的关系式（7-11），有

$$E_\theta=I\cos\theta=E_n\cos\theta \tag{7-19}$$

式中，E_n 为表面法线方向的定向辐射力。

上面两式称为兰贝特定律表达式。因为定向辐射力 E_θ 随方向角 θ 按余弦规律变化，所以兰贝特定律也称为余弦定律。

对于漫发射体，根据辐射力与辐射强度之间的关系式，有

$$\begin{aligned}E&=\int_0^{2\pi}\mathrm{d}\varphi\int_0^{\pi/2}I\sin\theta\cos\theta\mathrm{d}\theta\\&=I\int_0^{2\pi}\mathrm{d}\varphi\int_0^{\pi/2}\sin\theta\cos\mathrm{d}\theta\\&=\pi I\end{aligned} \tag{7-20}$$

即漫发射体的辐射力是辐射强度的 π 倍。

7.3 实际物体的辐射特性

实际物体的辐射特性与黑体有很大的区别，下面分别介绍实际物体的发射特性和吸收特性以及两者之间的关系。

7.3.1 实际物体的发射特性

为了说明实际物体的发射特性，引入发射率的概念：实际物体的辐射力与同温度下黑体的辐射力之比称为该物体的发射率（习惯上称为黑度），用符号 ε 表示，即

$$\varepsilon=\frac{E}{E_\mathrm{b}} \tag{7-21}$$

实际物体的光谱辐射力与同温度下黑体的光谱辐射力之比称为该物体的光谱发射率（或称为光谱黑度），用符号 ε_λ 表示，即

$$\varepsilon_\lambda=\frac{E_\lambda}{E_{\mathrm{b}\lambda}} \tag{7-22}$$

发射率与光谱发射率之间的关系为

$$\varepsilon=\frac{\int_0^\infty\varepsilon_\lambda E_{\mathrm{b}\lambda}\mathrm{d}\lambda}{E_\mathrm{b}}$$

对于灰体，光谱辐射特性不随波长而变化，ε_λ＝常数，由上式可得

$$\varepsilon=\frac{\varepsilon_\lambda\int_0^\infty E_{\mathrm{b}\lambda}\mathrm{d}\lambda}{E_\mathrm{b}}=\varepsilon_\lambda \tag{7-23}$$

因此，灰体的光谱辐射力随波长的变化趋势与黑体相同。

实际物体光谱辐射力随波长的变化较大。图 7-6 是同温度下黑体、灰体和实际物体的光谱辐射力随波长变化的示意图。可以看出，实际物体的光谱辐射力随波长的变化规律完全不同于黑体和灰体。图 7-7 是黑体、灰体和实际物体的光谱发射率随波长变化的示意图。

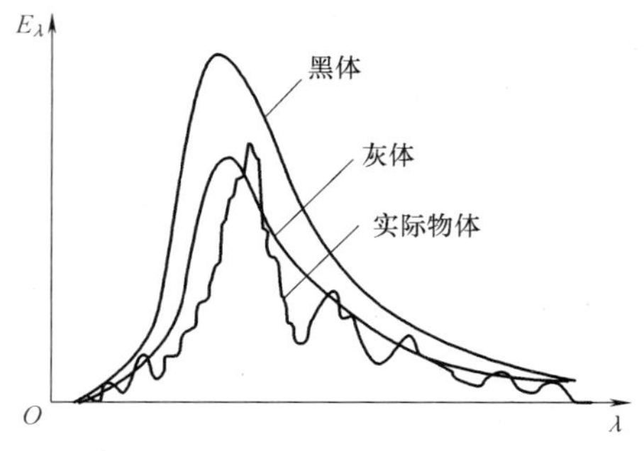

图 7-6　光谱辐射力随波长变化的示意图

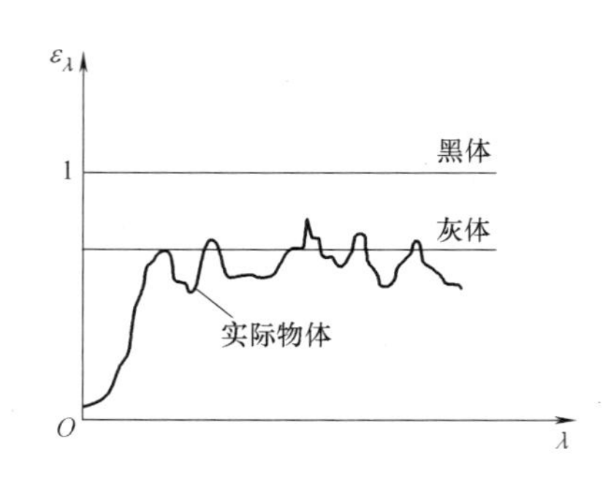

图 7-7　光谱发射率随波长变化的示意图

在工程计算中，实际物体的辐射力 E 可以根据发射率的定义式（7-21）由下式计算：

$$E=\varepsilon E_{\mathrm{b}}=\varepsilon\sigma T^{4} \tag{7-24}$$

应该指出，实际物体的辐射力并不严格与热力学温度的四次方成正比，所存在的偏差包含在由试验确定的发射率 ε 数值之中。

实际物体也不是漫发射体，即辐射强度在空间各个方向的分布不遵循兰贝特定律，是方向角 θ 的函数。为了说明实际物体辐射强度的方向性，引入定向发射率的定义：实际物体在 θ 方向上的定向辐射力 E_θ 与同温度下黑体在该方向的定向辐射力 $E_{\mathrm{b}\theta}$ 之比称为该物体在 θ 方向的定向发射率（或称为定向黑度），用 ε_θ 表示，即

$$\varepsilon_{\theta}=\frac{E_{\theta}}{E_{\mathrm{b}\theta}}=\frac{I(\theta)}{I_{\mathrm{b}}} \tag{7-25}$$

实际物体的定向发射率与方向有关，是方向角 θ 的函数。对于漫发射体，各方向的定向发射率相等。图 7-8 与图 7-9 中分别描绘了几种金属和非金属材料表面的定向发射率随方向角 θ 的变化。

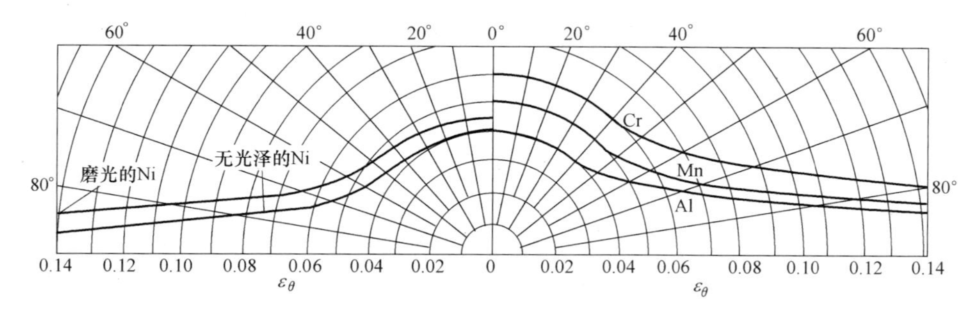

图 7-8　几种金属材料的定向发射率 ε_θ（$t=150$℃）

由图 7-8 和图 7-9 可见，金属材料的 ε_θ 在 $\theta\leqslant40°$的范围内几乎不变；当 $\theta>40°$时，ε_θ 随着 θ 的增大迅速增大，直到 θ 接近 90°时 ε_θ 又迅速减小，趋近于零（因范围太小，图中并未画出）。而非金属材料的 ε_θ 在 $\theta\leqslant60°$的范围内约为常数；当 $\theta>60°$时，ε_θ 随着 θ 的增大迅速

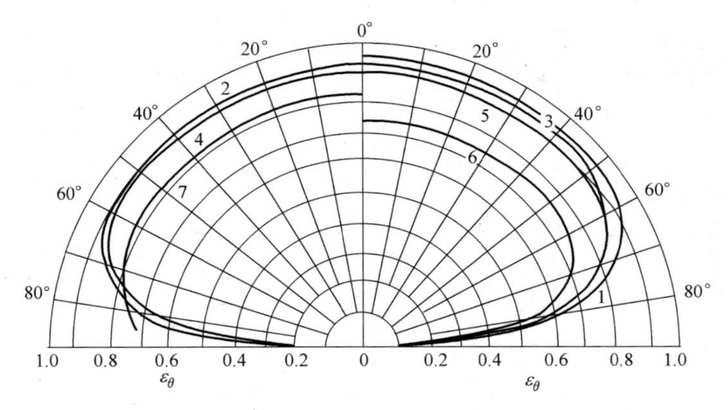

图 7-9　几种非金属材料的定向发射率 ε_θ（t=0~93.3℃）

1—潮湿的冰　2—木材　3—玻璃　4—纸　5—黏土　6—氧化铜　7—氧化铝

减小，逐渐趋近于零。实测表明，半球总发射率 ε 与 $\theta=0°$时的法向发射率 ε_n 相比变化不大，对于金属，$\dfrac{\varepsilon}{\varepsilon_n}=1.0\sim1.2$；对于非金属，$\dfrac{\varepsilon}{\varepsilon_n}=0.95\sim1.0$。

对于工程设计中遇到的绝大多数材料，都可以忽略 ε_θ 随 θ 的变化，而近似地看作漫发射体。

发射率数值的大小取决于材料的种类、温度和表面状况，通常由试验测定。

表 7-2 中列举了一些常用材料的法向发射率值。

表 7-2　常用材料的法向发射率 ε_n的值

材料类别与表面状况	温度/℃	法向发射率 ε_n
铝：高度抛光，纯度 98%	50~500	0.04~0.06
工业用铝板	100	0.09
严重氧化的	100~150	0.2~0.31
黄铜：高度抛光的	260	0.03
无光泽的	40~260	0.22
氧化的	40~260	0.46~0.56
铜：高度抛光的电解铜	100	0.02
轻微抛光的	40	0.12
氧化变黑的	40	0.76
金：高度抛光的纯金	100~600	0.02~0.035
钢：抛光的	40~260	0.07~0.1
轧制的钢板	40	0.65
严重氧化的钢板	40	0.8
铸铁：抛光的	200	0.21
新车削的	40	0.44
氧化的	40~260	0.57~0.68
不锈钢：抛光的	40	0.07~0.17

（续）

材料类别与表面状况	温度/℃	法向发射率 ε_n
铬：抛光板	40~550	0.08~0.27
红砖	20	0.88~0.93
耐火砖	500~1000	0.80~0.90
玻璃	40	0.94
各种颜色的油漆	40	0.92~0.96
雪	-120	0.82
水（厚度为0.1mm）	100	0.96
人体皮肤	32	0.98

7.3.2 实际物体的吸收特性

实际物体的光谱吸收比∂_λ也与黑体、灰体不同，是波长的函数。图7-10、图7-11中分别绘出了一些金属和非金属材料在室温下的光谱吸收比随波长的变化。可以看出：有些材料，如磨光的铜和铝，光谱吸收比随波长变化不大；但有些材料，如阳极氧化的铝、粉墙面、白瓷砖等，光谱吸收比随波长变化很大。这种辐射特性随波长变化的性质称为辐射特性对波长的选择性。人们经常利用这种选择性来为工农业生产服务。例如，温室就是利用玻璃对阳光吸收较少而对红外线吸收较多的特性，使大部分太阳能穿过玻璃进入室内，而阻止室内物体发射的辐射能透过玻璃散到室外，达到保温的目的。

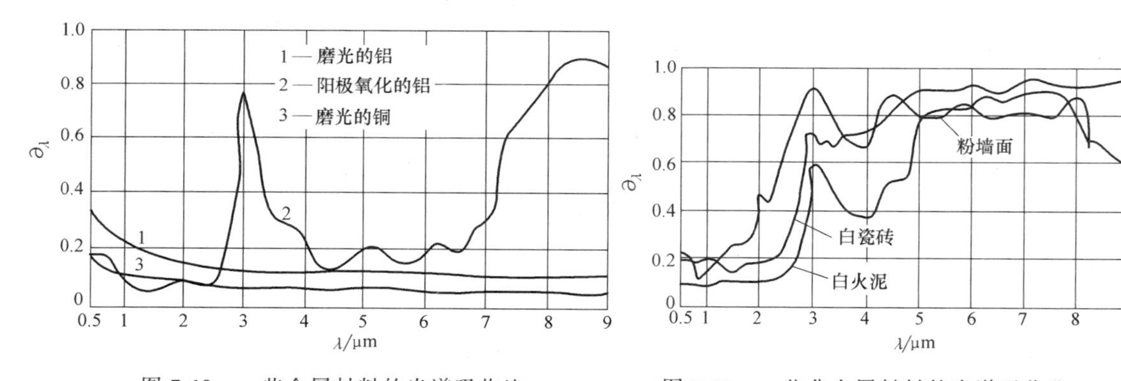

图7-10　一些金属材料的光谱吸收比　　图7-11　一些非金属材料的光谱吸收比

正是由于实际物体的光谱吸收比对波长具有选择性，使实际物体的吸收比∂不仅取决于物体本身材料的种类、温度及表面性质，还和投入辐射的波长分布有关，因此和投入辐射能的发射体温度有关。图7-12示出了一些材料在室温（$T_1=293\text{K}$）下对黑体辐射的吸收比随黑体温度T_2的变化。

实际物体光谱辐射特性随波长的变化给辐射换热计算带来很大的困难，因此引入光谱辐射特性不随波长变化的假想物体——灰体的概念。由于工程上的热辐射主要位于0.76~10μm的红外波长范围内，绝大多数工程材料的光谱辐射特性在此波长范围内变化不大，因此在工程计算时可以近似地当作灰体处理，不会产生很大的误差。

7.3.3　基尔霍夫定律

1860 年，基尔霍夫（G. R. Kirchhoff）揭示了物体吸收辐射能的能力与发射辐射能的能力之间的关系，称为基尔霍夫定律，其表达式为

$$\partial_{\lambda}(\theta,\varphi,T)=\varepsilon_{\lambda}(\theta,\varphi,T) \quad (7\text{-}26)$$

即任何一个温度为 T 的物体在（θ，φ）方向上的光谱吸收比，等于该物体在相同温度、相同方向、相同波长的光谱发射率。这说明，吸收辐射能的能力越强的物体，发射辐射能的能力也就越强。在温度相同的物体中，黑体吸收辐射能的能力最强，发射辐射能的能力也最强。

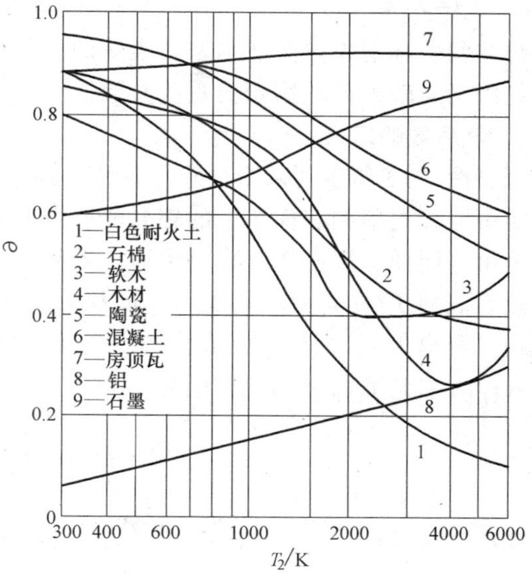

对于漫射体，辐射特性与方向无关，基尔霍夫定律表达式为

$$\partial_{\lambda}(T)=\varepsilon_{\lambda}(T) \quad (7\text{-}27)$$

图 7-12　一些材料对黑体辐射的吸收比随黑体温度的变化

对于漫射灰体，辐射特性既与方向无关，也与波长无关，$\varepsilon=\varepsilon_{\lambda}$、$\partial=\partial_{\lambda}$，由上式可得

$$\partial(T)=\varepsilon(T) \quad (7\text{-}28)$$

对于工程上常见的温度范围（$T\leqslant 2000\text{K}$），大部分辐射能都处于红外波长范围内，绝大多数工程材料都可以近似为漫射灰体，只要已知发射率的数值就可以由上式确定吸收比的数值，不会引起较大的误差。但在太阳能利用中研究物体表面对太阳能的吸收和本身的热辐射时，就不能简单地将物体当作灰体，不能错误地认为对太阳能的吸收比等于自身辐射的发射率。这是因为，近 50%的太阳辐射位于可见光的波长范围内，而物体自身热辐射位于红外波长范围内，由于实际物体的光谱吸收比对投入辐射的波长具有选择性，所以一般物体对太阳辐射的吸收比与自身辐射的发射率有较大的差别。例如，常温下各种颜色油漆的发射率约为 0.9 左右，但白漆对可见光的吸收比只有 0.1~0.2。现在已开发出应用于太阳能集热器上的选择性表面涂层材料，其对太阳能的吸收比高达 0.9，而自身发射率只有 0.1 左右。这样既有利于太阳能的吸收，又减少了自身的辐射散热损失。

7.4　辐射传热计算

为了使辐射换热的计算简化，假设：

1）进行辐射换热的物体表面之间是不参与辐射的介质（如单原子或具有对称分子结构的双原子气体、空气）或真空。

2）参与辐射换热的物体表面都是漫射（漫发射、漫反射）灰体或黑体表面。

3）每个表面的温度、辐射特性及投入辐射分布均匀。

实际上，能严格满足上述条件的情况很少，但工程上为了计算简便，常近似地认为满足上述条件，因此计算结果会有一定的误差。

7.4.1 角系数

物体间的辐射换热必然与物体表面的几何形状、大小及相对位置有关，角系数是反映这些几何因素对辐射换热影响的重要参数。

1. 角系数的定义

对于图7-13所示的两个任意位置的表面1、2，从表面1离开（自身发射与反射）的总辐射能中直接投射到表面2上的辐射能所占的百分数称为表面1对表面2的角系数，用符号$X_{1,2}$表示。同样，表面2对表面1的角系数用$X_{2,1}$表示。

假设表面1、2都是黑体表面，面积分别为A_1、A_2。dA_1、dA_2分别为表面1、2上的微元面积，距离为r，两个微元表面的方向角分别为θ_1、θ_2。根据辐射强度的定义，单位时间内从dA_1发射到dA_2上的辐射能为

$$d\Phi_{1\to2}=I_{b1}dA_1\cos\theta_1\frac{dA_2\cos\theta_2}{r^2}$$

式中，I_{b1}为表面1的辐射强度；$\frac{dA_2\cos\theta_2}{r^2}$为$dA_2$所对应的立体角。

将辐射强度与辐射力之间的关系式

$$I_b=\frac{E_b}{\pi}$$

代入上式，可得

$$d\Phi_{1\to2}=E_{b1}\frac{\cos\theta_1\cos\theta_2}{\pi r^2}dA_1dA_2$$

将上式对这两个表面积分，可得到从整个表面1发射到表面2的辐射能为

$$\begin{aligned}\Phi_{1\to2}&=\int_{A_1}\int_{A_2}E_{b1}\frac{\cos\theta_1\cos\theta_2}{\pi r^2}dA_1dA_2\\&=E_{b1}\int_{A_1}\int_{A_2}\frac{\cos\theta_1\cos\theta_2}{\pi r^2}dA_1dA_2\end{aligned}$$

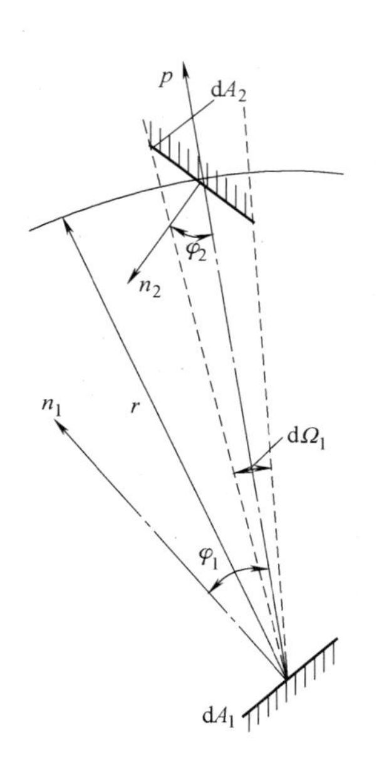

图7-13 任意位置的两个表面之间的辐射换热

在上述假设条件下，每个表面的辐射力都均匀分布，于是从表面1向半球空间发射的总辐射能为A_1E_{b1}。根据角系数的定义，表面1对表面2的角系数为

$$X_{1,2}=\frac{\Phi_{1\to2}}{A_1E_{b1}}=\frac{1}{A_1}\int_{A_1}\int_{A_2}\frac{\cos\theta_1\cos\theta_2}{\pi r^2}dA_1dA_2 \tag{7-29}$$

同样，表面2对表面1的角系数为

$$X_{2,1}=\frac{\Phi_{2\to1}}{A_2E_{b2}}=\frac{1}{A_2}\int_{A_1}\int_{A_2}\frac{\cos\theta_1\cos\theta_2}{\pi r^2}dA_1dA_2 \tag{7-30}$$

从上面两式可以看出，在上述假设条件下，角系数是几何量，只取决于两个物体表面的几何形状、大小和相对位置。

2. 角系数的性质

角系数具有下列性质：

（1）相对性　对比式（7-29）、式（7-30）可得

$$A_1X_{1,2}=A_2X_{2,1} \tag{7-31}$$

该式描述了两个任意位置的漫射表面之间角系数的相互关系，称为角系数的相对性（或互换性）。只要知道其中一个角系数，就可以根据相对性求出另一个角系数。

（2）完整性　从辐射换热的角度看，任何物体都处于其他物体（实际物体或假想物体，如太空背景）的包围之中。换句话说，任何物体都与其他所有参与辐射换热的物体构成一个封闭空腔。它所发出的辐射能百分之百地落在封闭空腔的各个表面之上，也就是说，它对构成封闭空腔的所有表面的角系数之和等于 1，即下式成立：

$$\sum_{j=1}^{n} X_{i,j}=X_{i,1}+X_{i,2}+\cdots+X_{i,i}+\cdots+X_{i,n}=1 \tag{7-32}$$

该式称为角系数的完整性。对于非凹表面，$X_{i,i}=0$。

（3）可加性　角系数的可加性实质上是辐射能的可加性，体现能量守恒。对于图 7-14a 所示的系统，下面的关系式成立：

$$A_1X_{1,2}=A_1X_{1,a}+A_1X_{1,b}$$

即

$$X_{1,2}=X_{1,a}+X_{1,b} \tag{7-33}$$

对于图 7-14b 所示的系统，下面的关系式成立：

$$A_1X_{1,(2+3)}=A_1X_{1,2}+A_1X_{1,3}$$

即

$$X_{1,(2+3)}=X_{1,2}+X_{1,3} \tag{7-34}$$

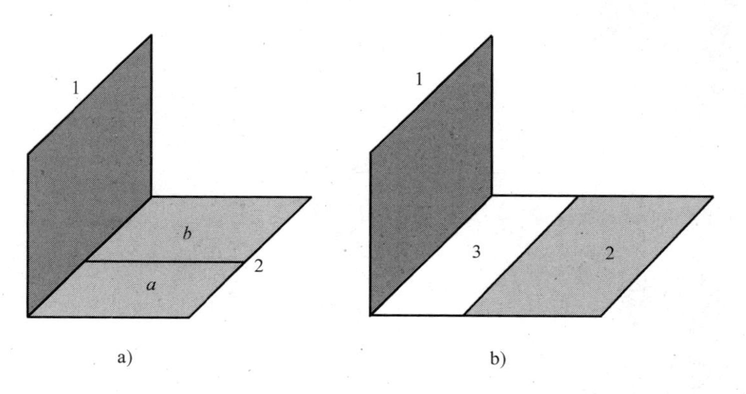

图 7-14　角系数的可加性示意图

3. 角系数的计算方法

角系数的确定方法有多种，有积分法、代数法、图解法（或投影法）、光模拟法和电模拟法等。对于积分法，只做简单介绍，并给出几种简单几何系统的计算结果。这里重点讨论代数法。

（1）积分法　所谓积分法，就是根据角系数积分表达式（7-29）通过积分运算求得角系数的方法。对于几何形状和相对位置复杂一些的系统，积分运算将会非常烦琐和困难。为了工程计算方便，已将常见几何系统的角系数计算结果以公式或线算图的形式给出，表 7-3 中列出了几种简单几何系统的角系数 $X_{1,2}$ 计算公式。

（2）代数法　代数法是利用角系数的定义及性质，通过代数运算确定角系数的方法。下面举例说明如何利用代数法确定角系数。

对于图 7-15a 所示的由一个非凹表面 1 与一个凹形表面 2 构成的封闭空腔和图 7-15b 所

示的由凸表面物体 1 与包壳 2 构成的封闭空腔，由于角系数 $X_{1,2}=1$，所以根据角系数的相对性，有

$$A_1X_{1,2}=A_2X_{2,1}$$

表 7-3　几种几何系统的角系数 $X_{1,2}$ 计算公式

几何系统	角系数 $X_{1,2}$
两个同样大小、平行相对的矩形表面	$x=a/h,y=b/h$ $X_{1,2}=\frac{2}{\pi xy}\left[\frac{1}{2}\ln\frac{(1+x^2)(1+y^2)}{1+x^2+y^2}+x\arctan x+x\sqrt{1+y^2}\arctan\frac{x}{\sqrt{1+y^2}}-y\arctan y+y\sqrt{1+x^2}\arctan\frac{y}{\sqrt{1+x^2}}\right]$
两个相互垂直，具有一条公共边的矩形表面	$x=b/c,y=a/c$ $X_{1,2}=\frac{1}{\pi x}\left[x\arctan\frac{1}{x}+y\arctan\frac{1}{y}-\sqrt{x^2+y^2}\arctan\frac{1}{\sqrt{x^2+y^2}}+\frac{1}{4}\ln\frac{(1+x^2)(1+y^2)}{1+x^2+y^2}+\frac{x^2}{4}\ln\frac{x^2(1+x^2+y^2)}{(1+x^2)(1+y^2)}+\frac{y^2}{4}\ln\frac{y^2(1+x^2+y^2)}{(1+x^2)(1+y^2)}\right]$
两个相互垂直，具有公共中垂线的圆盘	$x=r_1/h,y=r_2/h,z=1+(1+y^2)/x^2$ $X_{1,2}=\frac{1}{2}[z-\sqrt{z^2}-4(y/x)^2]$
一个圆盘和一个中心在其中垂线上的球	$X_{1,2}=\frac{1}{2}\left[1-\frac{1}{\sqrt{1+(r_2/h)^2}}\right]$

很容易求出

$$X_{2,1}=\frac{A_1}{A_2} \tag{7-35}$$

对于图 7-15c 所示的两个凹形表面 1、2 构成的封闭空腔，若求角系数 $X_{1,2}$，可做一假想平面 2_a，因为从表面1投射到表面 2 上的辐射能也都全部穿过假想表面 2_a，因此根据角系数的定义很容易得出 $X_{1,2}=X_{1,2_a}$。对于表面 1 与假想表面 2_a 构成的封闭空腔，根据式（7-35）可得

$$X_{1,2}=X_{1,2a}=\frac{A_{2a}}{A_1} \tag{7-36}$$

对于图 7-15d 所示的两块距离很近的大平壁，如果忽略通过边缘缝隙与其他物体的辐射换热，可得

$$X_{1,2}=X_{2,1}=1 \tag{7-37a}$$

图 7-16a 所示为由三个垂直于纸面方向无限长的非凹表面构成的封闭空腔，三个表面的面积分别为 A_1、A_2、A_3。根据角系数的完整性，可以写出

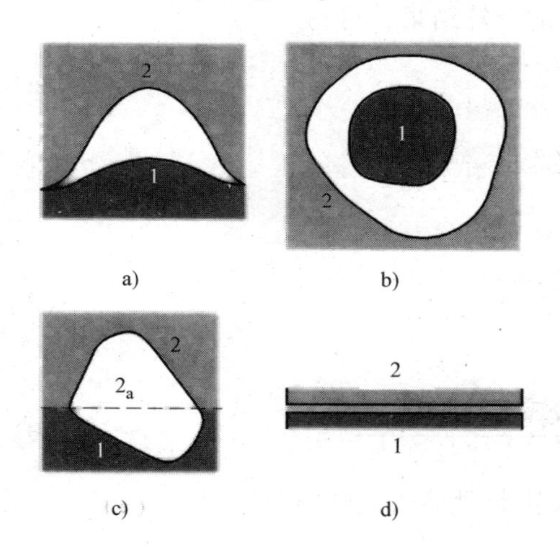

图 7-15 两个表面构成的封闭空腔

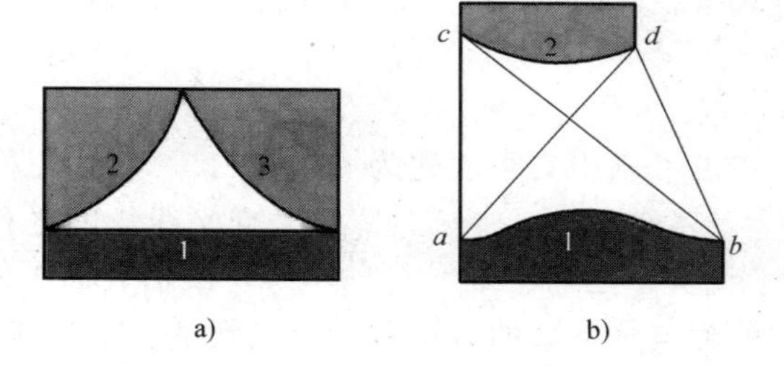

图 7-16 两个或三个非凹表面构成示意图

a）三个非凹表面构成的封闭空腔 b）交叉线法示意图

$$A_1X_{1,2}+A_1X_{1,3}=A_1 \tag{7-37b}$$

$$A_2X_{2,1}+A_2X_{2,3}=A_2 \tag{7-37c}$$

$$A_3X_{3,1}+A_3X_{3,2}=A_3 \tag{7-37d}$$

再根据系数的相对性，还可以写出

$$A_1X_{1,2}=A_2X_{2,1} \tag{7-37e}$$

$$A_1X_{1,3}=A_3X_{3,1} \tag{7-37f}$$

$$A_2X_{2,3}=A_3X_{3,2} \tag{7-37g}$$

将式（7-37b）、式（7-37c）、式（7-37d）相加，并考虑式（7-37e）、式（7-37f）、式（7-37g），可得

$$A_1X_{1,2}+A_1X_{1,3}+A_2X_{2,3}=\frac{1}{2}(A_1+A_2+A_3) \tag{7-37h}$$

将上式分别减去式（7-37b）、式（7-37c）、式（7-37d），整理后可得

$$X_{1,2}=\frac{A_1+A_2-A_3}{2A_1}=\frac{l_1+l_2-l_3}{2l_1} \tag{7-38a}$$

$$X_{1,3}=\frac{A_1+A_3-A_2}{2A_1}=\frac{l_1+l_3-l_2}{2l_1} \tag{7-38b}$$

$$X_{2,3}=\frac{A_2+A_3-A_1}{2A_2}=\frac{l_2+l_3-l_1}{2l_2} \tag{7-38c}$$

式中，l_1、l_2、l_3 分别为表面 1、2、3 的横断面交线长度。

图 7-16b 所示为两个在垂直于纸面方向无限长的非凹表面 1、2，横断面交线长度分别为 ab、cd。为求角系数 $X_{1,2}$，可以作辅助线 ac、bd、ad、bc，它们分别代表 4 个垂直于纸面方向无限长的辅助平面。对于表面 1、2 与辅助平面 ac、bd 构成的封闭空腔 $acdb$，根据角系数的完整性，可得

$$X_{1,2}=1-X_{1,ac}-X_{1,bd} \tag{7-38d}$$

对于表面 1 与辅助平面 ac、bc 构成的封闭空腔 abc，以及表面 1 与辅助平面 ad、bd 构成的封闭空腔 abd，根据前面三个非凹表面构成的封闭空腔的计算结果，可得

$$X_{1,ac}=\frac{ab+ac-bc}{2ab} \tag{7-38e}$$

$$X_{1,bd}=\frac{ab+bd-ad}{2ab} \tag{7-38f}$$

将式（7-38e）、式（7-38f）代入式（7-38d），得

$$X_{1,2}=\frac{(ad+bc)-(ac+bd)}{2ab} \tag{7-39}$$

上式也可以用文字表述为

$$X_{1,2}=\frac{\text{交叉线长度之和}-\text{非交叉线长度之和}}{2\text{倍表面 1 的横断面交线长度}} \tag{7-40}$$

这种确定角系数的方法称为交叉线法，适用于求解无限长延伸表面间的角系数。

7.4.2 黑体表面之间的辐射换热

对于如图 7-13 所示的任意位置的两个黑体表面 1、2，根据角系数的定义，从表面 1 发出并直接投射到表面 2 上的辐射能为

$$\Phi_{1\to2}=A_1X_{1,2}E_{b1}$$

同时从表面 2 发出并直接投射到表面 1 上的辐射能为

$$\Phi_{2\to1}=A_2X_{2,1}E_{b2}$$

由于两个表面都是黑体表面，落在它们上面的辐射能会被各自全部吸收，所以两个表面之间的直接辐射换热量为

$$\begin{aligned}\Phi_{1,2}&=\Phi_{1\to2}-\Phi_{2\to1}\\&=A_1X_{1,2}E_{b1}-A_2X_{2,1}E_{b2}\end{aligned}$$

根据角系数的相对性，$A_1X_{1,2}=A_2X_{2,1}$，上式可写成

$$\begin{aligned}\Phi_{1,2}&=A_1X_{1,2}(E_{b1}-E_{b2})\\&=A_2X_{2,1}(E_{b1}-E_{b2})\end{aligned} \tag{7-41}$$

上式可以写成电学中欧姆定律表达式的形式：

$$\Phi_{1,2}=\frac{E_{b1}-E_{b2}}{\dfrac{1}{A_1X_{1,2}}} \tag{7-42}$$

式中，$E_{b1}-E_{b2}$ 相当于电势差；$\dfrac{1}{A_1X_{1,2}}$相当于电阻，称为空间辐射热阻（m^{-2}），可以理解为由于两个表面的几何形状、大小及相对位置产生它们之间辐射换热的阻力。

需要指出，式（7-42）计算的是两个任意位置的黑体表面 1、2 之间直接的辐射换热量，$\Phi_{1,2}$ 并不等于表面 1 净损失的辐射能量或表面 2 净获得的辐射能量，因为它们还要和周围其他表面之间进行辐射交换。

如果两个黑体表面构成封闭空腔（如图 7-15 所示封闭腔的表面为黑体），则式（7-42）计算的辐射换热量 $\Phi_{1,2}$ 既是表面 1 净损失的热量，也是表面 2 净获得的热量。表面 1、2 的辐射换热可以用图 7-17 所示的辐射网络来表示，其中的 E_{b1}、E_{b2} 当于直流电源。

如果由 n 个黑体表面构成封闭空腔，那么每个表面的净辐射换热量应该是该表面与封闭空腔的所有表面之间辐射换热量的代数和，即

$$\Phi_i=\sum_{j=1}^{n}\Phi_{i,j}=\sum_{j=1}^{n}A_iX_{i,j}(E_{bi}-E_{bj}) \tag{7-43}$$

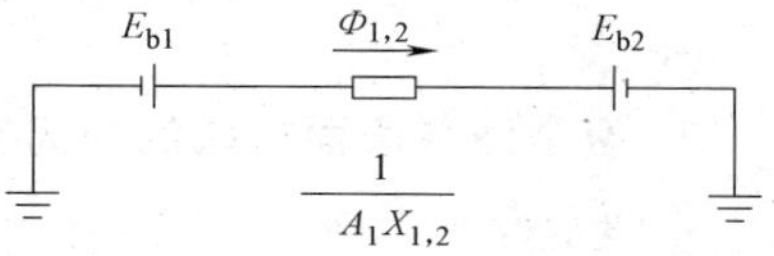

图 7-17　两个黑体表面构成封闭空腔的辐射换热网络

7.4.3　漫灰表面之间的辐射换热

1. 有效辐射

漫射灰体表面（简称漫灰表面）之间的辐射换热要比黑体表面复杂，因为投射到漫灰表面上的辐射能只有一部分被吸收，其余部分则被反射出去，结果形成辐射能在表面之间多次吸收和反射的现象。如果采用射线跟踪法，即跟踪一部分辐射能，累计它每次被吸收和反射的数量，计算就显得非常烦琐。对于漫灰表面，它自身发射和反射的辐射能都是漫分布的，所以在计算辐射换热时没有必要分别考虑，引进有效辐射的概念，可以使计算大为简化。

所谓有效辐射，是指单位时间内离开单位面积表面的总辐射能，用符号 J 表示，单位为 W/m^2。如图 7-18 所示，有效辐射是单位面积表面自身的辐射力 $E(=\varepsilon E_b)$ 与反射的投入辐射 ρG 之和，即

$$J=E+\rho G=\varepsilon E_b+(1-\partial)G \tag{7-44a}$$

根据表面的辐射平衡，单位面积的辐射换热量应该等于有效辐射与投入辐射之差，即

$$\frac{\Phi}{A}=J-G \tag{7-44b}$$

同时也等于自身辐射力与吸收的投入辐射能之差，即

$$\frac{\Phi}{A}=\varepsilon E_b-\partial G \tag{7-44c}$$

从式（7-44a）解出 G，代入式（7-44b）或式（7-44c），并考虑到漫灰表面的$\partial=\varepsilon$，可得

$$\Phi=\frac{A\varepsilon}{1-\varepsilon}(E_b-J)=\frac{E_b-J}{\dfrac{1-\varepsilon}{A\varepsilon}} \tag{7-45a}$$

上式在形式上与电路欧姆定律表达式相同，分子 E_b-J 相当于电势差，分母$\dfrac{1-\varepsilon}{A\varepsilon}$相当于电阻，称为表面辐射热阻，单位为 m^2。所以，对于每一个参与辐射换热的漫灰表面，都可以用式（7-45a）计算净辐射换热损失，可以绘出图 7-18 所示的表面辐射热阻网络单元。对于黑体表面，$\varepsilon=1$，表面辐射热阻为零，$J=E_b$。

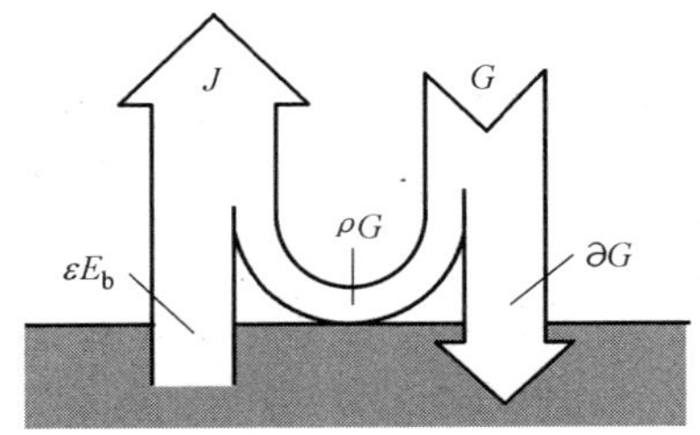

图 7-18　有效辐射示意图

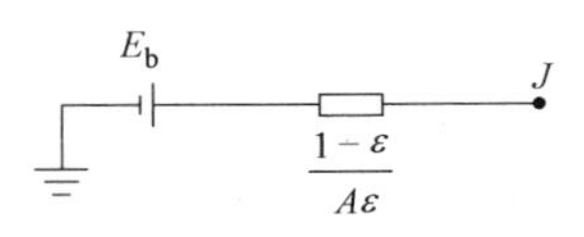

图 7-19　表面辐射热阻网络单元

2. 两个漫灰表面构成的封闭空腔中的辐射换热

若两个漫灰表面 1、2 构成一个封闭空腔，如图 7-15 所示，并假设 $T_1>T_2$，则根据式（7-45a），表面 1 净损失的热量为

$$\Phi_2=\frac{E_{b1}-J_1}{\dfrac{1-\varepsilon_1}{A_1\varepsilon_1}} \tag{7-45b}$$

表面 2 净获得的热量为

$$\Phi_2=\frac{J_2-E_{b\alpha}}{\dfrac{1-\varepsilon_2}{A_2\varepsilon_2}} \tag{7-45c}$$

根据有效辐射的定义及角系数的相对性，表面 1、2 之间净辐射换热量为

$$\begin{aligned}\Phi_{1,2}&=A_1X_{1,2}J_1-A_2X_{2,1}J_2\\&=A_1X_{1,2}(J_1-J_2)\end{aligned}$$

将上式写成

$$\Phi_{1,2}=\frac{J_1-J_2}{\dfrac{1}{A_1X_{1,2}}} \tag{7-45d}$$

式中，$\dfrac{1}{A_1X_{1,2}}$称为表面 1、2 之间的空间辐射热阻。

由上式可以绘出空间辐射热阻网络单元，如图 7-20 所示。

由于表面 1、2 构成一个封闭空腔，所以

$$\Phi_1=\Phi_2=\Phi_3$$

于是，联立式（7-45b）、式（7-45c）、式（7-45d），可得

$$\Phi_{1,2}=\frac{E_{b1}-E_{b2}}{\frac{1-\varepsilon_1}{A_1\varepsilon_1}+\frac{1}{A_1X_{1,2}}+\frac{1-\varepsilon_2}{A_2\varepsilon_2}} \tag{7-46}$$

式（7-46）是构成封闭空腔的两个漫灰表面 1、2 之间辐射换热的一般计算公式。可见，两个漫灰表面之间的辐射换热热阻由三个串联的辐射热阻组成：两个表面辐射热阻$\frac{1-\varepsilon_1}{A_1\varepsilon_1}$与$\frac{1-\varepsilon_2}{A_2\varepsilon_2}$，一个空间辐射热阻$\frac{1}{A_1X_{1,2}}$，可以用图 7-21 所示的辐射网络来表示。

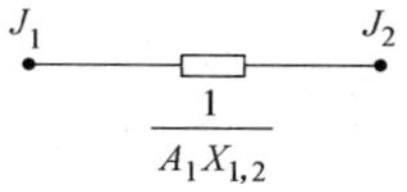

图 7-20　空间辐射热阻网络单元

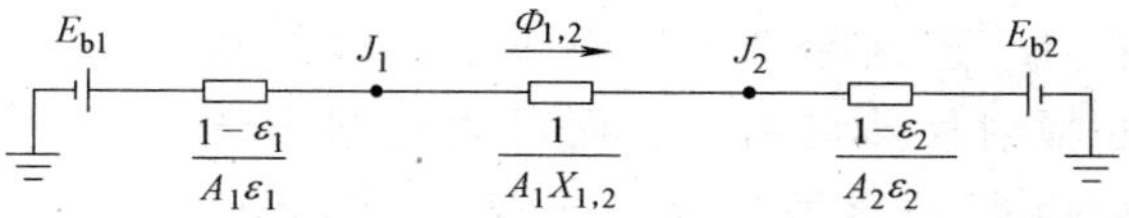

图 7-21　两个漫灰表面构成封闭空腔的辐射网络

对于图 7-15d 所示的两块漫灰平行壁面构成的封闭空腔，由于 $A_1=A_2=A$，$X_{1,2}=X_{2,1}=1$，式（7-46）可简化为

$$\Phi_{1,2}=\frac{A(E_{b1}-E_{b2})}{\frac{1}{\varepsilon_1}+\frac{1}{\varepsilon_2}-1}=A\varepsilon_{1,2}(E_{b1}-E_{b2}) \tag{7-47}$$

式中，$\varepsilon_{1,2}=\frac{1}{\frac{1}{\varepsilon_1}+\frac{1}{\varepsilon_2}-1}$为系统黑度。

对于图 7-15b 所示的凸形小物体 1 和包壳 2 之间的辐射换热，$X_{1,2}=1$，式（7-46）可简化为

$$\Phi_{1,2}=\frac{A_1(E_{b1}-E_{b2})}{\frac{1}{\varepsilon_1}+\frac{A_1}{A_2}\left(\frac{1}{\varepsilon_2}-1\right)} \tag{7-48}$$

当 $A_1 \ll A_2$，上式又可进一步简化为

$$\Phi_{1,2}=A_1\varepsilon_1(E_{b1}-E_{b2}) \tag{7-49}$$

3. 多个漫灰表面构成的封闭空腔中的辐射换热

运用有效辐射的概念，可以计算多个漫灰表面构成的封闭空腔内的辐射换热。根据式（7-43），封闭空腔内的任意一个表面 i 净损失的辐射热流量为

$$\Phi_i=\frac{E_{bi}-J_i}{\frac{1-\varepsilon_i}{A_i\varepsilon_i}}$$

它应该等于表面 i 与封闭空腔中所有其他表面间分别交换的辐射热流量的代数和，即

$$\Phi_i=\sum_{j=1}^{n}A_iX_{i,j}(J_i-J_j)=\sum_{j=1}^{n}\frac{J_i-J_j}{\frac{1}{A_iX_{i,j}}} \tag{7-50}$$

于是可得

$$\frac{E_{bi}-J_i}{\dfrac{1-\varepsilon_i}{A_i\varepsilon_i}}=\sum_{j=1}^{n}\frac{J_i-J_j}{\dfrac{1}{A_iX_{i,j}}} \tag{7-51a}$$

上式与电学中直流电路的节点电流方程式具有相同的形式，因此可以绘出图 7-22 所示的辐射网络。

不难看出，只要利用相应的空间辐射热阻网络单元将封闭空腔内所有的表面辐射热阻网络单元中的有效辐射节点 J_1、J_2、…、J_n 连接起来，就构成了完整的封闭空腔辐射换热网络，进而可以运用电学中直流电路的求解方法，根据式（7-50）列出所有节点的节点方程，解出各节点的有效辐射，就可以利用式（7-45a）求出各表面的净辐射换热量。这种求解辐射换热的方法称为辐射网络法。当构成封闭空腔的表面数量很少时，可以绘出清楚、直观的辐射网络。例如，由三个漫灰表面组成的封闭空腔的辐射换热网络如图 7-23 所示。

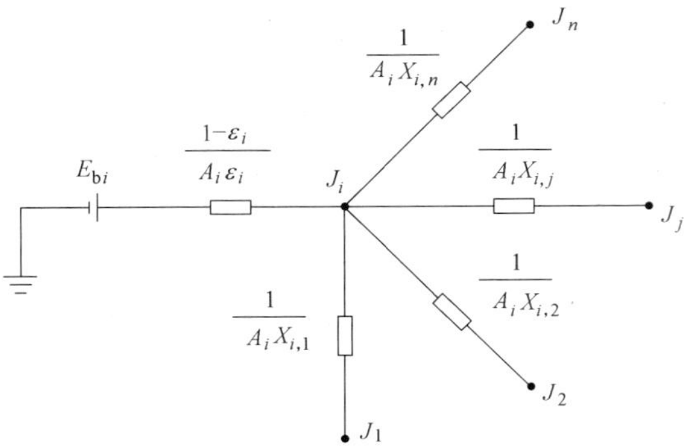

图 7-22　空腔内表面 i 与其他表面之间的辐射换热网络

如果封闭空腔中某个表面 i 的净辐射换热量等于零，有效辐射等于投入辐射，即 $J_i=G_i$，则称该表面为辐射绝热面。它相当于从各方向投入的辐射能又被如数发射出去，所以这种表面也称为重辐射面，如熔炉中的反射拱、保温良好的炉墙等。重辐射面的存在改变了封闭空腔中辐射能的光谱分布，因为重辐射面的温度与其他表面的温度不同，所以其有效辐射的光谱与投入辐射的光谱不一样。但对于由漫灰表面构成的封闭空腔来说，光谱的变化对系统的辐射换热没有影响，因为各表面的辐射特性都与波长无关。重辐射面的存在也改变了辐射能的方向分布，所以重辐射面的几何形状、尺寸及相对位置将影响整个系统的辐射换热。

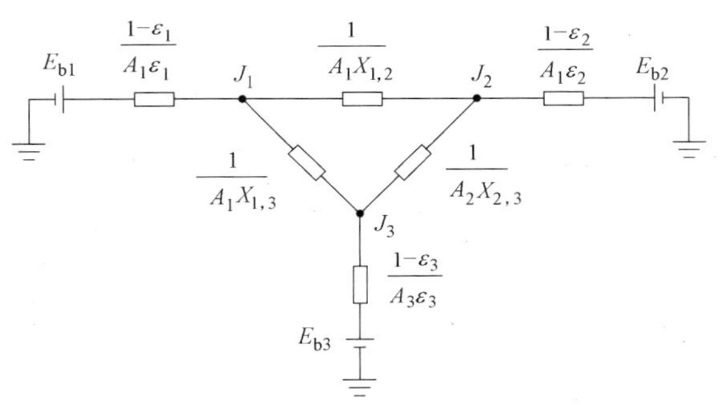

图 7-23　三个漫灰表面构成封闭空腔的辐射换热网络

根据有效辐射的定义

$$J_i=E_i+\rho_iG_i=\varepsilon E_{bi}+(1-\partial_i)G_i$$

对于灰体重辐射面，$\varepsilon_i=\partial_i$、$J_i=G_i$，代入上式，可得

$$J_i=E_{bi}$$

即重辐射面的有效辐射等于温度与其相同的黑体表面的辐射力。根据重辐射面的上述特点可以得出，在辐射换热网络中，重辐射面的有效辐射节点是浮动的，如图 7-24 所示的重辐射面 3。

原则上，对于任意多个漫灰表面构成的封闭空腔，都可以绘出辐射网络，但是当表面的数量较多时，画起来就相当烦琐。其实可以不必画出辐射网络，而是直接根据式（7-50）写出每个节点的节点方程：

$$J_i = E_{bi} - (1/\varepsilon_i - 1)\sum_{j=1}^{n}(J_i - J_j) \tag{7-51b}$$

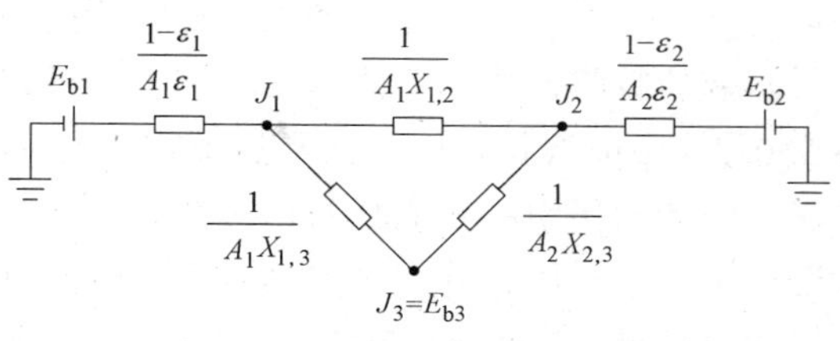

图 7-24 辐射网络中的重辐射面

或直接根据有效辐射的定义式（7-44a）写出

$$J_i = \varepsilon_i E_{bi} - (1-\varepsilon_i)\sum_{j=1}^{n} X_{ij}J_j \tag{7-52}$$

对于 n 个表面构成的封闭空腔，可以写出 n 个节点方程，组成关于 n 个有效辐射 J_1、J_2、…、J_n 的线性方程组。只要每个表面的温度、发射率已知，相关角系数可求，就可以通过求解线性方程组得到各表面的有效辐射，进而由式（7-45a）求得每个表面的净辐射换热量。

7.5 辐射传热的控制

传热的强化或削弱是传热学研究的重要课题。辐射和导热、对流换热的物理机制不同，本节讨论辐射传热的强化与削弱问题。

7.5.1 控制物体表面间辐射传热的方法

在一定的冷、热表面温度下控制（增强或削弱）表面间辐射传热量的方法，可以从计算辐射传热的网络法得到启示：控制表面热阻以及空间热阻。现分述如下。

1. 控制表面热阻

根据表面热阻的定义$\frac{1-\varepsilon}{A\varepsilon}$，改变表面热阻可以通过改变表面积 A 或改变发射率来实现。表面积一般由其他条件决定，控制表面发射率是一个有效的方法。值得指出，采用改变表面发射率的方法来控制辐射传热量时，首先应当改变对换热量影响最大的那个表面的发射率。以图 7-25 所示两无限长同心圆柱表面所组成的封闭系统为例，设 $\varepsilon_1 = \varepsilon_2 = 0.5$、$A_1 = \frac{1}{10}A_2$，则显然内圆柱面 1 的表面热阻$\frac{1-\varepsilon_1}{A_1\varepsilon_1}$远大于外圆柱面的热阻$\frac{1-\varepsilon_2}{A_2\varepsilon_2}$，两个表面热阻是串联的，见式（7-46），所以增加内圆柱面的表面热阻所产生的影响远比改变 ε_2 要明显。这就意味着要强化换热首先应减小各串联环节中最大的热阻项。

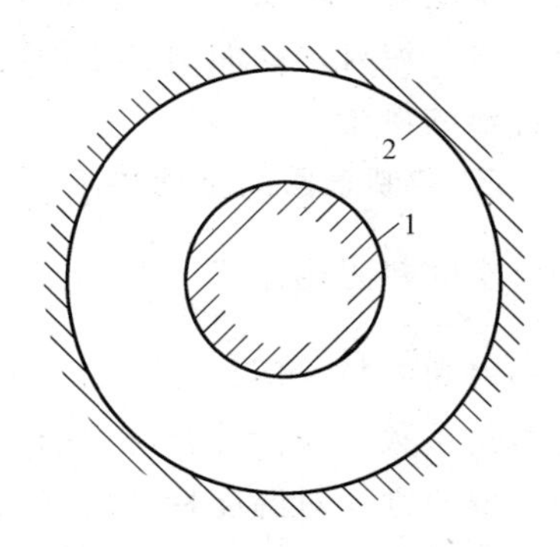

图 7-25 两同心圆柱表面间的辐射传热

当物体的辐射传热涉及温度较低的红外辐射与太阳辐射时，强化或削弱辐射换热需要从控制红外辐射的发射率与太阳辐射吸收的吸收比两方面入手。对于平板型太阳能集热器，为了吸收尽可能多的太阳能，同时减少吸热板由于自身辐射而引起的损失，吸热板对太阳能的吸收比要尽可能地大，而自身的发射率则要尽量小。因为太阳辐射的主要能量集中在0.3~3μm波长之间，而常温下物体的红外辐射的主要能量在波长大于3μm的范围，所以在太阳能利用中吸热面材料的理想辐射特性应是：在0.3~3μm波长范围内的光谱吸收比接近于1，而在大于3μm的波长范围内的光谱吸收比接近于零，如图7-26中曲线1所示。换句话说，要求∂_s尽可能大，ε尽可能小。此处ε是常温下的发射率。因此，∂_s/ε比值是评价材料吸热性能的重要数据。用人工的方法改造表面，如对材料表面覆盖涂层是提高∂_s/ε值的有效手段，近年来获得很大发展。这种涂层称为光谱选择性涂层，如在铜材上电镀黑镍镀层。其吸收比特性如图7-26中曲线2所示（图中曲线1是理想情况）。黑镍镀层的厚度对表面特性的影响列于表7-4中。由表7-4中可以看出，黑镍镀层可使∂_s/ε值提高到10左右。采用光谱选择性涂层是提高集热器效率的重要措施。

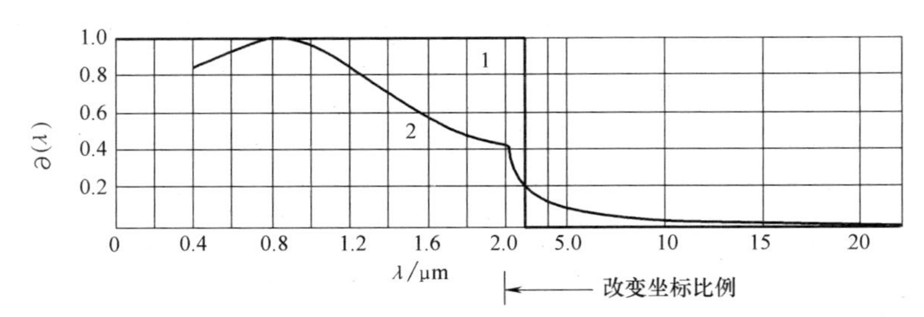

图7-26　选择性吸收表面光谱吸收比随波长的变化举例

表7-4　黑镍镀层厚度对辐射特性的影响

镀层厚度指标/(mg/cm^2)	0.055	0.077	0.080	0.098	0.13
∂_s	0.83	0.97	0.93	0.89	0.91
ε	0.08	0.07	0.09	0.09	0.11
∂_s/ε	10.0	14.0	10.0	9.9	8.3

这里要再次说明，不仅人工研制的涂层表面对太阳能的吸收比不等于其自身的发射率，而且一般材料也常是如此，见表7-4。

此外，人造地球卫星为了减少迎阳面（直接受到阳光照射的表面）与背阳面之间的温差，采用对太阳能吸收比小的材料作为表面涂层；置于室外的发热设备（如变压器），为了防止夏天温升过高而用浅色油漆作为涂层。这些都是用减少发射率（吸收比）的方法来削弱传热的例子。

2. 控制表面的空间热阻

空间热阻的定义$\dfrac{1}{A_iX_{i,j}}$中面积A一般取决于工艺条件，所以改变空间热阻需要调整物体的辐射角系数。例如要增加一个发热表面的散热量，则应增加该表面与温度较低的表面间的辐射角系数。作为综合应用的实例，如图7-27所示的送风式电子器件机箱中元件布置的一个一般原则，对温度特别敏感的元件应放置于冷风入口处：此时从对流传热的角度，该处流体温度最低，换热温差大；从辐射的角度、该处电子元件对冷表面的角系数远大于将元件置于印制板中间位置时的数值，因此也增加了辐射传热。

为了削弱两个表面间的辐射传热，采用遮热板是一种非常有效的方法，它能够使两种辐射热阻同时得到大幅度的增加。

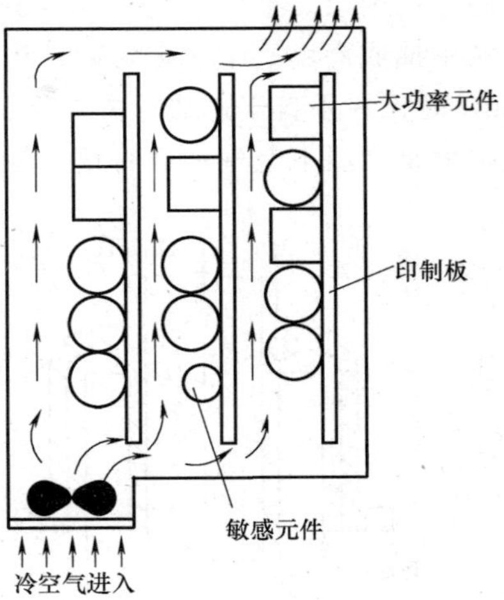

7.5.2　遮热板的工作原理及其应用

1. 遮热板削弱辐射传热的原理

所谓遮热板，是指插入到两个辐射传热表面之间用以削弱辐射传热的薄板。为了说明遮热板的工作原理，我们来分析在两平行平板之间插入一块金属薄板所引起的辐射传热的变化，如图 7-28 所示。为讨论方便起见，设平板和金属薄板都是灰体，并且$\partial_1=\partial_2=\partial_3=\varepsilon$。根据式（7-47）可写出

$$q_{1,3}=\varepsilon_s(E_{b1}-E_{b3}) \tag{7-53a}$$

$$q_{3,2}=\varepsilon_s(E_{b3}-E_{b2}) \tag{7-53b}$$

图 7-27　电子器件机箱布置示意图

式中，$q_{1,3}$ 和 $q_{3,2}$ 分别为表面 1 对遮热板 3 和遮热板 3 对表面 2 的辐射传热热流密度。

表面 1、3 及表面 3、2 两个系统的系统发射率相同，都是

$$\varepsilon_s=\frac{1}{\dfrac{1}{\varepsilon}+\dfrac{1}{\varepsilon}-1}$$

在热稳态条件下

$$q_{1,3}=q_{3,2}=q_{1,2}$$

将式（7-53a）和式（7-53b）相加得

$$q_{1,2}=\frac{1}{2}\varepsilon_3(E_{b1}-E_{b2}) \tag{7-53c}$$

与未加金属薄板时的辐射传热相比，其辐射传热量减小了一半。为使削弱辐射传热的效果更为显著，实际上都采用发射率低的金属薄板作为遮热板。例如，在发射率为 0.8 的两个平行表面之间插入一块发射率为 0.05 的遮热板，可使辐射热量减小到原来的 1/27。当一块遮热板达不到削弱换热的要求时，可以采用多层遮热板。

2. 遮热板的应用

遮热板在工程技术上应用甚广，下面是四个应用实例。

在汽轮机中遮热板用于减少内、外套管间辐射传热。国产 300MW（30 万 kW）汽轮机高、低压汽缸进汽连接管的结构如图 7-29 所示。其内套管与内缸连接，外套管与外缸连接。高温蒸汽经内套管流入内缸，内套管的壁温较高。为减少内、外套管间的辐射传热，在其间安置了一个用不锈钢制成的圆筒形遮热罩。另外，300MW 汽轮机高压主汽门、中压联合汽门的阀杆上都有遮热板，燃气轮机进气部分有遮热衬套等都是应用实例。

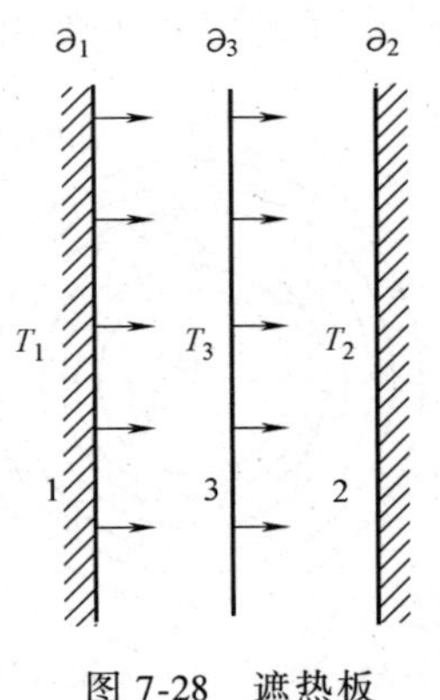

图 7-28　遮热板

遮热板应用于储存液态气体的低温容器。储存液氮、液氧的容器示意图如图 7-30 所示。为了提高保温效果，采用多层遮热板并抽真空的方法。遮热板用塑料薄膜制成，其上涂以反射比很

大的金属箔层。箔层厚约 0.01~0.05mm，箔间嵌以质轻且热导率小的材料作为绝热层，绝热层中抽成高度真空。据实测，当冷面（内壁）温度为 20~80K、热面（容器外壁）温度为 300K 时，在垂直于遮热板方向上的热导率可低达$(5\sim10)\times10^{-5}$W/(m·K)。可见其当量导热阻力是常温下空气的几百倍，故有超级绝热材料之称。

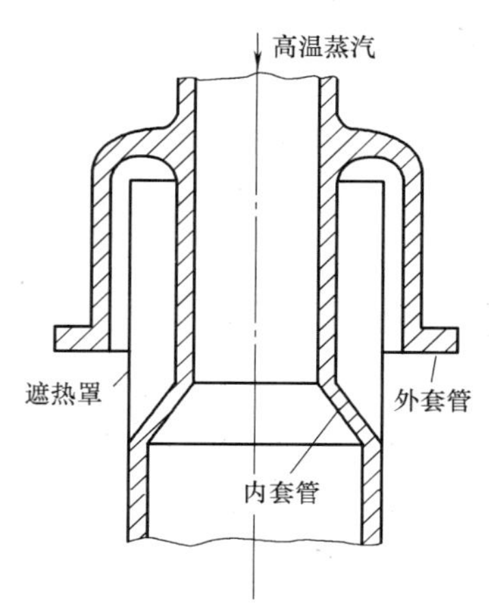

图 7-29　进汽连接管处的遮热罩

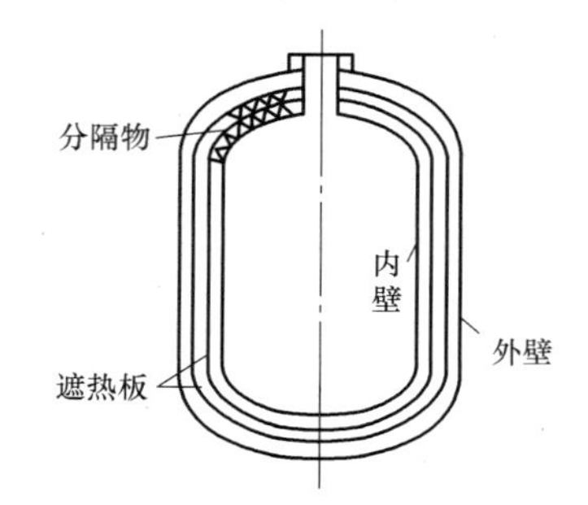

图 7-30　多层遮热板保温容器示意图

遮热板用于超级隔热油管。世界上有不少石油埋藏于地层下千米乃至数千米处，石油黏度很大，开采时需注射高温高压蒸汽以使其稀释。在将蒸汽输送到地面下数千米处的过程中，减少散热损失是件重要的工作。超级隔热油管就是采用了类似低温保温容器的多层遮热板并抽真空的方式制造而成的，其截面如图 7-31 所示。目前世界上研制成功的这类油管，半径方向的当量热导率可降低到 0.003W/(m·K)。

遮热板用于提高温度测量的准确度。图 7-32 为单层遮热罩抽气式热电偶测温的示意图。如果使用裸露热电偶测量高温气流的温度，高温气流以对流方式把热量传给热电偶，同时热电偶又以辐射方式把热量传给温度较低的容器壁。当热电偶的对流传热量等于其辐射散热量时，热电偶的温度就不再变化，此温度即为热电偶的指示温度。这种情况下的指示温度必低于气体的真实温度．造成测温误差。使用遮热罩抽气式热电偶时，热电偶在遮热罩保护下辐射散热减少，而抽气作用又增强了气体与热电偶间的对流传热。此时热电偶的指示温度可更接近于气体的真实温度，使测温误差减小。采用多层遮热罩时效果更加明显。值得指出，为使遮热罩能对热电偶有效地起到屏蔽作用，热电偶测温端应离开遮热罩端口一段距离（图 7-32）。

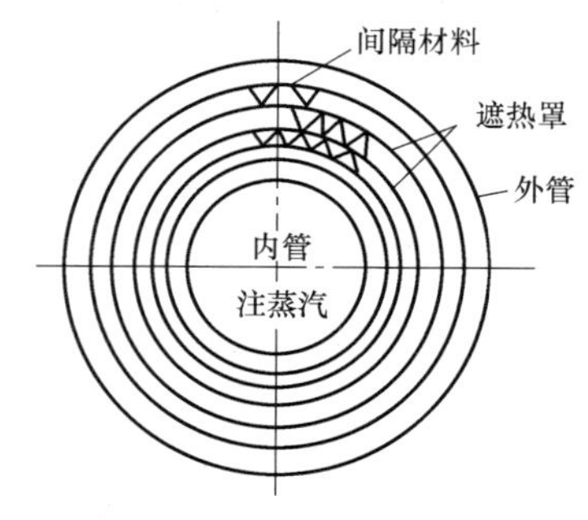

图 7-31　多层遮热板超级隔热油管

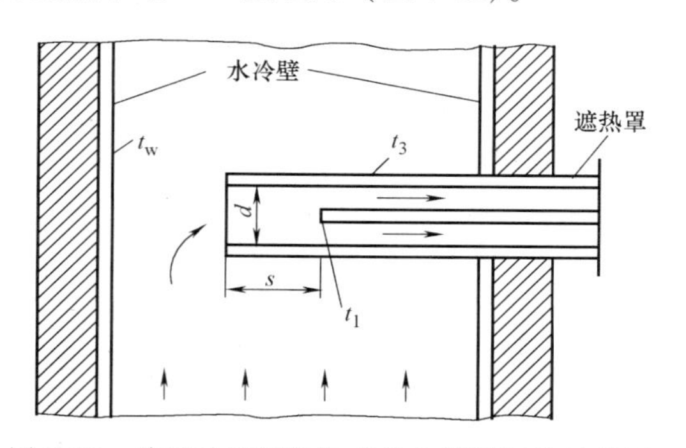

图 7-32　单层遮热罩抽气式热电偶测温的示意图

第 8 章　传热过程及热交换器

学习目标

掌握平壁和圆管壁的复合传热计算，了解热交换器类型，掌握平均温差的计算及热交换器设计计算的基本思想。

第 5 章已指出，传热过程是指热量从固体壁面一侧的流体传递到另一侧流体的过程，它广泛存在于各种类型的换热设备中。本章将讨论通过平壁、圆管壁和肋壁等几种常见传热过程以及强化或者削弱传热过程的方法。热交换器是实现冷、热流体间热量交换的设备，本章将介绍一些工业上常见热交换器的基本结构与特点，并重点讨论热交换器的传热计算方法。

8.1　传热过程

1. 通过平壁的传热

第 5 章已经给出了通过单层平壁的传热过程计算公式。对于一个无内热源、热导率 λ 为常数、厚度为 δ 的单层无限大平壁，两侧流体温度分别为 t_{f1} 和 t_{f2}，表面传热系数分别为 h_1 和 h_2 的稳态的传热过程，通过平壁的热流量可由下式计算：

$$\Phi=\frac{t_{f1}-t_{f2}}{\dfrac{1}{\pi d_1 l h_1}+\dfrac{1}{2\pi\lambda l}\ln\dfrac{d_2}{d_1}+\dfrac{1}{\pi d_2 l h_2}}=\frac{t_{f1}-t_{f2}}{R_{h1}+R_{\lambda}+R_{h2}}=\frac{t_{f1}-t_{f2}}{R_k} \tag{8-1}$$

或写成

$$\Phi=Ak(t_{f1}-t_{f2})=Ak\Delta t \tag{8-2}$$

式中，R_{h1}、R_{h2} 为对流换热热阻；R_λ 为导热热阻；R_k 为总热阻；k 为总传热系数。

$$k=\frac{1}{\dfrac{1}{h_1}+\dfrac{\delta}{\lambda}+\dfrac{1}{h_2}} \tag{8-3}$$

对于通过无内热源的多层平壁的稳态传热过程，利用热阻的概念，可以很容易地写出热流量的计算公式。假设各层平壁材料的热导率 λ_1，λ_2，…，λ_n 都为常数，厚度分别为 δ_1，δ_2，…，δ_n，层与层之间接触良好，无接触热阻，则通过多层平壁的传热热流量为

$$\Phi=\frac{t_{f1}-t_{f2}}{R_{h1}+\sum_{i=1}^{n}R_{\lambda i}+R_{h2}}=\frac{t_{f1}-t_{f2}}{R_k} \tag{8-4}$$

或写成式（8-2）的形式

$$\Phi=Ak(t_{f1}-t_{f2})=Ak\Delta t$$

总传热系数

$$k=\frac{1}{\frac{1}{h_1}+\sum_{i=1}^{n}\frac{\delta_i}{\lambda_i}+\frac{1}{h_2}}\tag{8-5}$$

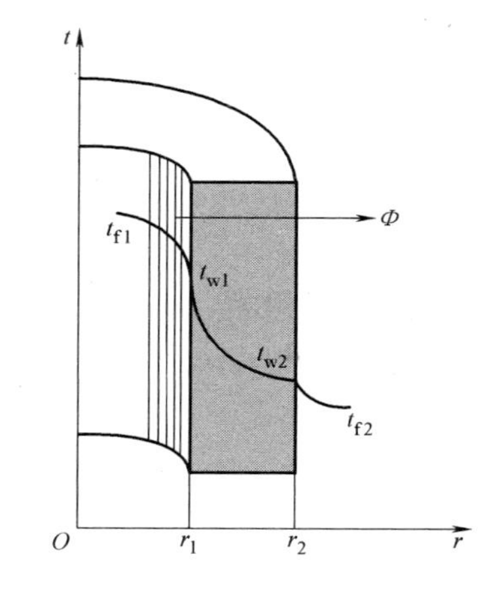

图 8-1 圆管壁的传热过程

2. 通过圆管壁的传热

如图 8-1 所示，一单层圆管内、外半径分别为 r_1、r_2，长度为 l，热导率 λ 为常数，无内热源，圆管内、外两侧的流体温度分别为 t_{f1}、t_{f2}，且 $t_{f1}>t_{f2}$，两侧的表面传热系数分别为 h_1、h_2。

很显然，这是一个由圆管内侧的对流换热、圆管壁的导热及圆管外侧的对流换热三个热量传递环节组成的传热过程。在稳态情况下，运用热阻概念很容易求出通过圆管的热流量。根据牛顿冷却公式以及圆管壁的稳态导热计算公式，通过圆管的热流量可以分别表示为

$$\Phi=\pi d_1 l h_1(t_{f1}-t_{w1})=\frac{t_{f1}-t_{w1}}{\frac{1}{\pi d_1 l h_1}}=\frac{t_{f1}-t_{w1}}{R_{h1}}\tag{8-6a}$$

$$\Phi=\frac{t_{w1}-t_{w2}}{\frac{1}{2\pi\lambda l}\ln\frac{d_2}{d_1}}=\frac{t_{w1}-t_{w2}}{R_\lambda}\tag{8-6b}$$

$$\Phi=\pi d_2 l h_2(t_{w2}-t_{f2})=\frac{t_{w2}-t_{f2}}{\frac{1}{\pi d_2 l h_2}}=\frac{t_{w2}-t_{f2}}{R_{h2}}\tag{8-6c}$$

式中，R_{h1}、R_λ、R_{h2} 分别为圆管内侧的对流换热热阻、管壁的导热热阻和圆管外侧的对流换热热阻。

在稳态情况下，式（8-6a）、式（8-6b）、式（8-6c）中的 Φ 是相同的，于是可得

$$\Phi=\frac{t_{f1}-t_{f2}}{R_{h1}+\sum_{i=1}^{n}R_{\lambda i}+R_{h2}}=\frac{t_{f1}-t_{f2}}{\frac{1}{\pi d_1 l h_1}+\sum_{i=1}^{n}\frac{1}{2\pi\lambda_i l}\ln\frac{d_{i+1}}{d_i}+\frac{1}{\pi d_{n+1} l h_2}}\tag{8-6d}$$

上式还可以写成

$$\Phi=\pi d_2 l k_0(t_{f1}-t_{f2})=\pi d_2 l k_0\Delta t\tag{8-7}$$

式中，k_0 为以圆管外壁面面积为基准计算的总传热系数。

对比式（8-6d）、式（8-7）可得

$$k_0=\frac{1}{\frac{d_2}{d_1}\frac{1}{h_1}+\frac{d_2}{2\lambda}\ln\frac{d_2}{d_1}+\frac{1}{h_2}}\tag{8-8}$$

工程上，一般都以圆管外壁面面积为基准计算总传热系数。

对于通过 n 层不同材料组成的无内热源的多层圆管的稳态传热过程，如果圆管内、外直径分别为 d_1、d_{n+1}，各层材料的热导率均为常数，层与层之间无接触热阻，则总传热热阻为相互串联的各热阻之和，于是可直接写出热流量的表达式为

$$\Phi=\frac{t_{f1}-t_{f2}}{R_{h1}+\sum_{i=1}^{n}R_{\lambda i}+R_{h2}}=\frac{t_{f1}-t_{f2}}{\frac{1}{\pi d_1 l h_1}+\sum_{i=1}^{n}\frac{1}{2\pi\lambda_i l}\ln\frac{d_{i+1}}{d_i}+\frac{1}{\pi d_{n+1} l h_2}} \tag{8-9}$$

3. 临界热绝缘直径

工程上，为了减少热流体输送管道的散热损失，通常用保温材料在管道外面加一层或多层保温层。同时，为了劳动保护的需要，一般应使管道外表面的温度低于 50℃。如何选择保温材料和保温层的厚度是需要解决的主要问题。由上述对圆管壁的稳态传热过程分析可知，在热流体和周围环境温度不变，又不考虑辐射换热的情况下，加一层保温层的管道散热过程是一个通过二层圆管壁的稳态传热过程。假设管壁材料的热导率为 λ_1，保温材料的热导率为 λ_x，如图 8-2 所示。

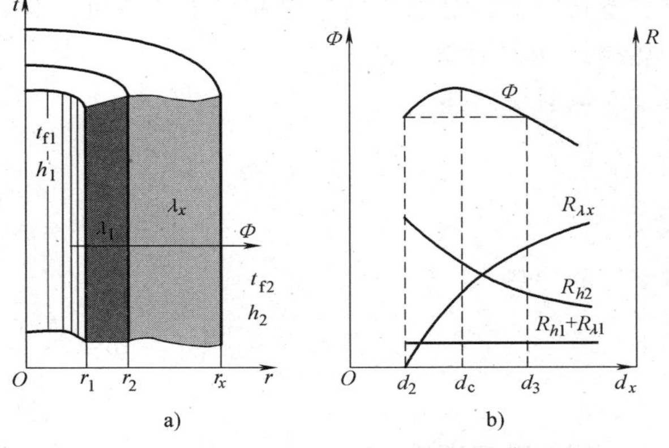

图 8-2　临界热绝缘直径分析示意图

根据前面对通过圆管的传热过程的分析可知，二层圆管的传热热阻为 4 个热阻之和，即

$$R_k=R_{h1}+R_{\lambda 1}+R_{\lambda x}+R_{h2}=\frac{1}{\pi d_1 l h_1}+\frac{1}{2\pi\lambda_1 l}\ln\frac{d_2}{d_1}+\frac{1}{2\pi\lambda_x l}\ln\frac{d_x}{d_2}+\frac{1}{\pi d_x l h_2} \tag{8-10}$$

由上式可见，随着保温层厚度的增加，即 d_x 的增大，管内对流换热热阻与管壁导热热阻之和（$R_{h1}+R_{\lambda 1}$）保持不变，保温层的导热热阻 $R_{\lambda x}$ 随之加大，但保温层外侧的对流换热热阻 R_{h2} 随之减小。当 d_2 较小时，有可能总热阻 R_k 先随着 d_x 的增大而减小，然后随着 d_x 的增大而增大，中间出现极小值，相应热流量 Φ 出现极大值，如图 8-2b 所示。总热阻 R_k 取得极小值时的保温层外径称为临界绝缘直径，用 d_c 表示，可由下式求出：

$$\frac{dR_k}{dd_x}=0$$

得

$$d_x=\frac{2\lambda_x}{h_2}=d_c \tag{8-11}$$

从图 8-2b 可以看出．当管道外径 d_2 大于 d_c 时，加保温层总会起到隔热保温的作用，但管道外径 d_2 小于 d_c 时，必须考虑临界绝缘直径的问题。在这种情况下，只有当保温层外径大于 d_3 时，保温层才起到减少散热损失的作用。工程上，绝大多数需要加保温层的管道外径都大于临界绝缘直径，只有当管径很小、保温材料的热导率又较大时，才会考虑临界绝缘直径的问题。

4. 通过肋壁的传热过程

工程上常遇到壁两侧对流换热的表面传热系数相差较大的传热过程。例如一侧是单相液体强迫对流换热或相变换热（沸腾或凝结），另一侧是气体强迫对流换热或自然对流换热，两侧表面传热系数相差很大。这种情况下，在表面传热系数较小的一侧壁面上加肋（扩大换热面积）是强化传热的有效措施。下面以通过平壁的传热过程为例进行分析。

对于单层平壁的稳态传热过程，假设 $h_1 \gg h_2$，为了强化传热，可在对流换热较弱的右侧加肋片，如图 8-3 所示。未加肋的左侧面积为 A_1，加肋侧肋基面积为 A'_2，肋基温度为 t'_{w2}，肋片面积为 A''_2，肋片平均温度为 t''_{w2}，肋侧总面积 $A_2 = A'_2 + A''_2$。假设肋壁材料的热导率 λ 为常数，肋侧表面传热系数 h_2 为常数。在稳态情况下，对于传热过程的三个环节可以分别写出下面三个热流量 Φ 的计算公式：

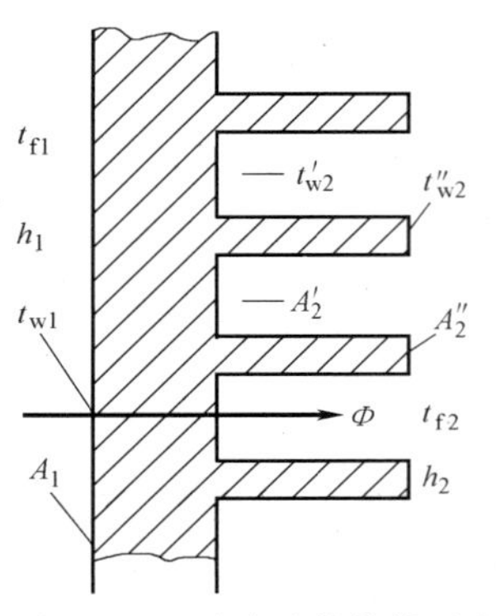

图 8-3　通过肋壁的传热过程

对于左侧对流换热

$$\Phi = A_1 h_1 (t_{f1} - t_{w1}) = \frac{t_{f1} - t_{w1}}{\dfrac{1}{A_1 h_1}} \tag{8-12a}$$

对于壁的导热

$$\Phi = \frac{t_{w1} - t_{w2}}{\dfrac{\delta}{A_1 \lambda}} \tag{8-12b}$$

对于肋侧的对流换热

$$\Phi = A'_2 h_2 (t'_{w2} - t_{f2}) + A''_2 h_2 (t''_2 - t_{f2}) \tag{8-12c}$$

根据肋片效率的定义式

$$\eta_f = \frac{A''_2 h_2 (t''_{w2} - t_{f2})}{A''_2 h_2 (t'_{w2} - t_{f2})} = \frac{t''_{w2} - t_{f2}}{t'_{w2} - t_{f2}} \tag{8-12d}$$

可将式（8-12c）改写为

$$\Phi = (A'_2 + A''_2 \eta_f) h_2 (t'_{w2} - t_{f2}) = A_2 \eta h_2 (t'_{w2} - t_{f2}) = \frac{t'_{w2} - t_{f2}}{\dfrac{1}{A_2 \eta h_2}} \tag{8-12e}$$

式中，$\eta = (A'_2 + A''_2 \eta_f)/A_2$ 称为肋面总效率，一般情况下，$A''_2 \gg A'_2$，故 $A_2 \approx A''_2$，所以 $\eta \approx \eta_f$。

联立式（8-12a）、式（8-12b）、式（8-12e）可得通过肋壁的传热热流量计算公式为

$$\Phi = \frac{t_{f1} - t_{f2}}{\dfrac{1}{A_1 h_1} + \dfrac{\delta}{A_1 \lambda} + \dfrac{1}{A_2 \eta h_2}} \tag{8-12f}$$

上式还可以改写成

$$\Phi = A_1 \frac{t_{f1} - t_{f2}}{\dfrac{1}{h_1} + \dfrac{\delta}{\lambda} + \dfrac{A_1}{A_2} \dfrac{1}{\eta h_2}} = A_1 \frac{t_{f1} - t_{f2}}{\dfrac{1}{h_1} + \dfrac{\delta}{\lambda} + \dfrac{1}{\beta \eta h_2}} = A_1 k_1 (t_{f1} - t_{f2}) = A_1 k_1 \Delta t \tag{8-13}$$

式中，k_1 称为以光壁表面积为基准的总传热系数，其表达式为

$$k_1 = \frac{1}{\dfrac{1}{h_1} + \dfrac{\delta}{\lambda} + \dfrac{1}{\beta \eta h_2}} \tag{8-14}$$

式中，$\beta = A_2 / A_1$，称为肋化系数。

从上式可见，加肋后，肋侧的对流换热热阻为 $\dfrac{1}{\beta \eta h_2}$，而未加肋时为 $\dfrac{1}{h_2}$，加肋后热阻减

小的程度与 $\beta\eta$ 有关。从肋化系数的定义可知，$\beta>1$，其大小取决于肋高与肋间距。增加肋高可以加大 β，但增加肋高会使肋片效率 η_f 降低，从而使肋面总效率 η 降低。减小肋间距，使肋片加密也可以加大 β，但肋间距过小会增大流体的流动阻力，使肋间流体的温度升高，降低传热温差，不利于传热。一般肋间距应大于 2 倍边界层最大厚度。应该合理地选择肋高和肋间距，使 $\frac{1}{\beta\eta h_2}$ 及总传热系数 k_1 具有最佳值。工程上，当 $h_1/h_2=3\sim5$ 时，一般选择 β 较小的低肋；当 $h_1/h_2>10$ 时，一般选择 β 较大的高肋。为了有效地强化传热，肋片应该加在总表面传热系数较小的一侧。

工程上，通常采用以肋侧表面积为基准的总传热系数 k_2 来计算，此时式（8-12f）可以改写成

$$\Phi=A_2k_2\Delta t \tag{8-15}$$

式中，k_2 的表达式为

$$k_2=\frac{1}{\frac{1}{h_1}\beta+\frac{\delta}{\lambda}\beta+\frac{1}{\eta h_2}} \tag{8-16}$$

5. 复合换热

以上对通过平壁、圆管壁及肋壁传热过程的讨论并没有涉及辐射换热。有些情况下壁面与流体或周围环境之间存在较强的辐射换热，不可以忽略，这种对流换热与辐射换热同时存在的换热过程称为复合换热。对于复合换热，工程上为了计算方便，通常将辐射换热量折合成对流换热量，引进辐射换热表面传热系数 h_r，定义为

$$h_r=\frac{\Phi_r}{A(t_w-t_f)} \tag{8-17}$$

式中，Φ_r 为辐射换热量。

于是，复合换热表面传热系数 h 为对流换热表面传热系数 h_c 与辐射换热表面传热系数 h_r 之和，即

$$h=h_c+h_r \tag{8-18}$$

总换热量 Φ 为对流换热量 Φ_c 与辐射换热量 Φ_r 之和，即

$$\Phi=\Phi_c+\Phi_r=(h_c+h_r)A(t_w-t_f)=hA(t_w-t_f)$$

在复合换热的情况下，前面讨论的传热过程计算公式中的表面传热系数 h 应为复合换热表面传热系数。

例 8-1　热电厂中有一水平放置的蒸汽管道，内径 $d_1=100\text{mm}$，壁厚 $\delta_1=4\text{mm}$，钢管材料的热导率 $\lambda_1=40\text{W/(m·K)}$，外包厚度 $\delta_2=70\text{mm}$ 厚的保温层，保温材料的热导率 $\lambda_2=0.05\text{W/(m·K)}$。管内蒸汽温度 $t_{f1}=300℃$，管内表面传热系数 $h_1=200\text{W/(m}^2\text{·K)}$，保温层外壁面复合换热表面传热系数 $h_2=8\text{W/(m}^2\text{·K)}$，周围空气的温度 $t_\infty=20℃$。试计算单位长度蒸汽管道的散热损失 Φ_l 及管道外壁面与周围环境辐射换热的表面传热系数 h_{r2}。

解　这是一个通过两层圆管的传热过程。根据式（8-9）有

$$\Phi_l=\frac{t_{f1}-t_{f2}}{\frac{1}{\pi d_1h_1}+\frac{1}{2\pi\lambda_1}\ln\frac{d_2}{d_1}+\frac{1}{2\pi\lambda_2}\ln\frac{d_3}{d_2}+\frac{1}{\pi d_3h_2}}$$

其中

$$\frac{1}{\pi d_1 h_1}=\frac{1}{\pi\times 0.1\times 200}\text{m}\cdot\text{K/W}=1.59\times 10^{-2}\text{m}\cdot\text{K/W}$$

$$\frac{1}{2\pi\lambda_1}\ln\frac{d_2}{d_1}=\frac{1}{2\pi\times 40}\ln\frac{108}{100}\text{m}\cdot\text{K/W}=3.06\times 10^{-4}\text{m}\cdot\text{K/W}$$

$$\frac{1}{2\pi\lambda_2}\ln\frac{d_3}{d_2}=\frac{1}{2\pi\times 0.05}\ln\frac{248}{108}\text{m}\cdot\text{K/W}=2.646\text{m}\cdot\text{K/W}$$

$$\frac{1}{\pi d_3 h_2}=\frac{1}{\pi\times 0.248\times 8}\text{m}\cdot\text{K/W}=0.160\text{m}\cdot\text{K/W}$$

所以

$$\Phi_l=\frac{280\text{K}}{(1.59\times 10^{-2}+3.06\times 10^{-4}+2.646+0.160)\text{m}\cdot\text{K/W}}=99.2\text{W/m}$$

由式

$$\Phi_l=\pi d_3 h_2(t_{w3}-t_{f2})$$

可求得管道外壁面温度为

$$t_{w3}=t_{f2}+\frac{\Phi_l}{\pi d_3 h_2}=20℃+\frac{99.2\text{W/m}}{\pi\times 0.248\text{m}\times 8\text{W/(m}^2\cdot\text{K)}}=36℃$$

至此，可以利用自然对流换热的特征数关联式确定管道外侧对流换热表面传热系数。特征温度为

$$t_m=\frac{t_w+t_{f2}}{2}=\frac{(36+20)℃}{2}=28℃$$

按此温度从附录 I 中查得空气的物性参数值为

$$\nu=15.8\times 10^{-6}\text{m}^2/\text{s},\lambda=2.65\times 10^{-2}\text{W/(m}^2\cdot\text{K)},Pr=0.701,\alpha=\frac{1}{T_m}=\frac{1}{(273+28)\text{K}}=3.32\times 10^{-3}\text{K}^{-1}$$

$$GrPr=\frac{g\alpha\Delta t d^3}{\nu^2}Pr=\frac{9.8\times 3.32\times 10^{-3}\times(36-20)\times 0.248}{(15.8\times 10^{-6})^2}\times 0.701=2.23\times 10^7$$

从表 6-9 可查得 $C=0.48$，$n=1/4$。于是，根据式 $Nu=C(GrPr)^n$ 得

$$Nu=0.48\times(2.23\times 10^7)^{1/4}=32.99$$

可得

$$h_{c2}=\frac{\lambda}{d_3}Nu=\frac{2.65\times 10^{-2}}{0.248}\times 32.99\text{W/(m}^2\cdot\text{K)}=3.52\text{W/(m}^2\cdot\text{K)}$$

于是可得辐射换热表面传热系数为

$$h_{r2}=h_2-h_{c2}=(8-3.52)\text{W/(m}^2\cdot\text{K)}=4.48\text{W/(m}^2\cdot\text{K)}$$

可见，在这种情况下，辐射散热损失大于对流散热损失。为了减少辐射散热损失，工程上常在管道外面包一层表面发射率很小的镀锌铁皮，同时也起到保护保温层的作用。

8.2 热交换器

用来实现热量从热流体传递到冷流体的装置称为热交换器。热交换器是各行各业以及日

常生活中应用非常广泛的热量交换设备。

1. 热交换器的分类

热交换器的种类繁多，按照其工作原理不同，可分为混合式、蓄热式及间壁式三大类。混合式热交换器的工作特点是，冷、热流体通过直接接触、互相混合来实现热量交换，例如火力发电厂中的大型冷却水塔及空调系统中的中小型冷却水塔、化工厂中的洗涤塔等。混合式热交换器一般用于冷、热流体是同一种物质（如冷水和热水、水和水蒸气等）的情况，有时也用于冷、热流体虽然不是同一种物质，但混合换热后非常容易分离（如水和空气）的情况。在工程实际中，绝大多数情况下冷、热流体不能相互混合，所以混合式热交换器在应用上受到限制。蓄热式热交换器的工作特点是，冷、热两种流体依次交替地流过同一换热面（蓄热体），热流体流过时换热面吸收并积蓄热流体放出的热量，冷流体流过时，换热面又将热量释放给冷流体，通过换热面这种交替式的吸、放热过程实现冷、热流体间的热量交换。显然，这种热交换器的热量传递过程是非稳态的。火力发电厂大型锅炉中的蓄热式空气预热器就是这种热交换器。间壁式热交换器的特点是冷、热流体由壁面隔开，热量由热流体到冷流体的传递过程是本章前面所讨论的传热过程。

在以上几种类型的热交换器中，间壁式热交换器的应用最为广泛，下面重点予以介绍。间壁式热交换器的型式很多，按照其结构不同可分为以下几种：

（1）管壳式热交换器　顾名思义，管壳式热交换器是由管子和外壳构成的换热装置。图 8-4 是最简单的管壳式热交换器，也称为套管式热交换器。它由一根管子套上一根直径较大的管子组成，冷、热流体分别在内管和夹层中流过。根据冷、热流体的相对流动方向不同又有顺流及逆流之别。由于管壳式热交换器的换热面较小，因此适用于传热量不大或流体流量较小的场合。

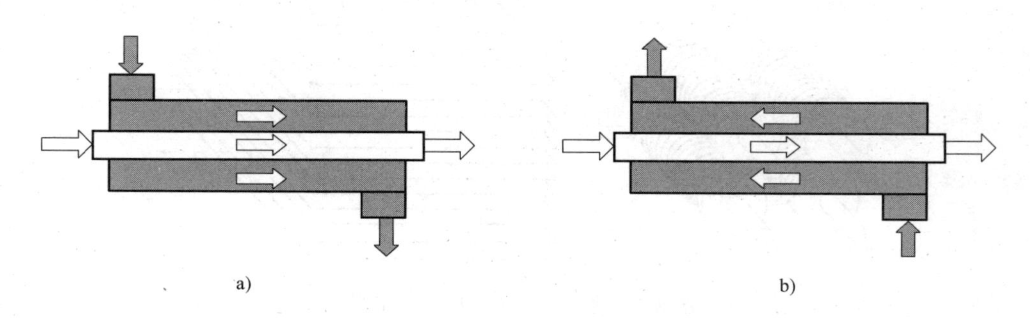

图 8-4　管壳式热交换器示意图

a）顺流　b）逆流

工业上常用的管壳式热交换器的换热面由管束构成，管束由管板和折流挡板固定在外壳之中，一种流体在管内流动，另一种流体外掠管束流动。管内流体从热交换器的一端封头流进管内，在另一端的封头流出，称作流经一个管程。可以根据需要在封头内加装隔板，将管束分成管数相同的几组，使流体依次流经几个管程之后再流出热交换器。折流挡板的作用是控制管外流体的流向，使其能比较均匀地横向冲刷管束，改善换热条件。图 8-5 所示为一种 2 管程热交换器。工程上常常根据需要将几个管壳式热交换器串联起来，形成多管程多壳程的管壳式热交换器，如图 8-6 所示。

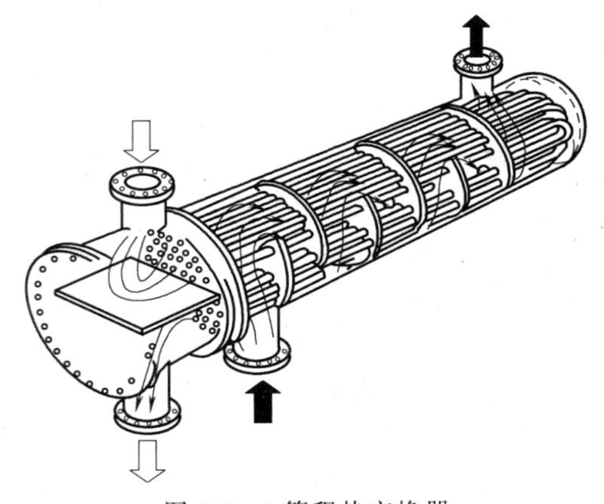

图 8-5　2 管程热交换器

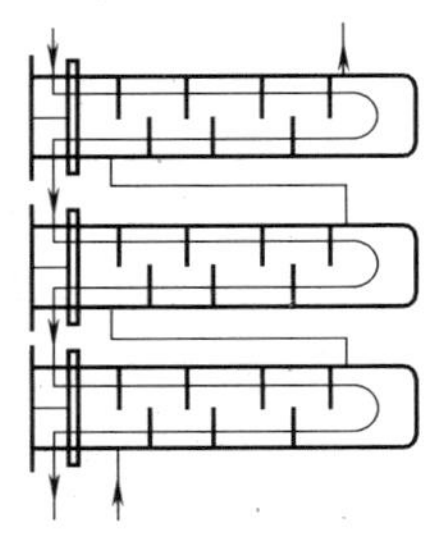

图 8-6　6 管程 3 壳程热交换器示意图

（2）肋片管式热交换器　肋片管式热交换器也称为翅片管式热交换器，由带肋片的管束构成，如图 8-7 所示。这类热交换器适用于管内液体和管外气体之间的换热，且两侧表面传热系数相差较大的场合，如汽车水箱散热器、空调系统的蒸发器、冷凝器等。由于肋片管的肋片加在管子外壁空气侧，肋化系数可达 25 左右，大大增加了空气侧的换热面积，强化了传热。肋片的形状和结构及其在管壁上的镶嵌方式通常是肋片管式热交换器的设计人员最关注的问题。

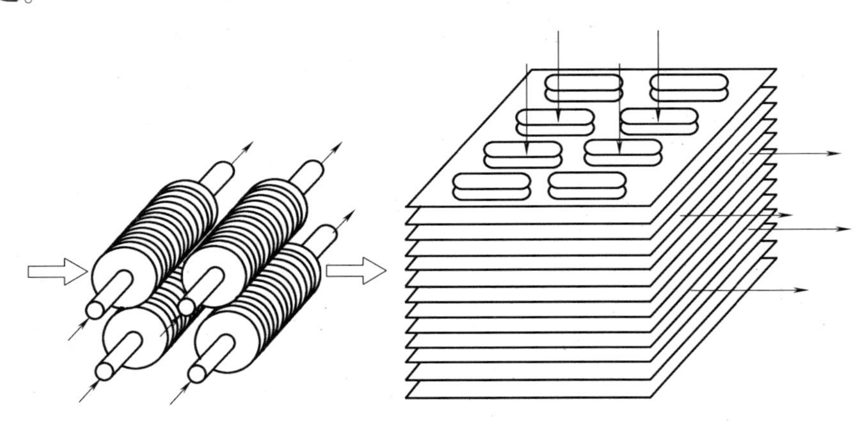

图 8-7　肋片管式热交换器示意图

（3）板式热交换器　板式热交换器由若干片压制成形的波纹状金属传热板片叠加而成，板四角开有角孔，相邻板片之间用特制的密封垫片隔开，使冷、热流体分别由一个角孔流入，间隔地在板间沿着由垫片和波纹所设定的流道流动，然后在另一对角线角孔流出，如图 8-8 所示。传热板片是板式热交换器的关键元件，不同型式的板片直接影响到传热系数、流动阻力和耐压能力。板片的材料通常为不锈钢，对于腐蚀性强的流体可用钛板。板式热交换器传热系数高，阻力相对较小，结构紧凑，金属消耗量低，使用灵活性大（传热面积可以灵活变更），拆装清洗方便，已广泛应用于供热采暖系统及食品、医药、化工等部门。

（4）板翅式热交换器　板翅式热交换器由金属板和波纹板形翅片层叠、交错焊接而成，使冷、热流体的流向交叉，如图 8-9 所示。这种热交换器结构紧凑，单位体积的换热面积

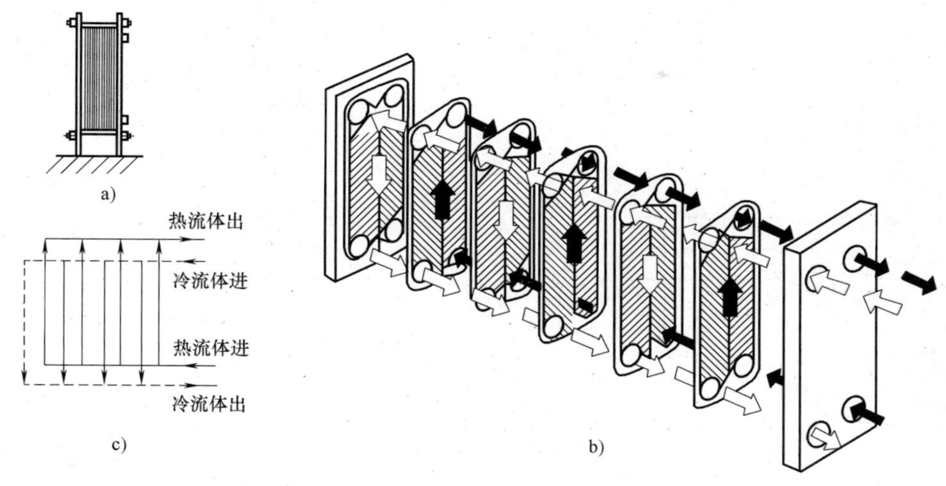

图 8-8　板式热交换器结构及流程示意图

大，但清洗困难，不易检修，适用于清洁无腐蚀性流体间的换热。

（5）螺旋板式热交换器　螺旋板式热交换器的换热面由两块平行金属板卷制而成，构成两个螺旋通道，分别供冷、热流体在其中流动，如图 8-10 所示。螺旋板式热交换器的优点是结构与制造工艺简单，价格低廉，流通阻力小；缺点是不易清洗，承压能力低。

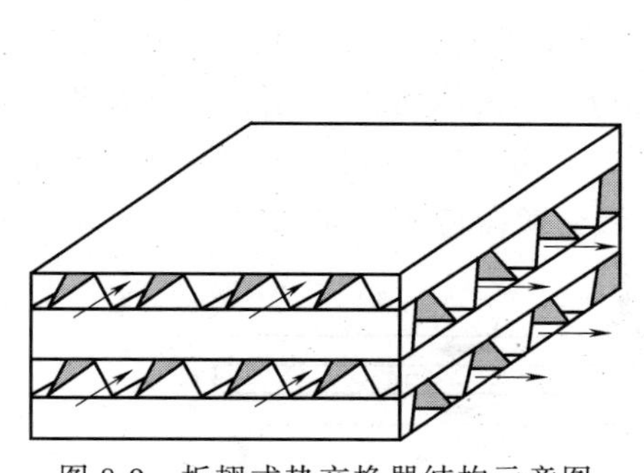

图 8-9　板翅式热交换器结构示意图

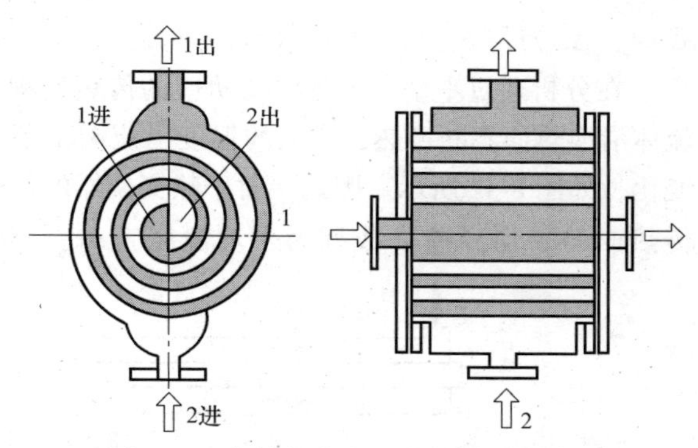

图 8-10　螺旋板式热交换器结构示意图

以上分别介绍了五种典型的间壁式热交换器，可以根据不同的应用条件（冷、热流体的性质、温度及压力范围、污染程度等）加以选择。

冷、热流体在间壁式热交换器中的相对流动方向可分为顺流、逆流、交叉流及混合流（即顺流或逆流与交叉流混合）四种流动型式，如图 8-11 所示。

在冷、热流体进口温度相同、流量相同、换热面积相同的情况下，流动型式将影响冷、热流体的出口温度、换热温差、换热量以及热交换器内的温度分布，进而影响热交换器的热应力分布。因此，选择什么样的流动型式是进行热交换器设计时必须考虑的重要问题之一。

2. 热交换器的传热计算

根据目的不同，热交换器的传热计算分为两种类型：设计计算与校核计算。所谓设计计算，就是根据生产任务给定的换热条件和要求，设计一台新的热交换器，为此需要确定热交换器的型式、结构及换热面积。而校核计算是对已有的热交换器进行核算，看其能否满足一

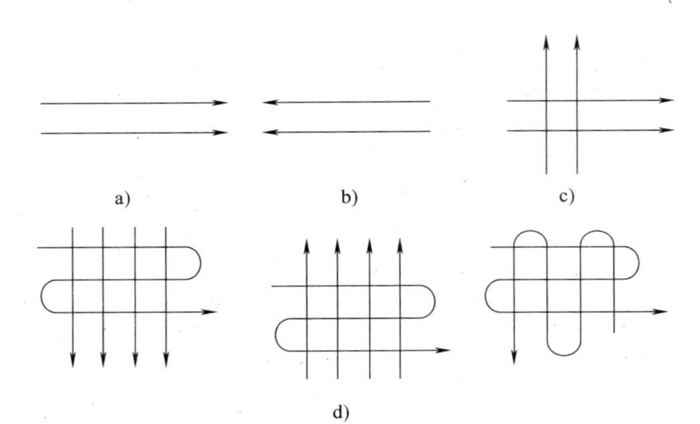

图 8-11　流动型式示意图

a）顺流　b）逆流　c）交叉流　d）混合流

定的换热要求，一般需要计算流体的出口温度、换热量以及流动阻力等。

热交换器的传热计算有两种方法：平均温差法和效能-传热单元数法。本书只介绍平均温差法。

（1）热交换器的传热平均温差　从上一节已了解到，传热过程的基本计算公式为

$$\Phi = kA\Delta t$$

式中，Δt 为传热温差（或称为传热温压）。

在分析通过平壁、圆管壁及肋壁的传热过程时都假设 Δt 为定值。但在热交换器内，冷、热流体沿换热面不断换热，它们的温度沿流向不断变化，冷、热流体间的传热温差 Δt 沿程也发生变化，如图 8-12 所示。因此，对于热交换器的传热计算，上式中的传热温差应该是整个热交换器传热面的平均温差（或称为平均温压）Δt_m。于是，热交换器传热方程式的形式应为

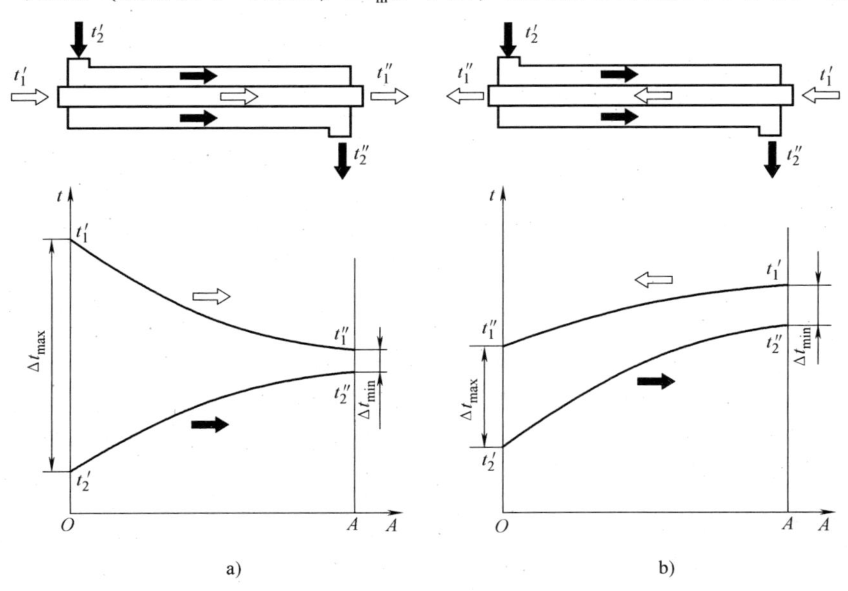

图 8-12　热交换器中流体温度沿程变化的示意图

a）顺流　b）逆流

$$\Phi = kA\Delta t_m \tag{8-19}$$

图 8-12 中，t_1'、t_1''分别表示热流体的进、出口温度；t_2'、t_2''分别表示冷流体的进、出口温度。对于顺流热交换器，进、出口两端的传热温差分别为 $\Delta t' = t_1' - t_2'$、$\Delta t'' = t_1'' - t_2''$；对于逆流情况，热交换器两端的传热温差分别为 $\Delta t' = t_1'' - t_2'$、$\Delta t'' = t_1' - t_2''$。如果用 Δt_{max}、Δt_{min} 分别表示 $\Delta t'$、$\Delta t''$中的最大者和最小者，则分析表明，无论是顺流还是逆流，都可以统一用下面的公式计算热交换器的平均温差：

$$\Delta t_m = \frac{\Delta t_{max} - \Delta t_{min}}{\ln \dfrac{\Delta t_{max}}{\Delta t_{min}}} \tag{8-20}$$

因为上式中出现对数运算，所以由上式计算的温差称为对数平均温差。

工程上，当 $\Delta t_{max}/\Delta t_{min} \leqslant 2$ 时，可以采用算术平均温差：

$$\Delta t_m = \frac{\Delta t_{max} - \Delta t_{min}}{2} \tag{8-21}$$

在进、出口温度相同的情况下，算术平均温差的数值略大于对数平均温差，偏差小于 4%。在各种流动型式中，顺流和逆流是两种最简单的流动情况。在冷、热流体进、出口温度相同的情况下，逆流的平均温差最大，顺流的平均温差最小。从图 8-12 可以看出，顺流时冷流体的出口温度 t_2''总是低于热流体的出口温度 t_1''，而逆流时 t_2''却可以大于 t_1''，因此从强化传热的角度出发，热交换器应当尽量布置成逆流。但逆流的缺点是热流体和冷流体的最高温度 t_1'、t_2''和最低温度 t_1''、t_2'分别集中在热交换器的两端，使热交换器的温度分布乃至热应力分布极不均匀，不利于热交换器的安全运行，尤其对于高温热交换器来说，这种情况应该避免。

在蒸发器或冷凝器中，冷流体或热流体发生相变，如果忽略相变流体压力变化，则相变流体在整个换热面上保持其饱和温度。在此情况下，由于一侧流体温度恒定不变，所以无论顺流还是逆流，热交换器的平均传热温差都相同，如图 8-13 所示。

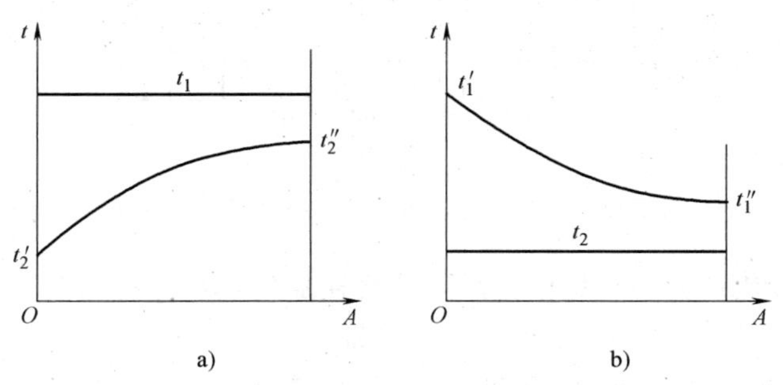

图 8-13　有相变时热交换器内流体温度变化的示意图
a）冷凝器　b）蒸发器

对于其他流动型式，可以看作是介于顺流和逆流之间，其平均传热温差可以采用下式计算：

$$\Delta t_m = \psi (\Delta t_m)_{cf} \tag{8-22}$$

式中，$(\Delta t_m)_{cf}$ 为冷、热流体进、出口温度相同情况下逆流时的对数平均温差；ψ 为小于 1 的修正系数，其数值取决于流动型式和式（8-23）的两个量纲为一的参数。

$$P=\frac{t_2''-t_2'}{t_1'-t_2'},\quad R=\frac{t_1'-t_1''}{t_2''-t_2'} \tag{8-23}$$

为了工程上计算方便，对于常见的流动型式，已绘制成线算图，在有关传热学或热交换器设计手册中可以查到。

图 8-14～图 8-17 列举了四种流动型式的线算图。可以看出，当 R 接近或大于 4 时，ψ 随 P 变化剧烈，查图容易产生较大的误差，这时可用 $1/R$ 代替 R、用 PR 代替 P 来查有关线算图。

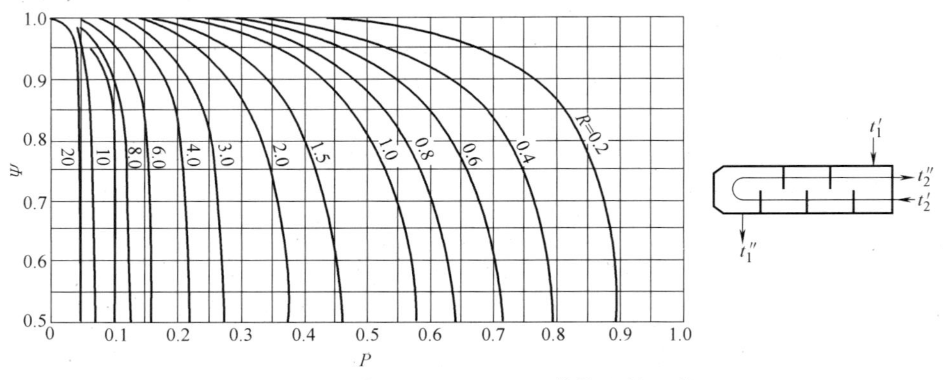

图 8-14　1 壳程，2、4、6、8 等管程的 ψ 值

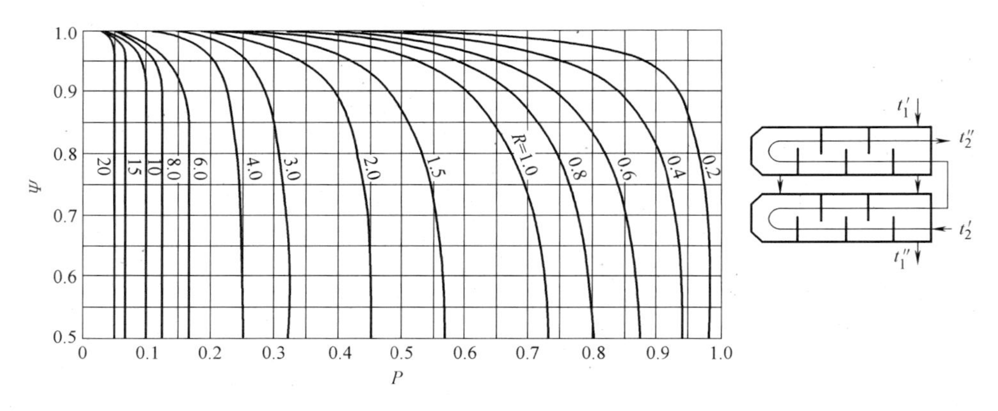

图 8-15　2 壳程，4、8、12、16 等管程的 ψ 值

（2）热交换器传热计算的平均温差法　热交换器传热计算有三个基本公式：

$$\Phi=kA\Delta t_{\mathrm{m}} \tag{8-24}$$

$$\Phi=q_{m1}c_{p1}(t_1'-t_1'') \tag{8-25}$$

$$\Phi=q_{m2}c_{p2}(t_2''-t_2') \tag{8-26}$$

式中，q_{m1}、q_{m2} 分别为热、冷流体的质量流量；c_{p1}、c_{p2} 分别为热、冷流体的比定压热容。如果 c_{p1}、c_{p2} 已知，则以上 3 个方程中共有 8 个独立变量，即 Φ、k、A、q_{m1}、q_{m2} 以及 t_1'、t_1''、t_2'、t_2''中的 3 个，只要知道其中 5 个变量，就可以算出其他 3 个。

1）设计计算。进行设计计算时，一般是根据生产任务的要求，给定流体的质量流量 q_{m1}、q_{m2} 和 4 个进、出口温度中的 3 个，需要确定热交换器的型式、结构，计算总传热系数

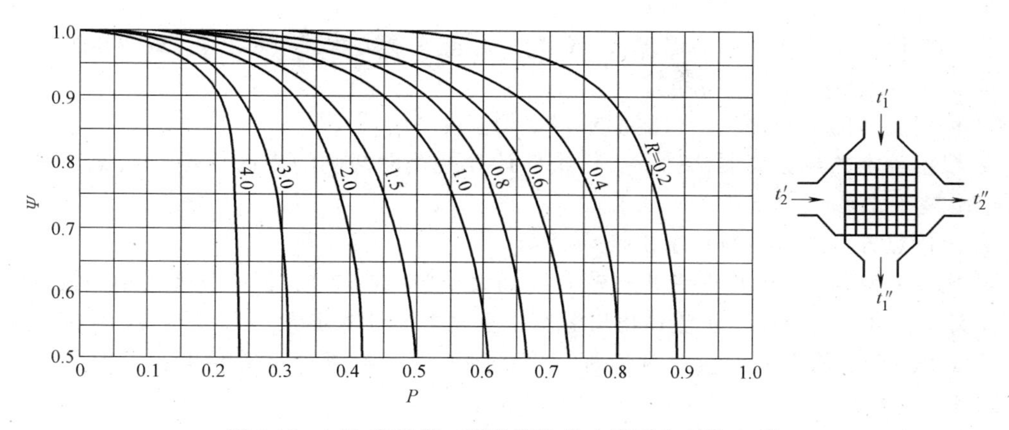

图 8-16　一次交叉流、两种流体各自不混合时的 ψ 值

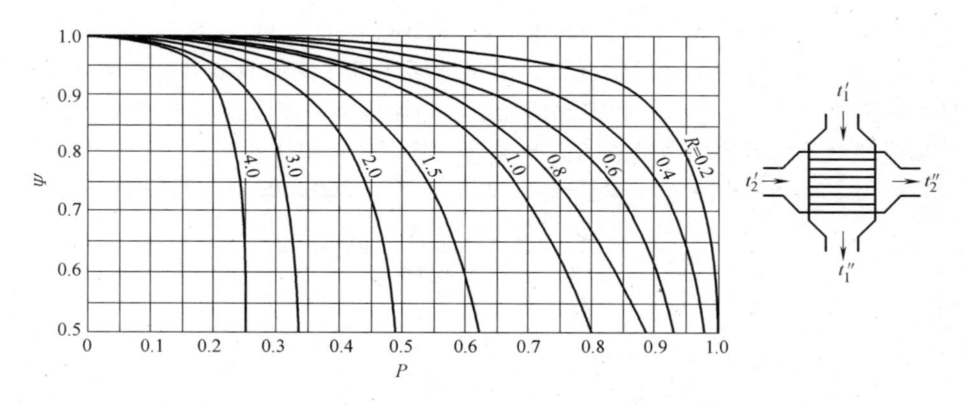

图 8-17　一次交叉流，一种流体混合、另一种流体不混合时的 ψ 值

k 及换热面积 A。计算步骤如下：

① 根据给定的换热条件、流体的性质、温度和压力范围等条件，选择热交换器的类型及流动型式，初步布置换热面，计算换热面两侧对流换热的表面传热系数 h_1、h_2 及换热面的总传热系数 k。

② 根据给定条件，由式（8-25）、式（8-26）求出 4 个进、出口温度中未知的温度，并求出换热量 Φ。

③ 由冷、热流体的 4 个进、出口温度及流动型式确定平均温差 Δt_m。

④ 由传热方程式（8-24）求出所需的换热面积 A。

⑤ 计算换热面两侧流体的流动阻力。如果流动阻力过大，会使风机、水泵的电耗增加，从而加大了系统设备的投资和运行费用。需改变方案，重新设计。

2）校核计算。对已有或设计好的热交换器进行校核计算时，一般已知热交换器的换热面积 A、两侧流体的质量流量 q_{m1} 和 q_{m2}、进口温度 t_1' 和 t_2' 这 5 个参数。由于两侧流体的出口温度未知，传热平均温差无法计算。同时，由于流体的定性温度不能确定，也无法计算换热面两侧对流换热的表面传热系数及通过换热面的传热系数。因此不能直接利用式（8-24）、式（8-25）、式（8-26）求出其余的未知量。在这种情况下，通常采用试算法，其具体计算步骤如下：

① 先假设一个流体的出口温度 t_1''（或 t_2''），用热平衡方程式（8-25）、式（8-26）求出换热量 Φ' 和另一个流体的出口温度。

② 根据流体的 4 个进、出口温度求得平均温度 Δt_m。

③ 根据给定的热交换器结构及工作条件计算换热面两侧的表面传热系数 h_1、h_2，进而求得总传热系数 k。

④ 由传热方程式（8-24）求出换热量 Φ''。

⑤ 比较 Φ' 和 Φ''。如果两者相差较大（如大于 2%或 5%），说明步骤①中假设的温度值不符合实际，再重新假设一个流体出口温度，重复上述计算步骤，直到 Φ' 和 Φ'' 值的偏差小到满意为止。至于两者偏差应小到何种程度，则取决于要求的计算精度，一般认为应小于 2%或 5%。

实际试算过程通常采用迭代法，可以利用计算机进行运算。

例 8-2 一台逆流式热交换器，刚投入工作时的运行参数为 $t_1'=360℃$、$t_1''=300℃$、$t_2'=30℃$、$t_2''=200℃$。已知 $q_{m1}c_{p1}=2500\text{W/K}$，$k=800\text{W/(m}^2\cdot\text{K)}$。运行一年后发现，在 $q_{m1}c_{p1}$、$q_{m2}c_{p2}$ 及 t_1'、t_2' 保持不变的情况下，由于结垢使得冷流体只能被加热到 162℃，而热流体的出口温度则高于 300℃。试确定此情况下的热流体出口温度及污垢热阻。

解 如果忽略热交换器的散热损失，根据冷、热流体的热平衡有

$$\Phi=q_{m1}c_{p1}(t_1'-t_1'')=q_{m2}c_{p2}(t_2''-t_2')=2500\text{W/K}\times(360-300)\text{K}=1.5\times10^5\text{W}$$

$$q_{m2}c_{p2}=\frac{\Phi}{t_2''-t_2'}=\frac{1.5\times10^5\text{W}}{(200-30)\text{K}}=882\text{W/K}$$

对数平均温差为

$$\Delta t_m=\frac{\Delta t_{max}-\Delta t_{min}}{\ln\dfrac{\Delta t_{max}}{\Delta t_{min}}}=\frac{(300-30)℃-(360-200)℃}{\ln\dfrac{(300-30)℃}{(360-200)℃}}=210℃$$

结垢后的传热量为

$$\Phi'=q_{m2}c_{p2}[(t_2'')'-t_2']=882\text{W/K}\times(162-30)\text{K}=1.164\times10^5\text{W}$$

结垢后热流体的出口温度为

$$(t_2'')'=t_1'-\frac{\Phi'}{q_{m1}c_{p1}}=360℃-\frac{1.164\times10^5\text{W}}{2500\text{W/K}}=313℃$$

结垢后的对数平均温差为

$$(\Delta t_m)'=\frac{(313-30)℃-(360-162)℃}{\ln\dfrac{(313-30)℃}{(360-162)℃}}=238℃$$

根据

$$\Phi=kA\Delta t_m=\frac{\Delta t_m}{\dfrac{1}{kA}}=\frac{\Delta t_m}{R_k}$$

$$\Phi'=k'A(\Delta t_m)'=\frac{(\Delta t_m)'}{\dfrac{1}{k'A}}=\frac{(\Delta t_m)'}{(R_k)'}$$

式中，R_k 和 $(R_k)'$分别为结垢前后热交换器的传热热阻，污垢热阻为二者之差，即

$$R'=(R_k)'-R_k=\frac{(\Delta t_m)'}{\Phi'}-\frac{\Delta t_m}{\Phi}=\frac{238\text{K}}{1.164\times10^5\text{W}}-\frac{210\text{K}}{1.5\times10^5\text{W}}=0.64\times10^{-3}\text{K/W}$$

8.3　传热的强化与削弱

传热工程技术是根据现代工业生产和科学实践的需要而蓬勃发展起来的先进科学与工程技术，在电力、冶金、动力机械、石油、化工、低温、建筑以及航空航天等许多领域发挥极其重要的作用，其主要任务是按照工业生产和科学实践的要求来控制和优化热量传递过程。根据应用目的不同，对热量传递过程的控制形成了两种方向截然相反的技术：强化传热技术与削弱传热技术（又称隔热保温技术）。

强化传热的主要目的是：①增大传热量；②减少传热面积、缩小设备尺寸、降低材料消耗；③降低高温部件的温度，例如各类发动机、核反应堆、电力、电子设备中元器件的冷却，保证设备安全运行；④降低载热流体的输送功率。

削弱传热的主要目的是：①减少热力设备、载热流体的热损失，节约能源，例如火力发电厂锅炉、汽轮机以及过热蒸汽输送管道的保温等；②维护低温工程中的人工低温环境，防止外界热量的传入，例如冷冻仓库、冷藏车、储液罐以及电冰箱的隔热等；③保护工程技术人员的人身安全，避免遭受热或冷的伤害，创造温度适宜的工作和生活环境，例如各类航天器在重返大气层时，由于其表面和大气的摩擦，会产生几千摄氏度以上的高温，因此必须采取隔热措施，避免航天器烧毁。再如载人航天器在太空飞行时，面对太阳的高温辐射以及自身向温度约为 3 K 的低温太空环境的热辐射，如何保证宇航员座舱内 20℃左右的工作、生活环境，是隔热保温技术必须解决的问题。

无论导热、热对流、热辐射哪一种热量传递方式，传热量的大小都取决于传热温差与热阻。通常，传热温差往往被客观环境、生产工艺及设备条件所限定，所以无论是强化传热还是削弱传热，一般都从改变热阻入手。在前几章对导热、对流换热、辐射换热的分析讨论时已经分别介绍了各种热阻的主要影响因素和改善方法。通过对热阻的影响因素进行分析，找出其中的关键因素，由此确定改变热阻的最佳途径和技术措施，这正是传热控制技术的主要任务。

这里仅以前面讨论的传热过程为例，对强化传热过程的方法进行一般性讨论。传热过程的基本计算公式为

$$\Phi=kA\Delta t_m=\frac{\Delta t_m}{\dfrac{1}{kA}}=\frac{\Delta t_m}{R_k}=\frac{\Delta t_m}{R_{h1}+R_\lambda+R_{h2}}$$

从上式可以看出，传热过程的强化有两条途径。

1. 加大传热温差 Δt_m

在对热交换器进行分析时已指出，在冷、热流体进、出口温度相同的情况下，逆流的平均温差最大，顺流的平均温差最小，因此从强化传热的角度出发，热交换器应当尽量布置成逆流。但从热能利用的角度上看，热力学第二定律已指出，传热是不可逆过程，传热温差越大，可用能损失就越大。大多数情况下，传热温差往往被客观条件所限定，所以通过加大传热温差来强化传热的途径没有太多考虑的余地。

2. 减小传热热阻 R_k

增加总传热面积 A，即多布置一些换热面，可以降低传热热阻 R_k，增加传热量。但换热面的增加往往受到空间尺度的限制，换热面布置过密又会增加流体的流动阻力，也会使对流换热的表面传热系数降低，进而对传热产生不利影响。

从上面传热过程的基本计算公式可以看到，在不考虑辐射换热的情况下，传热热阻 R_k 包含三个相互串联的热阻：两个对流换热热阻 R_{h1}、R_{h2} 和一个导热热阻 R_λ。原则上，减小哪一个热阻都可以使总热阻减小，但效果最显著的做法是抓住主要矛盾，减小其中最大的热阻。工程上，绝大多数换热设备的换热面都由热导率较高的金属材料制造，又比较薄，所以在没有污垢的情况下，其导热热阻与对流换热热阻相比较小，一般可以忽略。由于污垢的热导率很小，一旦换热面有了污垢（如水垢、油垢或灰垢），污垢的导热热阻就不可忽视。例如，1mm 厚水垢的导热热阻相当于约 40mm 厚普通钢板的导热热阻；1mm 厚灰垢的导热热阻相当于约 400 mm 厚普通钢板的导热热阻。所以，防止和及时清除污垢是保证换热设备正常高效运行的重要技术措施。

强化对流换热技术是近些年来国内外强化传热研究的重点，其基本原则是，根据影响对流换热的主要因素，寻找改善对流换热的方法与技术措施。目前已开发出的强化对流换热方法主要有以下几个方面：

（1）扩展换热面　由对流换热热阻表达式 $R_h = \dfrac{1}{hA}$ 可以看出，增加换热面积 A（例如给换热表面加装肋片）可以减小对流换热热阻。合理地扩展换热表面还会使表面传热系数增加，同样可以起到减小热阻的作用，因此扩展换热面是工程技术中容易实施、采用最为广泛的强化传热措施。例如肋片管式热交换器、板翅式热交换器等各种型式的紧凑式热交换器，通过加装肋片等方法扩展换热面，取得了高效、紧凑的效果。

（2）改变换热面的形状、大小和位置　以管内湍流对流换热为例，表面传热系数 h 与 $d^{0.2}$（d 为管内径）成正比，采用直径小的管子，或者在管内流通截面面积相同的情况下用椭圆管代替圆管来减小当量直径，都可以取得强化对流换热的效果。再如管外自然对流换热和凝结换热，管子水平放置时的表面传热系数一般要高于竖直放置。

（3）改变表面状况　如前文所述，增加换热面的表面粗糙度值，可以强化单相流体的湍流换热，有利于沸腾换热和高雷诺数的凝结换热。用烧结、钎焊、火焰喷涂、机加工等工艺在换热表面形成一层多孔层可以强化沸腾换热。用切削、轧制等机加工工艺在换热面上形成沟槽或螺纹（图 8-18）是强化凝结换热的实用技术。对换热表面进行处理，形成珠状凝结，是正处于研究开发阶段的强化凝结换热技术。再如，改变表面黑度可以强化辐射换热，等等。

（4）改变流体的流动状况　在对流换热一章已指出，流体的流动状况对对流换热有很大影响：在其他条件相同的情况下，湍流换热强度要大于层流，对流换热热阻主要集中在边界层；湍流换热的主要热阻在层流底层，等等。基于上述认识，采取增加流速，将换热面加工成波纹状等措施，在流道中加入金属螺旋环、麻花铁、涡流发生器等扰流装置（图 8-18），利用机械、声波等使换热面发生振动或使流体振荡等方法，增强流体扰动、破坏边界层，以达到强化对流换热的目的。在有些应用场合，也可用射流直接冲击换热面来获得较高的局部表面传热系数。

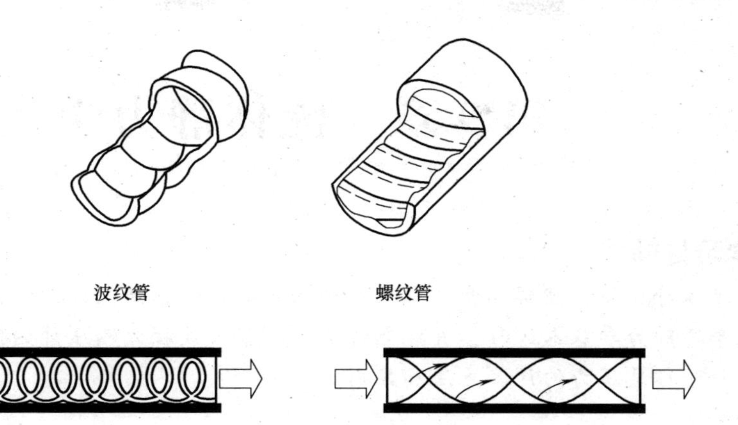

图 8-18　强化对流换热措施示意图

第 9 章　流体静力学

学习目标

了解流体静压强，理解其两个特性；熟练掌握流体平衡微分方程，准确理解其物理意义；熟练掌握静力学基本方程，并能熟练运用；掌握液柱式测压计的使用方法；熟练掌握平面、曲面净水总压力的计算方法和应用。

流体静力学是研究流体在静止（绝对静止和相对静止）状态下的规律及其在工程中的应用。

静止是一个相对的概念。如果流体对地球没有相对运动，我们称流体处于绝对静止或静止状态。如果容器内的流体随容器运动，但流体质点间没有相对运动，我们称流体处于相对静止状态。无论是绝对静止还是相对静止，由于流体质点间没有相对运动，不存在黏性切向力，流体的黏性表现不出来，所以，流体静力学所得出的结论对理想流体和黏性流体均适用。

9.1　流体的静压强及其特性

流体处于静止或相对静止时，流体表面上的切向力为零，作用在流体表面上只有法向力。我们把作用在流体单位面积上的法向力称为流体的静压强，简称压强，用符号 p 表示，单位为 Pa。需要说明的是：在工程热力学中，压强称为压力。我们仍然沿用工程流体力学中的习惯，称为压强。

1. 流体静压强的特性

特性一：流体静压强的方向沿作用面的内法线方向，即垂直指向作用面。

这一特性可由反证法证明。

如图 9-1 所示，在静止流体中任取一流体体积，用平面 S 将其分为上、下两部分，取下半部分（阴影部分）为研究对象。如果 S 平面上某点的静压强 p 与平面不垂直，则静压强 p 可以分解成一个切向应力 τ 和一个法向应力 p_n。根据流动性定义，流体受到任何微小的切向力都要产生流动，这与静止流体的假设相矛盾。所以，流体处于静止状态时，静压强的方向只能是沿作用面的内法线方向。静压强也是作用面上唯一的作用力。

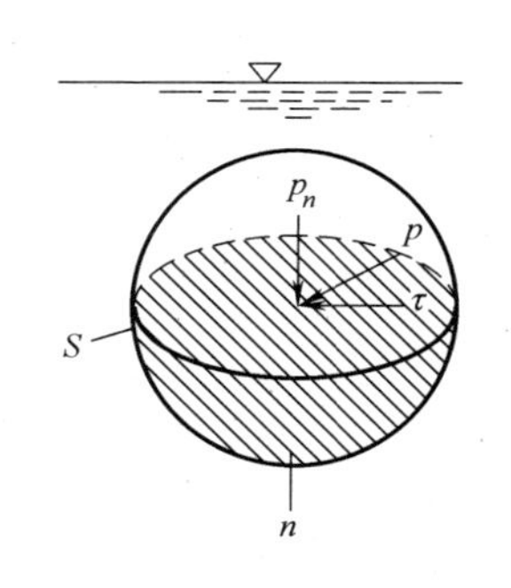

图 9-1　静止流体中静压强的方向

根据静压强的这一特性，流体作用在固体接触面上的静压强，恒垂直于固体壁面，如图 9-2 所示。

特性二：静止流体中任意一点的流体静压强与作用面的方位无关，即在静止流体中的任一点上，受到的来自各个方向上的静压强均相等。

证明如下：如图 9-3 所示，在静止流体中任取一直角微元四

面体 $ABCD$，并建立坐标系，坐标系的原点与 A 点重合，微元四面体的三个直角边分别与坐标轴重合，边长分别为 $\mathrm{d}x$、$\mathrm{d}y$ 和 $\mathrm{d}z$。作用在微元体四个面 $\triangle ABD$、$\triangle ABC$、$\triangle ACD$ 和 $\triangle BCD$ 上的流体静压强分别为 p_x、p_y、p_z 和 p_n。由于每个面均为微元面积，可以近似地认为作用在四个面上的静压强呈均匀分布，则作用在四个面上的压强产生的总压力分别为

$$F_{\mathrm{P}\sum x}=p_x\frac{1}{2}\mathrm{d}y\mathrm{d}z$$

$$F_{\mathrm{P}\sum y}=p_y\frac{1}{2}\mathrm{d}x\mathrm{d}z$$

$$F_{\mathrm{P}\sum z}=p_z\frac{1}{2}\mathrm{d}x\mathrm{d}y$$

$$p_{\sum n}=p_n\mathrm{d}A_n$$

式中，$\mathrm{d}A_n$ 为 $\triangle BCD$ 的面积。

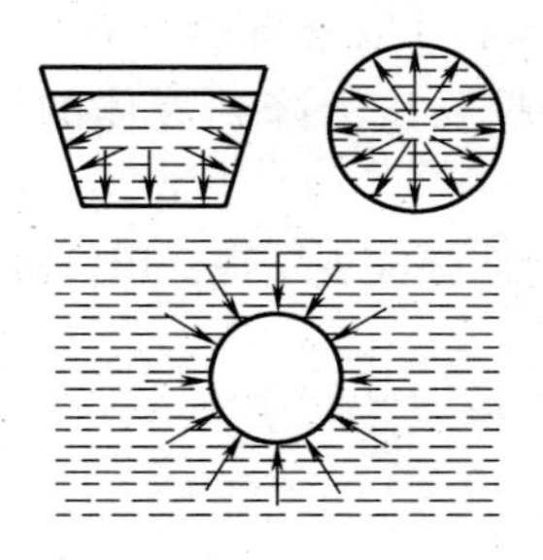

图 9-2　静压强恒垂直于容器壁面

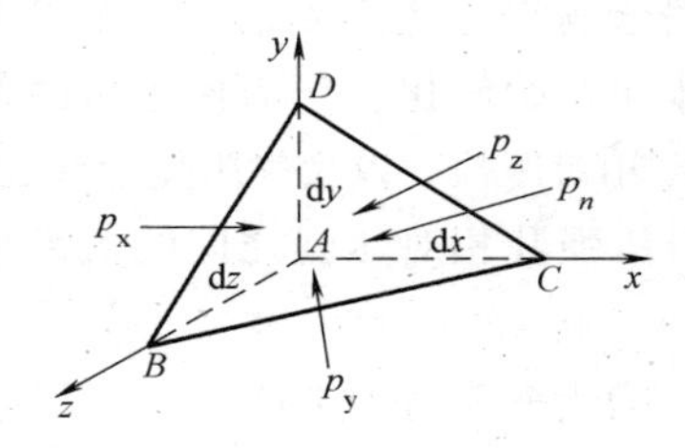

图 9-3　静止流体中的微元体

假定作用在微元体上的单位质量力在三个坐标轴上的分量分别为 f_x、f_y 和 f_z，微元四面体的质量为 $\rho\mathrm{d}x\mathrm{d}y\mathrm{d}z/6$，则作用在微元体上的总质量力在三个坐标轴上的分量为

$$F_x=\frac{1}{6}\rho\mathrm{d}x\mathrm{d}y\mathrm{d}zf_x$$

$$F_y=\frac{1}{6}\rho\mathrm{d}x\mathrm{d}y\mathrm{d}zf_y$$

$$F_z=\frac{1}{6}\rho\mathrm{d}x\mathrm{d}y\mathrm{d}zf_z$$

由于微元四面体处于静止状态，所以，作用在微元四面体上的所有力在坐标轴方向上的投影之和等于零。以 x 轴方向为例，有

$$F_{\mathrm{P}\sum x}-F_{\mathrm{P}\sum n}\cos(n,x)+F_x=0$$

代入得

$$p_x\frac{1}{2}\mathrm{d}y\mathrm{d}z-p_n\mathrm{d}A_n\cos(n,x)+\frac{1}{6}\rho\mathrm{d}x\mathrm{d}y\mathrm{d}zf_x=0$$

$\mathrm{d}A_n\cos$（n,x）是 $\triangle BCD$ 在 A 平面上的投影面积，其值等于 $\mathrm{d}y\mathrm{d}z\frac{1}{2}$，故上式简化为

$$p_x-p_n+\frac{1}{3}\rho\mathrm{d}xf_x=0$$

当微元四面体的边长 dx、dy、dz 趋近于零时，该微元体成为一个点，式中 p_x、p_y、p_z 和 p_n 就变成 A 点的静压强，则有

$$p_x = p_n$$

同理可得
$$p_y = p_n,\quad p_z = p_n$$

故有
$$p_x = p_y = p_z = p_n \tag{9-1}$$

因为 n 的方向是任意选定的，这就证明了在静止流体中任一点上来自各个方向的流体静压强的大小都相等，而不同位置点上静压强可以是不同的。所以，流体的静压强仅是空间坐标的连续函数，即

$$p = p(x, y, z) \tag{9-2}$$

2. 绝对压强、相对压强和真空

根据压强的计量基准和使用范围的不同，流体的压强可分为绝对压强、相对压强和真空。

(1) 绝对压强　以完全真空为基准来计量的压强称为绝对压强，用符号 p 表示。

流体的绝对压强为零，达到完全真空，这在理论上虽然是可以分析的，但在实际上把容器抽成完全真空是达不到的。特别当容器中盛有液体时，只要压力降到液体的饱和蒸气压力，液体便开始汽化，压力便不再降低。

(2) 相对压强　以大气压强为基准计算的压强，称为相对压强或表压强，用符号 p_e 表示。

绝对压强和相对压强之间的关系为

$$p = p_e + p_a \tag{9-3}$$

式中，p_a 为大气压强（Pa）。

在工程实际中，用于测量压强的仪表一般都处在大气的环境中，压力表的指示值中没有包括大气压强，所以为相对压强。

(3) 真空状态及真空　若流体的绝对压强低于大气压强，即表压强为负值时，我们就说流体处于真空状态或负压状态。真空状态时流体的静压强可用真空度 p_v 表示，真空值为大气压强与绝对压强的差值，即

$$p_v = p_a - p \tag{9-4}$$

9.2　流体的平衡微分方程与等压面

1. 流体的平衡微分方程

为推导流体平衡微分方程，在静止流体中，任取一边长分别为 dx、dy、dz 的微元平行六面体作为分析对象，如图 9-4 所示。

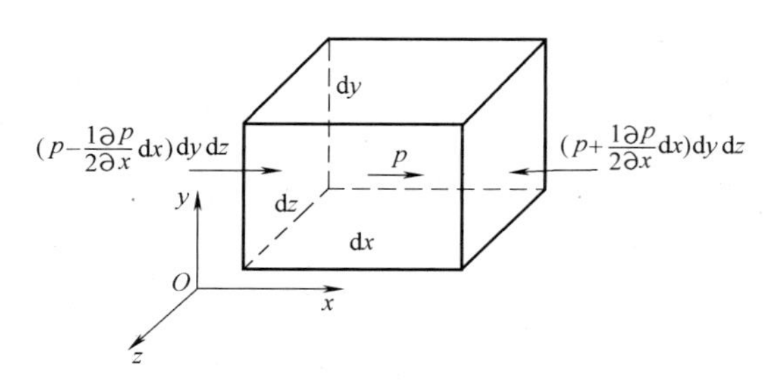

图 9-4　微元六面体 x 方向的受力分析

首先对微元六面体进行受力分析，作用在微元六面体上的力包括表面力和质量力两大类。为简单起见，只分析微元六面体在 x 轴方向上的受力情况。

（1）表面力　静止流体中，切向表面力为零，表面力中仅包括压强产生的总压力。假设微元六面体中心点的静压强为 $p=p(x,\ y,\ z)$。由于静压强是空间坐标的连续函数，可将微元六面体中心点的静压强 p 按泰勒（G. I. Taylor）级数展开，并略去二阶以上无穷小项，得到在微元体六个表面中心的静压强。例如，垂直于 x 轴的左、右两个微元面积中心的静压强分别为

$$p-\frac{1}{2}\frac{\partial p}{\partial x}\mathrm{d}x \quad \text{和} \quad p+\frac{1}{2}\frac{\partial p}{\partial x}\mathrm{d}x$$

由于微元六面体各个面积是微元面积，各微元面积中心的压强可作为平均压强，因此，垂直于 x 轴的左、右两个微元面积上的总压力分别为

$$\left(p-\frac{1}{2}\frac{\partial p}{\partial x}\mathrm{d}x\right)\mathrm{d}y\mathrm{d}z \quad \text{和} \quad \left(p+\frac{1}{2}\frac{\partial p}{\partial x}\mathrm{d}x\right)\mathrm{d}y\mathrm{d}z$$

（2）质量力　假定微元六面体流体的平均密度为 ρ，作用在微元体上质量力的分量为

$$f_x\rho\mathrm{d}x\mathrm{d}y\mathrm{d}z,\quad f_y\rho\mathrm{d}x\mathrm{d}y\mathrm{d}z,\quad f_z\rho\mathrm{d}x\mathrm{d}y\mathrm{d}z$$

微元六面体处于静止状态，所以，作用在微元六面体上的力在各个方向上的投影之和为零。根据上述分析，可列出微元六面体在 x 方向上的力平衡方程，即

$$\left(p-\frac{1}{2}\frac{\partial p}{\partial x}\mathrm{d}x\right)\mathrm{d}y\mathrm{d}z-\left(p+\frac{1}{2}\frac{\partial p}{\partial x}\mathrm{d}x\right)\mathrm{d}y\mathrm{d}z+f_x\rho\mathrm{d}x\mathrm{d}y\mathrm{d}z=0$$

整理上式，可得

同理可得

$$\begin{cases} f_x-\dfrac{1}{\rho}\dfrac{\partial p}{\partial x}=0 \\ f_y-\dfrac{1}{\rho}\dfrac{\partial p}{\partial y}=0 \\ f_z-\dfrac{1}{\rho}\dfrac{\partial p}{\partial z}=0 \end{cases} \tag{9-5}$$

式（9-5）称为流体平衡微分方程式，该式是在 1755 年由欧拉（Euler）首先推导出来的，所以又称为欧拉平衡微分方程。它反映了在静止流体中，流体所受到的质量力与作用在流体表面上的压力之间的相互平衡关系。该方程式适用于静止或相对静止的不可压缩流体和可压缩流体。它是流体静力学中最基本的方程式，流体静力学的其他计算公式都是以它为基础而得到的。

将式（9-5）中各式依次乘以 $\mathrm{d}x$、$\mathrm{d}y$、$\mathrm{d}z$ 然后相加，可得出流体平衡微分方程的另一种形式，即

$$\frac{\partial p}{\partial x}\mathrm{d}x+\frac{\partial p}{\partial y}\mathrm{d}y+\frac{\partial p}{\partial z}\mathrm{d}z=\rho(f_x\mathrm{d}x+f_y\mathrm{d}y+f_z\mathrm{d}z)$$

由于流体静压强是坐标的连续函数，即 $p=p(x,\ y,\ z)$，故

$$\mathrm{d}p=\frac{\partial p}{\partial x}\mathrm{d}x+\frac{\partial p}{\partial y}\mathrm{d}y+\frac{\partial p}{\partial z}\mathrm{d}z$$

综合上述两式，则有

$$dp=\rho(f_x dx+f_y dy+f_y dz) \tag{9-6}$$

式（9-6）是流体平衡微分方程的综合形式，称为压强差公式。

2. 等压面

由静压强相等的点组成的面称为等压面。等压面方程为 $p(x, y, z)=$ 常数，即同一等压面上的静压强值相同，不同等压面的静压强值不同，静止流体中任意一点只能有一个等压面通过。等压面具有以下三个性质：

1）在等压面上 p 为常数，即 $dp=0$，代入压强差公式（9-6），可得等压面方程的微分形式，即

$$f_x dx+f_y dy+f_z dz=0 \tag{9-7}$$

2）在静止或相对静止流体中，流体受到的质量力与等压面互相垂直。

证明：设流体受到的单位质量力为 $\boldsymbol{f}=f_x\boldsymbol{i}+f_y\boldsymbol{j}+f_z\boldsymbol{k}$，在等压面上任取一个微元有向线段 $d\boldsymbol{s}$，用矢量表示为 $d\boldsymbol{s}=dx\boldsymbol{i}+dy\boldsymbol{j}+dz\boldsymbol{k}$。

求两矢量的数量积，并由等压面微分方程可得

$$\boldsymbol{f}\cdot d\boldsymbol{s}=f_x dx+f_y dy+f_z dz=0$$

两矢量的数量积为零，说明 $\boldsymbol{f}$ 和 $d\boldsymbol{s}$ 互相垂直，即静止流体中任意一点上的质量力均与该点的等压面互相垂直。例如，当质量力仅为重力时，由于重力的方向总是垂直向下的，所以等压面必为水平面。

3）液体与气体的分界面，即自由表面为等压面。互不相混的两种液体的分界面也是等压面。

9.3 静力学基本方程

静力学基本方程是指：对于不可压缩流体，当受到的质量力仅为重力（例如流体处于静止状态）时，流体内任一点上静压强的计算公式。

1. 静力学基本方程的推导

如图 9-5 所示，容器中盛有密度为 ρ 的均匀静止液体，自由表面上的压强为 p_0。建立坐标系，取 Oxy 平面为水平面，z 轴方向垂直向上。

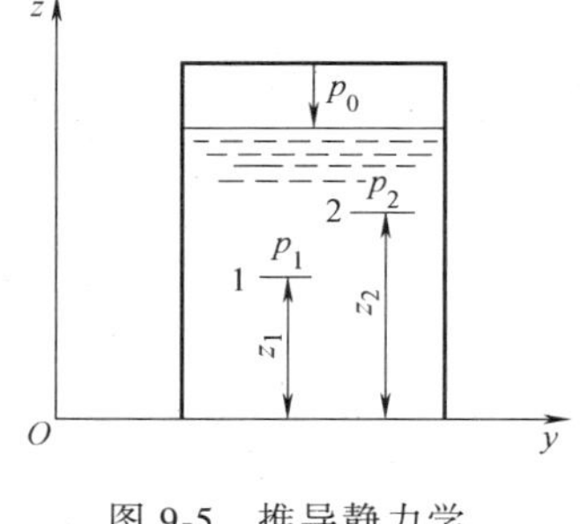

图 9-5 推导静力学基本方程用图

作用在静止液体上的质量力仅为重力，则单位质量力在各坐标轴方向上的分力为

$$f_x=0,\quad f_y=0,\quad f_z=-g$$

代入压强差公式（9-6）中，得

$$dp=-\rho g dz$$

即

$$dz+\frac{dp}{\rho g}=0$$

对于不可压缩均质流体，ρ 为常数，积分上式可得

$$z+\frac{p}{\rho g}=C \tag{9-8}$$

式中，C 为积分常数，其值取决于边界条件。

在静止液体中，任取两点 1 和 2，如图 9-5 所示，根据式（9-8）可得

$$z_1+\frac{p_1}{\rho g}=z_2+\frac{p_2}{\rho g}=C \quad 或 \quad p_2=p_1+\rho g(z_1-z_2) \tag{9-9}$$

将 1 点取作静止液体中的任意一点时，可令 $p_1=p$，$z_1=z$。将 2 点取在自由表面上，有 $p_2=p_0$，$z_2=z_0$，如图 9-6 所示，由式（9-9）可得

$$z+\frac{p}{\rho g}=z_0+\frac{p_0}{\rho g}$$

令 $h=z_0-z$，得

$$p=p_0+\rho g(z_0-z)$$

或

$$p=p_0+\rho gh \tag{9-10}$$

式中，h 为任意一点在自由表面下的深度。

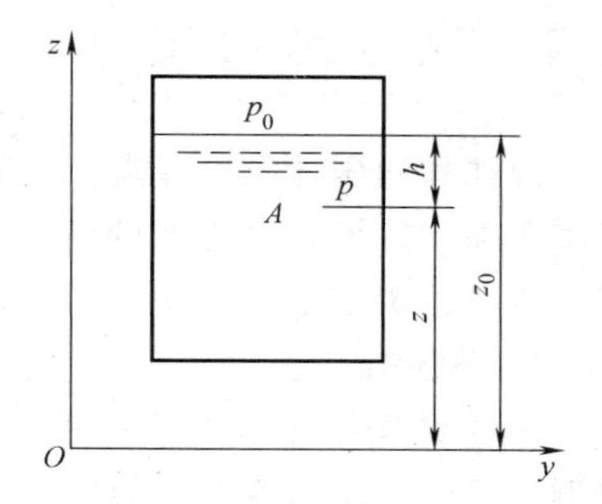

图 9-6　静止液体中任一点的压强

式（9-8）~式（9-10）是静力学基本方程的三种形式，它的适用条件是：流体受到的质量力仅为重力，流体为不可压缩流体且处于平衡状态下。

由静力学基本方程式（9-10），可得以下几点结论：

1）在静止液体中，静压强随深度按线性规律变化。随着深度增加，静压强按正比增大。

2）在静止液体中，任意一点的静压强由两部分组成：一部分为自由表面上的压强 p_0；另一部分是该点到自由表面的单位面积上的液重 ρgh。

3）在同一种静止液体中，位于同一深度（h 相等）的各点静压强相等。即在互相连通的同一种静止液体中，任意水平面都是等压面。

4）计算静止液体内任意点的静压强 p 时，都要加上自由表面上的压强 p_0。即施加于自由表面上的压强，将大小不变地传递到液体内部的任意点上。流体静压强的这种传递现象，就是物理学中的帕斯卡（Blaise Pascal）原理，这一原理广泛应用于水压机、液力传动装置等设备的设计中。

2. 静力学基本方程式的物理意义

从物理学角度上讲，静力学基本方程$\left(zg+\frac{p}{\rho}=C\right)$中的各项均代表了能量。

zg 代表单位质量流体的位势能。因为流体的质量为 m 时，其位势能为 mgz，故 zg 代表单位质量流体时的位势能。

$\frac{p}{\rho}$代表单位质量流体的压强势能。

关于压强势能的说明如下：如图 9-7 所示，容器内 A 点的压强为 p，距基准面高度为 z，在 A 点处开一小孔，接一顶端封闭的玻璃管，将玻璃管顶端的空气抽出，以形成完全真空。在开孔处流体静压强 p 的作用下，流体沿玻璃管上升的高度为 $h_p=p/(\rho g)$，说明静压强 p 克服重力做功，使流体的位势能增加。

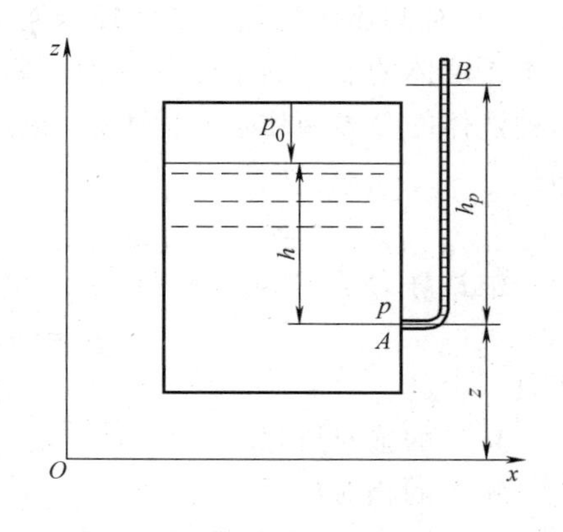

图 9-7　闭口测压管上升高度

位势能与压强势能之和（$zg+p/\rho$）称为单位质量流体的总势能。由式（9-8）可知，在重力作用下的不可压缩流体中，各点单位质量流体的总势能保持不变，而位势能和压强势能可以互相转换。所以静力学基本方程也就是能量守恒定律在静止液体中的应用。

9.4 液柱式测压计

液柱式测压计的原理是：以静力学基本方程式为依据，通过测量液柱高度或高度差来计算出压强。这种测量方式的特点是：结构简单，测量结果准确可靠；但由于液柱高度的限制，测量范围较小。下面依据静力学基本方程对几种常见的液柱式测压计进行分析。

1. 测压管

（1）结构　测压管是一种最简单的液柱式测压计。一般采用一根直径均匀的玻璃管，将测压管的一端与容器上的被测点相连，上端开口与大气相通。为了减小毛细现象所造成的测量误差，玻璃管直径一般不小于 10mm，如图 9-8 所示。

（2）测量原理　在静压强的作用下，液体在玻璃管中的上升高度为 h，假设被测液体的密度为 ρ，大气压强为 p_a，由式（9-10）可得 M 点的绝对压强为

$$p=p_a+\rho gh \tag{9-11}$$

M 点的相对压强为

$$p_e=p-p_a=\rho gh \tag{9-12}$$

根据测得的液柱高度 h，可计算出容器内液体的绝对压强和相对压强。

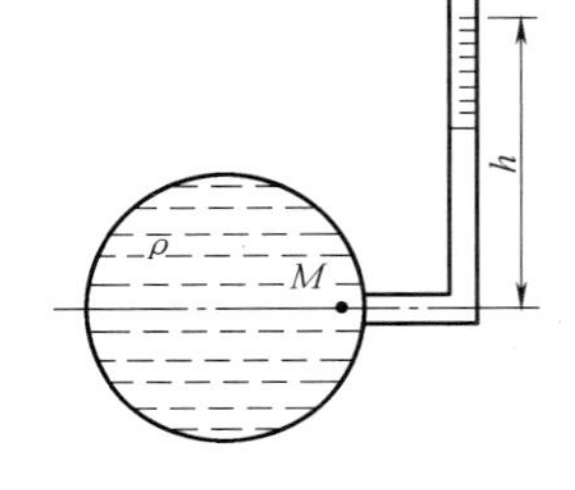

图 9-8　测压管

测压管只能测量较小的压强，一般只适用于被测压强高于大气压强的场合。

2. U 形管测压计

（1）结构　U 形管测压计的结构是一根弯成 U 形的玻璃管，U 形管的一端与被测容器相连，另一端与大气相通。U 形管内的工作液体一般是酒精、水、四氯化碳或水银等。U 形管测压计的测量范围比测压管大，可以用于被测流体压强高于大气压强和低于大气压强的场合，如图 9-9 所示。

（2）测量原理

1）被测流体压强高于大气压强（$p>p_a$）。如图 9-9a 所示，在测点压强 p 的作用下，右管工作液体的液面高于左管液面。假定被测液体的密度为 ρ_1，工作液体的密度为 ρ_2。通过两种液体的分界面作水平面 1-2，根据等压面的判定条件，该水平面 1-2 为等压面。

即

$$p_1=p_2$$

根据静力学基本方程写出 1 点和 2 点的静压强表达式，可得

$$p_1=p+\rho_1 gh_1 \quad 和 \quad p_2=p_a+\rho_2 gh_2$$

所以

$$p+\rho_1 gh_1=p_a+\rho_2 gh_2$$

M 点的绝对压强

$$p=p_a+\rho_2 gh_2-\rho_1 gh_1 \tag{9-13}$$

M 点的相对压强

$$p_e=p-p_a=\rho_2 gh_2-\rho_1 gh_1 \tag{9-14}$$

2）被测流体压强低于大气压强（$p<p_a$）。如图 9-9b 所示，在外界大气压强作用下，左

管液面高于右管液面。图中水平面 1-2 为等压面，根据静力学基本方程列出等压面方程，即

$$p+\rho_1gh_1+\rho_2gh_2=p_a$$

M 点的绝对压强
$$p=p_a-\rho_1gh_1-\rho_2gh_2 \tag{9-15}$$

M 点的真空
$$p_v=p_a-p=\rho_1gh_1+\rho_2gh_2 \tag{9-16}$$

若被测流体为气体时，由于气体密度很小，式中的 ρ_1gh_1 项可以忽略不计。

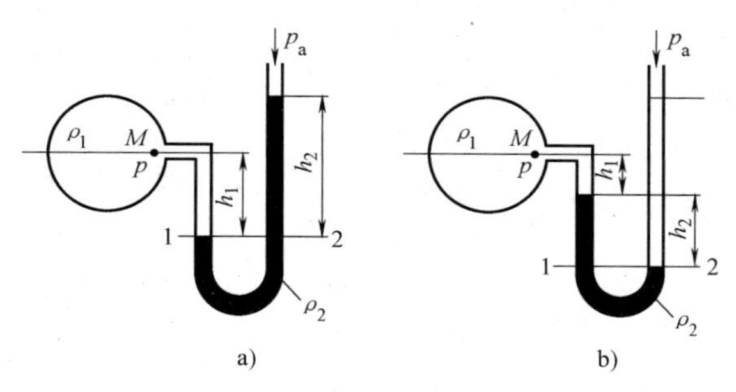

图 9-9　U 形管测压计

a）$p>p_a$　b）$p<p_a$

3. U 形管差压计

（1）结构　如图 9-10 所示，U 形管差压计用于测量流体的压力差，测量时 U 形管两端分别与两个容器中的测点 A 和 B 连接。

（2）测量原理　假定两个容器内流体的密度分别为 ρ_A 和 ρ_B，U 形管内工作液体的密度为 ρ。水平面 1-2 是等压面，即 $p_1=p_2$，其中

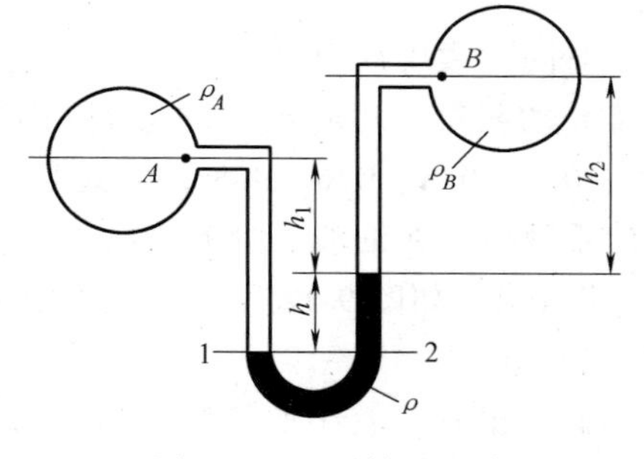

图 9-10　U 形管差压计

$$p_1=p_A+\rho_Ag(h_1+h)$$
$$p_2=p_B+\rho_Bgh_2+\rho gh$$

故
$$p_A+\rho_Ag(h_1+h)=p_B+\rho_Bgh_2+\rho gh$$

A、B 两点的压强差为

$$p_A-p_B=\rho_Bgh_2+\rho gh-\rho_Ag(h_1+h)=(\rho-\rho_A)gh+\rho_Bgh_2-\rho_Agh_1 \tag{9-17}$$

若两容器内均为气体，气体密度很小，式（9-17）可简化为

$$p_A-p_B=\rho gh \tag{9-18}$$

4. 倾斜式微压计

（1）结构　工程中测量较小的压强或压强差时，为提高测量精度，常采用倾斜式微压计。如图 9-11 所示，倾斜式微压计由一个截面面积较大的容器连接一个可调倾斜角 α 的细玻璃管组成，容器内盛有一定量的工作液体，一般采用蒸馏水或酒精。假定大容器的截面面积为 A，细玻璃管的截面面积为 S，工作液体的密度为 ρ。

（2）测量原理　倾斜式微压计的两端压强相等时，容器中的液面和细玻璃管中的液面齐平，处在 0-0 基准面上。当微压计容器的上端与气体测点相通时，在被测气体压强 p 的作用下，大容器中液面下降至 1-2 位置，下降的高度为 h_1，细玻璃管中液面上升了 L 长度，上升的垂直高度为 h_2，则有 $h_2=L\sin\alpha$。

由于工作液体的总体积不变，故大容器中下降的液体体积和细玻璃管上升的液体体积相同，则有

$$h_1A=LS \quad 或 \quad h_1=\frac{LS}{A}$$

如图 9-11 所示，微压计工作时，水平面 1-2 为等压面，列出等压面方程，可得

绝对压强为 $p=p_a+\rho g(h_1+h_2)$ (9-19)

相对压强为 $p_e=p-p_a=\rho g(h_1+h_2)$ (9-20)

将 $h_1=LS/A$ 和 $h_2=L\sin\alpha$ 代入上面两式，有

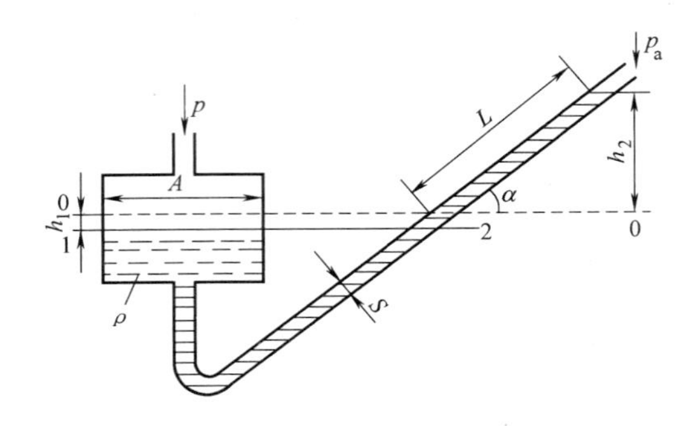

图 9-11 倾斜式微压计

绝对压强
$$p=p_a+\rho g\left(\frac{S}{A}+\sin\alpha\right)L=p_a+KL \tag{9-21}$$

相对压强
$$p_e=KL \tag{9-22}$$

式中，K 为倾斜式微压计系数，有

$$K=\rho g\left(\frac{S}{A}+\sin\alpha\right) \tag{9-23}$$

对同一微压计而言，式（9-23）中 A、S 和 ρ 均为常数，则倾斜式微压计系数 K 仅是倾斜角 α 的函数，对应不同的倾斜角 α，可得出不同的 K 值。倾斜式微压计系数 K 一般有 0.2、0.3、0.4、0.6、0.8 五个数值，刻在微压计的弧形支架上。在实际测量时，先设定微压计系数值，在细玻璃管上读出 L 后，代入式（9-22）就可计算出压强值。

例 9-1 如图 9-12 所示为一密闭水箱。当 U 形管测压计的读数为 12cm 时，试确定压力表 A 的读数。

解 在 U 形管中取等压面 1-2，则有 $p_1=p_2$，其中

$$p_1=p_0+0.12\rho_{Hg}g$$
$$p_2=p_a$$

列出等压面方程，得自由表面上的压强为

$$p_0=p_a-0.12\rho_{Hg}g$$

A 点的绝对压强

$$p_A=p_0+\rho gh=p_a-0.12\rho_{Hg}g+3\rho g$$

A 点的相对压强

$$p_{Ae}=p_A-p_a=-0.12\rho_{Hg}g+3\rho g$$
$$=[-0.12\times133400+3\times9807]\text{Pa}=13410\text{Pa}$$

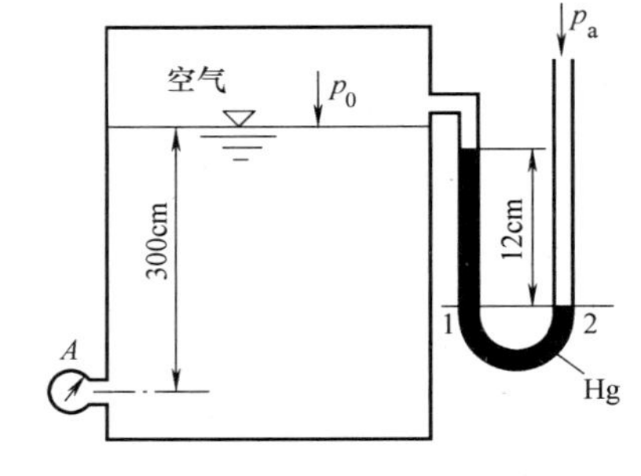

图 9-12 例 9-1 图

故压力表的读数为 13410Pa。

例 9-2 如图 9-13 所示，一倒 U 形管差压计（又称空气比压计），管顶部留有空气。可利用阀 C 进气或放气，以调节管中液面的高度差。h 为两测压管的液面高度差，已知 $h_1=60\text{cm}$，$h=45\text{cm}$，$h_2=180\text{cm}$，求 A、B 两点水的压强差。

解 由静力学基本方程，对左管有

$$p_A=p_D+\rho gh_1$$

对右管有

$$p_B = p_E + \rho g(h+h_2)$$

所以

$$p_B - p_A = p_E + \rho g(h+h_2) - (p_D + \rho g h_1)$$

因为空气的密度很小，认为两管液面上的压强相等，即 $p_D = p_E$。

故

$$p_B - p_A = \rho g(h+h_2-h_1) = 9.8\times10^3\times(0.45+1.8-0.6)\text{Pa} = 16.17\text{kPa}$$

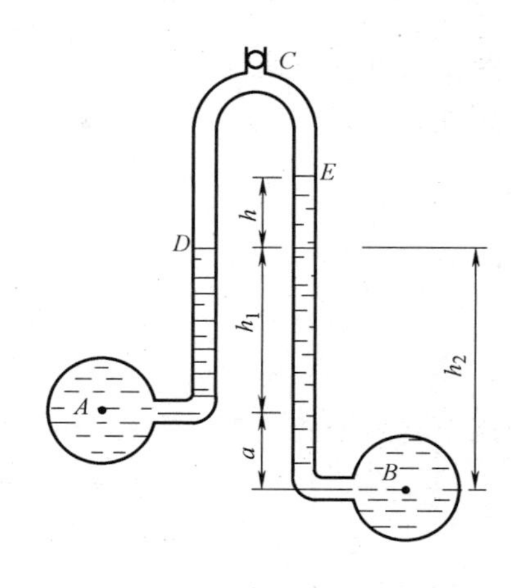

图 9-13　例 9-2 图

例 9-3　如图 9-14 所示为一测量装置，活塞的直径 $d=35$mm，油的相对密度为 $d_{油}=0.92$，汞的相对密度 $d_{Hg}=13.6$，活塞与缸壁无泄漏和摩擦。当活塞重为 15N 时，$h=700$mm，试计算 U 形测压管的液面高度差 Δh 值。

解　重物使活塞单位面积上承受的压强为

$$p = \frac{15}{\frac{\pi}{4}d^2} = \frac{15}{\frac{\pi}{4}\times0.035^2}\text{Pa} = 15590\text{Pa}$$

列等压面 1-1 的平衡方程

$$p + \rho_{油}\, gh = \rho_{Hg} g \Delta h$$

解得 Δh 为

$$\Delta h = \frac{p}{\rho_{Hg} g} + \frac{\rho_{油}}{\rho_{Hg}} h = \left[\frac{15590}{13600\times9.806} + \frac{0.92}{13.6}\times0.70\right]\text{m} = 16.4\text{cm}$$

例 9-4　如图 9-15 所示，用双 U 形管测压计测量两点的压强差，已知 $h_1=600$mm，$h_2=250$mm，$h_3=200$mm，$h_4=300$mm，$h_5=500$mm，$\rho_1=1000\text{kg/m}^3$，$\rho_2=800\text{kg/m}^3$，$\rho_3=13598\text{kg/m}^3$，试计算 A 和 B 两点的压强差。

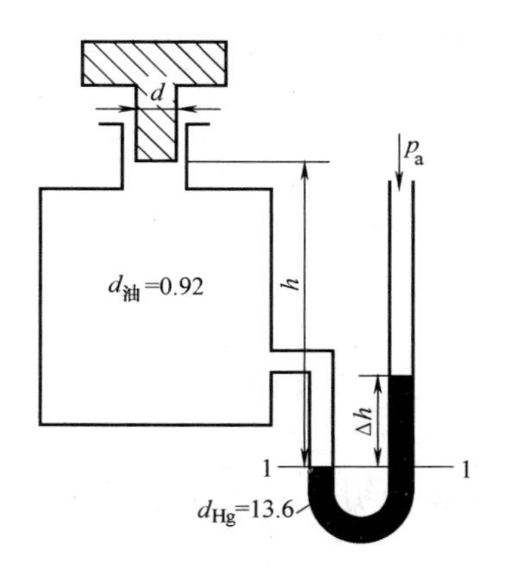

图 9-14　例 9-3 图

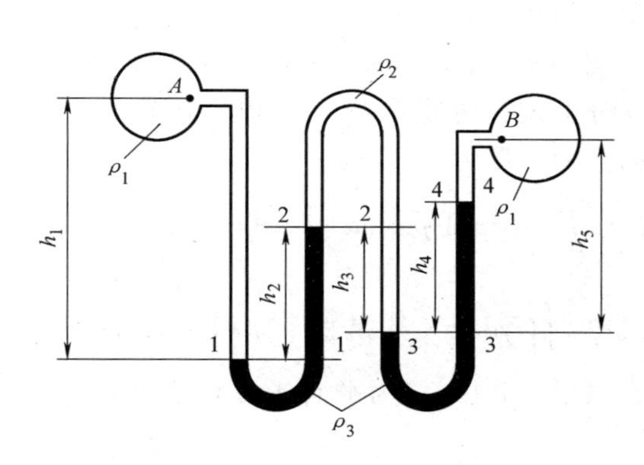

图 9-15　例 9-4 图

解 根据等压面的条件，图中 1-1、2-2、3-3 均为等压面，应用静力学基本方程写出各点的压强为

$$p_1 = p_A + \rho_1 g h_1$$

$$p_2 = p_1 - \rho_3 g h_2$$

$$p_3 = p_2 + \rho_2 g h_3$$

$$p_4 = p_3 - \rho_3 g h_4$$

$$p_B = p_4 - \rho_1 g(h_5 - h_4)$$

逐个将式子代入下一个式子中，则

$$p_B = p_A + \rho_1 g h_1 - \rho_3 g h_2 + \rho_2 g h_3 - \rho_3 g h_4 - \rho_1 g(h_5 - h_4)$$

所以

$$\begin{aligned} p_A - p_B &= \rho_1 g(h_5 - h_4) + \rho_3 g h_4 - \rho_2 g h_3 + \rho_3 g h_2 - \rho_1 g h_1 \\ &= [9.806\times1000\times(0.5-0.3)+133400\times0.3-7850\times0.2+133400\times0.25-9.806\times1000\times0.6]\text{Pa} \\ &\approx 67878\text{Pa} \end{aligned}$$

9.5 静止液体作用在平面上的总压力

在工程实际中，不仅需要求解静止液体中某一点的压强，还经常遇到静止液体对固体平面作用力的计算问题，该作用力称为静止液体作用在平面上的总压力。本节重点讨论静止液体对平面上总压力的大小、方向和作用点的确定。

1. 总压力的大小和方向

如图 9-16 所示，在静止液体中有一任意形状的平面，平面面积为 A，与水平面的夹角为 α，自由表面上的压强为 p_0，取参考坐标系 Oxy，将 x 轴和 y 轴取在平面上。为看清平面的形状，图 9-16 中将平面绕 Oy 轴旋转 90°，得出该平面的正视图。

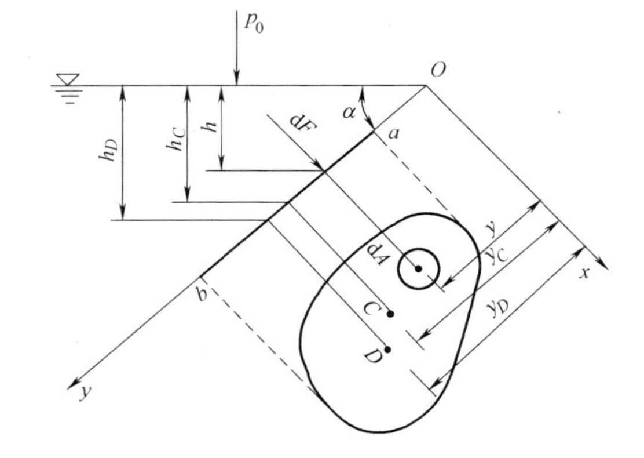

图 9-16 作用在平面上的液体总压力

由于该平面上不同点的深度不同，使各点压强不同，故平面上的总压力不能直接求出。先在平面上取一微元面积 dA，淹深为 h，到 x 轴的距离为 y，液体作用在该微元面积上的总压力为

$$dF = p\,dA = (p_0 + \rho g h)\,dA = (p_0 + \rho g y\sin\alpha)\,dA$$

积分上式，可得出静止液体作用在整个平面上的总压力

$$F = \iint_A dF = p_0 A + \rho g\sin\alpha \iint_A y\,dA = p_0 A + \rho g\sin\alpha\, y_C A$$

式中，$\iint_A y\,dA = y_C A$ 是整个面积 A 对 Ox 轴的面积矩，其中 y_C 为平面 A 形心处的 y 坐标。若形心处的淹深为 h_C，有 $h_C = y_C\sin\alpha$，则

$$F = p_0 A + \rho g h_C A = (p_0 + \rho g h_C)A \tag{9-24}$$

若作用在自由表面上为大气压强，而平面外侧也作用着大气压强，在这种情况下，仅由

液体产生的平面上的总压力为

$$F=\rho g h_C A \tag{9-25}$$

式（9-24）和式（9-25）表明，静止液体作用在任意形状平面上的总压力等于该平面的面积与平面形心处压强的乘积。如果保持平面形心的淹深不变，仅改变平面的倾斜角度，则该平面上总压力大小不变。

静止液体作用在平面上总压力的方向，与平面上各点静压强的方向一致，即沿作用面的内法线方向。

2. 总压力的作用点

总压力的作用线与平面的交点称为总压力的作用点，或压力中心。

如图 9-16 所示，假定压力中心位于 D 点，其坐标为 y_D。由力矩平衡的原理可知，总压力 F 对 Ox 轴之矩等于各微元面积上的总压力 $\mathrm{d}F$ 对 Ox 轴之矩的代数和，则有

$$F y_D=\iint_A \mathrm{d}F y$$

假设自由表面上为大气压强，代入得

$$\rho g \sin\alpha y_C - A y_D=\rho g \sin\alpha \iint_A y^2 \mathrm{d}A$$

式中，$\iint_A y^2 \mathrm{d}A=I_x$ 为面积 A 对 Ox 轴的惯性矩，所以有

$$y_D=\frac{I_x}{y_C A} \tag{9-26}$$

根据惯性矩的平行移轴定理有

$$I_x=y_C^2 A+I_{Cx}$$

式中，I_{Cx} 为平面对于通过它的形心且平行于 Ox 轴的惯性矩。

则式（9-26）可写为

$$y_D=\frac{y_C^2 A+I_{Cx}}{y_C A}=y_C+\frac{I_{Cx}}{y_C A} \tag{9-27}$$

式（9-27）表明，因为 $I_{Cx}/y_C A$ 恒大于零，所以 y_D 大于 y_C，即压力中心 D 总是在形心 C 下方，随平面淹没深度的增加，压力中心与形心越靠近。在工程实际中所遇到的平面往往是对称平面，一般不必计算压力中心的 x 坐标。几种常用截面的几何性质见表 9-1。

表 9-1　几种常用截面的几何性质

截面几何图形	面积 A	形心 y_C	惯性矩 I_{Cx}
y_C　h　O　x　b	bh	$\frac{1}{2}h$	$\frac{1}{12}bh^3$

（续）

截面几何图形	面积 A	形心 y_C	惯性矩 I_{Cx}
	$\frac{1}{2b}bh$	$\frac{2}{3}h$	$\frac{1}{36}bh^3$
	$\frac{1}{2}h(a+b)$	$\frac{1}{3}h\frac{a+2b}{a+b}$	$\frac{1}{36}h^3\frac{a^2+4ab+b^2}{a+b}$
	πr^2	r	$\frac{\pi}{4}r^4$
	$\frac{\pi}{4}bh$	$\frac{h}{2}$	$\frac{\pi}{64}bh^3$
	$\frac{\pi r^2}{3}$	$\frac{4r}{3\pi}$	$\frac{9\pi^2-64}{72\pi}r^4$

例 9-5 如图 9-17 所示，形状不同的容器内盛有同一种液体，放在地面上，容器的底面积均为 A，自由表面上为大气压强。试分析静止液体作用在容器底面上的总压力。

解 由于容器底面为水平面，故

$$h_C=h$$

作用在容器底面上的总压力为 $$F=\rho ghA$$

由上式可知，静止液体作用在水平面上的总压力仅与液体密度、淹深和平面面积有关，而与容器的形状无关。上述四个容器中液体对底面的总压力是相同的，这一现象又称为静水奇象。但若考虑容器对地面的作用力时，需考虑容器侧面上的总压力在垂直方向上的分力，

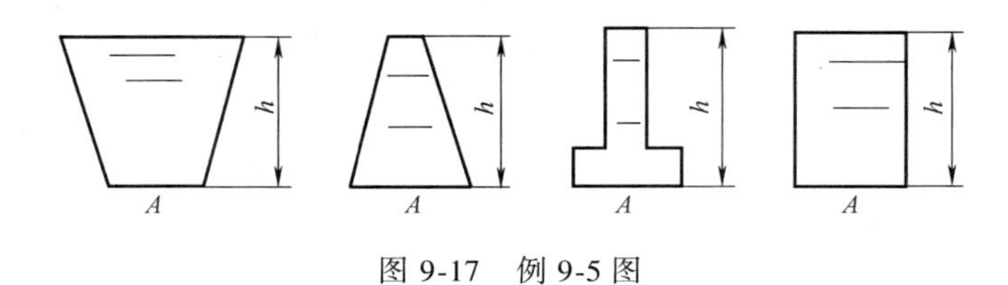

图 9-17 例 9-5 图

在忽略容器自重时，容器对地面的作用力等于容器内液体的重力。

例 9-6　如图 9-18 所示，一个两边都承受水压的矩形水闸，如果两边的水深分别为 $h_1=2\text{m}$、$h_2=4\text{m}$，试求每米宽度水闸上所承受的净总压力及其作用点的位置。

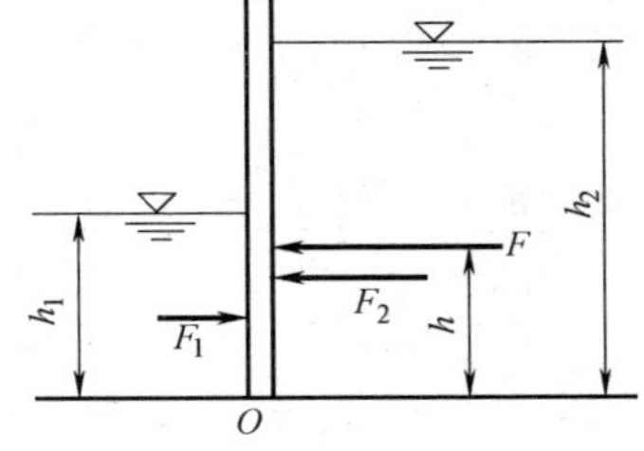

图 9-18　例 9-6 图

解　淹没在自由表面下 h_1 深的矩形水闸的形心为

$$y_C=h_C=\frac{h_1}{2}$$

每米宽水闸左侧的总压力为

$$F_1=\rho g h_C A=\frac{1}{2}\rho g h_1^2=\frac{1}{2}\times 9806\times 2^2\text{N}=19612\text{N}$$

由式（9-27），确定 F_1 的作用点的位置为

$$y_{D1}=y_C+\frac{I_{Cr}}{y_C A}=\frac{1}{2}h_1+\frac{\frac{1}{12}bh_1^3}{\frac{1}{2}h_1^2 b}=\frac{2}{3}h_1=\frac{4}{3}\text{m}$$

即 F_1 的作用点的位置为距底面$\frac{1}{3}h_1$ 处。

每米宽水闸右侧的总压力为

$$F_2=\rho g h_C A=\frac{1}{2}\rho g h_2^2=\frac{1}{2}\times 9806\times 4^2\text{N}=78448\text{N}$$

同理，F_2 的作用点的位置距底面为$\frac{1}{3}h_2=\frac{4}{3}\text{m}$。

每米宽水闸上所承受的净总压力为

$$F=F_2-F_1=(78448-19612)\text{N}=58836\text{N}$$

假设净总压力 F 的作用点距底面为 h，根据力矩平衡的原理，合力 F 对水闸底部 O 点处的力矩等于各分力的力矩之和。即

$$Fh=F_2\frac{h_2}{3}-F_1\frac{h_1}{3}$$

$$h=\frac{F_2h_2-F_1h_1}{3F}=\frac{78448\times 4-19612\times 2}{3\times 58836}\text{m}=1.56\text{m}$$

9.6　静止液体作用在曲面上的总压力

由静压强的特性可知，静压强总是垂直指向作用面。在求解平面上的总压力时，由于平面上各点静压强方向均相同，可先求出作用在微元面积上的总压力，然后积分求和。在曲面上，不同点的压强方向一般不同，求合力时不能像平面那样直接对微元面积上的总压力积分求解，而是先将微元面积上的总压力分解为水平方向和垂直方向上的分力，然后积分求合力。为了方便起见，先以二维曲面（柱形曲面）为例进行分析，然后将结论推广到任意形状的空间曲面。

1. 总压力

设一柱形曲面 ab 位于静止液体中，其面积为 A，假定自由表面上为大气压强。取坐标系的 y 轴与柱形曲面的母线平行，z 轴方向垂直向下。沿曲面的母线方向，在曲面上任取一微元长条面积 $\mathrm{d}A$，其淹深为 h，则作用在微元面积上的总压力为

$$\mathrm{d}F=\rho gh\mathrm{d}A$$

$\mathrm{d}F$ 在 x 轴和 z 轴方向上的分力为

$$\mathrm{d}F_x=\mathrm{d}F\cos\theta=\rho gh\mathrm{d}A\cos\theta$$
$$\mathrm{d}F_z=\mathrm{d}F\sin\theta=\rho gh\mathrm{d}A\sin\theta$$

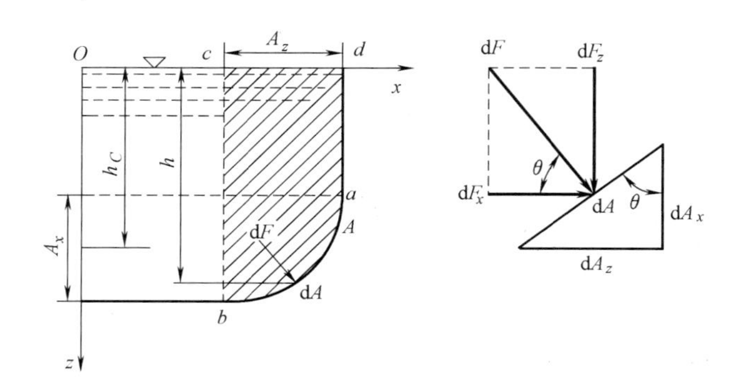

图 9-19 作用在曲面上的总压力

由图 9-19 可知，$\mathrm{d}A\cos\theta=\mathrm{d}A_x$，$\mathrm{d}A\sin\theta=\mathrm{d}A_z$，则有

$$\mathrm{d}F_x=\rho gh\mathrm{d}A_x$$
$$\mathrm{d}F_z=\rho gh\mathrm{d}A_z$$

(1) 水平分力　静止液体作用在曲面上的总压力在 x 轴方向的分力，为水平分力 F_x，则

$$F_x=\iint_A \mathrm{d}F_x=\iint_A \rho gh\mathrm{d}A_x=\rho g\iint_A h\mathrm{d}A_x$$

式中，$\iint_A h\mathrm{d}A_x$ 为曲面在 yOz 坐标面上的投影面积 A_x 对 y 轴的面积矩，且 $\iint_A h\mathrm{d}A_x=h_CA_x$，$h_C$ 为投影面积 A_x 的形心淹深，故上式可表示为

$$F_x=\rho gh_CA_x \tag{9-28}$$

式 (9-28) 可表述为：静止液体作用在曲面上总压力的水平分力等于液体作用在该曲面在 yOz 平面上的投影面积 A_x 上的总压力。水平分力的作用线通过 A_x 的压力中心。

(2) 垂直分力　静止液体作用在曲面上的总压力在 z 轴方向的分力，为垂直分力 F_z，则

$$F_z=\iint_A \mathrm{d}F_z=\iint_A \rho gh\mathrm{d}A_z=\rho g\iint_A h\mathrm{d}A_z$$

式中，$\iint_A h\mathrm{d}A_z$ 为曲面 ab 和自由表面间的柱体体积，如图 9-19 中的阴影部分，称为压力体 V_p。故 $\iint_A h\mathrm{d}A_z=V_\mathrm{p}$，代入上式得

$$F_z = \rho g V_p \tag{9-29}$$

由式（9-29）可知，静止液体作用在曲面上的垂直分力等于压力体内的液体自重，其作用线通过压力体重心。

（3）总压力的大小　将曲面上的水平分力和垂直分力合成，可得静止液体作用在曲面上的总压力，即

$$F = \sqrt{F_x^2 + F_z^2} \tag{9-30}$$

以上结论可以推广到任意形状的三维曲面，此时作用在曲面上的力不仅有 F_x 和 F_z，还有 F_y，F_y 的计算方法和 F_x 一样。则三维曲面上的总压力为

$$F = \sqrt{F_x^2 + F_y^2 + F_z^2} \tag{9-31}$$

2. 总压力的方向和作用点

如图9-20所示，总压力 F 与垂直方向的夹角 θ 为

$$\tan\theta = \frac{F_x}{F_z} \tag{9-32}$$

若水平分力和垂直分力作用线的交点为 D'，则总压力作用线必通过交点 D'，且与垂直方向成 θ 角，如图9-20所示。总压力作用线与曲面的交点 D 即总压力的作用点。

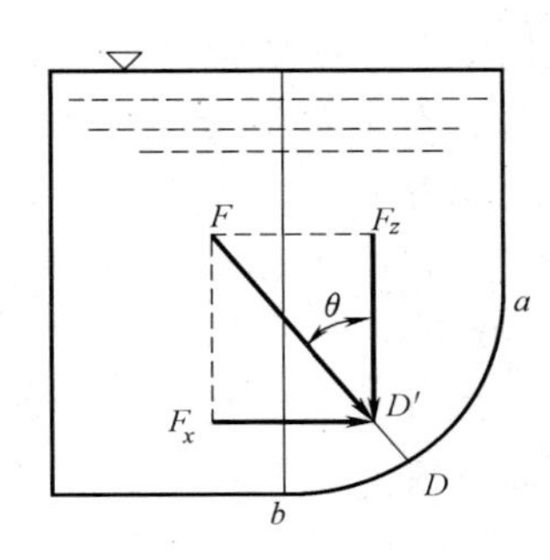

图9-20　曲面上总压力的合力

3. 压力体

压力体是由积分式 $\iint_A h \mathrm{d}A_z$ 得出的一个体积，它是一个纯数学概念，压力体的数值与这个体积内是否充满液体无关。压力体一般是由液体的自由表面、承受液体压力的曲面、该曲面的边界线向上垂直延伸至液体的自由表面（或延伸面）所围成的体积。下面通过三个例子说明压力体的确定。

在图9-21a的情况下，总压力 F 的方向是指向斜下方的，因此垂直分力是向下的。这时压力体内充满液体，称为实压力体，用（+）号表示。

在图9-21b的情况下，总压力 F 的方向是指向斜上方的，因此垂直分力是向上的。压力体仍然是从曲面起向上至自由表面（这时是自由表面的延长面）的柱体。由于压力体内没有液体，所以称为虚压力体，用（-）号表示。

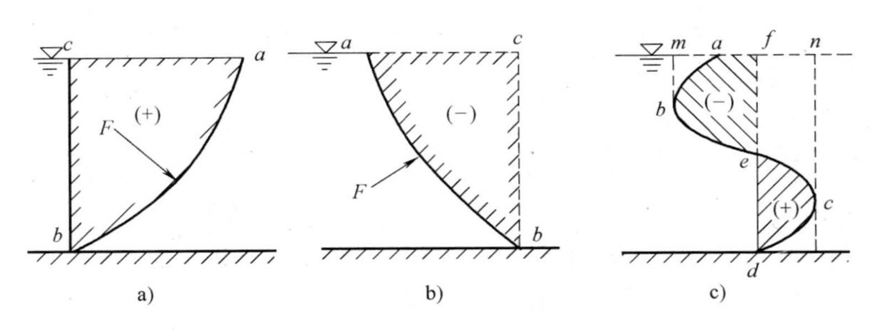

图9-21　压力体示意图

图9-21c是一种比较复杂的情况，这时要将 S 形曲面分成三部分进行分析。ab 和 cd 两段都属于液体在曲面之上的情况，属于实压力体，压力体分别为 amb 和 $fdcn$，以（+）表

示。而 bc 段是属于液体在曲面以下的情况，属于虚压力体，相应的压力体为 $mbcn$，以（-）号表示。将这三部分压力体相加，其中（+）号和（-）号重叠的部分消去后，只剩下两块压力体，一块是 $abef$，标为（-）号，说明垂直分力向上；另一块为 edc，标为（+）号，说明垂直分力向下。根据这两个压力体，可以分别求出两个相应的垂直分力。

4. 浮力原理

如图 9-22 所示，在静止液体中有一任意形状的物体 $ABCD$，其体积为 V_{ABCD}，物体的表面构成一个封闭曲面，静止液体作用在该封闭曲面上的总压力就是液体对该物体的作用力。下面分析该封闭曲面上的总压力。

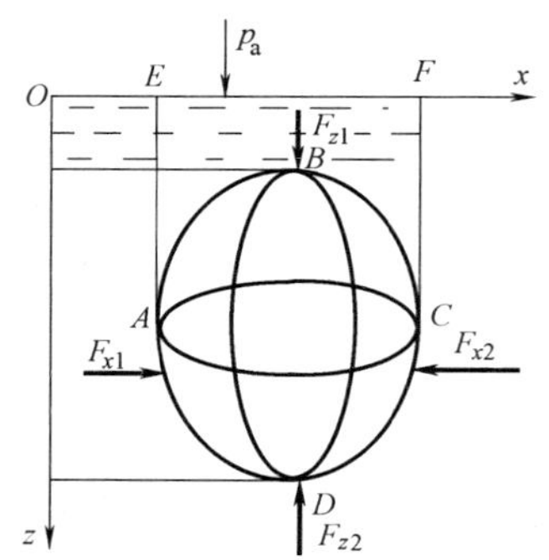

图 9-22　浮力原理

（1）水平分力　通过物体的表面作无数条 x 方向的水平切线，这些切线将物体表面分成左、右两部分，这两部分曲面在 yOz 平面上的投影完全相同。因此，曲面的左、右两部分受到的水平分力大小相等，方向相反，总水平分力 $F_x=F_{x2}-F_{x1}=0$。同理可知，沿 y 方向上的水平分力 $F_y=0$。

（2）垂直分力　通过物体表面作垂直外切线，将物体表面分成上、下两部分。液体作用在上表面上的垂直分力 F_{z1} 等于压力体 $ABCFE$ 的液重，方向垂直向下，即

$$F_{z1}=\rho g V_{ABCFE}$$

液体作用在下表面上的垂直分力 F_{z2} 等于压力体 $AEFCD$ 的液重，方向垂直向上，即

$$F_{z2}=\rho g V_{AEFCD}$$

液体作用在整个物体表面上的垂直分力是上、下两部分垂直分力的合力，即

$$F_z=F_{z2}-F_{z1}=\rho g(V_{AEFCD}-V_{ABCFE})=\rho g V_{ABCD} \tag{9-33}$$

方向垂直向上。

由于水平分力为零，液体作用在物体上的总压力就等于总垂直分力 F_z，该力又称为浮力。这就证明了浸没在液体中的物体所受到的力只有垂直向上的力，大小等于物体所排开的液重，即阿基米德定律。

（3）物体在静止液体中的存在形式　在静止液体中的物体要受到两个力的作用：一个是垂直向上的浮力 F_z；另一个是垂直向下的重力 G。根据物体受到的浮力和重力的比较，物体在静止液体中有三种存在形式：

1）$G>F_z$ 时，物体下沉到底，称为沉体。

2）$G=F_z$ 时，物体在液体中的任何位置均处于平衡状态，称为潜体。

3）$G<F_z$ 时，物体上浮，直到部分露出液面。物体在液面以下部分所排开的液重恰好等于物体的重力，称为浮体。

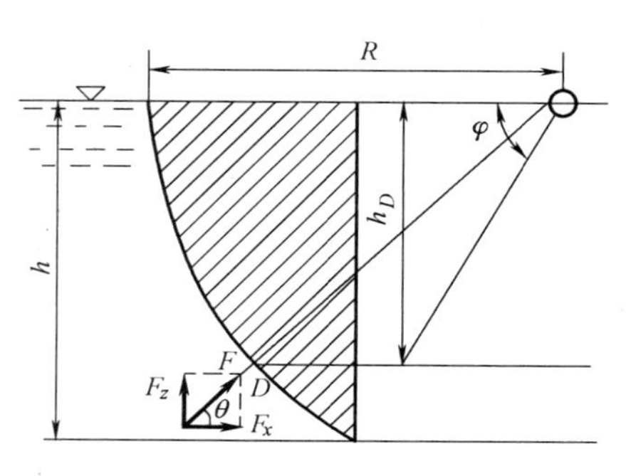

图 9-23　例 9-7 图

例 9-7　圆弧形闸门长 $b=5\text{m}$，圆心角 $\varphi=60°$，半径 $R=4\text{m}$，如图 9-23 所示。若弧形闸门的转轴与水面齐平，求作用在弧形闸门上的总压

力及其作用点的位置。

解　弧形闸门前的水深

$$h = R\sin\varphi = 4\times\sin60^\circ\text{m} = 3.464\text{m}$$

弧形闸门上总压力的水平分力

$$F_x = \rho g h_C A_x = \rho g \frac{h}{2}hb = 1000\times9.806\times0.5\times3.464^2\times5\text{N}\approx294162.7\text{N}$$

垂直分力

$$F_z = \rho g V_\text{p} = \rho g\left(\frac{\pi R^2\varphi}{360^\circ} - \frac{hR}{4}\right)b = 9806\times\left(\frac{3.14\times4^2\times60^\circ}{360^\circ} - \frac{3.464\times4}{4}\right)\times5\text{N}\approx240704.6\text{N}$$

弧形闸门上的总压力为

$$F = \sqrt{F_x^2 + F_z^2} = \sqrt{294162.7^2 + 240704.6^2}\text{N}\approx380092.6\text{N}$$

总压力与水平线的夹角为

$$\theta = \arctan\frac{F_z}{F_x} = \arctan\frac{240704.6}{294162.7}\approx39.29^\circ$$

对圆弧形曲面，曲面上各点静压强的方向均与曲面垂直，其作用线均通过圆心。故总压力的作用线一定通过圆心，由此可知总压力的作用点 D 距水面的距离 h_D 为

$$h_D = R\sin\theta = 4\times\sin39.29^\circ\text{m}\approx2.53\text{m}$$

例 9-8　如图 9-24 所示的贮水容器，其壁面上有三个半球形盖。设 $d = 1\text{m}$，$h = 1.5\text{m}$，$H = 2.5\text{m}$。试求作用在每个盖上的液体总压力。

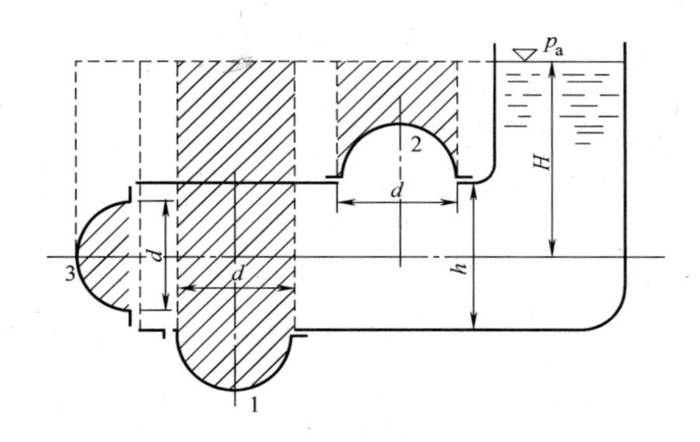

图 9-24　例 9-8 图

解　1）底盖上所受到的力。底盖沿水平方向对称，所以，底盖受到的水平分力互相抵消，其水平分力为零。底盖上的总压力等于垂直分力，方向垂直向下。

$$F_{z1} = \rho g V_1 = \rho g\left[\frac{\pi d^2}{4}\left(H + \frac{h}{2}\right) + \frac{\pi d^3}{12}\right] = 9806\times\left[\frac{3.14\times1^2}{4}(2.5+0.75) + \frac{3.14\times1^3}{12}\right]\text{N}\approx27583.5\text{N}$$

2）顶盖上的水平分力也为零，总压力等于垂直分力，方向垂直向上。

$$F_{z2} = \rho g V_2 = \rho g\left[\frac{3.14d^2}{4}\left(H - \frac{h}{2}\right) - \frac{\pi d^3}{12}\right] = 9806\times\left[\frac{3.14\times1^2}{4}(2.5-0.75) - \frac{3.14\times1^3}{12}\right]\text{N}\approx10905.1\text{N}$$

3）侧盖上总压力的水平分力为

$$F_{x3}=\rho g h_C A_x=\rho g H\frac{\pi d^2}{4}=9806\times2.5\times\frac{3.14\times1^2}{4}\text{N}\approx19244.3\text{N}$$

侧盖上垂直分力方向向下，其大小为

$$F_{z3}=\rho g\frac{\pi d^3}{12}=9806\times\frac{3.14\times1^3}{12}\text{N}\approx2566.0\text{N}$$

侧盖上总压力大小为

$$F_3=\sqrt{F_{x3}^2+F_{z3}^2}=\sqrt{19244.3^2+2566.0^2}\text{N}\approx19414.6\text{N}$$

总压力的作用线一定通过球心，与垂直方向的夹角 θ 为

$$\theta=\arctan\frac{F_{x3}}{F_{z3}}=\arctan\frac{19244.3}{2566.0}\approx82.41°$$

第 10 章　流体动力学基础

学习目标

了解描述流体流动的两种方法的实质；掌握流动的分类方法和基本概念；熟练掌握流体流动基本方程，并能熟练运用连续方程、能量方程解决工程实际问题；理解伯努利方程的推导过程，掌握实际流体伯努利方程的三种表示形式、使用条件和注意事项，并能熟练应用于求解工程实际问题。

本章主要讲授流体运动的基本概念，介绍根据物理学中的基本定律和定理，如质量守恒定律、牛顿定律、动量定理和能量守恒定律等，推导出的描述流体运动的几个基本方程，即连续性方程、伯努利方程和动量方程，以及这些方程在工程实际中的应用。

10.1　描述流体运动的两种方法

研究流体运动时，首先要建立流场的概念。我们将流体质点运动的全部空间称为流场。由于流体为连续介质，所以在流场中充满了无数连续分布的运动的流体质点，描述流体运动的各物理量（如速度、加速度、压强等）是空间坐标和时间的连续函数。流体动力学的任务是研究流场中流体运动参数的分布规律和相互之间的关系。在流体力学中，研究流体运动有两种方法，一种是拉格朗日（Lagrange）方法，另一种是欧拉（Euler）方法。

1. 拉格朗日法

拉格朗日法的着眼点是流体质点。在流场中先选定一些具有代表性的流体质点，通过跟踪和观察这些流体质点的运动情况，建立这些流体质点的轨迹方程和运动参数随时间的变化关系。最后综合所有流体质点的运动情况，从而得到整个流场中的运动规律。

在流场中，为识别和区分不同的流体质点，通常取初始时刻（$t=t_0$）时每一质点的空间位置坐标（a，b，c）作为区分质点的标识，即不同的（a，b，c）代表不同的流体质点。则流体质点的轨迹方程可表示为

$$\begin{cases}x=x(a,b,c,t)\\y=y(a,b,c,t)\\z=z(a,b,c,t)\end{cases}\tag{10-1}$$

式（10-1）中，a、b、c 通常称为拉格朗日变量，它们代表流体质点的标号。如果令 a、b、c 为常数，t 为变量，就可得出某个指定流体质点的运动规律。如果 t 为常数，a、b、c 为变量，可以得出某一瞬时不同质点在流场中的分布情况。

将式（10-1）对时间 t 求一阶和二阶偏导数，可得出流体质点的速度 u、v、w 和加速度 a_x、a_y、a_z）为

$$\begin{cases} u=\dfrac{\partial x}{\partial t}=u(a,b,c,t) \\ v=\dfrac{\partial y}{\partial t}=v(a,b,c,t) \\ w=\dfrac{\partial z}{\partial t}=w(a,b,c,t) \end{cases} \tag{10-2a}$$

$$\begin{cases} a_x=\dfrac{\partial u}{\partial t}=\dfrac{\partial^2 x}{\partial t^2}=a_x(a,b,c,t) \\ a_y=\dfrac{\partial v}{\partial t}=\dfrac{\partial^2 y}{\partial t^2}=a_y(a,b,c,t) \\ a_z=\dfrac{\partial w}{\partial t}=\dfrac{\partial^2 z}{\partial t^2}=a_z(a,b,c,t) \end{cases} \tag{10-2b}$$

同样，流体的其他参数如密度 ρ、压强 p 和温度 T 也可写成 a、b、c 和时间的函数。

拉格朗日法在物理概念上清晰易懂，但用拉格朗日法分析流体运动时，描述流体运动参数的方程往往是一阶和二阶偏微分方程，在数学处理上有困难，而且在工程实际中，需要了解的往往是流动参数在整个流场中的分布情况，一般不需要了解流体质点的运动情况。因此，在流体力学研究中一般采用较为简便的欧拉法。

2. 欧拉法

欧拉法是以整个流场为研究对象，以流场中固定的空间点为着眼点。研究流体质点流过这些固定的空间点时，运动参数随时间的变化规律，把足够多的空间点综合起来得出整个流场的运动规律。在欧拉法描述中，各空间点上的物理量（实际上是通过此点的流体质点所具有的物理量）是随时间变化的。因此，整个流场中流体的运动参数是空间坐标（x，y，z）和时间 t 的函数。例如，流体质点的三个速度分量可表示为

$$\begin{cases} u=u(x,y,z,t) \\ v=v(x,y,z,t) \\ w=w(x,y,z,t) \end{cases} \tag{10-3}$$

式中，u、v、w 分别为速度矢量 $\boldsymbol{V}$ 在三个坐标轴上的分量，即 $\boldsymbol{V}=u\boldsymbol{i}+v\boldsymbol{j}+w\boldsymbol{k}$。

同理，流场中的压强和密度可表示为

$$\begin{cases} p=p(x,y,z,t) \\ \rho=\rho(x,y,z,t) \end{cases} \tag{10-4}$$

式（10-4）中，如果令 x、y、z 为常数，t 为变量，可以得到某固定点上的速度随时间的变化规律。如果 t 为常数，x、y、z 为变量，则可得出某一时刻在流场内各点的速度分布规律。

下面用欧拉法的观点来研究加速度的表达方法。首先应指出，加速度代表流体质点的加速度，而不是空间点的加速度。流场中某点的加速度应定义为：流体质点沿其轨迹线通过某一空间点时，流体质点经过 dt 时间在该点附近产生微小位移，则流体质点在此微小位移范围内的速度变化率代表该点的加速度。这时，式（10-4）中的 x、y、z 代表流体质点的位移，应为时间 t 的函数。故有

$$x=x(t),\quad y=y(t),\quad z=z(t) \tag{10-5}$$

式（10-5）对时间求导，可得出流体质点的三个速度分量。即

$$u=\frac{\mathrm{d}x}{\mathrm{d}t},\quad v=\frac{\mathrm{d}y}{\mathrm{d}t},\quad w=\frac{\mathrm{d}z}{\mathrm{d}t} \tag{10-6}$$

按复合函数的求导法则，对式（10-3）中的三个速度分量对时间取全导数，并将式（10-6）代入，即可得到流体质点经过某空间点时的三个加速度分量。

$$\begin{cases} a_x=\dfrac{\partial u}{\partial t}+u\dfrac{\partial u}{\partial x}+v\dfrac{\partial u}{\partial y}+w\dfrac{\partial u}{\partial z} \\ a_y=\dfrac{\partial v}{\partial t}+u\dfrac{\partial v}{\partial x}+v\dfrac{\partial v}{\partial y}+w\dfrac{\partial v}{\partial z} \\ a_z=\dfrac{\partial w}{\partial t}+u\dfrac{\partial w}{\partial x}+v\dfrac{\partial w}{\partial y}+w\dfrac{\partial w}{\partial z} \end{cases} \tag{10-7}$$

加速度矢量

$$\boldsymbol{a}=a_x\boldsymbol{i}+a_y\boldsymbol{j}+a_z\boldsymbol{k}$$

式（10-7）中，流体质点的加速度由两部分组成：第一部分是由于某一空间点上流体质点的速度随时间变化而产生的，称为当地加速度，即式（10-7）中等式右端的第一项，分别为$\frac{\partial u}{\partial t}$、$\frac{\partial v}{\partial t}$、$\frac{\partial w}{\partial t}$；第二部分是某一瞬时由于流体质点的速度随空间点的变化而引起的，称为迁移加速度，即式（10-7）中等式右端的后三项，分别为$u\frac{\partial u}{\partial x}$、$v\frac{\partial u}{\partial y}$、$w\frac{\partial u}{\partial z}$等。

例 10-1　已知流场中的速度分布为$\boldsymbol{V}=x^2y\boldsymbol{i}-3y\boldsymbol{j}+2z^2\boldsymbol{k}$。求$(x,\ y,\ z)=(3,\ 1,\ 2)$点的加速度。

解　流体质点的速度矢量在 x、y、z 轴上的分量为

$$u=x^2y,\quad v=-3y,\quad w=2z^2$$

流体质点的速度分量均与时间无关，故当地加速度为零，即

$$\frac{\partial u}{\partial t}=\frac{\partial v}{\partial t}=\frac{\partial w}{\partial t}=0$$

根据式（10-7），可得流体质点的加速度分量为

$$a_x=u\frac{\partial u}{\partial x}+v\frac{\partial u}{\partial y}+w\frac{\partial u}{\partial z}=2x^3y^2-3x^2y$$

$$a_y=u\frac{\partial v}{\partial x}+v\frac{\partial v}{\partial y}+w\frac{\partial v}{\partial z}=9y$$

$$a_z=u\frac{\partial w}{\partial x}+v\frac{\partial w}{\partial y}+w\frac{\partial w}{\partial z}=8z^3$$

将$(x,\ y,\ z)=(3,\ 1,\ 2)$代入，可得

$$a_x=27,\quad a_y=9,\quad a_z=64$$

加速度矢量为

$$\boldsymbol{a}=27\boldsymbol{i}+9\boldsymbol{j}+64\boldsymbol{k}$$

10.2 流体运动的基本概念

1. 定常流动和非定常流动

用欧拉法描述流体运动时，根据流场中各空间点的流动参数是否随时间变化，可将流体的流动分为定常流动和非定常流动，或称为稳定流动和非稳定流动。

如图 10-1a 所示，盛有液体的容器，在其侧壁接一短管，液体从短管中流出。如果关闭进水阀，容器内水面将不断下降，短管中流出的液流轨迹随时间逐渐向下弯曲。这说明液流内部各点流速的大小和方向随时间变化。我们定义，流场中流体质点的运动参数随时间变化的流动为非定常流动。这时的流动参数是时间和坐标的函数。

如图 10-1b 所示，如果控制进入和流出容器的流量相同，保持容器内水面高度不变，则短管中流出的液流轨迹不随时间变化。说明液流中每一空间点上质点的运动参数不随时间变化，但不同点上流动参数可以不同。这种流场中所有点上的流动参数均不随时间变化的流动称为定常流动。在定常流动中，流动参数只是空间坐标的连续函数，而与时间无关，即

$$u=u(x,y,z),\quad v=v(x,y,z),\quad w=w(x,y,z) \tag{10-8}$$

$$p=p(x,y,z),\quad \rho=(x,y,z) \tag{10-9}$$

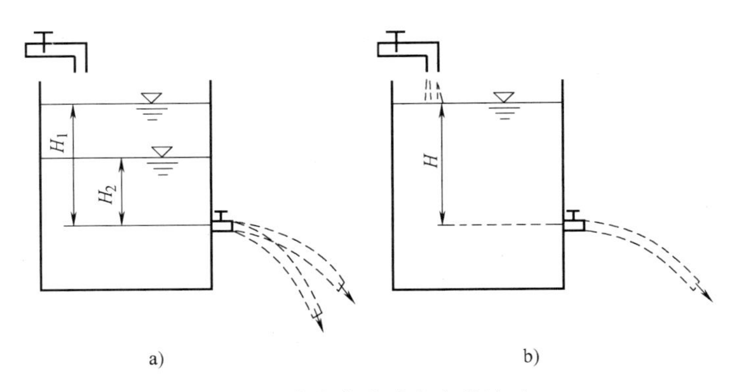

图 10-1　非定常流动和定常流动

定常流动中的流动参数不随时间变化，故式（10-7）中的当地加速度为零，即

$$\frac{\partial u}{\partial t}=\frac{\partial v}{\partial t}=\frac{\partial w}{\partial t}=0$$

定常流动中流体质点的加速度可以表示为

$$\begin{cases} a_x=u\dfrac{\partial u}{\partial x}+v\dfrac{\partial u}{\partial y}+w\dfrac{\partial u}{\partial z} \\ a_y=u\dfrac{\partial v}{\partial x}+v\dfrac{\partial v}{\partial y}+w\dfrac{\partial v}{\partial z} \\ a_z=u\dfrac{\partial w}{\partial x}+v\dfrac{\partial w}{\partial y}+w\dfrac{\partial w}{\partial z} \end{cases} \tag{10-10}$$

多数工程中的流动，常常作为定常流动来处理。如在火力发电厂中，当锅炉或汽轮机都稳定在某一工况下运行时，主要汽水管道中的流动可作为定常流动。对于大容器的孔口出

流，在较短时间内，容器内液面下降和液流轨迹变化很小，也可以作为定常流动来研究。

2. 迹线与流线

（1）迹线　迹线是同一流体质点在一段时间内的运动轨迹线。例如在流动的水面上放一个木屑，木屑随水流漂流的线路就是某一水质点的运动轨迹，也就是迹线。迹线的研究是属于拉格朗日法的内容，流场中的每一个流体质点都有自己的迹线，根据迹线的形状可以分析流体质点的运动情况。迹线的微分方程为

$$\frac{\mathrm{d}x}{u}=\frac{\mathrm{d}y}{v}=\frac{\mathrm{d}z}{w}=\mathrm{d}t \tag{10-11}$$

式（10-11）中，u、v、w 是 x、y、z 和时间 t 的函数。

（2）流线　流线如图 10-2 所示，流线是某一瞬时在流场中由不同流体质点组成的一条曲线，在这条曲线的各点上流体质点的速度方向均与该曲线相切。流线代表流场中流体质点的瞬时流动方向线。

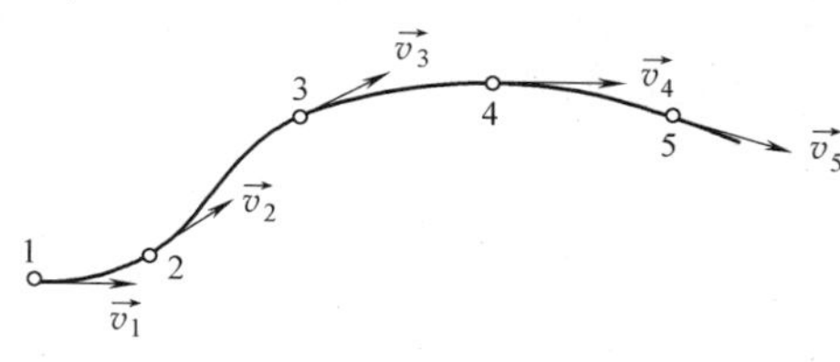

图 10-2　流线

流线是属于欧拉法的研究内容，流线可以直观地反映出流场的流动特征。例如，用照相机拍摄的多个细管中喷出的烟气绕一物体的流动照片，就反映了该流场中的流线，如图 10-3 所示。流线的切线方向代表某时刻流体质点的速度方向，根据流线的疏密程度，可以判断出速度的大小。

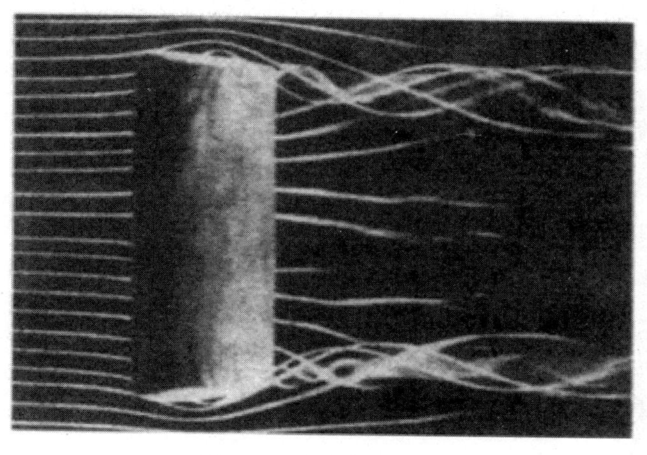

图 10-3　流线演示照片

流线具有以下性质：

1）流动为定常流动时，流场中各点速度不随时间变化，所以流线形状也不随时间变化。由于流体质点必沿着流线运动，这时流线与迹线重合。在非定常流动中，流线形状要随时间变化，流线与迹线不再重合。

2）一般情况下，流线不能相交和突然折转。若流线相交和突然折转，在相交或折转点上的瞬时速度方向有两个，这在实际中是不可能的。因此，在流场的同一空间点上，只能有一条平滑连续的流线通过。只有在速度为零和无穷大的点上流线可以相交。

3）流线密集的地方，表示该处的流速较大；稀疏的地方，表示该处的流速较小。

4）流线微分方程。流线的微分方程可根据流线的定义推导。在流线的任一点处取一微元有向线段 $\mathrm{d}\boldsymbol{l}=\mathrm{d}x\boldsymbol{i}+\mathrm{d}y\boldsymbol{j}+\mathrm{d}z\boldsymbol{k}$ 位于该点处流体质点的速度为：$\boldsymbol{V}=u\boldsymbol{i}+v\boldsymbol{j}+w\boldsymbol{k}$。根据流线的定义知，$\boldsymbol{V}$ 与 $\mathrm{d}\boldsymbol{l}$ 方向一致，故这两个矢量的矢量积应为零，即

$$\boldsymbol{V}\times\mathrm{d}\boldsymbol{l}=\begin{vmatrix}\boldsymbol{i} & \boldsymbol{j} & \boldsymbol{k}\\ u & v & w\\ \mathrm{d}x & \mathrm{d}y & \mathrm{d}z\end{vmatrix}=\boldsymbol{0}$$

将上式展开则有

$$\begin{cases}\boldsymbol{u}\mathrm{d}y-\boldsymbol{v}\mathrm{d}x=\boldsymbol{0}\\ \boldsymbol{v}\,\mathrm{d}z-\boldsymbol{w}\mathrm{d}y=\boldsymbol{0}\\ \boldsymbol{w}\mathrm{d}x-\boldsymbol{u}\mathrm{d}z=\boldsymbol{0}\end{cases}$$

上面三式也可写成

$$\frac{\mathrm{d}x}{u(x,y,z,t)}=\frac{\mathrm{d}y}{v(x,y,z,t)}=\frac{\mathrm{d}z}{w(x,y,z,t)} \tag{10-12}$$

式（10-12）即为流线的微分方程。

对于二维流动，流线的微分方程为

$$\frac{\mathrm{d}x}{u(x,y,z,t)}=\frac{\mathrm{d}y}{v(x,y,z,t)} \tag{10-13}$$

例 10-2 有一流场，其速度分布规律为：$u=-ky$，$v=kx$，$w=0$，试求其流线方程。

解 由于 $w=0$，所以是二维流动，二维流动的流线微分方程为

$$\frac{\mathrm{d}x}{u}=\frac{\mathrm{d}y}{v}$$

将两个分速度代入流线微分方程，可得

$$\frac{\mathrm{d}x}{-ky}=\frac{\mathrm{d}y}{kx}$$

即

$$x\mathrm{d}x+y\mathrm{d}y=0$$

求解上式，可得

$$x^2+y^2=C$$

在该流场中，流线簇是以坐标原点为圆心的同心圆。

3. 流管与流速

如图 10-4 所示，在流场中任取一条不是流线的封闭曲线，通过该曲线上的各点可作出许多条流线，这些流线构成的管状表面，称为流管。流管由流线构成，它具有流线的一切特征。在定常流动情况下，流管形状和位置不随时间变化。由于流线不能相交，流体质点不能穿过流管表面流入和流出，流管就像固体管道一样，将流体限制在管内流动。

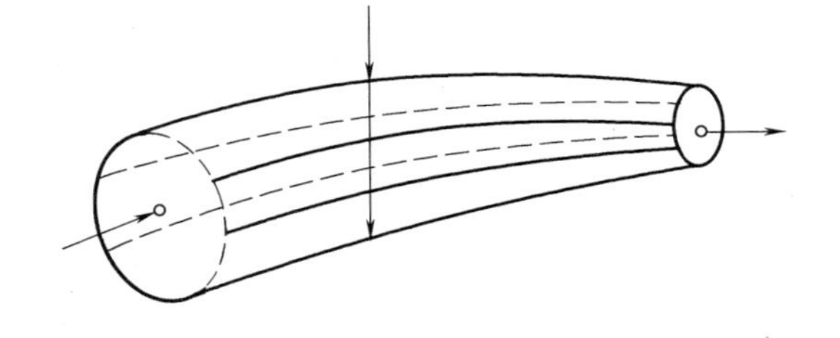

图 10-4 流管和流束

流管内的全部流体称为流束。截面面积为无限小的流束称为微元流束，在微元流束的截面上，各点的速度可认为相同。

在工程中所遇到的各种管流和渠流称为总流，总流是无数微元流束的总和。

4. 有效截面与当量直径

在流束或总流中，与所有流线相垂直的截面称为有效截面，用符号 A 表示。流线互相平行时，有效截面为平面；流线不平行时，有效截面为曲面。有效截面如图 10-5 所示。

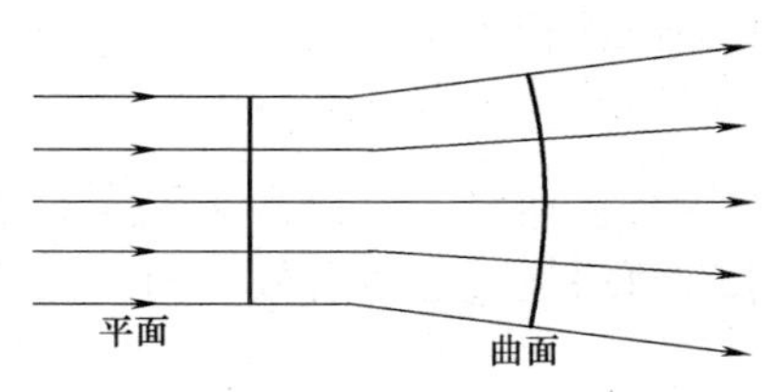

图 10-5　有效截面

在研究非圆形截面管道或绕管束的流动时，常用到湿周、水力半径和当量直径等概念。

在总流的有效截面上，流体与周围固体壁面接触线的长度称为湿周，用符号 χ 表示。

总流的有效截面面积 A 与湿周 χ 之比，称为水力半径，用符号 R_h 表示，即

$$R_h = \frac{A}{\chi} \tag{10-14}$$

当量直径 d_e 为水力半径的 4 倍，即

$$d_e = 4R_h \tag{10-15}$$

图 10-6 中几种非圆形截面管道的当量直径计算如下：

充满流体的矩形管道

$$d_e = \frac{4bh}{2(h+b)} = \frac{2bh}{h+b}$$

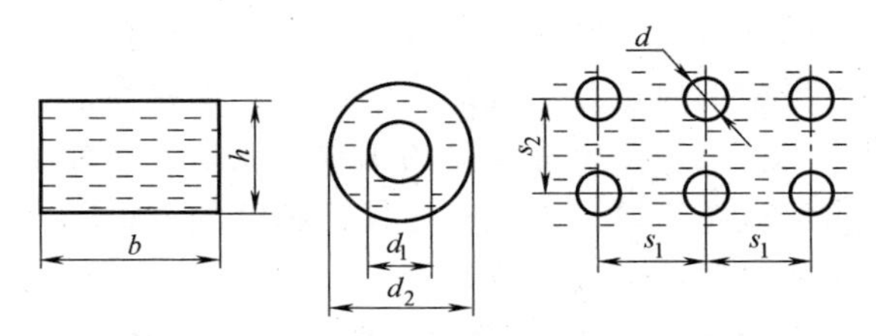

图 10-6　几种非圆形截面的管道

充满流体的环形截面管道

$$d_e = \frac{4\left(\frac{\pi d_2^2}{4} - \frac{\pi d_1^2}{4}\right)}{\pi d_1 + \pi d_2} = d_2 - d_1$$

流体绕流管束

$$d_e = \frac{4\left(s_1 s_2 - \frac{\pi d^2}{4}\right)}{\pi d} = \frac{4 s_1 s_2}{\pi d} - d$$

5. 流量及平均流速

单位时间内流过有效截面的流体体积称为体积流量，以符号 q_V 表示，其国际单位制单位为 m^3/s。

单位时间内流过有效截面的流体质量称为质量流量，以符号 q_m 表示，其国际单位制单位为 kg/s。

流体力学计算中一般采用体积流量，所以，体积流量可简称为流量。体积流量和质量流量间的换算关系为

$$\rho q_V = q_m$$

对于微元流束而言，由于微元流束的有效截面 dA 上各点流速 V 相同，故通过微元流束有效截面的体积流量为

$$\mathrm{d}q_V = V\mathrm{d}A \tag{10-16}$$

对于总流而言，总流由无限多的微元流束组成，在总流的有效截面上，对微元流束流量积分求和可得通过总流有效截面 A 的体积流量为

$$q_V = \iint_A \mathrm{d}q_V = \iint_A V\mathrm{d}A \tag{10-17}$$

由式（10-17）可知，要计算流量，必须要知道实际流速 V 在有效截面上的分布规律。为简单起见，在工程计算中，往往采用平均流速计算流量。我们定义体积流量 q_V 与有效截面 A 之比为平均流速，用符号 $\overline{V}$ 表示，即

$$\overline{V} = \frac{q_V}{A} = \frac{\iint_A V\mathrm{d}A}{A} \quad 或 \quad q_V = \overline{V}A \tag{10-18}$$

6. 一维、二维和三维流动

按照流动参数与空间坐标变量个数间的关系，将流动分为一维、二维和三维流动。

如果流体是在三维空间中流动，则流动参数是 x、y、z 三个坐标变量的函数，这种流动称为三维流动。例如自然界中的风就是空气的三维流动。以此类推，流动参数是两个坐标变量的函数的流动为二维流动，是一个坐标变量的函数的流动为一维流动。显然，坐标变量的数目越少，流动问题的求解就越简单。因此，在保证精度的前提下，对于工程中的流动问题应尽可能将三维流动简化成二维流动或一维流动。

如图 10-7 所示，黏性流体在一锥形圆管内定常流动，流体质点的速度 u 是半径 r 和坐标 x 的函数，即 $u=u(r,x)$，显然这是二维流动。在研究工程中的管内流动时，如果用平均流速 $\overline{V}$ 来代替流体质点的速度 u，这时平均流速仅与坐标 x 有关，即 $\overline{V}=V(x)$。这样就将二维流动的问题简化成一维流动。

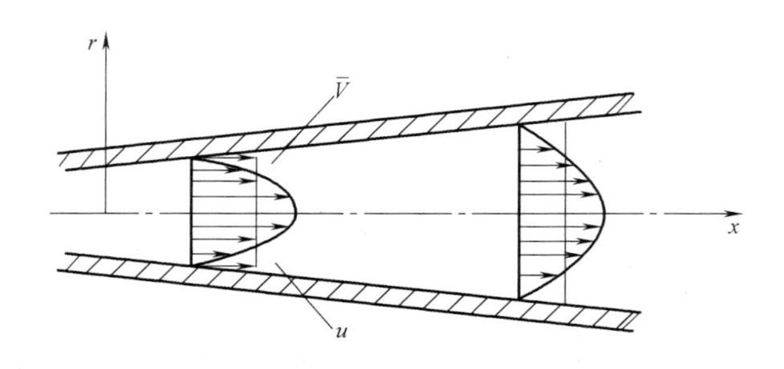

图 10-7　管内流动速度分布

7. 缓变流与急变流

如图 10-8 所示，流速的大小和方向沿流线变化很小的流动，称为缓变流。在缓变流中，流线间的夹角很小，而流线的曲率半径很大，流线近似为互相平行的直线。流速的大小和方向沿流线急剧变化的流动，称为急变流，如突扩管、突缩管、弯管、阀门等处的流动为急变流。

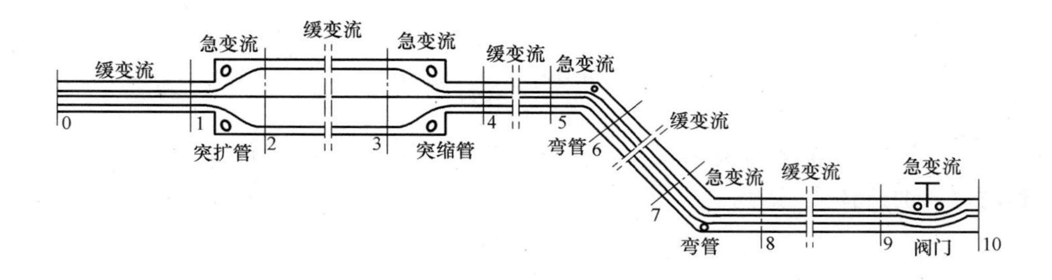

图 10-8　缓变流与急变流

10.3　流体流动的连续性方程

流体和自然界中的其他物质一样遵循质量守恒定律。而且，流体作为连续介质，流动的流体连续地充满整个流场。在上述前提下，可以得出以下结论：当研究流体流过流场中任意取定的固定封闭曲面时，流入和流出的流体质量之差应等于封闭曲面中流体质量的变化。如果为定常流动，则流入的质量必等于流出的质量。这些结论以数学形式表达，就是连续性方程。

1. 微分形式的连续性方程

在三维流场中任取一个微元平行六面体，其边长分别为 dx、dy 和 dz，如图 10-9 所示。微元六面体的位置和体积固定不变，流体不断流入和流出微元六面体。

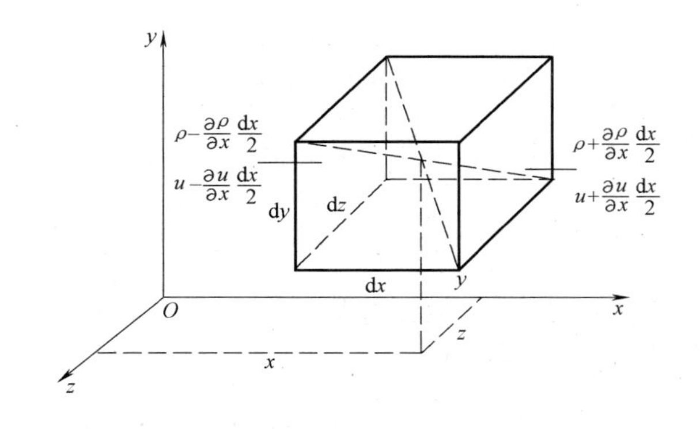

图 10-9　流场中的微元平行六面体

假定在某瞬时流体质点流过微元平行六面体中心点的速度分量为 u、v、w，密度为 ρ，下面分析流体流过微元六面体各表面的流动情况。

（1）微元六面体各表面上的参数　流体作为连续介质，其流动参数 u、v、w 和 ρ 都是空间坐标和时间的连续函数。即 $u=u(x,y,z,t)$，$v=v(x,y,z,t)$，$w=w(x,y,z,t)$，$\rho=\rho(x,y,z,t)$。根据泰勒级数将 u 和 ρ 函数展开，并略去高于一阶的无穷小量，可得到微元六面体左右两微元表面中心点上的速度为

$$u-\frac{\partial u}{\partial x}\frac{\mathrm{d}x}{2},\qquad u+\frac{\partial u}{\partial x}\frac{\mathrm{d}x}{2}$$

微元六面体左右两表面中心点上的密度为

$$\rho-\frac{\partial \rho}{\partial x}\frac{\mathrm{d}x}{2},\qquad \rho+\frac{\partial \rho}{\partial x}\frac{\mathrm{d}x}{2}$$

（2）$\mathrm{d}t$ 时间内，流入和流出微元六面体的流体质量　在 $\mathrm{d}t$ 时间内，沿 x 轴方向从左边微元表面流入的流体质量为

$$\left(\rho-\frac{\partial \rho}{\partial x}\frac{\mathrm{d}x}{2}\right)\left(u-\frac{\partial u}{\partial x}\frac{\mathrm{d}x}{2}\right)\mathrm{d}y\mathrm{d}z\mathrm{d}t$$

在 $\mathrm{d}t$ 时间内，从右边微元表面流出的流体质量为

$$\left(\rho+\frac{\partial \rho}{\partial x}\frac{\mathrm{d}x}{2}\right)\left(u+\frac{\partial u}{\partial x}\frac{\mathrm{d}x}{2}\right)\mathrm{d}y\mathrm{d}z\mathrm{d}t$$

在 $\mathrm{d}t$ 时间内，沿 x 轴方向净流出（流出的质量减去流入的质量）微元六面体的流体质量为

$$\left(\rho\frac{\partial u}{\partial x}\mathrm{d}x+u\frac{\partial \rho}{\partial x}\mathrm{d}x\right)\mathrm{d}y\mathrm{d}z\mathrm{d}t=\frac{\partial(\rho u)}{\partial x}\mathrm{d}x\mathrm{d}y\mathrm{d}z\mathrm{d}t$$

同理可得，$\mathrm{d}t$ 时间内沿 y 轴和 z 轴方向净流出微元六面体的流体质量分别为

$$\frac{\partial(\rho v)}{\partial y}\mathrm{d}x\mathrm{d}y\mathrm{d}z\mathrm{d}t,\qquad \frac{\partial(\rho w)}{\partial z}\mathrm{d}x\mathrm{d}y\mathrm{d}z\mathrm{d}t$$

将上述三个方向的流体质量相加，可得在 $\mathrm{d}t$ 时间内净流出微元六面体的总质量为 $\left[\frac{\partial(\rho u)}{\partial x}+\frac{\partial(\rho v)}{\partial y}+\frac{\partial(\rho w)}{\partial z}\right]\mathrm{d}x\mathrm{d}y\mathrm{d}z\mathrm{d}t$。

（3）微元六面体内流体质量的变化　微元六面体内流体的初始密度为 ρ，经过 $\mathrm{d}t$ 时间后的密度变为

$$\rho(x,y,z,t+\mathrm{d}t)=\rho+\frac{\partial \rho}{\partial t}\mathrm{d}t \tag{10-19}$$

由于微元六面体的体积始终不变，故在 $\mathrm{d}t$ 时间内，微元六面体内流体质量的减少量为

$$\rho\mathrm{d}x\mathrm{d}y\mathrm{d}z-\left(\rho+\frac{\partial \rho}{\partial t}\mathrm{d}t\right)\mathrm{d}x\mathrm{d}y\mathrm{d}z=-\frac{\partial \rho}{\partial t}\mathrm{d}x\mathrm{d}y\mathrm{d}z\mathrm{d}t \tag{10-20}$$

（4）连续性方程的几种形式　根据质量守恒定律，在 $\mathrm{d}t$ 时间内净流出微元六面体的质量应等于微元六面体内流体质量的减少量，即

$$\left[\frac{\partial(\rho u)}{\partial x}+\frac{\partial(\rho v)}{\partial y}+\frac{\partial(\rho w)}{\partial z}\right]\mathrm{d}x\mathrm{d}y\mathrm{d}z\mathrm{d}t=-\frac{\partial \rho}{\partial t}\mathrm{d}x\mathrm{d}y\mathrm{d}z\mathrm{d}t \tag{10-21}$$

整理得

$$\frac{\partial \rho}{\partial t}+\frac{\partial(\rho u)}{\partial x}+\frac{\partial(\rho v)}{\partial y}+\frac{\partial(\rho w)}{\partial z}=0 \tag{10-22}$$

式（10-22）为可压缩流体非定常三维流动的连续性方程。

对于定常流动，$\frac{\partial\rho}{\partial t}=0$，则式（10-22）变为

$$\frac{\partial(\rho u)}{\partial x}+\frac{\partial(\rho v)}{\partial y}+\frac{\partial(\rho w)}{\partial z}=0 \tag{10-23}$$

式（10-23）为可压缩流体定常三维流动的连续性方程。

对于不可压缩流体，ρ 为常数，故式（10-22）可变为

$$\frac{\partial u}{\partial x}+\frac{\partial v}{\partial y}+\frac{\partial w}{\partial z}=0 \tag{10-24}$$

式（10-24）为不可压缩流体三维流动的连续性方程，该式对于不可压缩流体的定常流动和非定常流动均适用。该式表明，在不可压缩流体流动中，三个速度分量 u、v、w 相互制约，三者中只允许其中两个速度分量独立地任意变化，而第三个速度分量必然受式（10-24）的约束。否则，就不符合连续介质的假设，或称为不符合连续流动的条件。

对于不可压缩流体的二维流动，$w=0$。式（10-24）可简化为

$$\frac{\partial u}{\partial x}+\frac{\partial v}{\partial y}=0 \tag{10-25}$$

2. 一维总流的连续性方程

在工程实际中，我们所遇到的流动多为一维流动，例如在管道内的流动等。这种流动的连续性方程比较简单。

图 10-10 所示为定常流动的总流，取 1-1 和 2-2 两有效截面间的一段总流进行分析，两有效截面面积分别为 A_1 和 A_2。在该段总流中任取一微元流束，微元流束的两个有效截面面积分别为 dA_1 和 dA_2，相应的流速分别为 V_1 和 V_2，密度分别为 ρ_1 和 ρ_2。

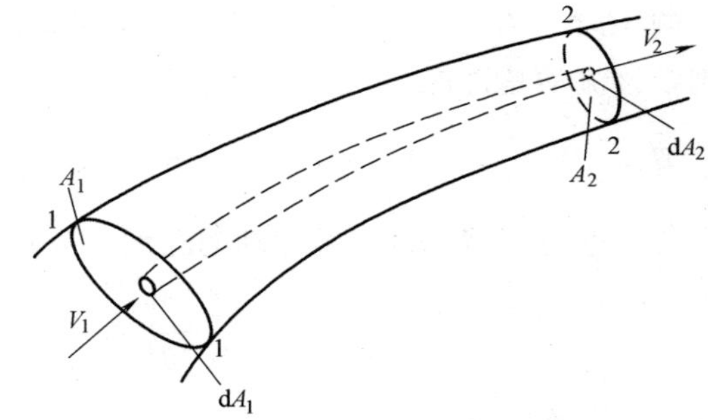

图 10-10　定常流动的总流

（1）微元流束的连续性方程　对于定常流动，微元流束的形状、体积和流束内任意点的参数（如密度等）均不随时间变化，同时流体又是无间隙的连续介质，所以，微元流束两截面间包围的流体质量不随时间变化。

根据质量守恒原理，在 dt 时间内，通过 1-1 截面流入的质量必等于通过 2-2 截面流出的质量，即

$$\rho_1 V_1 dA_1 dt=\rho_2 V_2 dA_2 dt \tag{10-26}$$

式（10-26）可简化为

$$\rho_1 V_1 dA_1=\rho_2 V_2 dA_2 \tag{10-27}$$

式（10-27）为可压缩流体定常流动时微元流束的连续性方程。

对于不可压缩流体，密度为常数，则有

$$V_1 dA_1=V_2 dA_2 \tag{10-28}$$

式（10-28）为不可压缩流体定常流动时微元流束的连续性方程。

(2) 总流的连续性方程　总流由微元流束组成，因此总流的连续性方程可由微元流束的连续性方程（10-27）通过积分得到，即

$$\iint_{A_1} \rho_1 V_1 \mathrm{d}A_1 = \iint_{A_2} \rho_2 V_2 \mathrm{d}A_2 \tag{10-29}$$

式中，A_1 和 A_2 分别为总流中的两个有效截面的面积。

设$\overline{V_1}$ 和$\overline{V_2}$ 是总流两个有效截面面积 A_1 和 A_2 上的平均速度，则式（10-29）可写成

$$\rho_1 \overline{V_1} A_1 = \rho_2 \overline{V_2} A_2 \quad 或 \quad q_{m1} = q_{m2} \tag{10-30}$$

式中，ρ_1 和 ρ_2 分别为有效截面面积 A_1 和 A_2 上的平均密度。

式（10-30）为可压缩流体定常流动时总流的连续性方程。该式表明：可压缩流体做定常流动时，在总流的任何两有效截面上的质量流量相同。

对于不可压缩流体，密度为常数，式（10-30）可变为

$$\overline{V_1} A_1 = \overline{V_2} A_2 \quad 或 \quad q_{V1} = q_{V2} \tag{10-31}$$

式（10-31）为不可压缩流体定常流动时总流的连续性方程。该式表明：不可压缩流体做定常流动时，任何两有效截面上的体积流量为常数。平均速度与有效截面面积成反比，有效截面大的地方平均流速小，有效截面小的地方平均流速大。

在推导连续性方程时，并没有涉及流体的黏性。所以，前述的连续性方程对理想流体和黏性流体均适用。

例 10-3　有一不可压缩流体的二维流动，其速度分布为：$u=-(2xy+x)$，$v=y^2+y-x^2$，试判断该流动是否连续。

解

$$\frac{\partial u}{\partial x} = -(2y+1), \quad \frac{\partial v}{\partial y} = 2y+1$$

代入不可压缩流体二维流动的连续性方程，则

$$\frac{\partial u}{\partial x} + \frac{\partial v}{\partial y} = -(2y+1)+(2y+1) = 0$$

故此流动是连续的。

例 10-4　有一输水管道，如图 10-11 所示，水自截面 1-1 流向截面 2-2。测得截面 1-1 处的水流平均速度$\overline{V_1}=2\text{m/s}$，已知 $d_1=0.5\text{m}$，$d_2=1\text{m}$，试求截面 2-2 处的平均速度。

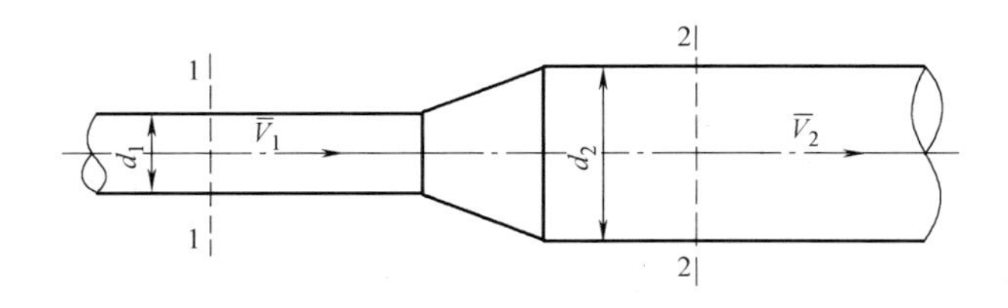

图 10-11　输水管道（例 10-4 图）

解　由不可压缩流体定常流动时总流的连续性方程可得

$$\overline{V_1}\ \frac{\pi}{4} d_1^2 = \overline{V}_2\ \frac{\pi}{4} d_2^2$$

$$\overline{V_2}=\overline{V_1}\left(\frac{d_1}{d_2}\right)^2=2\times\left(\frac{0.5}{1}\right)^2\text{m/s}=0.5\text{m/s}$$

10.4　理想流体的运动微分方程

理想流体的运动微分方程是理想流体运动时所遵循的基本方程，该方程可根据牛顿第二定律推导得出。

设想在理想流体的流动中，取出一微元直角六面体的流体微团研究，它的各边长度分别为 dx、dy 和 dz，如图 10-12 所示。假定微元六面体中心点上的压强为 p，则在垂直于 x 轴方向的左右两个微元表面中心点的压强分别为

$$p-\frac{\partial p}{\partial x}\frac{\mathrm{d}x}{2},\qquad p+\frac{\partial p}{\partial x}\frac{\mathrm{d}x}{2}$$

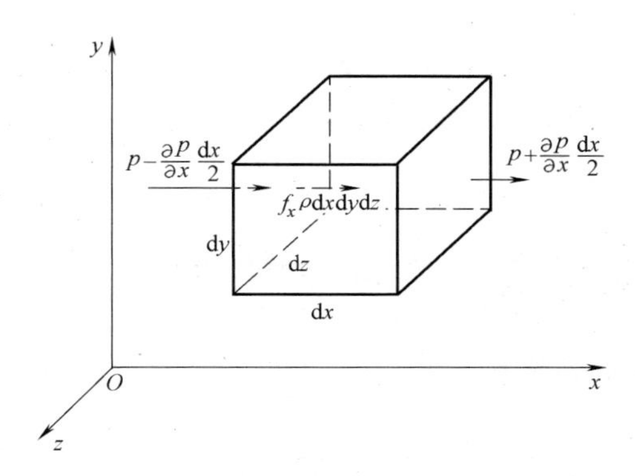

图 10-12　推导欧拉运动微分方程

由于是微元表面，上述压强可作为微元表面上的平均压强，其方向与静压强的方向一样，垂直并指向作用面。

下面分析微元六面体在 x 轴方向上的受力情况。由于理想流体没有黏性，不存在切向力，所以作用在流体上的力只有压强产生的总压力和质量力。

在 x 轴方向上，压强产生的总压力为微元六面体左右两个微元表面上的总压力，即

$$\left(p-\frac{\partial p}{\partial x}\frac{\mathrm{d}x}{2}\right)\mathrm{d}y\mathrm{d}z,\qquad \left(p+\frac{\partial p}{\partial x}\frac{\mathrm{d}x}{2}\right)\mathrm{d}y\mathrm{d}z$$

假定微元体受到的单位质量力在坐标轴方向上的分量为 f_x、f_y 和 f_z，则作用在微元体上的总质量力在 x 轴方向的分量为 $f_x\rho\mathrm{d}x\mathrm{d}y\mathrm{d}z$。

根据牛顿第二定律，沿 x 轴方向上，微元体受到的外力之和等于微元体质量与加速度 a_x 的乘积，即

$$\left(p-\frac{\partial p}{\partial x}\frac{\mathrm{d}x}{2}\right)\mathrm{d}y\mathrm{d}z-\left(p+\frac{\partial p}{\partial x}\frac{\mathrm{d}x}{2}\right)\mathrm{d}y\mathrm{d}z+f_x\rho\mathrm{d}x\mathrm{d}y\mathrm{d}z=\rho\mathrm{d}x\mathrm{d}y\mathrm{d}z a_x$$

化简得

$$f_x-\frac{1}{\rho}\frac{\partial p}{\partial x}=a_x$$

同理可得

$$f_y-\frac{1}{\rho}\frac{\partial p}{\partial y}=a_y$$

$$f_z-\frac{1}{\rho}\frac{\partial p}{\partial z}=a_z$$

将加速度的表达式（10-7）代入，得

$$\begin{cases} f_x-\dfrac{1}{\rho}\dfrac{\partial p}{\partial x}=\dfrac{\partial u}{\partial t}+u\dfrac{\partial u}{\partial x}+v\dfrac{\partial u}{\partial y}+w\dfrac{\partial u}{\partial z} \\ f_y-\dfrac{1}{\rho}\dfrac{\partial p}{\partial y}=\dfrac{\partial v}{\partial t}+u\dfrac{\partial v}{\partial x}+v\dfrac{\partial v}{\partial y}+w\dfrac{\partial v}{\partial z} \\ f_z-\dfrac{1}{\rho}\dfrac{\partial p}{\partial z}=\dfrac{\partial w}{\partial t}+u\dfrac{\partial w}{\partial x}+v\dfrac{\partial w}{\partial y}+w\dfrac{\partial w}{\partial z} \end{cases} \tag{10-32}$$

式（10-32）称为理想流体运动微分方程，该方程是欧拉在1755年提出的，所以又称为欧拉运动微分方程。对于静止流体，$u=v=w=0$，则理想流体运动微分方程就转化为流体平衡微分方程。

10.5 理想流体微元流束的伯努利方程

1. 理想流体微元流束的伯努利方程

理想流体运动微分方程式（10-32）的条件仅要求是理想流体，如再增加几个限定条件[①不可压缩流体的定常流动；②沿同一条流线（或微元流束）；③流体受到的质量力仅为重力]，则可对理想流体运动微分方程进行简化并求一次积分，求得理想流体微元流束的伯努利方程。

1）流动为定常流动时，则有

$$\frac{\partial u}{\partial t}=\frac{\partial v}{\partial t}=\frac{\partial w}{\partial t}=0$$

式（10-32）变成

$$\begin{cases} f_x-\dfrac{1}{\rho}\dfrac{\partial p}{\partial x}=u\dfrac{\partial u}{\partial x}+v\dfrac{\partial u}{\partial y}+w\dfrac{\partial u}{\partial z} \\ f_y-\dfrac{1}{\rho}\dfrac{\partial p}{\partial y}=u\dfrac{\partial v}{\partial x}+v\dfrac{\partial v}{\partial y}+w\dfrac{\partial v}{\partial z} \\ f_z-\dfrac{1}{\rho}\dfrac{\partial p}{\partial z}=u\dfrac{\partial w}{\partial x}+v\dfrac{\partial w}{\partial y}+w\dfrac{\partial w}{\partial z} \end{cases} \tag{10-33}$$

2）沿同一条流线时，各速度分量间的关系符合流线的微分方程式（10-12），即

$$\frac{\mathrm{d}x}{u}=\frac{\mathrm{d}y}{v}=\frac{\mathrm{d}z}{w} \tag{10-34}$$

用 $\mathrm{d}x$、$\mathrm{d}y$ 和 $\mathrm{d}z$ 分别乘以式（10-33）的第一式、第二式和第三式，可得

$$\begin{cases} f_x \mathrm{d}x - \dfrac{1}{\rho}\dfrac{\partial p}{\partial x}\mathrm{d}x = u\dfrac{\partial u}{\partial x}\mathrm{d}x + v\dfrac{\partial u}{\partial y}\mathrm{d}x + w\dfrac{\partial u}{\partial z}\mathrm{d}x \\ f_y \mathrm{d}y - \dfrac{1}{\rho}\dfrac{\partial p}{\partial y}\mathrm{d}y = u\dfrac{\partial v}{\partial x}\mathrm{d}y + v\dfrac{\partial v}{\partial y}\mathrm{d}y + w\dfrac{\partial v}{\partial z}\mathrm{d}y \\ f_z \mathrm{d}z - \dfrac{1}{\rho}\dfrac{\partial p}{\partial z}\mathrm{d}z = u\dfrac{\partial w}{\partial x}\mathrm{d}z + v\dfrac{\partial w}{\partial y}\mathrm{d}z + w\dfrac{\partial w}{\partial z}\mathrm{d}z \end{cases} \tag{10-35}$$

将式（10-34）分别代入式（10-35）等号右边的对应项，整理可得

$$\begin{cases} f_x \mathrm{d}x - \dfrac{1}{\rho}\dfrac{\partial p}{\partial x}\mathrm{d}x = u\dfrac{\partial u}{\partial x}\mathrm{d}x + u\dfrac{\partial u}{\partial y}\mathrm{d}y + u\dfrac{\partial u}{\partial z}\mathrm{d}z = u\mathrm{d}u \\ f_y \mathrm{d}y - \dfrac{1}{\rho}\dfrac{\partial p}{\partial y}\mathrm{d}y = v\dfrac{\partial v}{\partial x}\mathrm{d}x + v\dfrac{\partial v}{\partial y}\mathrm{d}y + v\dfrac{\partial v}{\partial z}\mathrm{d}z = v\mathrm{d}v \\ f_z \mathrm{d}z - \dfrac{1}{\rho}\dfrac{\partial p}{\partial z}\mathrm{d}z = w\dfrac{\partial w}{\partial x}\mathrm{d}x + w\dfrac{\partial w}{\partial y}\mathrm{d}y + w\dfrac{\partial w}{\partial z}\mathrm{d}z = w\mathrm{d}w \end{cases} \tag{10-36}$$

将式（10-36）的三个方程相加，可得

$$(f_x\mathrm{d}x + f_y\mathrm{d}y + f_z\mathrm{d}z) - \frac{1}{\rho}\left(\frac{\partial p}{\partial x}\mathrm{d}x + \frac{\partial p}{\partial y}\mathrm{d}y + \frac{\partial p}{\partial z}\mathrm{d}z\right) = u\mathrm{d}u + v\mathrm{d}v + w\mathrm{d}w \tag{10-37}$$

式（10-37）中，p、u、v、w、$f_x\mathrm{d}x$、$f_y\mathrm{d}y$、$f_z\mathrm{d}z$ 均为坐标 x、y、z 的连续函数，即 $p=p(x,y,z)$，$u=u(x,y,z)$，$v=v(x,y,z)$，$w=w(x,y,z)$，则有

$$\frac{\partial p}{\partial x}\mathrm{d}x + \frac{\partial p}{\partial y}\mathrm{d}y + \frac{\partial p}{\partial z}\mathrm{d}z = \mathrm{d}p$$

将上述两式代入式（10-37）中，可得

$$(f_x\mathrm{d}x + f_y\mathrm{d}y + f_z\mathrm{d}z) - \frac{1}{\rho}\mathrm{d}p = u\mathrm{d}u + v\mathrm{d}v + w\mathrm{d}w = \frac{1}{2}\mathrm{d}V^2 \tag{10-38}$$

3）取 x 轴和 y 轴的方向沿水平方向，z 轴方向垂直向上。当流体受到的质量力仅为重力时，有

$$f_x = 0,\quad f_y = 0,\quad f_z = g$$

代入式（10-38），可得

$$g\mathrm{d}z + \frac{1}{\rho}\mathrm{d}p + \frac{1}{2}\mathrm{d}V^2 = 0$$

假设流体为不可压缩流体，ρ 为常数，积分上式可得

$$\begin{cases} gz + \dfrac{p}{\rho} + \dfrac{V^2}{2} = \mathrm{C} \\ \text{或} \\ z + \dfrac{p}{\rho g} + \dfrac{V^2}{2g} = \mathrm{C} \end{cases} \tag{10-39}$$

式（10-39）称为理想流体微元流束的伯努利方程。该方程的适用条件是：理想不可压缩流体沿同一条流线（或微元流束）做定常流动；流体受到的质量力仅为重力。

对于不同的流线，式（10-43）右端的常数取不同的值。若 1、2 为同一条流线（或微元流束）上的任意两点，则式（10-39）可写成

$$z_1+\frac{p_1}{\rho g}+\frac{V_1^2}{2g}=z_2+\frac{p_2}{\rho g}+\frac{V_2^2}{2g} \tag{10-40}$$

对于静止流体，$V=0$，则式（10-39）就转化成静力学基本方程，即

$$z+\frac{p}{\rho g}=常数$$

2. 理想流体微元流束伯努利方程的物理意义和几何意义

（1）物理意义　理想流体微元流束的伯努利方程［式（10-39）］中，前两项的物理意义在静力学中已有阐述。第一项 gz 表示单位质量流体所具有的位势能；第二项 p/ρ 表示单位质量流体所具有的压强势能；第三项 $V^2/2$ 的理解如下：由物理学可知，质量为 m 的物体以速度 V 运动时，所具有的动能为 $mV^2/2$，故 $V^2/2$ 代表 $m=1$ 时的动能，即单位质量流体所具有的动能。位势能、压强势能和动能之和称为机械能。因此，该方程式的物理意义可叙述为：理想不可压缩流体在重力作用下做定常流动时，沿同一流线（或微元流束）上各点的单位质量流体所具有的位势能、压强势能和动能之和保持不变，即机械能为一常数。但位势能、压强势能和动能三种能量之间可以相互转换，所以伯努利方程是能量守恒定律在流体力学中的表现形式。

（2）几何意义　理想流体微元流束伯努利方程［式（10-39）］中的各项均具有长度的量纲。在流体力学中，将单位质量流体具有的能量用水柱高度表示并称为水头。第一项 z 称为位置水头，第二项 $p/(\rho g)$ 称为压强水头，第三项 $V^2/(2g)$ 称为速度水头，三项之和称为总水头。如果速度为零，前两项之和称为静水头。所以，伯努利方程的几何意义可表述为：理想不可压缩流体在重力作用下做定常流动时，沿同一流线（或微元流束）上各点的位置水头、压强水头和速度水头之和保持不变，即总水头线是平行于基准面的水平线，如图 10-13 所示。

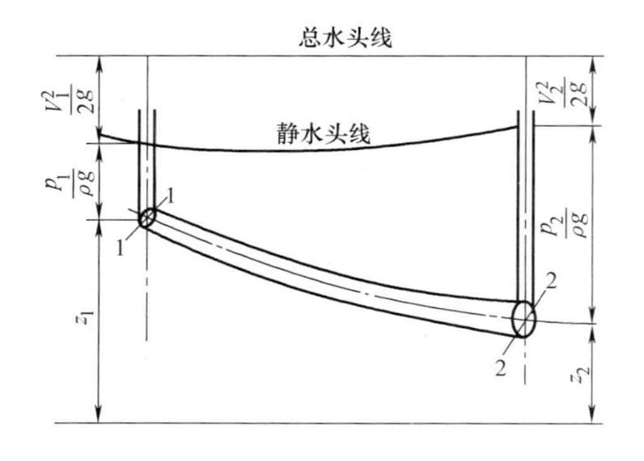

图 10-13　总水头线和静水头线

10.6　黏性流体总流的伯努利方程

上节所述理想流体微元流束伯努利方程仅适用于没有黏性的理想流体，本节将推导实际黏性流体流动的伯努利方程。

1. 黏性流体微元流束的伯努利方程

根据理想流体微元流束伯努利方程的物理意义可知：理想不可压缩流体定常流动时，沿同一微元流束流体的总机械能不变。而对于黏性流体流动时，由于在流体内部和流体与固体边界之间存在着摩擦阻力，流体克服摩擦阻力要使部分机械能变为热能而耗散。因此，在黏性流体的流动中，沿流动方向总机械能不断减少。若以 $h_w'g$ 表示单位质量流体自截面 1 流到截面 2 过程中所损失的机械能（称为流体的能量损失），则黏性流体微元流束的伯努利方程为

$$z_1 g+\frac{p_1}{\rho}+\frac{V_1^2}{2}=z_2 g+\frac{p_2}{\rho}+\frac{V_2^2}{2}+h'_{\mathrm{w}} g \tag{10-41}$$

2. 黏性流体总流的伯努利方程

如图 10-14 所示，在不可压缩黏性流体做定常流动的总流中，取两个有效截面 A_1 和 A_2，并假定两个有效截面均在缓变流的流段上。

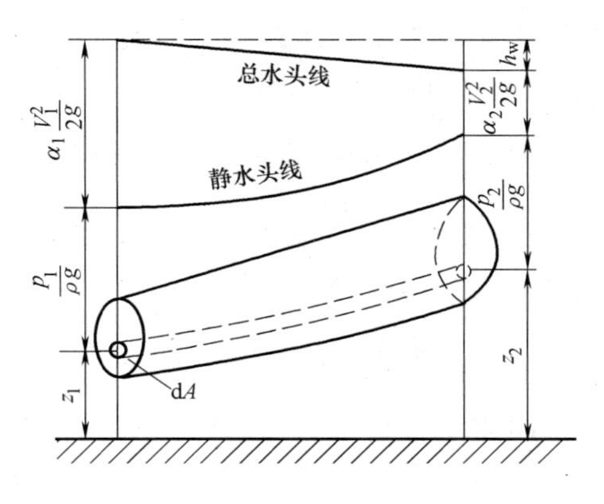

图 10-14　总流总水头线

对于该段总流中的任一微元流束，其伯努利方程为式（10-41）。以微元流束的质量流量 $\mathrm{d}q_V$ 乘以式（10-41）中的各项，得

$$\left(z_1 g+\frac{p_1}{\rho}+\frac{V_1^2}{2}\right)\rho \mathrm{d}q_V=\left(z_2 g+\frac{p_2}{\rho}+\frac{V_2^2}{2}\right)\rho \mathrm{d}q_V+h'_{\mathrm{w}}\rho g \mathrm{d}q_V$$

由于总流由无数微元流束组成，故在总流的有效截面上对上式积分，可得总流的伯努利方程，即

$$\iint_{A_1}\left(z_1+\frac{p_1}{\rho g}\right)\rho g \mathrm{d}q_V+\iint_{A_1}\frac{V_1^2}{2g}\rho g \mathrm{d}q_V=\iint_{A_2}\left(z_2+\frac{p_2}{\rho g}\right)\rho g \mathrm{d}q_V+\int_{A_2}\frac{V_2^2}{2g}\rho g \mathrm{d}q_V+\iint_{1-2}h'_{\mathrm{w}}\rho g \mathrm{d}q_V \tag{10-42}$$

下面讨论式（10-42）中各积分项的求解。

（1）$\iint_A\left(z+\frac{p}{\rho g}\right)\rho g \mathrm{d}q_V$ 项的积分　由于有效截面 A_1 和 A_2 位于缓变流中，流线近似为互相平行的直线，流速的大小和方向基本不变，故流体微团的直线加速度和离心加速度很小，可以忽略。于是在缓变流的有效截面上流体微团只受到重力和压强的作用，与静止流体的受力情况相同。故缓变流的有效截面上的压强分布与静压强分布规律一样，即在同一有效截面上的各点 $\left(z+\frac{p}{\rho g}\right)=$ 常数。故该项积分可变为

$$\iint_A\left(z+\frac{p}{\rho g}\right)\rho g \mathrm{d}q_V=\rho g\left(z+\frac{p}{\rho g}\right)\iint_A \mathrm{d}q_V=\left(z+\frac{p}{\rho g}\right)\rho g q_V \tag{10-43}$$

（2）$\iint_A \frac{V^2}{2g}\rho g \mathrm{d}q_V$ 项的积分　通过引入动能修正系数 α，将该项积分中的真实速度 V 用平均速度 $\overline{V}$ 代替，α 定义如下：

$$\alpha = \frac{1}{A}\iint_A \left(\frac{V}{\overline{V}}\right)^3 \mathrm{d}A$$

则该积分项可写成

$$\iint_A \frac{V^2}{2g}\rho g \mathrm{d}q_V = \iint_A \frac{V^2}{2g}\rho g V \mathrm{d}A = \rho g A\frac{\overline{V}^3}{2g}\frac{1}{A}\iint_A \left(\frac{V}{\overline{V}}\right)^3 \mathrm{d}A = \frac{\alpha \overline{V}^2}{2g}\rho g q_V \tag{10-44}$$

式中，动能修正系数 α 与有效截面上速度分布的均匀程度有关，有效截面上的流速分布越均匀，α 越趋近于 1。在实际工业管道中，通常取 $\alpha=1$。

（3）$\iint_{1\text{-}2} h'_{\mathrm{w}}\rho g \mathrm{d}q_V$ 项的积分　该项积分表示单位时间内从截面 1 到截面 2 流体克服流动阻力而消耗的总机械能。我们令 h_{w} 表示总流有效截面 1 和 2 之间单位质量流体能量头损失的平均值，故有

$$\iint_{1\text{-}2} h'_{\mathrm{w}}\rho g \mathrm{d}q_V = h_{\mathrm{w}}\rho g q_V \tag{10-45}$$

将上述积分项代回到式（10-42）中，整理可得

$$z_1+\frac{p_1}{\rho g}+\alpha_1\frac{V_1^2}{2g}=z_2+\frac{p_2}{\rho g}+\alpha_2\frac{V_2^2}{2g}+h_{\mathrm{w}} \tag{10-46}$$

式（10-46）为黏性流体总流的伯努利方程。它的适用范围是：不可压缩流体的定常流动，作用于流体上的质量力仅为重力，所取的两个有效截，面位于缓变流中，至于两个有效截面之间是否为缓变流则不要求。

黏性流体总流伯努利方程的物理意义是：在总流的有效截面上，单位质量流体所具有的位势能平均值、压强势能平均值和动能平均值之和，即总机械能的平均值沿流程减小，部分机械能转化为热能而损失。同时，该方程表明流体流动总是从总机械能较大的上游流到总机械能较小的下游，以此可以判定流动的方向。该方程的几何意义是：总流的实际总水头线沿流程下降，下降的高度即为能量头损失，如图 10-14 所示。

例 10-5　从水池接一管路，如图 10-15 所示。$H=7\mathrm{m}$，管内径 $D=100\mathrm{mm}$，压力表的读数是 $4.9\times10^4\mathrm{Pa}$，从水池自由表面到压力表之间的能量头损失是 1.5m，求管中流量。

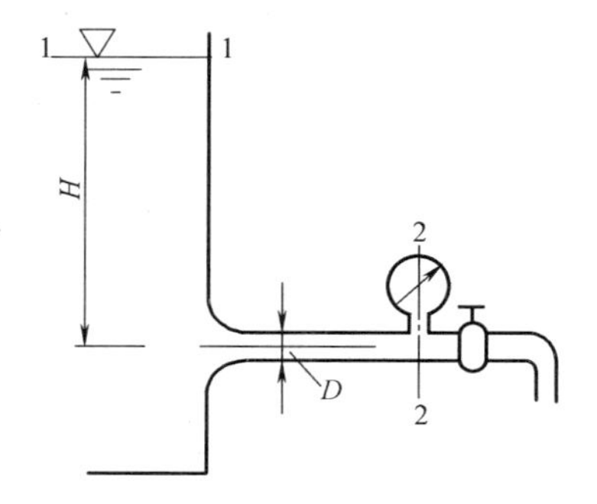

图 10-15　例 10-5 图

解　求出管中流速，即可计算出流量。列 1-1 和 2-2 两个截面的伯努利方程。

$$z_1+\frac{p_1}{\rho g}+\alpha_1\frac{V_1^2}{2g}=z_2+\frac{p_2}{\rho g}+\alpha_2\frac{V_2^2}{2g}+h_{\mathrm{w}}$$

取通过截面 2-2 管中心线的水平面作为基准面，则 $z_2=0$，$z_1=H=7\mathrm{m}$；截面 1-1 与大气相通，其压力表的压强为零，截面 2-2 处压力表的压强为 $4.9\times10^4\mathrm{Pa}$，截面 1-1 面积很大，速度可以忽略，即 $V_1=0$。取 $\alpha_1=\alpha_2=1$，代入可得

$$7\mathrm{m}+0+0=0+\frac{4.9\times10^4\mathrm{Pa}}{9.8\mathrm{m/s^2}\times10^3\mathrm{kg/m^3}}+\frac{V_2^2}{2g}+1.5\mathrm{m}$$

可得 $V_2=\sqrt{2\times9.8\times0.5}\text{m/s}=3.13\text{m/s}$

所以，管中流量为

$$q_V=V_2A=V_2\frac{\pi D^2}{4}=3.13\times\frac{3.14\times0.1^2}{4}\text{m}^3/\text{s}=2.46\times10^{-2}\text{m}^3/\text{s}$$

例 10-6　抽气器的结构如图 10-16 所示，由收缩喷嘴 A、渐扩管 B 和一个工作室 K 组成，工作室上有管路连接于需要抽吸的设备或容器上（如水泵、凝汽器等），试分析抽气器形成的真空值。

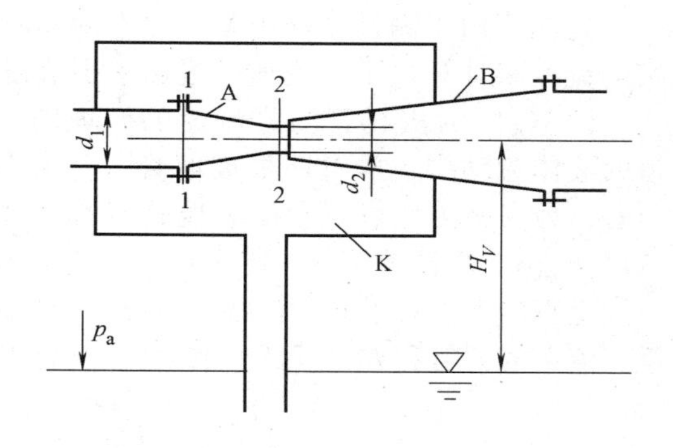

图 10-16　例 10-6 图

解　抽气器利用喷嘴出口流体高速流动产生的真空，将容器中的气体抽出，混合后流向渐扩管并排出。

取喷嘴进口为 1-1 截面，出口为 2-2 截面，基准面选在管道轴线上，忽略能量头损失，列上述两个截面的伯努利方程，有

$$\frac{p_1}{\rho g}+\frac{\overline{V}_1^2}{2g}=\frac{p_2}{\rho g}+\frac{\overline{V}_2^2}{2g}$$

或

$$-\frac{p_2}{\rho g}=\frac{\overline{V}_2^2-\overline{V}_1^2}{2g}-\frac{p_1}{\rho g}$$

将 $\overline{V}_1=\dfrac{4q_V}{\pi d_1^2}$和 $\overline{V}_2=\dfrac{4q_V}{\pi d_2^2}$代入上式并整理。抽气器形成的真空值 H_V（m）为

$$H_V=\frac{p_a-p_2}{\rho g}=\frac{8q_V^2}{g\pi^2}\left(\frac{1}{d_2^4}-\frac{1}{d_1^4}\right)+\frac{p_a-p_1}{\rho g}$$

10.7　伯努利方程的应用

伯努利方程是流体力学中最重要的基本方程之一，它与连续性方程和动量方程构成了流体流动的基础，因此伯努利方程在工程中具有广泛的应用。应用伯努利方程求解流动问题时，可按以下步骤进行：

（1）分析流动　明确已知参数和所要求解的参数，伯努利方程一般用于计算管内流动中的压强、流速、流量和位置高度等。还要注意是否满足方程的适用条件，对于工程中的实际问题，可将方程的适用条件适当放宽，如对于准定常流动问题、压缩性不是很明显的流体流动问题、分流和合流问题等，可以认为该方程仍然近似适用。

（2）选取有效截面　两个有效截面上的参数应包括所求的未知量，同时已知参数应尽可能地多。

（3）确定基准面　基准面必须是水平面，原则上基准面可以任意选取。为解题方便，在两个有效截面中，通常选取通过位置较低截面的中心的水平面作为基准面。这样可使作为基准面的截面上的位置高度 z 为零，另一个截面上的 z 值为正数。

(4) 列出并求解方程　压强代入时，方程式的两端应采用同一形式压强，即同为绝对压强或相对压强。如果方程中有多个未知量，可与连续性方程联立求解。

下面以工程中广泛应用的皮托管和节流式流量计为例，说明它们的测量原理和伯努利方程的应用。

1. 皮托管

皮托管用于测量流动中某一点上的实际流速，可通过测量同一有效截面上不同位置上的实际流速来计算出平均流速，进而求出流量。

图 10-17 为皮托管测量流速的原理图。在管道的液体流动中，放置两根玻璃管，一根为直测压管，另一根为弯成直角的玻璃管（称为测速管或皮托管），将测速管的一端正对着来流方向，另一端垂直向上。对于同一流线上的 1、2 两点，列微元流束的伯努利方程［式（10-41）］，可得

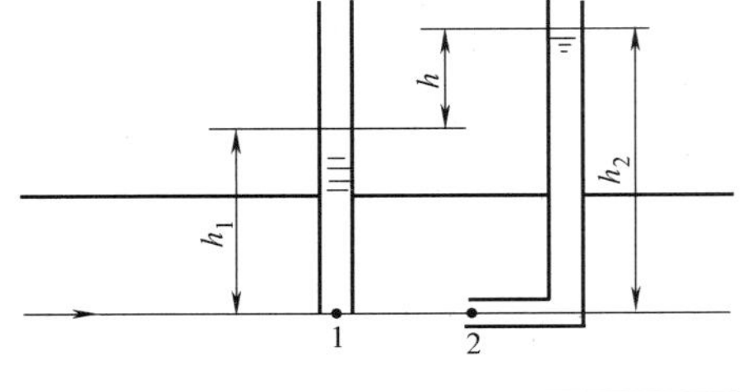

图 10-17　皮托管测量流速的原理图

$$z_1+\frac{p_1}{\rho g}+\frac{V_1^2}{2g}=z_2+\frac{p_2}{\rho g}+\frac{V_2^2}{2g}+h'_{\mathrm{w}}$$

方程中的各项参数为：$z_1=z_2$；假定 1、2 两点相距很近，则能量头损失可忽略，$h'_{\mathrm{w}}=0$；由静力学基本方程可得$\frac{p_1}{\rho g}=h_1$，$\frac{p_2}{\rho g}=h_2$；受测速管入口端的阻挡，$V_2=0$，令 $V_1=V$。代入上式可得

$$\frac{V^2}{2g}=\frac{p_2}{\rho g}-\frac{p_1}{\rho g}=h_2-h_1=h \tag{10-47}$$

点 1 的流速为

$$V=\sqrt{2gh} \tag{10-48}$$

由式（10-47）可知，测速管入口端的压强 $p_2=p_1+\rho\frac{V^2}{2}$，说明点 1 的动能转换成点 2 的压强。在工程中，将 p_2 称为全压，p_1 称为静压。

在实际计算时，由于存在能量头损失和皮托管对流动的干扰，实际流速一般比式（10-48）计算出的流速要小，因此，实际流速要进行修正，即

$$V=\varphi\sqrt{2gh} \tag{10-49}$$

式中，φ 为流速修正系数，由试验确定，一般 $\varphi=0.95\sim1$。

在工程实际中常将静压管和测速管组合在一起，组成一个双层管子，简称为皮托管，如图 10-18 所示。这种皮托管的内管为较细的测速管，用于测量全压。在外层管壁的同一截面上开设多个小孔，用于测量静压。测量时将静压孔和全压孔感受到的压强分别与差压计的两个入口相连，根据差压计读数可得全压和静压之差，再由式（10-49）计算出被测点的流速。

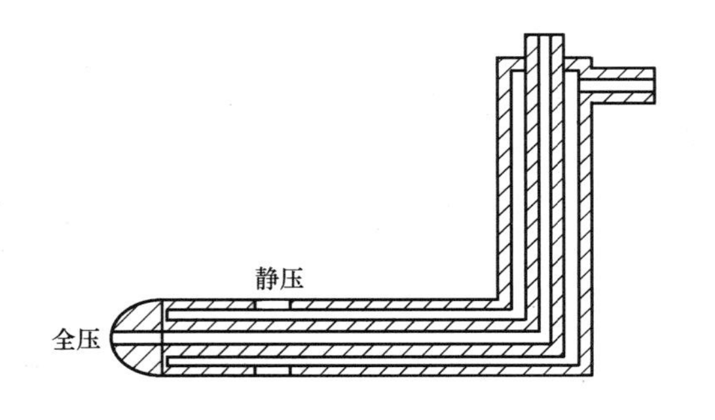

图 10-18　皮托管

2. 节流式流量计

工程中常用的节流式流量计主要有三种

类型，即孔板、喷嘴和文丘里（Venturi）管流量计，它们的基本原理是相同的。

节流式流量计的基本原理是：当管道中液体流经节流装置时，有效截面收缩，在收缩截面处，流速增加，压强降低，使节流装置前后产生压强差。在节流装置确定的情况下，液体流量越大，节流装置前后的压强差也越大，因此可以通过测量压强差来计算流量的大小。下面以文丘里管流量计为例，应用伯努利方程和连续性方程来计算流量。

文丘里管流量计由收缩段、喉部和渐扩段三部分组成，如图 10-19 所示。在文丘里管的喉部，截面面积最小，流速最大，压强最小，从而造成收缩段前和喉部的压强差。用 U 形管差压计测量出压强差，从而求出管道中的流量。

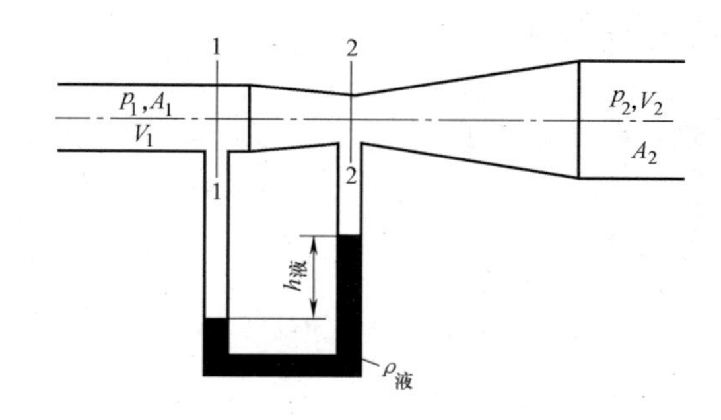

图 10-19　文丘里管流量计原理图

取文丘里管的水平轴线作为基准面，列截面 1-1 和 2-2 的伯努利方程

$$z_1+\frac{p_1}{\rho g}+\alpha_1\frac{\overline{V}_1^2}{2g}=z_2+\frac{p_2}{\rho g}+\alpha_2\frac{\overline{V}_2^2}{2g}+h_w$$

方程式中，$z_1=z_2$，能量头损失忽略不计，取 $\alpha_1=\alpha_2=1$，则有

$$\frac{p_1}{\rho g}+\frac{\overline{V}_1^2}{2g}=\frac{p_2}{\rho g}+\frac{\overline{V}_2^2}{2g}$$

由不可压缩流体的质量守恒可得

$$\overline{V_1}=\frac{A_2}{A_1}\overline{V_2}$$

根据流体静力学基本方程［式（9-10）］可得

$$p_1-p_2=(\rho_液-\rho)gh_液$$

综合以上三式，可得

$$\overline{V_2}=\sqrt{\frac{2g(\rho_液-\rho)h_液}{\rho[1-(A_2/A_1)^2]}}$$

流量为

$$q_V=\overline{V_2}A_2=\frac{\pi}{4}d_2^2\sqrt{\frac{2g(\rho_液-\rho)h_液}{\rho[1-(A_2/A_1)^2]}} \tag{10-50}$$

由于在实际流动中存在能量头损失，故实际流量要小于上式计算的流量。用流量系数 C_d 修正，实际流量为

$$q_{V实}=C_d q_V=C_d\frac{\pi}{4}d_2^2\sqrt{\frac{2g(\rho_液-\rho)h_液}{\rho[1-(A_2/A_1)^2]}} \tag{10-51}$$

例 10-7　有一文丘里管如图 10-20 所示，水银差压计的指示为 360mmHg，从截面 A 流到截面 B 的水头损失为 0.2m，$d_A=300\text{mm}$，$d_B=150\text{mm}$，求此时通过文丘里管的流量。

解　以截面 A 为基准面，列出截面 A 和 B 的伯努利方程。

$$z_A+\frac{p_A}{\rho g}+\alpha_1\frac{\overline{V}_A^2}{2g}=z_B+\frac{p_B}{\rho g}+\alpha_2\frac{\overline{V}_B^2}{2g}+h_w$$

其中，$z_A=0$，$z_B=0.76\text{m}$，取 $\alpha_1=\alpha_2=1$，$h_w=0.2\text{m}$，可得

$$\frac{p_A}{\rho g}-\frac{p_B}{\rho g}=\frac{\overline{V}_B^2-\overline{V}_A^2}{2g}+0.76\text{m}+0.2\text{m} \quad (10\text{-}52\text{a})$$

由连续性方程

$$V_AA_A=V_BA_B \quad (10\text{-}52\text{b})$$

水银差压计上的1-1面为等压面，则等压面处的方程为

$$p_A+(z+0.36)\rho g=p_B+(0.76+z)\rho g+0.36\rho_{\text{Hg}}g$$

由上式式可得

$$\frac{p_A}{\rho g}-\frac{p_B}{\rho g}=0.76-0.36+0.36\times\frac{\rho_{\text{Hg}}g}{\rho g}=5.3\text{m} \quad (10\text{-}52\text{c})$$

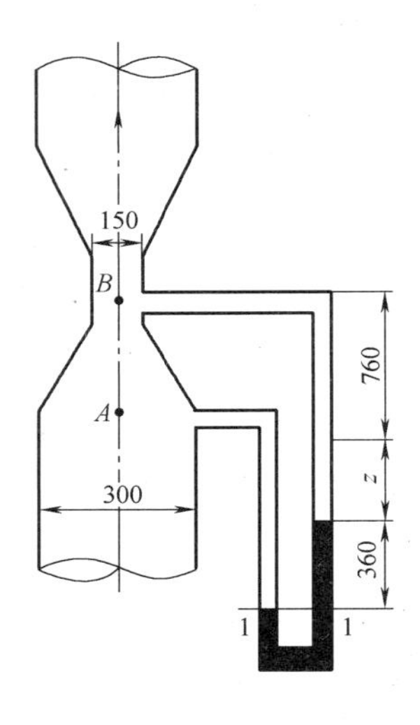

图 10-20　例 10-7 图

将式（10-52b）和式（10-52c）代入式（10-52a）中，得

$$5.3\text{m}=\frac{V_B^2}{2g}\left[1-\left(\frac{d_B}{d_A}\right)^4\right]+0.96\text{m}$$

解得

$$V_B=\sqrt{\frac{2g(5.3\text{m}-0.96\text{m})}{[1-(d_B/d_A)^4]}}=\sqrt{\frac{2\times g\times(5.3\text{m}-0.96\text{m})}{[1-(150/300)^4]}}\text{m/s}=9.53\text{m/s}$$

流量

$$q_V=V_B\frac{\pi d^2}{4}=9.53\times\frac{\pi\times0.15^2}{4}\text{m}^3/\text{s}=0.168\text{m}^3/\text{s}$$

例 10-8　有一离心泵装置如图 10-21 所示。已知该离心泵的输水量 $q_V=60\text{m}^3/\text{h}$，吸水管内径 $d=150\text{mm}$，吸水管路的总能量损失 $h_w=0.5\text{m}$，离心泵入口 2-2 截面处的真空表读数为 450mmHg，若吸水池的面积足够大，此时泵的吸水高度 h_g 为多少？

解　选取吸水池液面和泵进口截面作为 1-1 截面和 2-2 截面，并取 1-1 为基准面，列两截面的伯努利方程，得

$$0+\frac{p_a}{\rho g}+\frac{\overline{V}_1^2}{2g}=h_g+\frac{p_2}{\rho g}+\frac{\overline{V}_2^2}{2g}+h_w$$

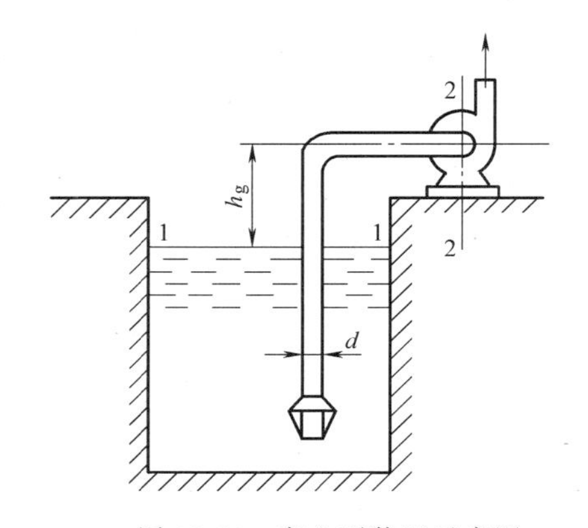

图 10-21　离心泵装置示意图

因为吸水池面积足够大，故 $V_1=0$。

$$\overline{V}_2=\frac{4q_V}{\pi d^2}=\frac{4\times60}{3600\times3.14\times0.15^2}\text{m/s}=0.94\text{m/s}$$

p_2 为泵吸水口截面 2-2 处的绝对压强，其值为

$$p_2 = p_a - 133000 \times 0.45\text{Pa}$$

将 V_2 和 p_2 代入伯努利方程，可得

$$h_g = \frac{133000 \times 0.45}{\rho g} - \frac{\overline{V}_2^2}{2g} - h_w = \left(\frac{133000 \times 0.45}{9806} - \frac{0.94^2}{2g} - 0.5 \right) \text{m} = 5.56\text{m}$$

10.8　定常流动的动量方程

前面讲述了连续性方程和伯努利方程，这两个方程主要用于计算一维流动中有效截面上的流动参数，如压强、速度、流量等，在涉及流动流体与所接触的固体壁面间的作用力计算问题时，就要用动量方程来解决。

1. 动量方程的推导

将力学中的动量定理应用于流体的流动中，可以导出流体运动的动量方程。根据动量定理，所研究流体动量的时间变化率等于作用在该流体上的外力矢量之和，即

$$\sum \text{d}\boldsymbol{F} = \frac{m\boldsymbol{V}_2 - m\boldsymbol{V}_1}{\Delta t} = \frac{\text{d}(m\boldsymbol{V})}{\text{d}t} \tag{10-53}$$

（1）微元流束的动量方程　图 10-22 所示为不可压缩流体定常流动的微元流束，取有效截面 1-1 和 2-2 之间的流体作为研究对象，假定经过 dt 时间所研究流体从位置 1-2 流到 1′-2′。下面分析所研究流体的动量变化。

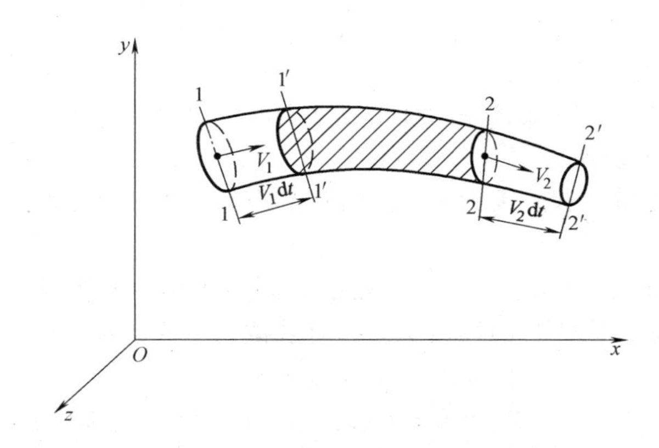

图 10-22　不可压缩流体定常流动的微元流束

在 dt 时间内，流体动量的变化应等于所研究流体在位置 1′-2′和 1-2 位置时的动量之差，即

$$\text{d}(m\boldsymbol{V}) = (m\boldsymbol{V})_{1'\text{-}2'} - (m\boldsymbol{V})_{1\text{-}2}$$

由于是定常流动，因此 1′-2 位置的流体（图中阴影部分）的动量不随时间变化，故动量的变化就等于 2-2′位置流体动量与 1-1′位置流体动量之差，即

$$\text{d}(m\boldsymbol{V}) = (m\boldsymbol{V})_{2\text{-}2'} - (m\boldsymbol{V})_{1\text{-}1'} = \rho \text{d}q_{V2}\text{d}t\boldsymbol{V}_2 - \rho \text{d}q_{V1}\text{d}t\boldsymbol{V}_1$$

根据不可压缩流体定常流动微元流束的连续性方程 $\text{d}q_{V1} = \text{d}q_{V2} = \text{d}q_V$，故上式可写成

$$\text{d}(m\boldsymbol{V}) = \rho \text{d}q_V \text{d}t(\boldsymbol{V}_2 - \boldsymbol{V}_1) \tag{10-54}$$

将式（10-54）代入式（10-53），可得

$$\sum \mathrm{d}\boldsymbol{F}=\rho \mathrm{d}q_V(\boldsymbol{V}_2-\boldsymbol{V}_1) \tag{10-55}$$

式（10-55）即为定常流动微元流束的动量方程。

（2）总流的动量方程　总流可以看作由无数微元流束组成，对微元流束的动量方程积分，可得总流的动量方程。

$$\int_A \sum \mathrm{d}\boldsymbol{F} = \iint_{A_2} \rho \boldsymbol{V}_2 \mathrm{d}q_V - \iint_{A_1} \rho \boldsymbol{V}_1 \mathrm{d}q_V = \iint_{A_2} \rho \boldsymbol{V}_2 V_2 \mathrm{d}A_2 - \iint_{A_1} \rho \boldsymbol{V}_1 V_1 \mathrm{d}A_1 \tag{10-56}$$

$\int_A \sum \mathrm{d}\boldsymbol{F}$ 积分项代表作用在所取流体上的所有外力，用 $\sum \boldsymbol{F}$ 表示。即 $\sum \boldsymbol{F}=\int_A \sum \mathrm{d}\boldsymbol{F}$。

对于 $\iint_A \rho \boldsymbol{V} V \mathrm{d}A$ 积分项，与总流的伯努利方程推导过程类似，可用平均流速来代替流体的真实流速，由此产生的误差，通过引进动量修正系数 β 来加以修正，即

$$\iint_A \rho \boldsymbol{V} V \mathrm{d}A = \beta\rho \boldsymbol{V} V A = \beta\rho q_V \boldsymbol{V}$$

将上述两积分项代入式（10-56），可得

$$\sum \boldsymbol{F}=\rho q_V(\beta_2 \boldsymbol{V}_2-\beta_1 \boldsymbol{V}_1) \tag{10-57}$$

式（10-57）为总流动量方程的矢量形式，该方程对理想流体和黏性流体均适用。工程计算中，动量修正系数 β 一般取 1。

把动量方程的矢量形式写成投影形式为

$$\begin{cases} \sum F_x=\rho q_V(\beta_2 V_{2x}-\beta_1 V_{1x}) \\ \sum F_y=\rho q_V(\beta_2 V_{2y}-\beta_1 V_{1y}) \\ \sum F_z=\rho q_V(\beta_2 V_{2z}-\beta_1 V_{1z}) \end{cases} \tag{10-58}$$

式（10-58）为总流动量方程的投影形式，实际计算中一般采用该式。式中的 V_{1x}、V_{1y}、V_{1z} 和 V_{2x}、V_{2y}、V_{2z} 分别为总流有效截面 1-1 和 2-2 上的平均速度在 x、y、z 轴上的分量。

2. 总流动量方程的应用

动量方程是一个矢量方程，因此，动量方程的求解比伯努利方程要复杂，应用动量方程时应注意以下几点：

1）应用动量方程时，应先选择一个固定的空间体积作为分析对象，称为控制体。控制体表面一般由流管表面、流体与固体接触面和有效截面组成，选定的控制体中包括对所求作用力有影响的全部流体。有效截面应取在缓变流中。

2）合理建立坐标系，尽可能使方程简化。例如，将坐标轴方向取作与流速方向一致时，则流速在该坐标轴上的投影就是它本身。

3）动量方程是一个矢量方程，方程中的力和速度（动量）均具有方向性。当力和速度在坐标轴上的分量与坐标正方向一致时，为正；相反时，为负。未知力的方向可先假设，计算结果为正时，说明假设方向与实际方向相同；如果为负值，说明假设方向与实际方向相反。

4）方程式左端的外力一般包括：有效截面上压强产生的总压力、管壁或固体壁面对流体的作用力和重力等。

5）方程右端的动量变化是指流出的动量减去流入的动量。

下面通过例题说明动量方程的应用。

例 10-9　水平放置在混凝土支座上的变直径弯管，弯管两端与等直径管相连接处的截面 1-1 上压力表读数 $p_1=17.6\times10^4\mathrm{Pa}$，管中流量 $q_V=0.1\mathrm{m^3/s}$，若直径 $d_1=300\mathrm{mm}$，$d_2=200\mathrm{mm}$，转角 $\theta=60°$，如图 10-23 所示。求水对弯管作用力 F 的大小。

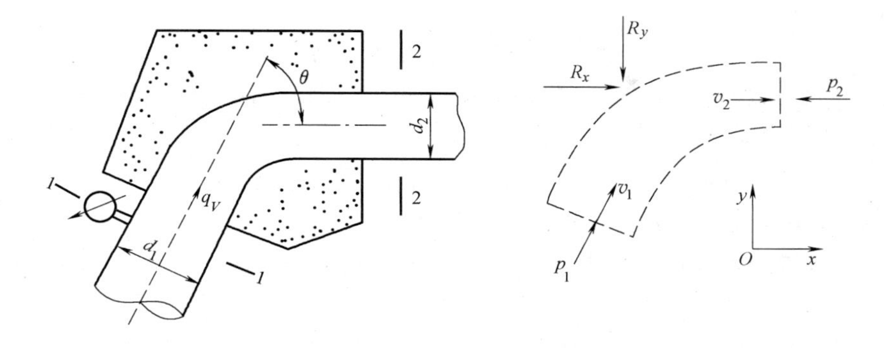

图 10-23　例 10-9 图

解　水流经弯管时，假定弯管对水流的作用力为 R。建立坐标系 Oxy 如图 10-23 所示，将 R 分解成 R_x 和 R_y 两个分力。

取管道进、出口两个截面和管道内壁所包围的体积为控制体。

1）根据连续性方程可得

$$V_1=\frac{4q_V}{\pi d_1^2}=\frac{4\times0.1}{\pi\times0.3^2}\text{m/s}=1.42\text{m/s}$$

$$V_2=\frac{4q_V}{\pi d_2^2}=\frac{4\times0.1}{\pi\times0.2^2}\text{m/s}=3.18\text{m/s}$$

2）列管道进、出口处流体的伯努利方程

$$\frac{p_1}{\rho g}+\frac{V_1^2}{2g}=\frac{p_2}{\rho g}+\frac{V_2^2}{2g}$$

可得

$$p_2=p_1+\frac{\rho(V_1^2-V_2^2)}{2}=\left[17.6\times10^4+1000\times\frac{(1.42^2-3.18^2)}{2}\right]\text{Pa}=17.2\times10^4\text{Pa}$$

3）进、出口有效截面上的总压力为

$$P_1=p_1A_1=17.6\times10^4\times\frac{\pi}{4}\times0.3^2\text{N}=12.43\text{kN}$$

$$P_2=p_2A_2=17.2\times10^4\times\frac{\pi}{4}\times0.2^2\text{N}=5.40\text{kN}$$

4）写出动量方程。由于管道水平放置，重力在坐标轴方向上的分力为零。控制体内流体受到的外力包括：有效截面上的总压力 P_1 和 P_2，弯管对水流的作用力 R。作用力的方向与坐标轴正方向一致时，在方程中取正值；反之，取负值。

沿 x 轴方向的动量方程为

$$P_1\cos\theta-P_2+R_x=\rho q_V(V_2-V_1\cos\theta)$$

则有

$$\begin{aligned}R_x&=\rho q_V(V_2-V_1\cos\theta)+P_2-P_1\cos\theta\\&=[0.1\times(3.18-1.42\times\cos60^\circ)+5.40-12.43\times\cos60^\circ]\text{kN}\\&=-0.568\text{kN}\end{aligned}$$

沿 y 轴方向的动量方程为

$$P_1\sin\theta-R_y=\rho q_V(0-V_1\sin\theta)$$

$$R_y=P_1\sin\theta+\rho q_V V_1\sin\theta=(12.43\times\sin60^\circ+0.1\times1.42\times\sin60^\circ)\text{kN}=10.88\text{kN}$$

弯管对水流的作用力 R 为

$$R=\sqrt{R_x^2+R_y^2}=\sqrt{(-0.568)^2+10.88^2}\text{kN}=10.89\text{kN}$$

所求水流对弯管作用力 F 与 R 大小相等，方向相反。

例 10-10 如图 10-24 所示，进入喷气发动机的压缩空气与燃料混合燃烧，燃烧后产生的高温高压燃气经喷嘴加速后排放到低压大气中。喷气发动机安装在飞机上，飞机以 250m/s 匀速飞行，吸入的空气密度为 0.4kg/m^3，吸入口面积为 1.0m^2，燃料进入发动机的质量流量为 2kg/s，燃烧后喷出的燃气直接射流到大气中，射流速度为 500m/s。求气流经过发动机的动量变化对发动机产生的推力 F。

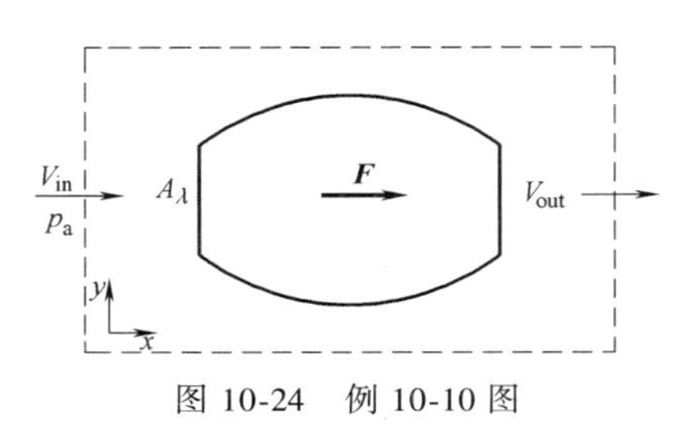

图 10-24 例 10-10 图

解 取控制体如图 10-24 虚线框中所示，并取气流的速度方向为 x 轴方向，由动量方程式可得

$$\sum F_x=\rho q_V(\beta_2 V_{out}-\beta_1 V_{in})$$

其中，动量修正系数 $\beta_2=\beta_1=1$，$\sum F_x=F$，$q_m=\rho q_V$。上式可变成

$$F=q_{m,out}V_{out}-q_{m,in}V_{in}$$

进口空气的质量流量为

$$q_{m,in}=\rho V_{in}A_{in}=0.4\times250\times1.0\text{kg/s}=100\text{kg/s}$$

喷嘴出口燃气的质量流量为

$$q_{m,out}=q_{m,in}+q_{m,f}=(100+2)\text{kg/s}=102\text{kg/s}$$

流过发动机的气流动量变化对发动机产生的推力为

$$F=q_{m,out}V_{out}-q_{m,in}V_{in}=(102\times500-100\times250)\text{N}=26\text{kN}$$

例 10-11 如图 10-25 所示，喷嘴水平喷出的水流冲击到直立的平板上，已知喷嘴的出口直径 $d=100$mm，射流速度 $V_0=20$m/s，试求射流对平板的冲击力。

解 建立图 10-25 所示的坐标系，取图中的虚线和射流的外轮廓线以及平板壁面所包围的体积为控制体。作用在控制体内流体上的力有：有效截面上的总压力、重力和平板对流体的作用力 F。由于射流速度很高，可以忽略重力的影响；射流在大气中，各有效截面上相对压强为零，故总压力也为零。列 x 轴方向的动量方程有

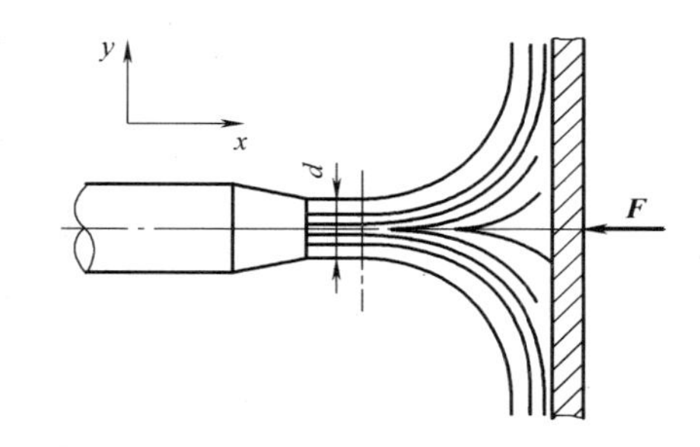

图 10-25 例 10-11 图

$$-F=\rho V_0\frac{\pi d^2}{4}(0-V_0)$$

由上式可得

$$F=\rho V_0\frac{\pi d^2}{4}V_0=1000\times20^2\times\frac{\pi}{4}\times0.1^2\text{N}=3142\text{N}$$

第 11 章　黏性流体管内流动的能量损失

学习目标

本章要求重点掌握圆管中的层流计算及管路中的沿程阻力和局部阻力的计算与应用；要求对沿程损失、局部损失、层流、湍流的基本概念及有关公式有所了解。

本章的重点在于黏性流体流动过程中的能量损失及其计算。黏性流体在流动过程中，由于质点之间的相对运动而产生切应力、流体与壁面间的摩擦以及壁面对流体流动的扰动等，都要损失流体自身所具有的机械能。

黏性流体在管内流动时，由于黏性的作用，要产生流动阻力，而要克服流动阻力，维持黏性流体在管道中的流动，就要消耗机械能，消耗掉的这部分机械能将不可逆地转化成热能，即产生了能量损失，又称阻力损失。本章主要讨论能量损失产生的原因、影响因素和计算方法。

11.1　黏性流体流动的两种状态——层流及湍流

英国物理学家雷诺（Reynolds）在 1883 年通过试验验证了黏性流体存在层流和湍流两种不同的流动状态。流动状态的不同，流体能量损失的规律也不同。因此，要进行能量损失的计算，首先要研究流体流动的两种状态。

1. 雷诺试验

雷诺试验装置如图 11-1 所示，1 为尺寸足够大的水箱，试验过程中，通过溢流板 4 来保持水箱水位恒定。5 为颜色水瓶，当开启下部阀门 6 时，着色液体进入水瓶细管，试验过程中观察着色流束的流动状态。试验步骤如下：

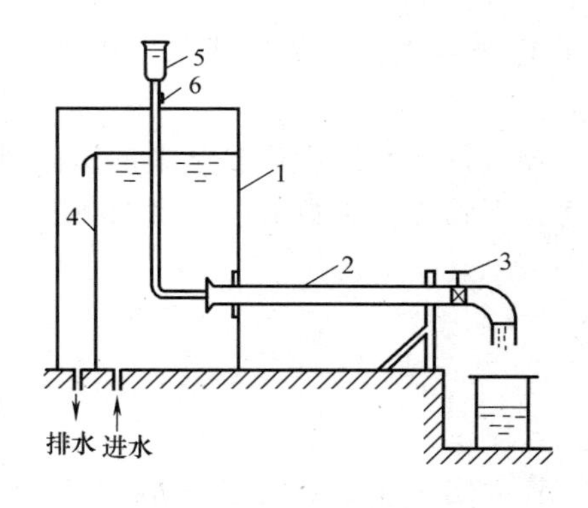

图 11-1　雷诺试验装置

1—水箱　2—玻璃管　3—调节阀
4—溢流板　5—颜色水瓶　6—阀门

1）微开启调节阀，水流以较小的速度流过玻璃管，开启颜色水瓶下的小阀门 6，颜色水流沿细管流入玻璃管 2 中。这时玻璃管中的着色流束呈清晰的细直线状，且不与周围的水流相混，如图 11-2a 所示。该流动状态表明，流体质点仅沿管轴方向运动，流体质点间互相不掺混，这种流动状态称为层流。

2）调节阀 3 逐渐开大，管内流速逐渐增大，当流速增大到一定数值时，着色流束开始振荡处于不稳定状态，如图 11-2b 所示。这种流动状态称为过渡状态或临界状态，管道中的平均速度称为临界速度。

3）继续开大调节阀3，使管中的流速大于临界流速。这时，着色流束从细管中流出后，流经很短的一段距离后便与周围流体相混，并扩散至整个玻璃管内，如图11-2c所示。这说明流体质点在沿管轴方向运动时，也存在径向运动，流体质点间互相掺混，做无规则的运动，这种流动状态称为湍流（或紊流）。

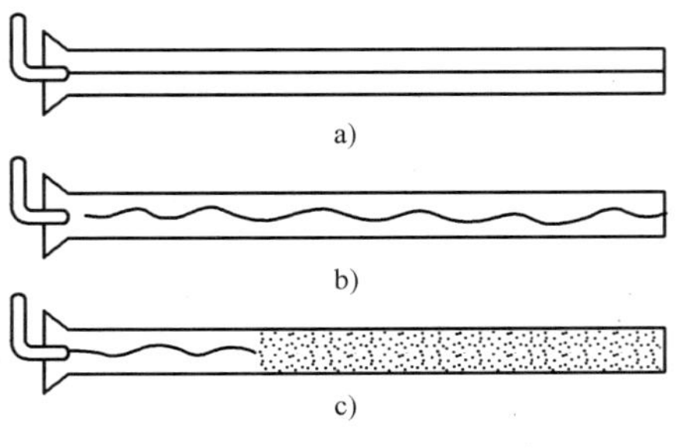

图11-2 层流、湍流及过渡区

上述雷诺试验中，调节阀由小逐渐开大，流动状态由层流变为湍流，层流转变为湍流时的临界速度称为上临界速度，以 V_c' 表示。如果先让流体处于湍流状态，再将阀门逐渐关小，当流速减小到某一数值时，着色水流束又呈振荡状态，再关小调节阀门就变为层流，湍流转变为层流时的临界速度称为下临界速度，用符号 V_c 表示。试验证明，临界流速与管径、流体黏度等因素有关，上临界速度 V_c' 总是大于下临界速度 V_c。

2. 流动状态的判别

由雷诺试验可知，层流及湍流可以根据临界流速来判别，但临界流速随管径大小和流体种类而变化，因此，用临界流速来判别流动状态很不方便。为此，雷诺等人对不同管径的圆管和多种液体进行试验研究，证明临界流速 V_c 与流体的动力黏度 μ 成正比，与管道内径 d 和流体的密度 ρ 成反比，即

$$V_c = Re_c \frac{\mu}{\rho d} = Re_c \frac{\nu}{d}$$

或

$$Re_c = \frac{V_c d}{\nu}$$

式中，Re_c 为比例系数，称为临界雷诺数，是一个量纲一的准则数。式中的流速对应下临界流速 V_c 时称为下临界雷诺数，用 Re_c 表示。对应上临界流速 V_c' 时称为上临界雷诺数，用 Re_c' 表示。

经过雷诺和以后许多学者的试验研究证明，对于不同管径的管道，不论流体种类和流速如何，下临界雷诺数 Re_c 约为2000，上临界雷诺数 Re_c' 一般取13800或更高，即

$$Re_c = \frac{V_c d}{\nu} = 2000$$

$$Re_c' = \frac{V_c' d}{\nu} = 13800$$

管内实际流动的雷诺数 Re 定义为

$$Re = \frac{Vd}{\nu} \tag{11-1}$$

式中，V 为管内的平均流速（m/s）；d 为管径（m）；ν 为运动黏度，（m^2/s）。

因此，可以根据实际流动雷诺数 Re 与临界雷诺数的比较来判别流动状态。当流动雷诺数 $Re<Re_c$ 时，流动状态为层流；当 $Re>Re_c'$ 时，流动状态为湍流；当 $Re_c<Re<Re_c$ 时，流动状态可能是层流或湍流，但这时的层流往往很不稳定，任何微小的扰动都可能使之变为湍流，在工程中一般认为该区域流动状态为湍流。故通常都采用下临界雷诺数作为判别流动状

态的准则数，即

$$Re=\frac{Vd}{\nu}\leqslant 2000 \quad 层流$$

$$Re=\frac{Vd}{\nu}>2000 \quad 湍流$$

工程中实际流体（如水、空气、水蒸气等）的流动，几乎都是湍流，只有黏性较大的液体（如石油、润滑油、重柴油等）的低速流动中，才会出现层流。

通过量纲分析可知，雷诺数反映了流动流体受到的惯性力和黏性力的比值。雷诺数的大小表示流体流动过程中惯性力和黏性力哪个起主导作用。雷诺数较小，表示黏性力起主导作用，流体质点的运动受到约束，流体质点间互不掺混，呈现有序的流动状态，即层流状态。雷诺数较大，表示惯性力起主导作用，黏性力不足以约束流体质点的紊乱运动，流动处于湍流状态，雷诺数越大，湍流程度越高。

例 11-1　用直径 200mm 的无缝钢管输送石油，已知流量 $q_V=27.8\times10^{-3}\text{m}^3/\text{s}$，冬季油的黏度 $\nu_\text{w}=1.092\times10^{-4}\text{m}^2/\text{s}$，夏季油的黏度 $\nu_\text{s}=0.355\times10^{-4}\text{m}^2/\text{s}$，油在管中呈何种流动状态？

解　管中油的流速为

$$V=\frac{4q_V}{\pi d^2}=\frac{4\times27.8\times10^{-3}}{\pi\times0.2^2}\text{m/s}=0.885\text{m/s}$$

冬季时　$Re_\text{w}=\dfrac{Vd}{\nu_\text{w}}\approx1620<2000$　油在管中呈层流状态

夏季时　$Re_\text{s}=\dfrac{Vd}{\nu_\text{s}}\approx5000>2000$　油在管中呈湍流状态

11.2　黏性流体流动的能量头损失

黏性流体流动中存在流动阻力，造成能量的损失。单位质量流体所损耗的机械能称为能量头损失（简称损失）h_w。流体的能量头损失 h_w 可分为沿程损失 h_f 和局部损失 h_j。

1. 沿程损失 h_f

黏性流体在管内流动时，由于流体内部和流体与管壁间的摩擦形成的阻力，称为沿程阻力。单位质量流体克服沿程阻力而损失的能量头称为沿程损失。沿程损失存在于流动的整个流程中。

沿程损失以符号 h_f 表示。h_f 可根据达西-威斯巴赫（Darcy-Weisbach）公式计算：

$$h_\text{f}=\lambda\frac{l}{d}\frac{V^2}{2g} \tag{11-2}$$

式中，λ 为沿程阻力系数，与流动的雷诺数和管壁的粗糙程度有关；l 为管道长度（m）；d 为管道内径（m）；V 为有效截面上的平均流速（m/s）。

对于气体流动，通常将单位体积流体的沿程损失称为沿程压强损失，用 Δp_f 表示，单位为 Pa，则

$$\Delta p_\text{f}=\rho g h_\text{f}=\rho\lambda\frac{l}{d}\frac{V^2}{2} \tag{11-3}$$

达西-威斯巴赫公式是沿程损失的通用公式，它是根据试验研究的结果得出的，适用于管道中的流体在各种流动状态下沿程损失的计算。该公式将求解沿程损失的问题转化为求沿程阻力系数的问题。

2. 局部损失 h_j

流体流过阀门、弯管、变截面管道等局部装置时，流速的大小和方向发生改变，流体质点间以及流体与局部装置之间发生碰撞，产生旋涡，从而使流体流动受到阻碍，造成局部阻力。将单位质量流体克服局部阻力而损失的能量头称为局部损失。

局部损失以符号 h_j 表示。将单位体积流体的局部损失称为局部压强损失，以符号 Δp_j 表示。其计算公式分别为

$$h_j = \zeta \frac{V^2}{2g} \tag{11-4}$$

$$\Delta p_j = \rho g h_j = \rho \zeta \frac{V^2}{2} \tag{11-5}$$

式中，ζ 为局部阻力系数，是一个量纲为一的数，一般由试验确定。

3. 总能量头损失 h_w

在工程实际中，大部分管道系统由多个不同直径的管段组合而成，而且管道系统中存在许多造成局部损失的管道附件，即管道系统中存在多项沿程损失和局部损失。管道系统的总能量头损失应等于各管段沿程损失与所有局部损失之和。即

$$h_w = \sum h_f + \sum h_j \tag{11-6}$$

$$\sum p_w = \rho g h_w = \sum \Delta p_f + \sum \Delta p_j \tag{11-7}$$

11.3 均匀流中切应力的表达式

均匀流是指流速的大小和方向沿流程不变的定常流动，例如流体在一个等直径的直圆管中的流动。本节讨论均匀流中，作用在流体单位面积上的摩擦阻力（简称切应力）与沿程损失的关系式。

1. 切应力与沿程损失的关系

如图 11-3 所示，流体在一等径直圆管中做定常流动，取半径为 r、长度为 l 的一段流体作为分析对象。

1）作用在所研究液体上的力有截面 1-1 和 2-2 上的总压力 p_1A 和 p_2A；流体受到的重力 $G=\rho glA$；作用在分析流体侧面上的总摩擦力 $T=\tau 2\pi rl$。

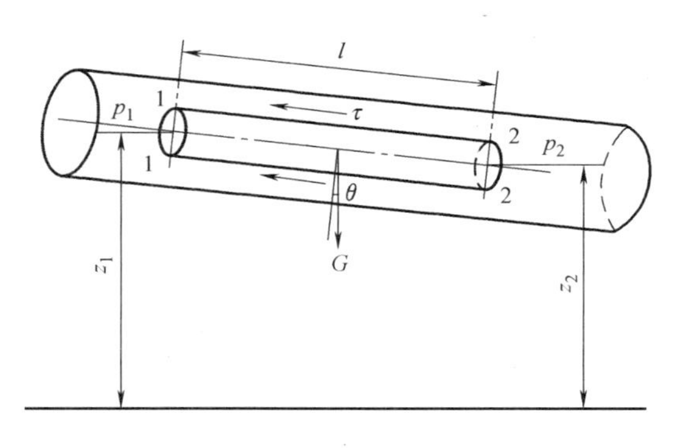

图 11-3 圆管定常流动

2）在均匀流中，流速大小和方向均不变，加速度为零，故在流动方向上流体受到的外力之和为零，则有

$$p_1A - p_2A - 2\pi rl\tau + \rho gAl\sin\theta = 0$$

其中

$$l\sin\theta = z_1 - z_2,\quad A = \pi r^2$$

将上面两式代入，方程两端同除以 ρgA，整理可得

$$\left(z_1+\frac{p_1}{\rho g}\right)-\left(z_2+\frac{p_2}{\rho g}\right)=\frac{2\tau l}{\rho gr} \tag{11-8}$$

3）列截面 1 和 2 的伯努利方程可得

$$z_1+\frac{p_1}{\rho g}+\alpha_1\frac{V_1^2}{2g}=z_2+\frac{p_2}{\rho g}+\alpha_2\frac{V_2^2}{2g}+h_w$$

在均匀流中，$V_1=V_2$，$\alpha_1=\alpha_2=1$，$h_w=h_f$，则有

$$h_f=\left(z_1+\frac{p_1}{\rho g}\right)-\left(z_2+\frac{p_2}{\rho g}\right) \tag{11-9}$$

4）由式（11-8）和式（11-9）可得

沿程损失
$$h_f=\frac{2\tau}{\rho gr}l \tag{11-10}$$

切应力
$$\tau=\frac{\rho gh_f r}{2l}=\frac{\Delta p_f r}{2l} \tag{11-11}$$

式（11-11）称为均匀流基本方程，该式对于层流和湍流均适用。

2. 切应力分布

式（11-11）中，通常将 h_f/l 称为水力坡度，用符号 J 表示，即 $J=h_f/l$。在均匀流中水力坡度 J 沿流程变化不大，可作为常数，则式（11-11）可写成

$$\tau=\frac{\rho gJ}{2}r \tag{11-12}$$

式（11-12）中，半径 r 为变量。该式表明，流体在等径直圆管中流动时，在有效截面上，切应力 τ 与圆管半径 r 的一次方成正比。在管轴线（$r=0$），切应力 $\tau=0$；在管壁面上（$r=r_0$），切应力最大，$\tau=\tau_0=\tau_{max}$，如图 11-4 所示。

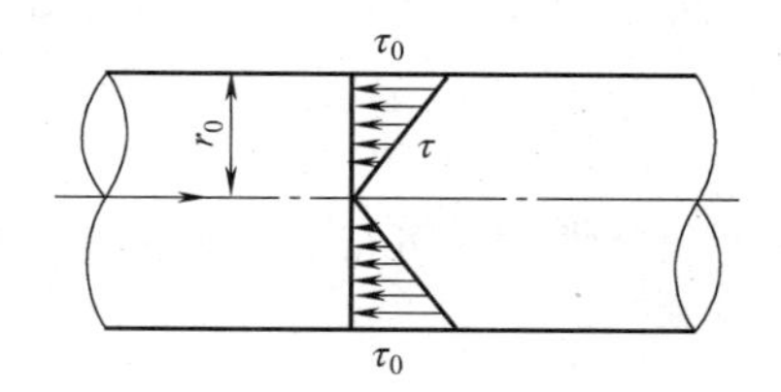

图 11-4　圆管有效截面上的切应力

11.4　圆管中流体的层流运动

对于大多数工程中的流动，由于影响因素复杂，一般不能用理论分析的方法求解，需要通过试验或数值计算的方法求解。但对于圆管中层流运动这种较简单的流动问题，可以通过理论分析的方法求解。本节将讨论圆管中流体层流运动时，有效截面上的速度分布和沿程损失公式等内容。

1. 速度分布

假定流体在一等直径圆管中做层流运动，如图 11-5 所示。圆管中层流运动的流体可视为由无数无限薄的圆筒形流体层组成，圆筒形流体薄层一层套一层向前滑动。各流层间的切应力可由牛顿内摩擦定律给出，即

$$\tau=\mu\frac{du}{dy}=-\mu\frac{du}{dr} \tag{11-13}$$

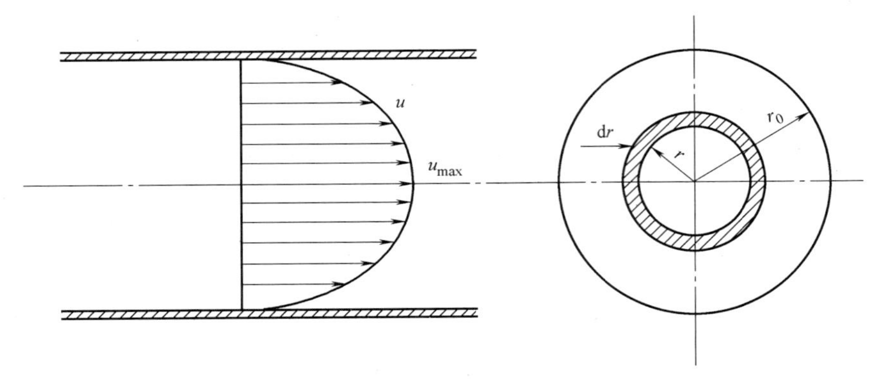

图 11-5 圆管中的层流

由于流速 u 随半径 r 的增加而减少，即$\frac{du}{dr}$为负值，为使 τ 为正数，故在上式的右端取负号。

将式（11-13）代入式（11-11），整理可得

$$du = -\frac{\Delta p_f}{2\mu l} r dr$$

积分上式得

$$u = -\frac{\Delta p_f}{2\mu l} r^2 + C$$

根据边界条件，在管壁上 $r=r_0$，$u=0$，可得积分常数 C 为

$$C = \frac{\Delta p_f}{4\mu l} r_0^2$$

代入积分常数，可得有效截面上的速度分布表达式为

$$u = \frac{\Delta p_f}{4\mu l}(r_0^2 - r^2) \tag{11-14}$$

式（11-14）表明，圆管中层流运动时，有效截面上各点的速度 u 与该点半径 r 呈二次抛物线关系，如图 11-5 所示。在管道轴线上（$r=0$），流速达到最大值，$u_{max} = \frac{\Delta p_f}{4\mu l} r_0^2$；在管壁上（$r=r_0$），流速等于零。

2. 流量及平均流速

在圆管的层流中，取一半径为 r、宽度为 dr 的微元环形面积 dA，如图 11-5 所示，在该微元面积上各点的流速可以认为相同，故流过该微元面积的流量为：$dq_V = u dA = u 2\pi r dr$，积分上式，可得流过圆管有效截面的流量为

$$q_V = \iint_A dq_V = \int_r^{r_0} u 2\pi r dr = \int_r^{r_0} \frac{\Delta p_f}{4\mu l}(r_0^2 - r^2) 2\pi r dr = \frac{\Delta p_f \pi}{8\mu l} r_0^4 \tag{11-15}$$

圆管有效截面上的平均流速为

$$V = \frac{q_V}{A} = \frac{\Delta p_f \pi r_0^4}{8\mu l \pi r_0^2} = \frac{\Delta p_f}{8\mu l} r_0^2 \tag{11-16}$$

比较平均流速 V 和最大流速 u_{max} 可得

$$V=\frac{1}{2}u_{max} \tag{11-17}$$

式（11-17）表明：圆管中层流运动时，有效截面上的平均流速为最大流速的一半。根据这一特点，可通过测量圆管层流运动时轴线上的最大流速 u_{max}，从而计算出平均流速和流量。

3. 沿程损失 h_f

将沿程压强损失 $\Delta p_f=\rho g h_f$ 代入式（11-16），可得圆管中层流时的沿程损失为

$$h_f=\frac{8\mu lV}{\rho g r_0^2}=\frac{8\rho\nu lV}{\rho g r_0^2}=\frac{32\times 2}{\frac{Vd}{\nu}}\frac{l}{d}\frac{V^2}{2g}=\frac{64}{Re}\frac{l}{d}\frac{V^2}{2g} \tag{11-18}$$

将式（11-18）与沿程损失的一般公式 $h_f=\lambda\frac{l}{d}\frac{V^2}{2g}$ 对比，可得

$$\lambda=\frac{64}{Re} \tag{11-19}$$

即圆管中的层流运动中，沿程阻力系数 λ 仅与雷诺数 Re 有关。

4. 动能修正系数 α

将式（11-14）与式（11-16）代入动能修正系数计算式中，可得

$$\alpha=\frac{1}{A}\iint_A\left(\frac{u}{V}\right)^3 dA=\frac{1}{\pi r_0^2}\int_0^{r_0}\{2[1-(r/r_0)^2]\}^3\times 2\pi r dr=2 \tag{11-20}$$

例 11-2　在一长度 $l=1000$m、直径 $d=300$mm 的管路中输送密度为 950kg/m^3 的重柴油，其质量流量为 $q_m=242\times10^3$kg/h，求油温分别为 10℃（运动黏度 $\nu=25$cm^2/s）和 40℃（运动黏度 $\nu=15$cm^2/s）时的沿程损失。

解　重柴油的体积流量为

$$q_V=\frac{q_m}{\rho}=\frac{242\times10^3}{950\times3600}\text{m}^3/\text{s}=0.0708\ \text{m}^3/\text{s}$$

管内的平均速度为

$$V=\frac{4q_V}{\pi d^2}=\frac{4\times0.0708}{\pi\times0.3^2}\text{m/s}=1\text{m/s}$$

10℃时的雷诺数

$$Re_1=\frac{Vd}{\nu}=\frac{1\times0.3}{25\times10^{-4}}=120<2000$$

40℃时的雷诺数

$$Re_2=\frac{Vd}{\nu}=\frac{1\times0.3}{15\times10^{-4}}=2000$$

两种情况下的流动均为层流，沿程损失可按式（11-18）计算。

10℃时的沿程损失为

$$h_{f1}=\lambda\frac{l}{d}\frac{V^2}{2g}=\frac{64}{Re}\frac{l}{d}\frac{V^2}{2g}=\frac{64\times1000\times1^2}{120\times0.3\times2\times9.8}\text{m}=907.03\text{m}$$

$$h_{f2}=\lambda\frac{l}{d}\frac{V^2}{2g}=\frac{64}{Re}\frac{l}{d}\frac{V^2}{2g}=\frac{64\times1000\times1^2}{2000\times0.3\times2\times9.8}\text{m}=54.42\text{m}$$

11.5 圆管中的湍流运动

工程中的实际流动绝大多数是湍流，由于湍流是一种不规则的流动，研究湍流比层流要复杂得多。本节主要讨论圆管中湍流的流动特征、湍流的结构和切应力分布等内容。

1. 湍流的脉动现象及时均法

在湍流运动中，由于流体质点互相掺混和碰撞，使流场中各空间点上的流动参数（如速度和压强）随时间做不规则波动。例如用高精度的测速仪测量流场中某一空间点上的速度，会发现该点的速度总是随时间做不规则的波动，如图 11-6 所示，这种现象称为湍流的脉动现象。

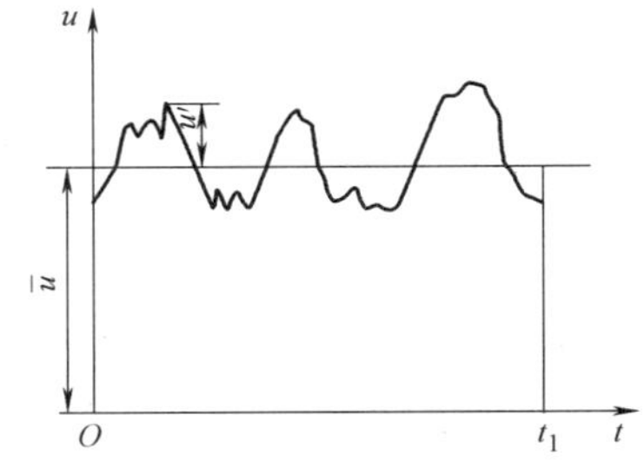

图 11-6　湍流的脉动

由于湍流的脉动现象，流场中各空间点上的瞬时流动参数随时间的变化没有明显规律。但在一段足够长的时间内，可发现其瞬时流动参数总是以某一确定值上、下波动，因此，在研究湍流时，往往将其瞬时流动参数时均化，提出了时均参数的概念。

在一段时间间隔 t_1 内，瞬时速度 u 的时间平均值称为时均速度，用符号 $\bar{u}$ 表示，即

$$\bar{u}=\frac{1}{t_1}\int_0^{t_1}u\mathrm{d}t \tag{11-21}$$

同理，湍流中时均压强 $\bar{p}$ 和时均温度 $\bar{T}$ 为

$$\bar{p}=\frac{1}{t_1}\int_0^{t_1}p\mathrm{d}t \text{ 和 } \bar{T}=\frac{1}{t_1}\int_0^{t_1}T\mathrm{d}t$$

引入时均参数的概念，可以把湍流中的瞬时参数看作由时均参数和脉动参数两部分组成，即

$$u=\bar{u}+u' \quad \text{和} \quad p=\bar{p}+p' \tag{11-22}$$

式中，u'和 p'分别称为脉动速度和脉动压强。

从工程应用的角度看，一般不关心湍流中每个流体质点的微观运动，所以通常情况下都使用时均参数来描述湍流运动，使问题大大简化。例如连续性方程、伯努利方程和动量方程中，所用到的流速、压强等参数都是时均参数。前面所讲的定常流动、流线、流管等概念，也是按时均参数来定义的。工程中使用的测压计、测速管所测量的也是时均压强和时均速度。为书写方便，常将时均参数符号中的“-”省略。

2. 湍流中的切应力

在黏性流体的层流运动中，流体所受到的切向力仅包括内摩擦切向力，其产生的原因是由于相邻流层间存在相对运动，内摩擦切向应力的计算可根据牛顿内摩擦定律来计算。而在黏性流体的湍流运动中，流体受到的切向力由两部分组成：一部分是由于相邻流层间时均速度的不同，从而产生的内摩擦切向应力 τ_v；另一部分是由于湍流中相邻流层间存在流体质点的相互掺

混和碰撞，引起动量交换，因而产生的附加切应力 τ_t。所以湍流中的切应力 τ 可表示为

$$\tau=\tau_v+\tau_t \tag{11-23}$$

湍流中的内摩擦切应力 τ_v 可根据牛顿内摩擦定律计算，其表达式为

$$\tau_v=\mu\frac{du}{dy} \tag{11-24}$$

附加切应力 τ_t 的计算公式可根据动量传递理论和普朗特混合长度理论进行推导。普朗特借用气体分子自由行程的概念，提出了混合长度的理论。他设想流体质点在横向脉动过程中，动量保持不变，直到横向位移了一个微小距离 l 后，才同周围的流体质点相混合，动量发生突然改变。

图 11-7 所示为圆管中湍流时均速度分布曲线，在流层 1 上某一流体质点的轴向脉动速度为 u'，横向脉动速度为 v'。横向脉动速度 v'使流体质点从流层 1 经过一个微小距离 l'到达另一流层 2。流层 1 上流体的时均速度为 u，则流层 2 上的时均速度为

$$u+\frac{du}{dy}l'$$

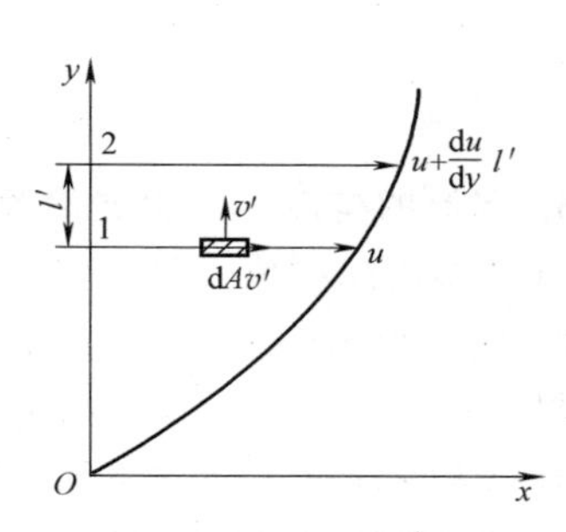

图 11-7　湍流时均速度分布

1）在 dt 时间内，由流层 1 经微小面积 dA 流向流层 2 的流体质量为

$$dm=\rho v'dAdt$$

质量 dm 的流体到流层 2 后与该流层上的流体互相碰撞，发生动量交换。在 dt 时间内动量变化为

$$dm\left[\left(u+\frac{du}{dy}l'\right)-u\right]=\rho v'dAdt\frac{du}{dy}l'$$

根据动量定理，动量变化等于作用在质量为 dm 流体上外力的冲量。这个外力就是作用在 dA 面积上的水平方向的附加切向阻力 dF，于是得

$$dFdt=\rho v'dAdt\frac{du}{dy}l'$$

式中，dF 为在 x 轴方向的流层间，作用在面积 dA 上的附加切向力。

则单位面积上的附加切应力为

$$\tau_t=\frac{dF}{dA}=\rho v'\frac{du}{dy}l' \tag{11-25}$$

2）下面分析横向脉动速度 v'。普朗特认为轴向脉动速度 u'与微小距离 l'两端的时均速度之差成正比，即

$$u'\propto l'\frac{du}{dy}$$

根据连续性的原理，要维持质量守恒，u'和 v'是相关的，且为同一数量级，即

$$v'\propto u'\propto l'\frac{du}{dy}$$

将上式代入式（11-25）中，可得湍流的附加切应力 τ_t 为

$$\tau_t=\rho cl'^2\left(\frac{du}{dy}\right)^2 \tag{11-26}$$

式（11-26）中，c 为比例系数，令 $cl'^2=l^2$，可得

$$\tau_t=\rho l^2\left(\frac{du}{dy}\right)^2 \tag{11-27}$$

式（11-27）中，l 称为混合长度，它的大小表示湍流的掺混程度。

一般认为混合长度 l 正比于流体质点到固体壁面的垂直距离 y，即

$$l=ky \tag{11-28}$$

式中，k 为由试验确定的常数，一般取 $k=0.4$。

所以，湍流中的切应力为

$$\tau=\tau_v+\tau_t=\mu\left(\frac{du}{dy}\right)+\rho l^2\left(\frac{du}{dy}\right)^2 \tag{11-29}$$

3. 湍流的构成、水力光滑管和水力粗糙管

（1）湍流的构成　黏性流体在圆管中做层流运动时，圆管中所有的流动区域均为层流。而黏性流体做湍流运动时，在紧靠管壁附近存在一极薄的流层，该薄层内的流体由于受管壁的限制，消除了流体质点的掺混。沿薄层的垂直方向上流速从零迅速增大，速度梯度很大，黏性力起主导地位，使该流体薄层内流动处于层流状态，称为层流底层。在层流底层之外，还有一层很薄的过渡区。过渡区外，靠近管轴附近的大部分区域是湍流区。可见圆管中的湍流分为三个区域，即湍流核心区、层流底层和介于两者之间的过渡区，如图 11-8 所示。

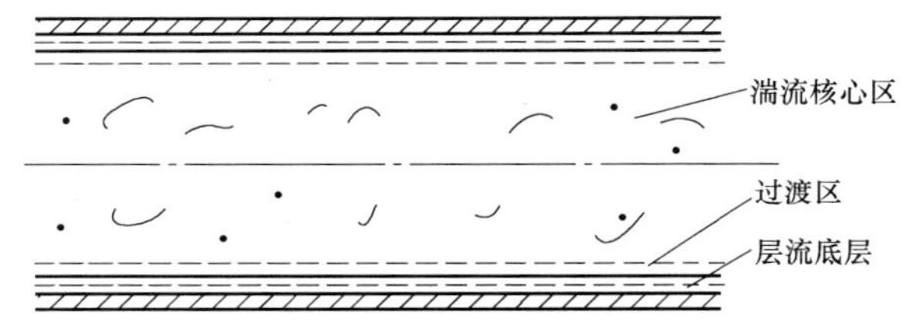

图 11-8　圆管中的湍流分布

层流底层的厚度可由以下两个经验公式计算，即

$$\delta=\frac{58.3d}{Re^{0.875}} \tag{11-30}$$

$$\delta=\frac{32.8d}{Re\sqrt{\lambda}} \tag{11-31}$$

式中，δ 为层流底层厚度（mm）；d 为管道直径，（mm）；λ 为沿程阻力系数。

从以上两式可知，层流底层厚度与雷诺数成反比，在其他条件相同的情况下，流速越大，层流底层厚度越小；反之，层流底层厚度越大。通常情况下，层流底层厚度仅为几分之一毫米。

（2）水力光滑管和水力粗糙管　尽管层流底层厚度很小，但它对湍流流动的能量头损失有着重要影响，这种影响还与管道壁面的粗糙程度有关。管壁粗糙凸出部分的平均高度称为当量粗糙度，以符号 Δ 表示。将当量粗糙度 Δ 与管道内径 d 的比值 Δ/d 称为相对粗糙度。常用管道的当量粗糙度见表 11-1 和表 11-2。

表 11-1　管道的管壁当量粗糙度

管壁情况	当量粗糙度 Δ/mm	管壁情况	当量粗糙度 Δ/mm
干净的、整体的黄铜管、钢管、铅管	0.0015~0.01	干净的玻璃管	0.0015~0.01
新的仔细浇成的无缝钢管	0.04~0.17	橡皮软管	0.01~0.03
在煤气管路上使用一年后的钢管	0.12	极粗糙的、内涂橡胶的软管	0.20~0.30
在普通条件下浇成的钢管	0.19	水管道	0.25~1.25
使用数年后的整体钢管	0.19	陶土排水管	0.45~6.0
涂柏油的钢管	0.12~0.21	涂有珐琅质的排水管	0.25~6.0
精致镀锌的钢管	0.25	纯水泥的表面	0.25~1.25
接头仔细平整过的新铸铁管	0.31	涂有珐琅质的砖	0.45~3.0
钢板制成的管道及仔细平整过的水泥管	0.33	水泥浆砖砌体	0.80~6.0
普通的镀锌钢管	0.39	混凝土槽	0.80~9.0
普通的新铸铁管	0.25~0.42	用水泥的普通块石砌体	6.00~17.0
较不仔细浇成的新的或洗净的铸铁管	0.45	用刨平木板制成的木槽	0.25~2.0
粗陋的镀锌钢管	0.50	非刨平木板制成的木槽	0.45~3.0
旧的生锈的钢管	0.60	用钉有平板条的木板制成的木槽	0.80~4.0
脏污的金属管	0.75~0.90		

表 11-2　电厂汽水管道的当量粗糙度

管道的工作条件	当量粗糙度 Δ/mm
正常条件下工作的无缝钢管	0.2
正常条件下工作的焊接钢管	0.3
在腐蚀程度较高的条件下工作的管道(排汽管、溢水管、疏水管和软化水管等)	0.6

当 $\delta>\Delta$ 时，管壁的粗糙凸出的高度完全被层流底层所掩盖，如图 11-9a 所示。这时管壁粗糙度对流动不起任何影响，流体好像在完全光滑的管道中流动一样。这种管道称为“水力光滑管”，简称“光滑管”。

当 $\delta<\Delta$ 时，则管壁的粗糙凸出部分凸出到湍流区中，如图 11-9b 所示。当流体流过凸出部分时，在凸出部分的后面将引起旋涡，增加了能量损失，管壁的粗糙度将影响能量损失。这种管道称为“水力粗糙管”，简称“粗糙管”。

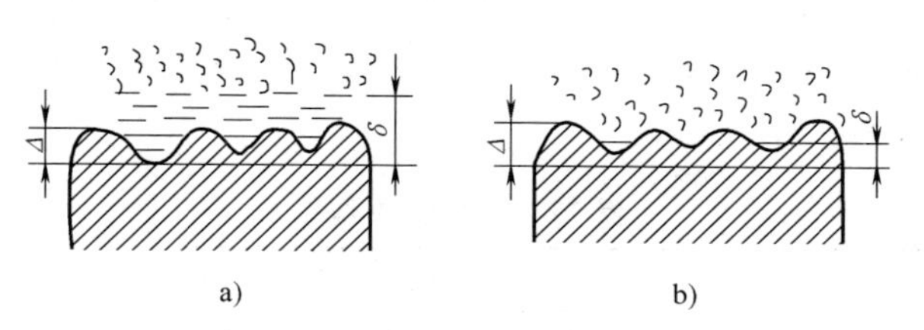

图 11-9　流体流过管壁面的情况

需要说明的是：对同一管道，当流速较低时，其层流底层的厚度 δ 可能大于 Δ；当流速较高时，其层流底层的厚度 δ 可能小于 Δ。因此同一根管道，在不同流速下，可能是光滑管也可能是粗糙管，要根据雷诺数 Re 和相对粗糙度 Δ/d 来确定。

4. 速度分布

讨论圆管中湍流的速度分布时，一般将过渡区并入湍流区一同考虑。下面分别讨论层流底层和湍流区的速度分布。

在层流底层（$y<\delta$）中，由于层流底层厚度很小，一般认为速度分布按直线规律分布。

在湍流区（$y>\delta$）中，摩擦切应力 τ_v 一般可忽略，认为切应力 τ 等于附加切应力 τ_t。即

$$\tau=\tau_t=\rho l^2\left(\frac{du}{dy}\right)^2=\rho(ky)^2\left(\frac{du}{dy}\right)^2$$

假设湍流区中的切应力 τ 大小不变，即取 $\tau=\tau_0=$常数，τ_0 为管壁上的切应力，代入上式可得

$$\tau_0=\rho(ky)^2\left(\frac{du}{dy}\right)^2$$

或

$$\frac{du}{dy}=\frac{1}{ky}\sqrt{\frac{\tau_0}{\rho}}=\frac{u^*}{ky}$$

式中，$u^*=\sqrt{\frac{\tau_0}{\rho}}$，由于它具有速度的量纲，故称其为切应力速度。

积分得

$$u=u^*\left(\frac{1}{k}\ln y+C\right) \tag{11-32}$$

式（11-32）中，速度 u 与坐标 y 之间是对数关系，所以称为对数流速分布，式中的常数 C 和 k 一般通过试验确定。

计算圆管中湍流的流速分布，还有一个更为方便的指数公式，即

$$\frac{u}{u_{max}}=\left(\frac{y}{r_0}\right)^{1/n} \tag{11-33}$$

由式（11-33）可求得平均流速 V 与最大流速 u_{max} 的关系为

$$V\pi r_0^2=\int_0^{r_0}u2\pi(r_0-y)\,dy=\int_0^{r_0}u_{max}\left(\frac{y}{r_0}\right)^{1/n}2\pi(r_0-y)\,dy$$

求解上式可得

$$\frac{V}{u_{max}}=\frac{2n^2}{(n+1)(2n+1)} \tag{11-34}$$

表 11-3 中给出了由试验测得的 n、V/u_{max} 和 Re 之间的关系。在对湍流进行计算时，根据流动的雷诺数，由表（11-3）确定 V/u_{max} 值，这样可通过测量管轴中心的最大速度 u_{max}，进而求出平均速度或流量。

表 11-3 比值换算表

Re	4.0×10^3	2.3×10^4	1.1×10^5	1.1×10^6	2.0×10^6	3.2×10^6
n	6.0	6.6	7.0	8.8	10	10
V/u_{max}	0.791	0.808	0.817	0.849	0.865	0.865

由表 11-3 可以看出，随着流动雷诺数 Re 的增大，V/u_{max} 随之增大，表明平均流速与管

轴线上的最大流速越接近，速度分布越趋于均匀，从速度分布曲线上来看，曲线中心部分变得更加平坦，如图 11-10 所示。

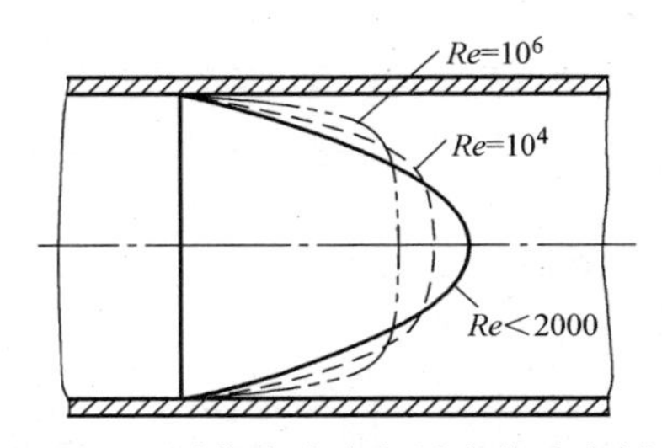

图 11-10　圆管中湍流与层流的速度剖面

11.6　沿程阻力系数的计算

层流和湍流时的沿程损失均可采用通用的达西公式（11-2）来计算，即

$$h_f=\lambda\frac{l}{d}\frac{V^2}{2g}$$

式中，λ 为沿程阻力系数。

确定沿程阻力系数是沿程损失计算的关键，对于工程实际中最常见的湍流运动，由于湍流的复杂性，目前还不能像层流那样从理论上推导出湍流沿程阻力系数 λ 的公式，现有的方法仍然是根据经验或半经验公式来确定 λ。

1. 沿程阻力系数的影响因素

在圆管层流运动中，沿程阻力系数公式为 $\lambda=\frac{64}{Re}$，即层流的 λ 仅与雷诺数有关，与管壁的粗糙度无关。在湍流中，λ 除与反映流动状态的雷诺数有关之外，由于管壁的凹凸不平会影响流动的紊乱程度，因此沿程阻力系数 λ 还与管壁面的粗糙度有关。由于当量粗糙度具有长度的量纲，分析不太方便，因而采用量纲一的相对粗糙度 Δ/d（或 Δ/r）作为影响沿程阻力系数的因素。由以上分析可知，影响湍流沿程阻力系数 λ 的因素包括雷诺数和相对粗糙度，即

$$\lambda=f(Re,\Delta/d)$$

2. 尼古拉兹试验

为确定沿程阻力系数 $\lambda=f(Re,\Delta/d)$ 的变化规律，尼古拉兹在 1933 年进行了著名的试验。尼古拉兹将颗粒相同的砂粒均匀粘在不同管径圆管的内壁上，砂粒的直径可表示管壁的当量粗糙度 Δ，这样就人工制成了许多不同相对粗糙度的管道。尼古拉兹的试验范围较大，雷诺数 $Re=500\sim10^6$；相对粗糙度 $\Delta/d=1/1014\sim1/30$。通过试验得到沿程阻力系数 λ 与雷诺数 Re 和 Δ/d 的关系，如图 11-11 所示。图中的纵坐标为 $\lg(100\lambda)$，横坐标为 $\lg Re$，并以 Δ/d 为另一变量。根据 λ 的变化特性，可将图中曲线分成五个区域讨论。

（1）层流区 $Re\leqslant2000(\lg Re\leqslant3.30)$　在该区域，所有不同 Δ/d 的管道的试验点均落在直线 ab 上，说明层流运动时，沿程阻力系数 λ 与管壁的粗糙度 Δ/d 无关，仅与雷诺数 Re 有关，即 $\lambda=f(Re)$。直线 ab 的方程为

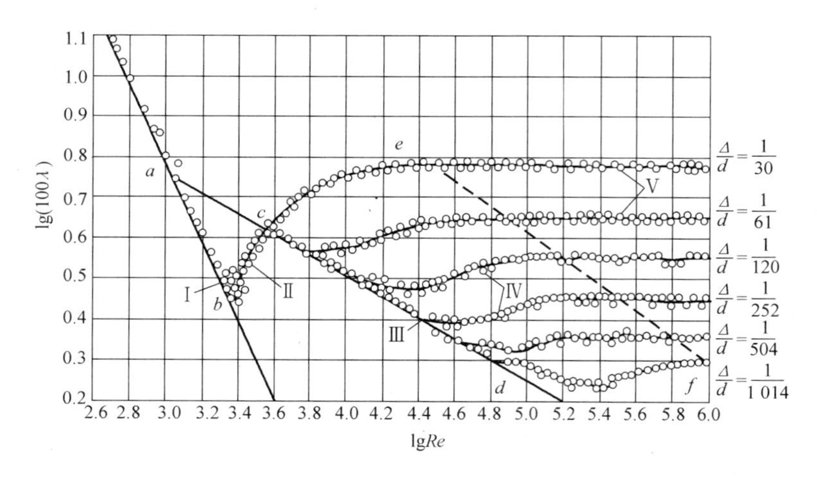

图 11-11 尼古拉兹试验曲线

$$\lambda=\frac{64}{Re}$$

这与已知的理论结果完全一致。

(2) 层流到湍流的过渡区 $2000<Re\leqslant4000$（$3.3<\lg Re\leqslant3.60$） 该区域流动状态不稳定，可能是层流，也可能是湍流，试验数据分散，无明显规律，如图 11-11 中曲线Ⅱ所示。

(3) 湍流水力光滑管区 $4000<Re\leqslant59.6\ (r/\Delta)^{\frac{8}{7}}$ 在该区域中，各种不同 Δ/d 的管道试验点均落在倾斜线 cd 上，说明在湍流水力光滑管区和层流区一样，沿程阻力系数 λ 仅与雷诺数 Re 有关，而与相对粗糙度 Δ/d 无关。这是由于层流底层的厚度较大，将管壁粗糙不平的高度完全掩盖。

在光滑管区，当 $4\times10^3<Re\leqslant10^5$ 时，布拉休斯（H. Blasius）得出以下计算公式：

$$\lambda=\frac{0.3164}{Re^{0.25}} \tag{11-35}$$

在 $10^5<Re\leqslant3\times10^6$ 范围内，尼古拉兹结合普朗特的理论分析得到的公式为

$$\frac{1}{\sqrt{\lambda}}=2\lg(Re\sqrt{\lambda})-0.8 \tag{11-36}$$

将式（11-35）代入沿程损失的公式中，可以证明：在湍流的水力光滑管区，沿程损失 h_f 与平均流速 $V^{1.75}$ 成正比。

(4) 湍流水力粗糙管过渡区 $59.6(r/\Delta)^{\frac{8}{7}}<Re\leqslant4160(r/\Delta)^{0.85}$ 随着雷诺数的增大，层流底层逐渐变薄，管内流体流动从水力光滑管变为水力粗糙管，进入水力粗糙管过渡区Ⅳ，即图中 cd 和 ef 线所包围的区域。该区域的试验点已脱离水力光滑管区的 cd 线，不同相对粗糙度的管道各自独立成一条曲线。它表明，该区域的沿程阻力系数 λ 与雷诺数 Re 和相对粗糙度 Δ/d 有关，即 $\lambda=f(Re,\Delta/d)$。可按柯列布鲁克（C. F. Colebrook）提出的经验公式计算 λ，即

$$\frac{1}{\sqrt{\lambda}}=-2\lg\left(\frac{\Delta}{3.7d}+\frac{2.51}{Re\sqrt{\lambda}}\right) \tag{11-37}$$

还可用洛巴耶夫的经验公式：

$$\lambda=\frac{1.42}{\left[\lg\left(Re\frac{d}{\Delta}\right)\right]^2}=\frac{1.42}{\left[\lg\left(1.274\frac{q_V}{\nu\Delta}\right)\right]^2} \tag{11-38}$$

(5) 湍流水力粗糙管平方阻力区 $Re>4160\ (r/\Delta)^{0.85}$　湍流水力粗糙管平方阻力区Ⅴ位于图中 ef 线的右上方。在该区域内，不同 Δ/d 管道的试验曲线均为平行于横坐标的直线，说明沿程阻力系数 λ 仅与相对粗糙度 Δ/d 有关，而与雷诺数 Re 无关，即 $\lambda=f(\Delta/d)$。相同粗糙度的管道具有相同的 λ 值，沿程损失与平均流速的平方成正比，所以这个区域又称为平方阻力区。

平方阻力区的 λ 值可按尼古拉兹归纳的公式计算，即

$$\lambda=\frac{1}{\left(1.74+2\lg\frac{r}{\Delta}\right)^2} \tag{11-39}$$

3. 莫迪图

尼古拉兹试验曲线是由人工粗糙管道进行试验得到的，其试验结果与实际的工业管道有很大差别。莫迪（L. F. Moody）根据光滑管、粗糙管过渡区和平方阻力区中的 λ 经验公式，绘制出适用于工业管道的沿程阻力系数 λ 与雷诺数和相对粗糙度之间的关系曲线，称为莫迪图，如图 11-12 所示。莫迪图在国内外得到了广泛的应用，在我国采暖通风等工程设计中常被采用。

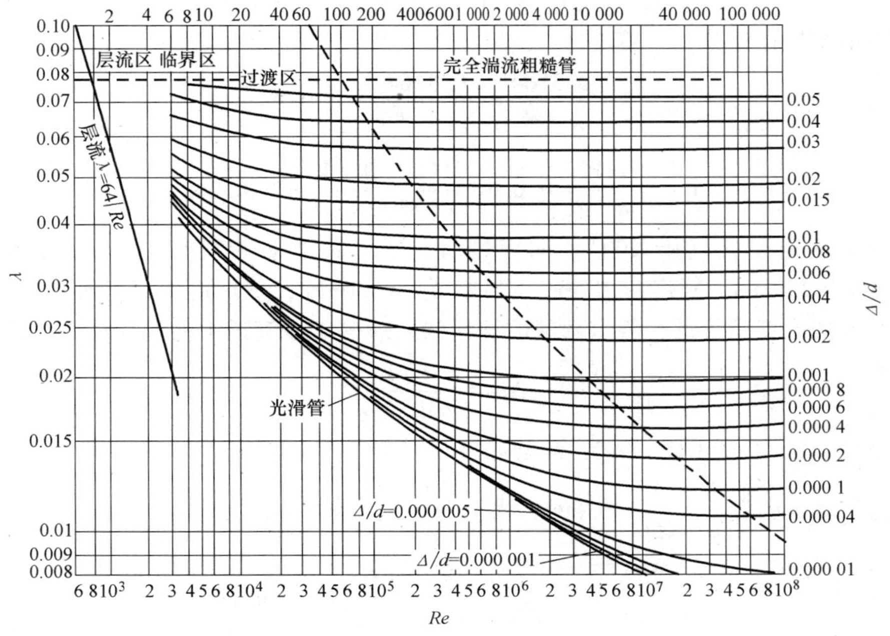

图 11-12　莫迪图

在计算沿程阻力系数时，应先判别流动处于哪个区域，然后应用相应的经验公式计算 λ 值。也可根据 Re 和 Δ/d 查莫迪图，直接确定 λ 值。

例 11-3　输送石油的管道是长 $l=5000\text{m}$、直径 $d=250\text{mm}$ 的旧无缝钢管，管路中质量流

量为 $q_m=100\text{t/h}$，冬季运动黏度为 $\nu_w=1.09\times10^{-4}\text{m}^2/\text{s}$，夏季运动黏度 $\nu_s=0.36\times10^{-4}\text{m}^2/\text{s}$，油的密度为 885kg/m^3，沿程损失各为多少？

解 先判定流动状态。

体积流量
$$q_V=\frac{q_m}{\rho}=\frac{100\times10^3}{885}\text{m}^3/\text{h}=113\text{m}^3/\text{h}$$

平均速度
$$V=\frac{4q_V}{\pi d^2}=\frac{4\times113}{\pi\times0.25^2\times3600}\text{m/s}=0.64\text{m/s}$$

雷诺数分别为

$$Re_w=\frac{Vd}{\nu_w}=\frac{0.64\times0.25}{1.09\times10^{-4}}=1467.9<2000 \quad 为层流$$

$$Re_s=\frac{Vd}{\nu_s}=\frac{0.64\times0.25}{0.36\times10^{-4}}=4444.4>2000 \quad 为湍流$$

进一步判别夏季石油在管道中流动时处于湍流的哪个区域，查表 11-1 得旧无缝钢管 $\Delta=0.19$。

$$59.6(r/\Delta)^{\frac{8}{7}}=59.6(125/0.19)^{\frac{8}{7}}=99082>4444.4$$

即 $4000<Re_s<99082$，流动处于湍流光滑管区。

沿程损失分别为

冬季
$$h_f=\lambda\frac{l}{d}\frac{V^2}{2g}=\frac{64}{Re_w}\frac{l}{d}\frac{V^2}{2g}=\frac{64\times5000\times0.64^2}{1467.9\times0.25\times2\times9.8}\text{m}=18.2\text{m}$$

夏季，用布拉休斯公式计算 λ。

$$\lambda=\frac{0.3164}{Re_s^{0.25}}=\frac{0.3164}{4444.4^{0.25}}=0.0388$$

$$h_f=\lambda\frac{l}{d}\frac{V^2}{2g}=0.0388\times\frac{5000}{0.25}\times\frac{0.64^2}{2\times9.8}\text{m}=16.2\text{m}$$

例 11-4 输送空气（$t=20℃$）的旧钢管，管壁的当量粗糙度 $\Delta=1\text{mm}$，管道长 $l=400\text{m}$，管径 $d=250\text{mm}$，管道两端的静压强差 $\Delta p_f=9806\text{Pa}$，试求通过管道的空气流量 q_V。

解 因为是等直径管道，管道两端的静压强差就等于该管道中的沿程损失。即

$$\Delta p_f=\lambda\frac{l}{d}\frac{\rho V^2}{2}$$

$t=20℃$ 的空气，密度 $\rho=1.2\text{kg/m}^3$，运动黏度 $\nu=15\times10^{-6}\text{m}^2/\text{s}$。

管道的相对粗糙度 $\dfrac{\Delta}{d}=\dfrac{1}{250}=0.004$，由莫迪图试取 $\lambda=0.027$。

故
$$V=\sqrt{\frac{2d\Delta p_f}{\lambda l\rho}}=\sqrt{\frac{2\times0.25\times9806}{0.027\times400\times1.2}}\text{m/s}=19.45\text{m/s}$$

雷诺数
$$Re=\frac{Vd}{\nu}=\frac{19.45\times0.25}{15\times10^{-6}}=324167$$

根据 Re 和 Δ/d 查莫迪图，得 $\lambda=0.027$，正好与试取的 λ 值相符，说明试取的 λ 值正确。若两者不相符合，则以查得的 λ 作为试取值，按上述步骤重复计算，直至使莫迪图查

得的 λ 值与试取值相符合为止。

管道中通过的流量为

$$q_V = V\frac{\pi d^2}{4} = 19.45\times\frac{3.14\times0.25^2}{4}\text{m}^3/\text{s} = 0.954\text{m}^3/\text{s}$$

11.7 非圆形截面管道沿程损失的计算

工程中大多数管道都是圆截面的，但也常用到非圆形截面的管道，如方形和矩形截面的风道和烟道、圆环形截面的管道和锅炉烟道中的管束等，如图 11-13 所示。

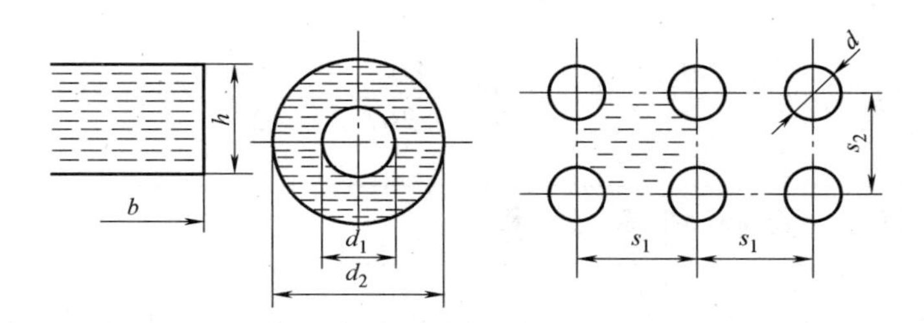

图 11-13 几种非圆形管道的截面

大量的试验证明，非圆形截面管道的沿程损失（包括雷诺数）的计算仍可使用圆管的计算公式，但公式中的圆管直径 d 要用当量直径 d_e 来代替。圆管道的沿程损失和雷诺数的计算公式为

$$h_f = \lambda\frac{l}{d}\frac{V^2}{2g} \tag{11-40}$$

则非圆形截面

$$Re = \frac{Vd_e}{\nu} \tag{11-41}$$

当量直径 d_e 可用下式计算，即

$$d_e = \frac{4A}{\chi} = 4R_h$$

式中，A 为有效截面面积（m^2）；χ 为湿周，即流体湿润有效截面的周界长度（m）；R_h 为水力半径（m）。

试验表明，对于湍流来说，非圆形截面管道的截面形状越接近圆形，计算误差越小；反之，则误差越大。为避免计算误差过大，矩形截面的长边与短边之比不超过 8 倍，圆环形截面的大直径要大于小直径的 3 倍。对于层流来说，因为层流的流速分布不同于湍流，沿程损失不像湍流那样集中在管壁附近，所以，单纯用湿周大小来作为影响能量头损失的主要外部因素，对层流来说就很不充分，因而，用当量直径计算非圆形截面管道层流的沿程损失时，将会造成较大误差。

例 11-5 设空气在矩形钢板风道中流动，已知风道的断面尺寸为 $h\times b = 400\text{mm}\times200\text{mm}$，管长 $l = 80\text{m}$，钢板风道的当量粗糙度 $\Delta = 0.15\text{mm}$，风道内的平均流速 $V = 10\text{m/s}$。温度 $t =$

20℃时，空气的运动黏度 $\nu=1.5\times10^{-5}\mathrm{m}^2/\mathrm{s}$，密度 $\rho=1.205\mathrm{kg}/\mathrm{m}^3$。试求沿程压强损失 Δp_f。

解 矩形风道的当量直径为

$$d_e=\frac{2hb}{(h+b)}=\frac{2\times400\times200}{(400+200)}\mathrm{mm}=267\mathrm{mm}$$

雷诺数 $$Re=\frac{Vd_e}{\nu}=\frac{10\times0.267}{1.5\times10^{-5}}=178000>2000 \quad \text{湍流}$$

相对粗糙度 $$\frac{\Delta}{d_e}=\frac{0.15}{267}=5.62\times10^{-4}$$

根据 Re 和 Δ/d 查莫迪图得 $$\lambda=0.0195$$

沿程压强损失 Δp_f 为

$$\Delta p_f=\rho g h_f=\lambda\frac{l}{d_e}\frac{\rho V^2}{2}=0.0195\times\frac{80}{0.267}\times\frac{1.205\times10^2}{2}\mathrm{Pa}=352\mathrm{Pa}$$

11.8 局部损失的分析和计算

如前所述，当黏性流体流过阀门、弯管和变截面管道等局部装置时，由于流动截面的突然改变，使流速的大小和方向发生改变，流体质点间的摩擦和碰撞加剧，并产生旋涡，从而使流体运动受到阻碍，造成局部阻力，因此而引起的能量头损失称为局部损失。局部损失的计算公式为

$$h_j=\zeta\frac{V^2}{2g}$$

计算局部损失的关键是确定局部阻力系数 ζ，局部阻力系数主要与局部管件的形状和尺寸有关。由于影响局部损失的因素很多，因此局部阻力系数 ζ 绝大多数要根据试验确定，只有个别情况能用理论分析的方法推导。

1. 局部损失产生的原因

流体流过的局部装置有很多种情况，因此难以对局部损失的产生进行一般的分析。下面以流体从小截面管道流向突然扩大的大截面管道（简称突然扩大）为例，说明局部损失产生的原因。

如图 11-14 所示，流体流过突然扩大截面时，由于流体质点的惯性，流体的流动不能按照管壁的形状突然转折扩大，于是在管壁的拐角处出现主流与边壁的脱离现象，形成旋涡区。这时可将流动分成两个区域，即旋涡区和向前流动的主流。在旋涡区，流体质点在主流的带动下不断旋转，使旋涡区流体质点之间和流体质点与管壁间的摩擦加剧，造成一部分能量损失。同时旋涡区的流体质点不断被主流带走，也不断有新的流体质点从主流中补充进来，即两个区域之间存在流体质点的动量和质量交换，造成流动阻力，又产生一部分能量损失。这些能量损失全部转化为热能而耗散，造成

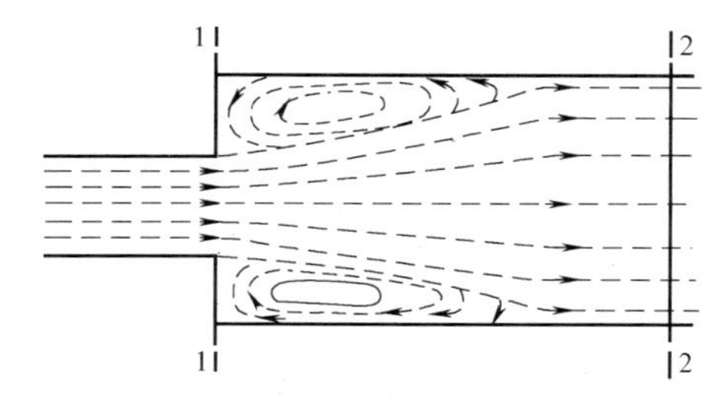

图 11-14 管道突然扩大的流线分布

局部损失。

2. 圆管突然扩大的局部损失计算

圆管突然扩大的局部损失可用理论分析的方法推导。如图 11-14 所示，圆管中流体流过突然扩大截面，取有效截面 1-1 在两管的结合面上，有效截面 2-2 取在突扩断面后流速分布回复均匀的界面上。下面应用连续方程、动量方程和伯努利方程推导突然扩大局部损失的公式。

根据连续性方程，有

$$V_2=V_1\frac{A_1}{A_2},V_1=V_2\frac{A_2}{A_1} \tag{11-42}$$

根据动量方程，可得

$$p_1A_1-p_2A_2+p(A_2-A_1)=\rho q_V(V_2-V_1)$$

式中，p 为突扩管凸肩处圆环形表面对流体的作用力。试验证实，$p\approx p_1$，代入上式可得

$$(p_1-p_2)A_2=\rho q_V(V_2-V_1)$$

或

$$p_1-p_2=\rho V_2(V_2-V_1) \tag{11-43}$$

列 1-1 和 2-2 截面的伯努利方程可得

$$\frac{p_1}{\rho g}+\frac{V_1^2}{2g}=\frac{p_2}{\rho g}+\frac{V_2^2}{2g}+h_w$$

假设 1-1 和 2-2 两截面相距较近，可忽略沿程损失 h_f，即认为 $h_w=h_j$，则有

$$h_j=h_w=\frac{p_1-p_2}{\rho g}+\frac{V_1^2-V_2^2}{2g} \tag{11-44}$$

将式（11-43）代入式（11-44），得

$$h_j=\frac{1}{g}V_2(V_2-V_1)+\frac{V_1^2-V_2^2}{2g}=\frac{(V_1-V_2)^2}{2g} \tag{11-45}$$

上式即为圆管突然扩大局部损失的计算公式，试验证实该式具有足够的准确性，可以在实际中应用。将式（11-42）分别代入式（11-45）中，可得

$$\begin{cases} h_j=\left(1-\dfrac{A_1}{A_2}\right)^2\dfrac{V_1^2}{2g}=\zeta_1\dfrac{V_1^2}{2g} \\ h_j=\left(\dfrac{A_2}{A_1}-1\right)^2\dfrac{V_2^2}{2g}=\zeta_2\dfrac{V_2^2}{2g} \end{cases} \tag{11-46}$$

式中，$\zeta_1=\left(1-\dfrac{A_1}{A_2}\right)^2$，$\zeta_2=\left(\dfrac{A_2}{A_1}-1\right)^2$，$\zeta_1$ 和 ζ_2 为圆管突然扩大的局部阻力系数，分别相对于流速 V_1 和 V_2 而言。

当流体由管道流入面积较大的水池中时，由于 $A_2\gg A_1$，故 $\zeta_1\approx 1$，则管道出口的局部损失 $h_j=\dfrac{V_1^2}{2g}$，即管道出口的速度能全部耗散于池水中。

3. 常用管件的局部阻力系数

工程中常用局部管件的局部阻力系数一般由试验确定，其数值可查有关的手册。表 11-4 给出几种常用局部管件的局部阻力系数值。

表 11-4 局部阻力系数

序号	名称	示意图	局部阻力系数(对应于图中箭头所示的流速值)											
1	管子入口	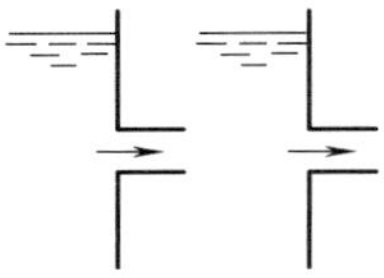	管口未做圆,$\zeta=0.5$ 管口略做圆,$\zeta=0.2\sim0.25$ 管口做圆(喇叭口),$\zeta=0.05$											
2	管口出口	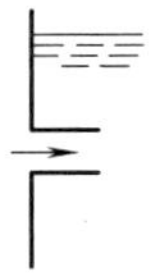	$\zeta=1.0$											
3	截面突然扩大	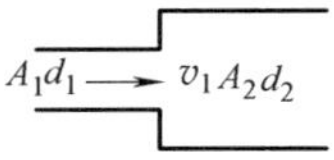	$\frac{A_1}{A_2}=\left(\frac{d_1}{d_2}\right)^2$	0	0.1	0.2	0.3	0.4	0.5	0.6	0.7	0.8	0.9	1.0
			ζ_1	1.0	0.81	0.64	0.5	0.36	0.25	0.16	0.09	0.04	0.01	0
			ζ_2	∞	81	16	5.44	2.25	1.0	0.444	0.184	0.0625	0.0123	0
4	截面突然缩小	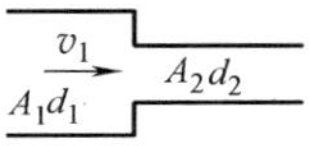	$\frac{A_1}{A_2}=\left(\frac{d_2}{d_1}\right)^2$	0	0.1	0.2	0.3	0.4	0.5	0.6	0.7	0.8	0.9	1.0
			ζ_2	0.5	0.45	0.4	0.35	0.3	0.25	0.2	0.15	0.1	0.05	0
5	大小头(管径逐渐扩大)	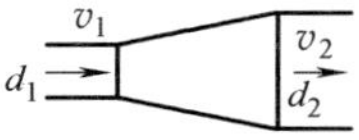	d_2/d_1	1.10	1.15	1.20	1.25	1.30	1.35	1.40				
			ζ_1	0.05	0.07	0.10	0.12	0.15	0.17	0.20				
			ζ_2	0.07	0.13	0.21	0.31	0.43	0.58	0.78				
			d_2/d_1	1.45	1.50	1.60	1.70	1.80	1.90	2.00				
			ζ_1	0.22	0.24	0.27	0.31	0.34	0.36	0.38				
			ζ_2	0.98	1.22	—	—	—	—	—				
6	大小头(管径逐渐缩小)	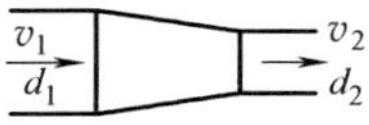	d_1/d_2	1.10	1.15	1.20	1.25	1.30	1.35	1.40				
			ζ_1	0.06	0.08	0.10	0.12	0.15	0.18	0.22				
			ζ_2	0.04	0.045	0.05	0.05	0.055	0.055	0.06				
			d_1/d_2	1.45	1.50	1.60	1.70	1.80	1.90	2.00				
			ζ_1	0.26	0.31	0.36	0.42	0.49	0.57	0.7				
			ζ_2	0.06	0.065	0.07	0.07	0.075	0.075	0.08				
7	流量孔板	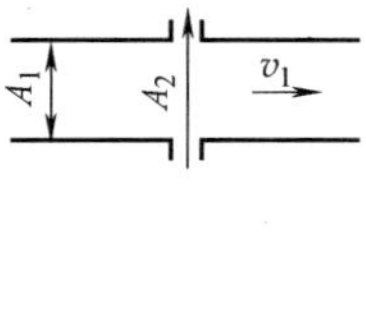	$\frac{A_2}{A_1}$	0.1	0.2	0.3	0.4	0.5	0.6	0.7	0.8	0.9	1.0	
			ζ_1	226	47.8	17.8	7.8	3.75	1.8	0.8	0.29	0.06	0	

（续）

序号	名称	示意图	局部阻力系数（对应于图中箭头所示的流速值）
8	闸阀		见下表

$\frac{h}{d}$	$\frac{1}{8}$	$\frac{1}{4}$	$\frac{3}{8}$	$\frac{1}{2}$	$\frac{5}{8}$	$\frac{3}{4}$	$\frac{7}{8}$	全开
ζ	97.8	17.0	5.52	2.06	0.81	0.26	0.07	0

序号	名称
9	旋塞

α	5°	10°	15°	20°	25°	30°	35°	40°	50°	60°	70°
ζ	0.05	0.29	0.75	1.56	3.10	5.47	9.68	17.3	52.6	206	486

序号	名称
10	进口滤网安装在水泵的吸水管入口

$$\zeta=(0.675\sim1.575)\left(\frac{A}{A_n}\right)^2$$

式中，A 为圆管的面积；A_n 为滤网所有孔眼的面积。如果滤网具有逆止阀（单向阀门）防止倒流，则 ζ 值如下表

管径 d/mm	40	70	100	150	200	300	500	750
ζ	12	8.5	7	6	5.2	3.7	2.5	1.6

序号	名称
11	弯管

煨弯弯管［弯曲半径为内径的 4.5~6 倍，$R=(4.6\sim6)d$］

θ	15°	30°	45°	60°	90°
ζ	0.025	0.04	0.06	0.08	0.1

焊接弯管（弯曲半径为 $DN+5d$，由 30°或 22°30′扇形节组成）

θ	30°	45°	60°~67.5°	90°
ζ	0.2	0.3	0.4	0.5

90°铸钢弯头（按连接管子内的流速计算）

公称直径 DN/mm	80	100	125	150	175	200	225	250
ζ	0.34	0.35	0.47	0.43	0.42	0.42	0.42	0.38

序号	名称
12	热补偿器

单波无导向管

双波带导向管

波形补偿器（按所连接管子内的流速计算），无导向管的波形补偿器

波数	所连接管子的公称直径 DN/mm										
	100	125	150	175	200	250	300	350	400	450	500
单波	1.7	—	1.5	—	1.3	1.2	1.0	0.9	0.8	0.7	0.6
双波	3.4	—	3.0	—	2.7	2.3	2.0	1.8	1.6	1.4	1.3
三波	5.1	—	4.5	—	4.0	3.5	3.0	2.6	2.3	2.3	1.9
四波	6.8	—	6.0	—	5.2	4.8	4.0	3.5	3.2	2.8	2.5

带导向管的波形补偿器，$\zeta=0.1$（与波数无关）

套筒补偿器，$\zeta=0.2\sim0.5$

确定局部阻力系数时，有些局部管件前后的流速不一样，所选用的局部阻力系数要与速度相对应。一般来说，局部阻力系数是相对于局部管件后的速度。

以上讨论的都是单个管件的局部阻力系数，当两个管件非常靠近时，由于它们之间相互影响，将两个管件的局部损失相叠加，较实际的损失要大。要准确确定两相邻管件的能量损

失，则要通过试验确定。

例 11-6 如图 11-15 所示，水从深 $H=16\text{m}$ 的水箱中经水平短管排入大气，管道直径 $d_1=50\text{mm}$，$d_2=70\text{mm}$，阀门的局部阻力系数 $\zeta_{阀门}=4.0$，忽略沿程损失，试求通过该水平短管的流量。

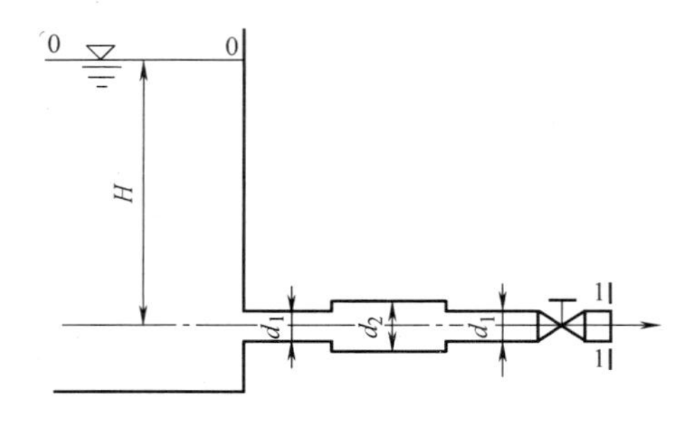

图 11-15 水平短管的流量计算

解 列 0-0 和 1-1 截面的伯努利方程

$$H+0+0=0+0+\frac{V_1^2}{2g}+(\zeta_{入口}+\zeta_{突扩}+\zeta_{突缩}+\zeta_{阀门})\frac{V_1^2}{2g}$$

由表 11-4 查得 $\zeta_{入口}=0.5$，$\zeta_{突扩}=0.24$，$\zeta_{突缩}=0.30$，故

$$V_1=\frac{1}{\sqrt{1+\zeta_{入口}+\zeta_{突扩}+\zeta_{突缩}+\zeta_{阀门}}}\sqrt{2gH}$$

$$=\frac{1}{\sqrt{1+0.5+0.24+0.30+4.0}}\times\sqrt{2\times9.806\times16}\,\text{m/s}=7.2\text{m/s}$$

通过水平短管的流量

$$q_V=V_1\frac{\pi d_1^2}{4}=7.2\times\frac{\pi}{4}\times0.05^2\text{m}^2/\text{s}=0.0143\text{m}^2/\text{s}$$

11.9 总能量头损失的计算及减小措施

1. 总能量头损失的计算

工程中，管道系统一般由许多不同管径的管段组成，而且管道系统中又有许多局部阻力管件，如阀门、弯管、孔板等。这时，管道系统中流体的总能量头损失为所有沿程损失和所有局部损失之和。即

$$h_w=\sum h_f+\sum h_j$$

或

$$h_w=\sum\lambda\frac{l}{d}\frac{V^2}{2g}+\sum\zeta\frac{V^2}{2g} \tag{11-47}$$

如果在整个管道系统中，各截面上的平均流速相同，则总能量头损失的计算公式可写为

$$h_w=\left(\sum\lambda\frac{l}{d}+\sum\zeta\right)\frac{V^2}{2g}=\zeta_0\frac{V^2}{2g} \tag{11-48}$$

式中，$\zeta_0=\sum\lambda\dfrac{l}{d}+\sum\zeta$ 为总阻力系数。

2. 减少能量头损失的措施

能量头损失是指：黏性流体流动中，摩擦阻力对流体做负功，这部分功最后变成其他形式的能量（热、声、振动等）而耗散掉。因此，能量头损失越大，能量的利用率越低，应采取措施减少能量头损失。

（1）减小沿程损失　圆管中沿程损失的计算公式为

$$h_f=\lambda\frac{l}{d}\frac{V^2}{2g}$$

其中
$$\lambda=f(Re,\Delta/d)$$

分析上述两式，可以得到减小沿程损失的途径如下：

1）减小管道长度 l。在满足工程需要和安全性的前提下，应尽可能采用直管，以减小管道长度。

2）合理增大管径 d。管径增大后，平均流速相应降低，可以降低沿程损失。但管径增大后，将使管材消耗量增加，投资和维修费用增加。因此，要通过技术经济比较来合理选择管径。

3）降低管壁的当量粗糙度 Δ。例如，对铸造管道，内壁面应打磨和喷砂以消除毛刺；通流部件（如泵与风机的叶轮等）检修时，通过打磨来降低粗糙度值，减小沿程阻力系数。

4）降低流体的黏度。如长距离的输油管道，可通过提高油温来降低黏度。

5）尽可能采用圆管。在管道有效截面面积和其他流动条件相同的情况下，圆管的摩擦面积最小，沿程损失也最小。

6）添加剂减阻。在液体中添加少量的添加剂（如高分子化合物、金属皂、分散的悬浮物等），通过改变流体的黏性来减少沿程损失。

（2）减小局部损失　局部损失的计算公式为

$$h_j=\zeta\frac{V^2}{2g}$$

其中，局部阻力系数主要与局部阻力件的类型和边界形状有关。减少局部损失可以从以下两个方面着手：

1）在允许的情况下，尽量减少局部阻力管件，以减少整个系统的局部阻力系数。

2）改善局部阻力管件流动通道的边界形状，使流速的大小和方向的变化更趋平稳。常见的方法有以下几种：

① 管道进口：其阻力系数与进口边缘的形状有关。如光滑流线形进口比突缩锐缘进口的阻力系数几乎可以减小 90%。

② 弯管：弯管的局部阻力系数与弯管的中心角 θ、管径 d 和弯曲半径 R 有关。在中心角一定的条件下，适当增大弯曲半径和在弯道内安装导流叶片，可显著降低局部阻力系数，如图 11-16 所示。试验证实，选择合理的叶片形状，可使直角弯头的局部阻力系数由 1.1 降到 0.25。

③ 三通管：可加装合流板和分流板，以减小局部阻力系数，如图 11-17 所示。

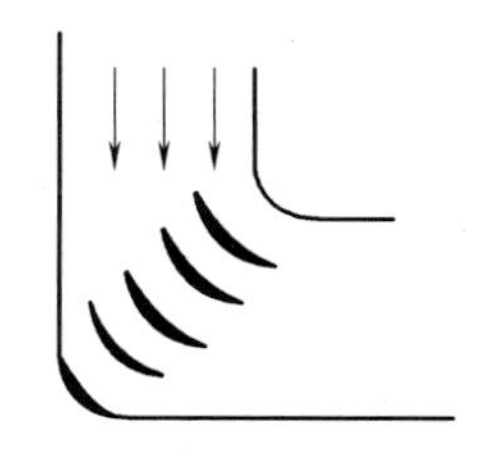

图 11-16　导流叶片

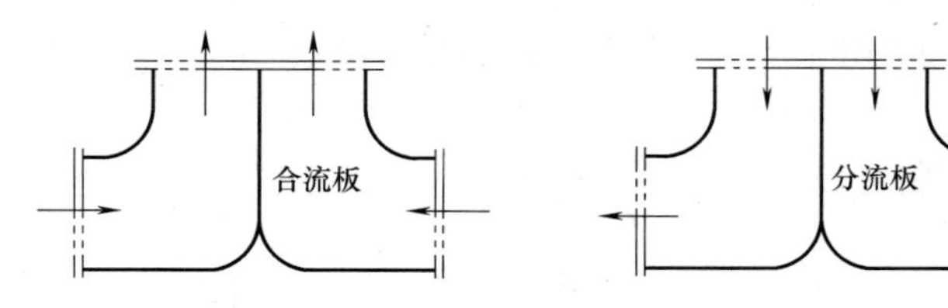

图 11-17　合流板和分流板

④ 用渐扩管和渐缩管来代替突扩管和突缩管，使流速的变化更趋平稳，减小局部损失。

例 11-7 如图 11-18 所示，两水池水面具有一定的高度差 H，中间有一障碍物隔开。将一管道两端插入水池后，先将管中的空气排走，使管中充满液体。这时管道下降段中的水在重力的作用下向下流动，造成管中的最高点 B 处的真空，在高位水池液面上大气压强的作用下，通过管道的上升段将水吸入，形成了水从高位水池 Ⅰ 连续地流向低位水池 Ⅱ，这种现象称为虹吸现象，所使用的管道称为虹吸管。若已知管径 $d=100\text{mm}$，管道总长 $L=20\text{m}$，B 点以前的管道长 $L_1=8\text{m}$，虹吸管的最高点 B 至 Ⅰ 水池水面的高度 $h=4\text{m}$，两水池水位高度差 $H=5\text{m}$，沿程阻力系数 $\lambda=0.04$，虹吸管进口的局部阻力系数 $\zeta_1=0.8$，出口局部阻力系数 $\zeta_2=1$，弯头的局部阻力系数 $\zeta_3=0.9$，试求引水流量 q_V 和最大吸水高度 h 值。假定当地大气压强 $p_{\text{amb}}=10^5\text{Pa}$，水温为 20℃。

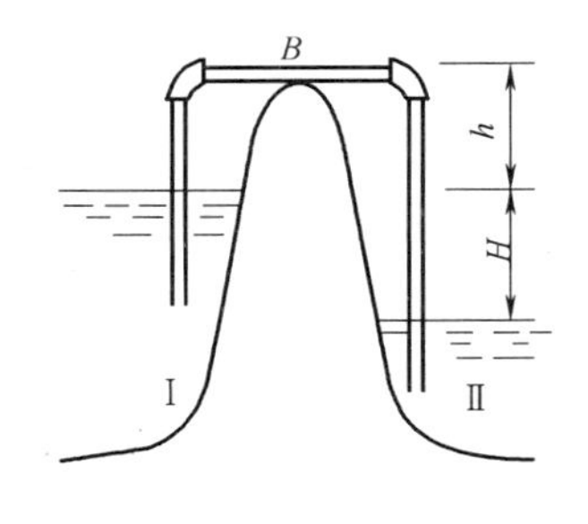

图 11-18 例 11-7 图

解 （1）求虹吸管的引水流量 列高位水池与低位水池自由液面的伯努利方程，可得

$$\frac{p_{\text{amb}}}{\rho g}+0+H=\frac{p_{\text{amb}}}{\rho g}+0+0+h_{\text{w}}$$

式中，p_{amb} 为大气压强，故有

$$H=h_{\text{w}}=\left(\lambda\frac{1}{d}+\sum\zeta\right)\frac{V^2}{2g}$$

代入得

$$5=\left(0.04\times\frac{20}{0.1}+0.8+2\times0.9+1\right)\frac{V^2}{2g}$$

虹吸管中的平均流速为 $V=2.91\text{m/s}$

虹吸管的引水流量为

$$q_V=V\frac{\pi d^2}{4}=2.91\times\frac{\pi 0.1^2}{4}\text{m}^3/\text{s}=0.0228\text{m}^3/\text{s}$$

（2）虹吸管的最大高度 h 列高位水池液面与虹吸管的最高点 B 的伯努利方程，可得

$$\frac{p_{\text{amb}}}{\rho g}=h+\frac{p_2}{\rho g}+\frac{V^2}{2g}+\left(\lambda\frac{L_1}{d}+\zeta_1+\zeta_2\right)\frac{V^2}{2g}$$

虹吸高度

$$h=\frac{p_{\text{amb}}-p_2}{\rho g}-\left(1+\lambda\frac{L_1}{d}+\zeta_1+\zeta_3\right)\frac{V^2}{2g}$$

虹吸管最高处 B 截面的压强 p_2 为虹吸管中的最小压强，故当 p_2 达到对应水温下的饱和压强 p_{s} 时，在 B 截面上水开始汽化，造成水断流，使虹吸管不能正常工作。水温 $t=20℃$ 时的饱和 $p_{\text{s}}=2420\text{Pa}$，所以当 $p_2=2420\text{Pa}$ 时即为最大虹吸高度 $h_{\max}$。

最大虹吸高度

$$\begin{aligned}h&=\frac{p_{\text{amb}}-p_{\text{s}}}{\rho g}-\left(1+\lambda\frac{L_1}{d}+\zeta_1+\zeta_3\right)\frac{V^2}{2g}\\&=\left[\frac{100000-2420}{1000\times9.807}-\left(1+0.04\times\frac{8}{0.1}+0.8+0.9\right)\times\frac{2.91^2}{2g}\right]\text{m}\\&=7.4\text{m}\end{aligned}$$

当虹吸管工作时，只要虹吸高度低于最大虹吸高度，虹吸作用就不会破坏。

例 11-8　图 11-19 所示为测试新阀门的设备，20℃的水从一容器通过锐边入口进入管系，钢管的内径均为 50mm，当量粗糙度为 0.04mm，管路中三个弯管的管径与曲率半径之比 $d/R=0.1$，用水泵保持管道中的流量为 $12m^3/h$，在给定流量下水银差压计的读数为 150mm，试求：

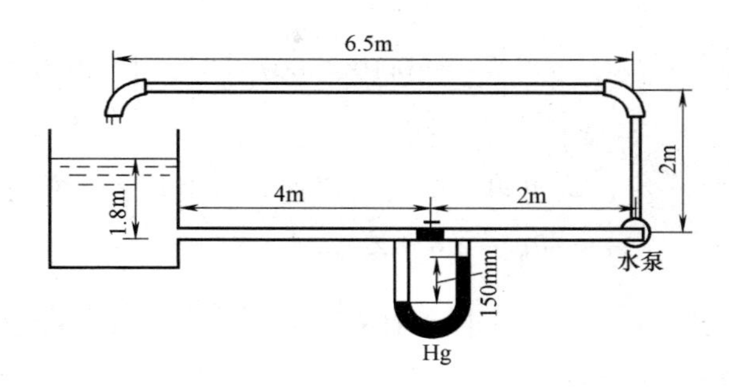

图 11-19　例 11-8 图

1）水通过阀门的压强降；

2）阀门的局部阻力系数；

3）阀门前的相对压强；

4）不计水泵损失，求通过该系统的总损失。

解　管内的平均流速为

$$V=\frac{4q_V}{\pi d^2}=\frac{4\times12}{\pi\times0.05^2\times3600}\text{m/s}=1.699\text{m/s}$$

1）水流过阀门的压强降。

$$\Delta p=(\rho_{Hg}-\rho)gh=(13600-1000)\times9.807\times0.15\text{Pa}=18522\text{Pa}$$

2）阀门的局部阻力系数。

列阀门前后的伯努利方程可得

$$\frac{\Delta p}{\rho g}=h_j=\zeta\frac{V^2}{2g}$$

局部阻力系数

$$\zeta=\frac{2\Delta p}{\rho V^2}=\frac{2\times18522}{1000\times1.699^2}=12.83$$

3）计算阀门前的相对压强。

查附录可得，20℃水的动力黏度 $\mu=1.005\times10^{-3}\text{Pa}\cdot\text{s}$。

流动的雷诺数为

$$Re=\frac{\rho Vd}{\mu}=\frac{1000\times1.699\times0.05}{1.005\times10^{-3}}=8.45\times10^4>2000$$

计算沿程阻力系数

$$59.6(r/\Delta)^{\frac{8}{7}}=59.6(25/0.04)^{\frac{8}{7}}=9.34\times10^4$$

由于 $4000<Re<9.34\times10^4$，流动处于湍流光滑管区，λ 用布拉休斯公式计算，即

$$\lambda=\frac{0.3164}{Re^{0.25}}=\frac{0.3164}{(8.45\times10^4)^{0.25}}=0.018$$

查表 11-4 可得，管道入口的局部阻力系数 $\zeta=0.5$。

列容器液面与阀门前有效截面的伯努利方程可得

$$1.8=\frac{p}{\rho g}+\frac{V^2}{2g}+\left(\lambda\frac{l}{d}+\zeta\right)\frac{V^2}{2g}$$

阀门前的相对压强 $p=\rho g\left[1.8-\left(1+\lambda\dfrac{l}{d}+\zeta\right)\dfrac{V^2}{2g}\right]$

$$=1000\times9.807\times\left[1.8-\left(1+0.018\times\frac{4}{0.05}+0.5\right)\frac{1.699^2}{2\times9.807}\right]\mathrm{Pa}=13557\mathrm{Pa}$$

4）计算管道系统的总损失。

查表 11-4 可得，弯管的局部阻力系数 $\zeta_1=0.131$，管道系统的总损失为

$$h_w=\sum h_f+\sum h_j$$

$$=\left(0.018\times\frac{4+2+2+6.5}{0.05}+0.5+3\times0.131+12.83\right)\times\frac{1.699^2}{2\times9.807}\mathrm{m}=2.69\mathrm{m}$$

11.10 管水力计算

计算合理的管道系统，应尽量减小能量头损失，最大限度地节省原材料。对于不同的管道系统，其计算方法是不同的，本节介绍管道系统的分类和串联、并联和分支管道的特点。

1. 管道系统的分类

（1）按能量头损失的类型分类

1）长管。局部损失和速度水头之和与总能量头损失相比，其比例不足 5%的管道系统，称为水力长管，简称长管。在长管的水力计算中，通常忽略沿程损失。

2）短管。沿程损失和局部损失大小相近，在水力计算中，两者均要考虑的管道系统，称为水力短管，简称短管。

（2）按管道系统的结构分类

1）简单管道。管径和粗糙度均相同的一根或多根管子串联组成的管道系统，如图 11-20a 所示。显然，当流体为不可压缩流体时，简单管道中各截面的流量和平均流速相同。

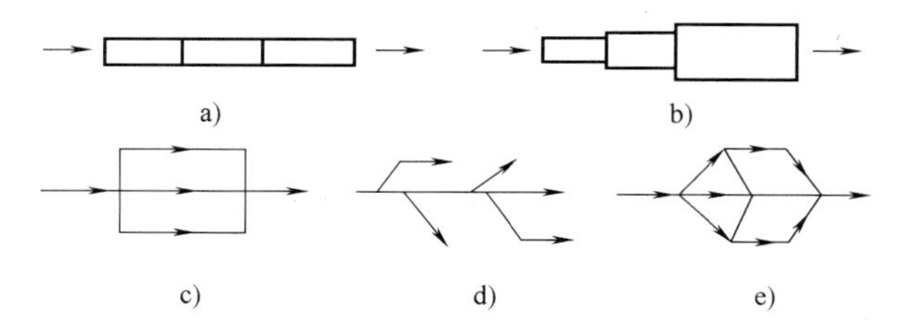

图 11-20　管道系统的分类

2）复杂管道。除简单管道以外的管道系统称为复杂管道，在复杂管道中不同管段的流量和平均流速一般不同。复杂管道一般又可分为以下四种类型：

① 串联管道。不同直径或不同粗糙度的管段首尾连接所组成的管道系统，称为串联管道，如图 11-20b 所示。

② 并联管道。数个管段具有共同的起始点和汇合点，以并联连接的方式组成的管道系统，称为并联管道，如图 11-20c 所示。

③ 分支管道。如图 11-20d 所示，出流管段在主干管段的不同位置分流，分流后的液流不再与主流汇合，这类管道系统称为分支管道。例如给排水工程中的管系多属于分支管道。

④ 网状管道。如图 11-20e 所示，由不同管段所组成的不规则的闭合管路系统称为网状管道。

2. 串联管道的特点

图 11-21 所示为一串联管道。串联管道有以下两个特点：

1）根据连续性原理，串联管道各管段的流量相同，对不可压缩流体则有

$$q_{V1}=q_{V2}=q_{V3}=\cdots=\text{常数}$$

2）串联管道总的能量头损失等于各管段能量头损失之和，即

$$h_{\mathrm{w}}=h_{\mathrm{w}1}+h_{\mathrm{w}2}+h_{\mathrm{w}3}+\cdots$$

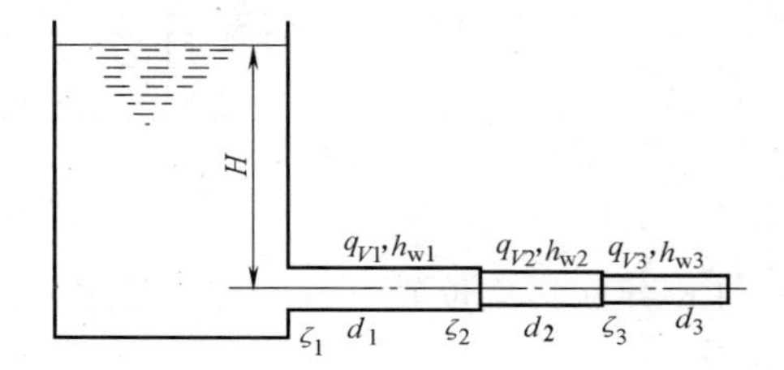

图 11-21　串联管道

例 11-9　如图 11-22 所示，用串联管道连接 A、B 两个水池，已知 $\zeta_1=0.5$，$l_1=350\text{m}$，$d_1=0.6\text{m}$，$\Delta_1=0.0015\text{m}$，$l_2=250\text{m}$，$d_2=0.9\text{m}$，$\Delta_2=0.0003\text{m}$，$v=1\times10^{-6}\text{m}^2/\text{s}$，$H=6\text{m}$，求通过该管道的流量 q_V。

解　列两容器自由液面的伯努利方程可得

$$H=h_{\mathrm{w}}=\left(\zeta_1+\lambda_1\frac{l_1}{d_1}\right)\frac{V_1^2}{2g}+\frac{(V_1-V_2)^2}{2g}+\left(\zeta_2+\lambda_1\frac{l_2}{d_2}\right)\frac{V_2^2}{2g}$$

由连续性方程可得

$$V_2=V_1\left(\frac{d_1}{d_2}\right)^2=0.445V_1$$

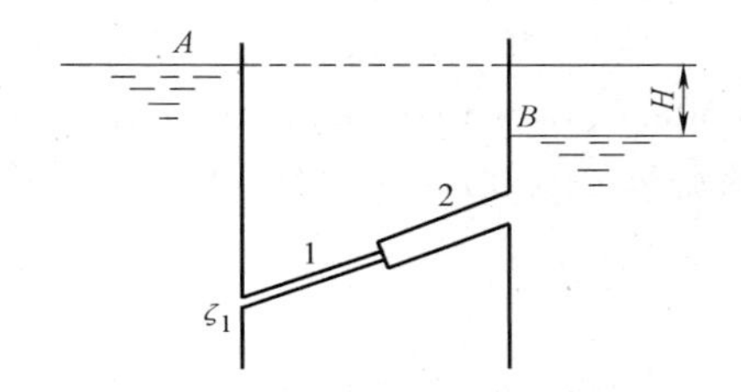

图 11-22　例 11-9 图

将已知数据和上式代入伯努利方程中可解得

$$V_1^2=\frac{6}{0.0515+25.49\lambda_1+2.686\lambda_2}$$

根据 $\Delta_1/d_1=0.0025$，$\Delta_2/d_2=0.00033$，由莫迪图试取 $\lambda_1=0.025$，$\lambda_2=0.015$ 代入上式，得

$$V_1=2.87\text{m/s}$$

将 $V_1=2.87\text{m/s}$ 代入连续性方程可得

$$V_2=V_1\left(\frac{d_1}{d_2}\right)^2=0.445V_1=1.28\text{m/s}$$

将 $V_1=2.87\text{m/s}$ 和 $V_2=1.28\text{m/s}$ 重新计算雷诺数，可得

$$Re_1=\frac{V_1d_1}{\nu}=\frac{2.87\times0.6}{1\times10^{-6}}=1.72\times10^6$$

$$Re_2=\frac{V_2d_2}{\nu}=\frac{1.28\times0.9}{1\times10^{-6}}=1.15\times10^6$$

根据 $\Delta_1/d_1=0.0025$，$\Delta_2/d_2=0.00033$ 和 $Re_1=1.72\times10^6$，$Re_2=1.15\times10^6$，再由莫迪图查得 $\lambda_1=0.025$，$\lambda_2=0.016$。可求得新的 $V_1=2.86\text{m/s}$，于是可求得流量为

$$q_V=V_1\frac{\pi d_1^2}{4}=2.86\times\frac{\pi}{4}\times0.6^2\text{m/s}=0.808\text{m/s}$$

3. 并联管道的特点

图 11-23 所示为三个并联支管组成的并联管道系统，并联管道具有以下两个特点：

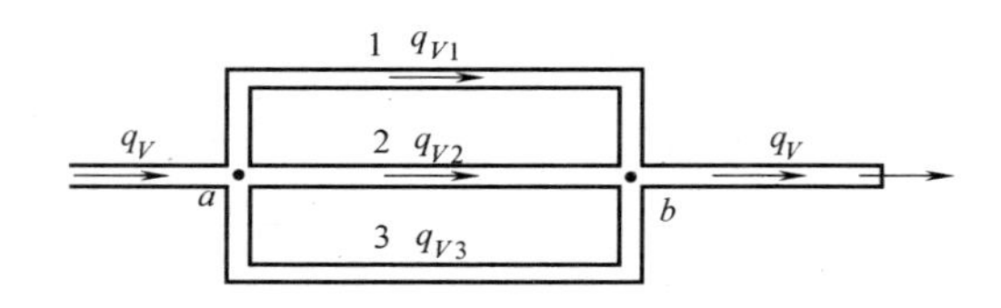

图 11-23 并联管道

1）并联总流量等于各支管流量之和，对不可压缩流体，则有

$$q_V=q_{V1}+q_{V2}+q_{V3}$$

2）对并联管道而言，各并联支管具有相同的起始点 a 和汇合点 b，即每一条并联支管的两端具有共同的总能量头。根据伯努利方程，各并联支管的能量头损失应等于各管道两端的总能量头之差。所以，各并联支管的能量头损失相同，且等于并联管道的总损失，即

$$h_w=h_{w1}=h_{w2}=h_{w3}$$

例 11-10 图 11-24 所示为并联管道系统，已知 $q_V=300\text{m}^3/\text{h}$，$d_1=100\text{mm}$，$l_1=40\text{m}$，$d_2=50\text{mm}$，$l_2=30\text{m}$，$d_3=150\text{mm}$，$l_3=50\text{m}$，$\lambda_1=\lambda_2=\lambda_3=0.03$。局部损失不计，试求各支管的流量 q_{V1}、q_{V2}、q_{V3} 及并联管道中能量头损失 h_w。

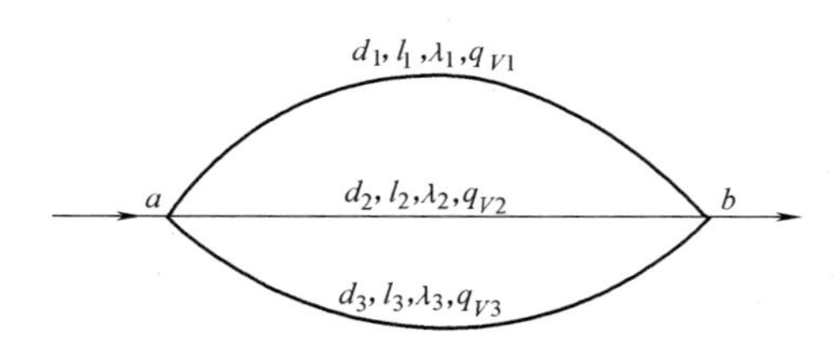

图 11-24 并联管道

解 根据并联管道的特点，有

$$q_V=q_{V1}+q_{V2}+q_{V3} \tag{a}$$

和

$$h_{f1}=h_{f2}=h_{f3}$$

因此有

$$\lambda_1\frac{l_1}{d_1}\frac{V_1^2}{2g}=\lambda_2\frac{l_2}{d_2}\frac{V_2^2}{2g}=\lambda_3\frac{l_3}{d_3}\frac{V_3^2}{2g}$$

将已知数据代入上式，其中

$$V_1=\frac{4q_{V1}}{\pi\times0.1^2},\quad V_2=\frac{4q_{V2}}{\pi\times0.05^2},\quad V_3=\frac{4q_{V3}}{\pi\times0.15^2}$$

整理可得

$$9918.3q_{V1}^2=238038.2q_{V2}^2=1632.64q_{V3}^2$$

即

$$q_{V2}=0.2q_{V1} \quad 和 \quad q_{V3}=2.46q_{V1} \tag{b}$$

将式（b）代入式（a）中，得

$$q_V = 3.66 q_{V1}$$

所以
$$q_{V1} = \frac{q_V}{3.66} = \frac{300}{3.66}\mathrm{m^3/h} = 81.97\mathrm{m^3/h}$$

$$q_{V2} = 0.2 q_{V1} = 16.36\mathrm{m^3/h}$$

$$q_{V3} = 2.46 q_{V1} = 201.65\mathrm{m^3/h}$$

并联管道的能量头损失为

$$h_w = h_{f1} = \lambda_1 \frac{l_1}{d_1}\frac{V_1^2}{2g} = 0.03\times\frac{40}{0.1}\times\frac{1}{2\times9.807}\times\left(\frac{4\times81.97}{3600\pi\times0.1^2}\right)^2 \mathrm{m} = 5.15\mathrm{m}$$

4. 分支管道的特点

油库、泵站的输油和给水管道，常常是将流体从一处送往多处，属于分支管道。分支管道相当于串联管道的复杂情况，所以，它具备串联管道的特点，即各节点处出、入的流量平衡；沿一条管线上的总能量头损失为各管段损失之和。

分支管道如图 11-25 所示，计算内容一般包括：

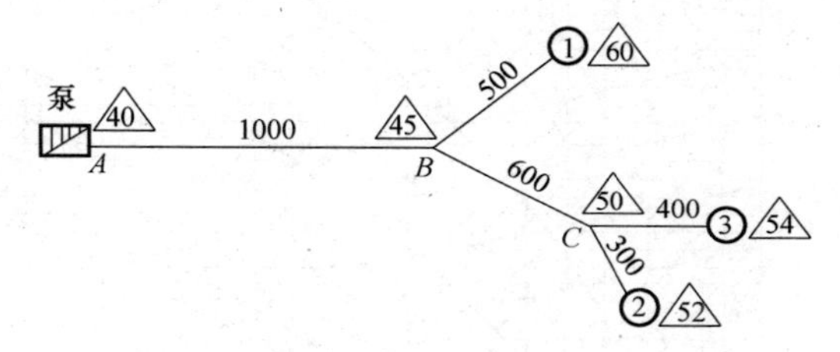

图 11-25　分支管道

1）根据管线布置选定主干线，一般从起点到最远点为主干线。

2）按各终点流量要求，从末端往前推，确定各管流量。

3）根据流量及合理流速，选定各管段直径。

4）计算干线各管段能量头损失，确定干线上各节点处的压强，进而推算出起点压强，以确定泵压或罐塔高度。

5）以算出的节点压强为准，确定各支管的能量头损失，再根据选定的管径校核能量头损失。对比后如相差过大，需重选支管管径。

附　　录

附录 A　湿空气焓湿图

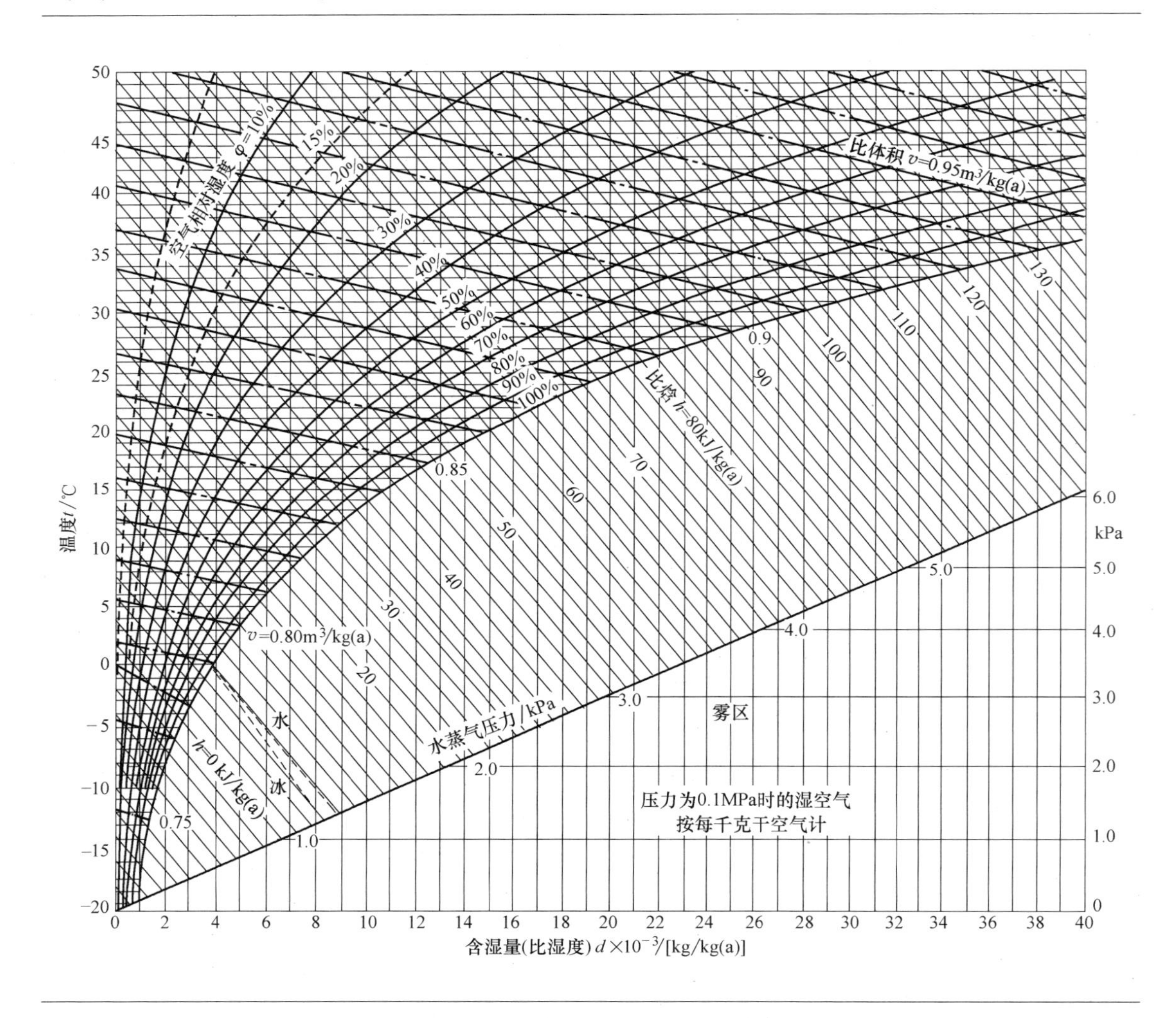

附录 B　常用气体的平均比定压热容 $c_p \Big|_{0℃}^{t}$

[单位：kJ/(kg · K)]

气体 温度/℃	O_2	N_2	CO	CO_2	H_2O	SO_2	空气
0	0.915	1.039	1.04	0.815	1.859	0.607	1.004
100	0.923	1.04	1.042	0.866	1.873	0.636	1.006

（续）

温度/℃ \ 气体	O_2	N_2	CO	CO_2	H_2O	SO_2	空气
200	0.935	1.043	1.046	0.91	1.894	0.662	1.012
300	0.95	1.049	1.054	0.949	1.919	0.687	1.019
400	0.965	1.057	1.063	0.983	1.948	0.708	1.028
500	0.979	1.066	1.075	1.013	1.978	0.724	1.039
600	0.993	1.076	1.086	1.04	2.009	0.737	1.05
700	1.005	1.087	1.098	1.064	2.042	0.754	1.061
800	1.016	1.097	1.109	1.085	2.075	0.762	1.071
900	1.026	1.108	1.12	1.104	2.11	0.775	1.081
1000	1.035	1.118	1.13	1.122	2.144	0.783	1.091
1100	1.043	1.127	1.14	1.138	2.177	0.791	1.1
1200	1.051	1.136	1.149	1.153	2.211	0.795	1.108
1300	1.058	1.145	1.158	1.166	2.243	—	1.117
1400	1.065	1.153	1.166	1.178	2.274	—	1.124
1500	1.071	1.16	1.173	1.189	2.305	—	1.131
1600	1.077	1.167	1.18	1.2	2.335	—	1.138
1700	1.083	1.174	1.187	1.209	2.363	—	1.144
1800	1.089	1.18	1.192	1.218	2.391	—	1.15
1900	1.094	1.186	1.198	1.226	2.417	—	1.156
2000	1.099	1.191	1.203	1.233	2.442	—	1.161
2100	1.104	1.197	1.208	1.241	2.466	—	1.166
2200	1.109	1.201	1.213	1.247	2.489	—	1.171
2300	1.114	1.206	1.218	1.253	2.512	—	1.176
2400	1.118	1.21	1.222	1.259	2.533	—	1.18
2500	1.123	1.214	1.226	1.264	2.554	—	1.184
2600	1.127	—	—	—	2.574	—	—
2700	1.131	—	—	—	2.594	—	—
2800	—	—	—	—	2.612	—	—
2900	—	—	—	—	2.63	—	—
3000	—	—	—	—	—	—	—

附录C　常用气体的平均比定容热容$c_V\big|_{0℃}^{t}$

［单位：kJ/(kg·K)］

温度/℃	O_2	N_2	CO	CO_2	H_2O	SO_2	空气
0	0.655	0.742	0.743	0.626	1.398	0.477	0.716
100	0.663	0.744	0.745	0.677	1.411	0.507	0.719
200	0.675	0.747	0.749	0.721	1.432	0.532	0.724
300	0.69	0.752	0.757	0.76	1.457	0.557	0.732
400	0.705	0.76	0.767	0.794	1.486	0.578	0.741
500	0.719	0.769	0.777	0.824	1.516	0.595	0.752
600	0.733	0.779	0.789	0.851	1.547	0.607	0.762
700	0.745	0.79	0.801	0.875	1.581	0.621	0.773
800	0.756	0.801	0.812	0.896	1.614	0.632	0.784
900	0.766	0.811	0.823	0.916	1.618	0.645	0.794

（续）

温度/℃	O_2	N_2	CO	CO_2	H_2O	SO_2	空气
1000	0.775	0.821	0.834	0.933	1.682	0.653	0.804
1100	0.783	0.83	0.843	0.95	1.716	0.662	0.813
1200	0.791	0.839	0.857	0.964	1.749	0.666	0.821
1300	0.798	0.848	0.861	0.977	1.781	—	0.829
1400	0.805	0.856	0.869	0.989	1.813	—	0.837
1500	0.811	0.863	0.876	1.001	1.843	—	0.844
1600	0.817	0.87	0.883	1.011	1.873	—	0.851
1700	0.823	0.877	0.889	1.02	1.902	—	0.857
1800	0.829	0.883	0.896	1.029	1.929	—	0.863
1900	0.834	0.889	0.901	1.037	1.955	—	0.869
2000	0.839	0.894	0.906	1.045	1.98	—	0.874
2100	0.844	0.9	0.911	1.052	2.005	—	0.879
2200	0.849	0.905	0.916	1.058	2.028	—	0.884
2300	0.854	0.909	0.921	1.064	2.05	—	0.889
2400	0.858	0.914	0.925	1.07	2.072	—	0.893
2500	0.863	0.918	0.929	1.075	2.093	—	0.897
2600	0.868	—	—	—	2.113	—	—
2700	0.872	—	—	—	2.132	—	—
2800	—	—	—	—	2.151	—	—
2900	—	—	—	—	2.168	—	—
3000	—	—	—	—	—	—	—

附录 D　空气的热力性质

T/K	t/℃	h/(kJ/kg)	u/(kJ/kg)	s^0/[kJ/(kg·K)]
200	−73.15	200.13	142.72	6.295
220	−53.15	220.18	157.03	6.3905
240	−33.15	240.22	171.34	6.4777
260	−13.15	260.28	185.65	6.558
280	6.85	280.35	199.98	6.6323
300	26.85	300.43	214.32	6.7016
320	46.85	320.53	228.68	6.7665
340	66.85	340.66	243.07	6.8275
360	86.85	360.81	257.48	6.8851
380	106.85	381.01	271.94	6.9397
400	126.85	401.25	286.43	6.9916
450	176.85	452.07	322.91	7.1113
500	226.85	503.3	359.79	7.2193
550	276.85	555.01	397.15	7.3178
600	326.85	607.26	435.04	7.4087
650	376.85	660.09	473.52	7.4933
700	426.85	713.51	512.59	7.5725

（续）

T/K	t/℃	h/(kJ/kg)	u/(kJ/kg)	s^0/[kJ/(kg·K)]
750	476.85	767.53	552.26	7.647
800	526.85	822.15	592.53	7.7175
850	576.85	877.35	633.37	7.7844
900	626.85	933.1	674.77	7.8482
950	676.85	989.38	716.7	7.909
1000	726.85	1046.16	759.13	7.9673
1200	926.85	1277.73	933.29	8.1783
1400	1126.85	1515.18	1113.34	8.3612
1600	1326.85	1757.19	1297.94	8.5228
1800	1526.85	2002.78	1486.12	8.6674
2000	1726.85	2251.28	1677.22	8.7983
2200	1926.85	2502.2	1870.73	8.9179
2400	2126.85	2755.17	2066.29	9.0279
2600	2326.85	3009.91	2263.63	9.1299
2800	2526.85	3266.21	2462.52	9.2248
3000	2726.85	3523.87	2662.78	9.3137
3200	2926.85	3782.75	2864.25	9.3972
3400	3126.85	4042.71	3066.8	9.4762

附录E 饱和水和饱和蒸汽的热力性质（按压力排列）

压力	温度	′表示饱和水，″表示饱和蒸汽						
		比体积		比焓		汽化热	比熵	
p	t	v'	v''	h'	h''	r	s'	s''
MPa	℃	m³/kg		kJ/kg			kJ/(kg·K)	
0.0010	6.949	0.0010001	129.185	29.21	2513.29	2484.1	0.1056	8.9735
0.0015	12.975	0.0010007	87.957	54.47	2524.36	2469.9	0.1948	8.8256
0.0020	17.540	0.0010014	67.008	73.58	2532.71	24591	0.2611	8.7220
0.0025	21.101	0.0010021	54.253	88.47	2539.20	2450.7	0.3120	8.6413
0.0030	24.114	0.0010028	45.666	101.07	2544.68	2443.6	0.3546	8.5758
0.0035	26.671	0.0010035	39.473	111.76	2549.32	2437.6	0.3904	8.5203
0.0040	28.953	0.0010041	34.796	121.30	2553.45	2432.2	0.4221	8.4725
0.0045	31.053	0.0010047	31.141	130.08	2557.26	2427.2	0.4511	8.4308
0.0050	32.879	0.0010053	28.191	137.72	2560.55	2422.8	0.4761	8.3930
0.0055	34.614	0.0010059	25.770	144.98	2563.68	2418.7	0.4997	8.3594
0.0060	36.166	0.0010065	23.738	151.47	2566.48	2415.0	0.5208	8.3283
0.0065	37.627	0.0010070	22.013	157.58	2569.10	2411.5	0.5405	8.3000
0.0070	38.997	0.0010075	20.528	163.31	2571.56	2408.3	0.5589	8.2737
0.0075	40.275	0.0010080	19.236	168.65	2573.85	2405.2	0.5760	8.2493
0.0080	41.508	0.0010085	18.102	173.81	2576.06	2402.3	0.5924	8.2266
0.0085	42.649	0.0010089	17.097	178.58	2578.10	2399.5	0.6075	8.2052
0.0090	43.790	0.0010094	16.204	183.36	2580.15	2396.8	0.6226	8.1854
0.0095	44.817	0.0010099	15.399	187.65	2581.98	2394.3	0.6362	8.1663

（续）

压力	温度	′表示饱和水，″表示饱和蒸汽						
		比体积		比焓		汽化热	比熵	
p	t	v'	v''	h'	h''	r	s'	s''
MPa	℃	m^3/kg		kJ/kg			kJ/(kg·K)	
0.010	45.799	0.0010103	14.673	191.76	2583.72	2392.0	0.6490	8.1481
0.011	47.693	0.0010111	13.415	199.68	2587.10	2387.4	0.6738	8.1148
0.012	49.428	0.0010119	12.361	206.94	2590.18	2383.2	0.6964	8.0844
0.013	51.049	0.0010126	11.465	213.71	2593.05	2379.3	0.7173	8.0565
0.014	52.555	0.0010134	10.694	220.01	2595.71	2375.7	0.7367	8.0306
0.015	53.971	0.0010140	10.022	225.93	2598.21	2372.3	0.7548	8.0065
0.016	55.340	0.0010147	9.4334	231.66	2600.62	2369.0	0.7723	7.9843
0.017	56.596	0.0010154	8.9107	236.91	2602.82	2365.9	0.7883	7.9631
0.018	57.805	0.0010160	8.4450	241.97	2604.95	2363.0	0.8036	7.9433
0.019	58.969	0.0010166	8.0272	246.84	2606.99	2360.1	0.8183	7.9246
0.020	60.065	0.0010172	7.6497	251.43	2608.90	2357.5	0.8320	7.9068
0.021	61.138	0.0010177	7.3076	255.91	2610.77	2354.9	0.8455	7.8900
0.022	62.142	0.0010183	6.9952	260.12	2612.52	2352.4	0.8580	7.8739
0.023	63.124	0.0010188	6.7095	264.22	2614.23	2350.0	0.8702	7.8585
0.024	64.060	0.0010193	6.4468	268.14	2615.85	2347.7	0.8819	7.8438
0.025	64.973	0.0010198	6.2047	271.96	2617.43	2345.5	0.8932	7.8298
0.026	65.863	0.0010204	5.9808	275.69	2618.97	2343.3	0.9042	7.8163
0.027	66.707	0.0010208	5.7727	279.22	2620.43	2341.2	0.9146	7.8033
0.028	67.529	0.0010213	5.5791	282.66	2621.85	2339.2	0.9247	7.7908
0.029	68.328	0.0010218	5.3985	286.01	2623.22	2337.2	0.9345	7.7788
0.030	69.104	0.0010222	5.2296	289.26	2624.56	2335.3	0.9440	7.7671
0.032	70.611	0.0010231	4.9229	295.57	2627.15	2331.6	0.9624	7.7451
0.034	72.014	0.0010240	4.6508	301.45	2629.54	2328.1	0.9795	7.7243
0.036	73.361	0.0010248	4.4083	307.09	2631.84	2324.7	0.9958	7.7047
0.038	74.651	0.0010256	4.1906	312.49	2634.03	2321.5	1.0113	7.6863
0.040	75.872	0.0010264	3.9939	317.61	2636.10	2318.5	1.0260	7.6688
0.045	78.737	0.0010282	3.5769	329.63	2640.94	2311.3	1.0603	7.6287
0.050	81.339	0.0010299	3.2409	340.55	2645.31	2304.8	1.0912	7.5928
0.055	83.736	0.0010315	2.9643	350.61	2649.30	2298.7	1.1195	7.5605
0.060	85.950	0.0010331	2.7324	359.91	2652.97	2293.1	1.1454	7.5310
0.065	88.015	0.0010345	2.5352	368.59	2656.37	2287.8	1.1695	7.5040
0.070	89.956	0.0010359	2.3654	376.75	2659.55	2282.8	1.1921	7.4789
0.075	91.782	0.0010372	2.2175	384.43	2662.53	2278.1	1.2131	7.4557
0.080	93.511	0.0010385	2.0876	391.71	2665.33	2273.6	1.2330	7.4339
0.085	95.149	0.0010397	1.9725	398.61	2667.97	2269.4	1.2518	7.4135
0.090	96.712	0.0010409	1.8698	405.20	2670.48	2265.3	1.2696	7.3943
0.095	98.201	0.0010420	1.7776	411.48	2672.86	2261.4	1.2866	7.3761
0.10	99.634	0.0010432	1.6943	417.52	2675.14	2257.6	1.3028	7.3589
0.11	102.316	0.0010453	1.5498	428.84	2679.36	2250.5	1.3330	7.3269
0.12	104.810	0.0010473	1.4287	439.37	2683.26	2243.9	1.3609	7.2978
0.13	107.138	0.0010492	1.3256	449.22	2686.87	2237.7	1.3869	7.2710
0.14	109.318	0.0010510	1.2368	458.44	2690.22	2231.8	1.4110	7.2462
0.15	111.378	0.0010527	1.15953	467.17	2693.35	2226.2	1.4338	7.2232
0.16	113.326	0.0010544	1.09159	475.42	2696.29	2220.9	1.4552	7.2016
0.17	115.178	0.0010560	1.03139	483.28	2699.07	2215.8	1.4754	7.1814

（续）

压力	温度	′表示饱和水，″表示饱和蒸汽							
		比体积		比焓		汽化热	比熵		
p	t	v'	v''	h'	h''	r	s'	s''	
MPa	℃	m^3/kg		kJ/kg			kJ/(kg·K)		
0.18	116.941	0.0010576	0.97767	490.76	2701.69	2210.9	1.4946	7.1623	
0.19	118.625	0.0010591	0.92942	497.92	2704.16	2206.3	1.5129	7.1443	
0.20	120.240	0.0010605	0.88585	504.78	2706.53	2201.7	1.5303	7.1272	
0.21	121.789	0.0010619	0.84630	511.37	2708.77	2197.4	1.5470	7.1109	
0.22	123.281	0.0010633	0.81023	517.72	2710.92	2193.2	1.5631	7.0954	
0.23	124.717	0.0010646	0.77719	523.84	2712.97	2189.1	1.5784	7.0806	
0.24	126.103	0.0010660	0.74681	529.75	2714.94	2185.2	1.5932	7.0664	
0.25	127.444	0.0010672	0.71879	535.47	2716.83	2181.4	1.6075	7.0528	
0.26	128.740	0.0010685	0.69285	540.99	2718.64	2177.6	1.6213	7.0398	
0.27	129.998	0.0010697	0.66877	546.37	2720.39	2174.0	1.6346	7.0272	
0.28	131.218	0.0010709	0.64636	551.58	2722.07	2170.5	1.6475	7.0151	
0.29	132.403	0.0010720	0.62544	556.65	2723.69	2167.0	1.6600	7.0034	
0.30	133.556	0.0010732	0.60587	561.58	2725.26	2163.7	1.6721	6.9921	
0.31	134.677	0.0010743	0.58751	566.38	2726.77	2160.4	1.6838	6.9812	
0.32	135.770	0.0010754	0.57027	571.06	2728.24	2157.2	1.6953	6.9706	
0.33	136.836	0.0010765	0.55404	575.63	2729.66	2154.0	1.7064	6.9603	
0.34	137.876	0.0010775	0.53873	580.09	2731.03	2150.9	1.7172	6.9503	
0.35	138.891	0.0010786	0.52427	584.45	2732.37	2147.9	1.7278	6.9407	
0.36	139.885	0.0010796	0.51058	588.71	2733.66	2144.9	1.7381	6.9313	
0.37	140.855	0.0010806	0.49761	592.88	2734.92	2142.0	1.7482	6.9221	
0.38	141.803	0.0010816	0.48530	596.96	2736.14	2139.2	1.7580	6.9132	
0.39	142.732	0.0010826	0.47359	600.95	2737.33	2136.4	1.7676	6.9045	
0.40	143.642	0.0010835	0.46246	604.87	2738.49	2133.6	1.7769	6.8961	
0.41	144.535	0.0010845	0.45184	608.71	2739.61	2130.9	1.7861	6.8878	
0.42	145.411	0.0010854	0.44172	612.48	2740.72	2128.2	1.7951	6.8798	
0.43	146.269	0.0010864	0.43205	616.18	2741.78	2125.6	1.8039	6.8719	
0.44	147.112	0.0010873	0.42281	619.82	2742.83	2123.0	1.8126	6.8642	
0.45	147.939	0.0010882	0.41396	623.38	2743.85	2120.5	1.8210	6.8567	
0.46	148.751	0.0010891	0.40548	626.89	2744.84	2118.0	1.8293	6.8493	
0.47	149.550	0.0010900	0.39736	630.34	2745.81	2115.5	1.8374	6.8421	
0.48	150.336	0.0010908	0.38956	633.73	2746.76	2113.0	1.8454	6.8351	
0.49	151.108	0.0010917	0.38207	637.07	2747.69	2110.6	1.8533	6.8281	
0.50	151.867	0.0010925	0.37486	640.35	2748.59	2108.2	1.8610	6.8214	
0.52	153.350	0.0010942	0.36126	646.77	2750.34	2103.6	1.8760	6.8082	
0.54	154.788	0.0010959	0.34863	653.00	2752.02	2099.0	1.8905	6.7955	
0.56	156.185	0.0010975	0.33687	659.05	2753.63	2094.6	1.9046	6.7833	
0.58	157.543	0.0010990	0.32590	664.95	2755.18	2090.2	1.9183	6.7715	
0.60	158.863	0.0011006	0.31563	670.67	2756.66	2086.0	1.9315	6.7600	
0.62	160.148	0.0011021	0.30600	676.26	2758.08	2081.8	1.9444	6.7490	
0.64	161.402	0.0011036	0.29695	681.72	2759.46	2077.7	1.9569	6.7382	
0.66	162.625	0.0011051	0.28843	687.04	2760.78	2073.7	1.9691	6.7278	
0.68	163.817	0.0011065	0.28040	692.24	2762.06	2069.8	1.9809	6.7177	
0.70	164.983	0.0011079	0.27281	697.32	2763.29	2066.0	1.9925	6.7079	
0.72	166.123	0.0011093	0.26563	702.29	2764.48	2062.2	2.0038	6.6983	
0.74	167.237	0.0011107	0.25882	707.16	2765.63	2058.5	2.0148	6.6890	

（续）

压力	温度	'表示饱和水，"表示饱和蒸汽						
		比体积		比焓		汽化热	比熵	
p	t	v'	v''	h'	h''	r	s'	s''
MPa	℃	m^3/kg		kJ/kg			kJ/(kg·K)	
0.76	168.328	0.0011121	0.25236	711.93	2766.74	2054.8	2.0256	6.6799
0.78	169.397	0.0011134	0.24622	716.61	2767.82	2051.2	2.0361	6.6711
0.80	170.444	0.0011148	0.24037	721.20	2768.86	2047.7	2.0464	6.6625
0.82	171.471	0.0011161	0.23480	725.69	2769.86	2044.2	2.0565	6.6540
0.84	172.477	0.0011174	0.22948	730.11	2770.84	2040.7	2.0663	6.6458
0.86	173.466	0.0011186	0.22441	734.45	2771.79	2037.3	2.0760	6.6378
0.88	174.436	0.0011199	0.21956	738.71	2772.71	2034.0	2.0855	6.6299
0.90	175.389	0.0011212	0.21491	742.90	2773.59	2030.7	2.0948	6.6222
0.92	176.325	0.0011224	0.21046	747.02	2774.46	2027.4	2.1039	6.6146
0.94	177.245	0.0011236	0.20619	751.07	2775.30	2024.2	2.1129	6.6072
0.96	178.150	0.0011248	0.20210	755.05	2776.11	2021.1	2.1217	6.6000
0.98	179.040	0.0011260	0.19817	758.98	2776.90	2017.9	2.1303	6.5929
1.00	179.916	0.0011272	0.19438	762.84	2777.67	2014.8	2.1388	6.5859
1.05	182.048	0.0011301	0.18554	772.26	2779.50	2007.2	2.1594	6.5690
1.10	184.100	0.0011330	0.17747	781.35	2781.21	1999.9	2.1792	6.5529
1.15	186.081	0.0011357	0.17007	790.14	2782.80	1992.7	2.1983	6.5374
1.20	187.995	0.0011385	0.16328	798.64	2784.29	1985.7	2.2166	6.5225
1.25	189.848	0.0011411	0.15701	806.89	2785.69	1978.8	2.2343	6.5082
1.30	191.644	0.0011438	0.15120	814.89	2786.99	1972.1	2.2515	6.4944
1.35	193.386	0.0011463	0.14581	822.67	2788.22	1965.5	2.2681	6.4811
1.40	195.078	0.0011489	0.14079	830.24	2789.37	1959.1	2.2841	6.4683
1.45	196.725	0.0011514	0.13610	837.62	2790.45	1952.8	2.2997	6.4558
1.50	198.327	0.0011538	0.13172	844.82	2791.46	1946.6	2.3149	6.4437
1.55	199.887	0.0011562	0.12761	851.84	2792.40	1940.6	2.3296	6.4320
1.60	201.410	0.0011586	0.12375	858.69	2793.29	1934.6	2.3440	6.4206
1.65	202.895	0.0011610	0.12011	865.40	2794.13	1928.7	2.3580	6.4096
1.70	204.346	0.0011633	0.11668	871.96	2794.91	1923.0	2.3716	6.3988
1.75	205.764	0.0011656	0.11344	878.38	2795.65	1917.3	2.3849	6.3883
1.80	207.151	0.0011679	0.11037	884.67	2796.33	1911.7	2.3979	6.3781
1.85	208.508	0.0011701	0.10747	890.83	2796.98	1906.1	2.4106	6.3681
1.90	209.838	0.0011723	0.104707	896.88	2797.58	1900.7	2.4230	6.3583
1.95	211.140	0.0011745	0.102085	902.82	2798.14	1895.3	2.4352	6.3488
2.00	212.417	0.0011767	0.099588	908.64	2798.66	1890.0	2.4471	6.3395
2.05	213.669	0.0011788	0.097210	914.37	2799.15	1884.8	2.4587	6.3304
2.10	214.898	0.0011809	0.094940	920.00	2799.60	1879.6	2.4702	6.3214
2.15	216.104	0.0011831	0.092773	925.53	2800.02	1874.5	2.4814	6.3127
2.20	217.288	0.0011851	0.090700	930.97	2800.41	1869.4	2.4924	6.3041
2.25	218.452	0.0011872	0.088716	936.33	2800.76	1864.4	2.5031	6.2957
2.30	219.596	0.0011893	0.086816	941.6	2801.09	1859.5	2.5137	6.2875
2.35	220.722	0.0011913	0.084994	946.80	2801.39	1854.6	2.5241	6.2794
2.40	221.829	0.0011933	0.083244	951.91	2801.67	1849.8	2.5344	6.2714
2.45	222.918	0.0011953	0.081564	956.96	2801.92	1845.0	2.5444	6.2636
2.50	223.990	0.0011973	0.079949	961.93	2802.14	1840.2	2.5543	6.2559
2.55	225.046	0.0011993	0.078394	966.83	2802.34	1835.5	2.5641	6.2484
2.60	226.085	0.0012013	0.076898	971.67	2802.51	1830.8	2.5736	6.2409

（续）

压力	温度	′表示饱和水，″表示饱和蒸汽						
		比体积		比焓		汽化热	比熵	
p	t	v'	v''	h'	h''	r	s'	s''
MPa	℃	m^3/kg		kJ/kg			kJ/(kg·K)	
2.65	227.110	0.0012032	0.075456	976.45	2802.67	1826.2	2.5831	6.2336
2.70	228.120	0.0012052	0.074065	981.16	2802.80	1821.6	2.5924	6.2264
2.75	229.115	0.0012071	0.072723	985.81	2802.91	1817.1	2.6015	6.2193
2.80	230.096	0.0012090	0.071427	990.41	2803.01	1812.6	2.6105	6.2123
2.85	231.065	0.0012109	0.070176	994.95	2803.08	1808.1	2.6194	6.2055
2.90	232.020	0.0012128	0.068965	999.43	2803.13	1803.7	2.6282	6.1987
2.95	232.962	0.0012147	0.067795	1003.9	2803.17	1799.3	2.6368	6.1920
3.0	233.893	0.0012166	0.066662	1008.2	2803.19	1794.9	2.6454	6.1854
3.1	235.718	0.0012203	0.064501	1016.9	2803.18	1786.3	2.6621	6.1725
3.2	237.499	0.0012240	0.062471	1025.3	2803.10	1777.8	2.6784	6.1599
3.3	239.238	0.0012276	0.060560	1033.6	2802.96	1769.4	2.6943	6.1476
3.4	240.936	0.0012312	0.058757	1041.6	2802.76	1761.1	2.7098	6.1356
3.5	242.597	0.0012348	0.057054	1049.6	2802.51	1752.9	2.7250	6.1238
3.6	244.222	0.0012384	0.055441	1057.4	2802.21	1744.8	2.7398	6.1124
3.7	245.812	0.0012419	0.053913	1065.0	2801.86	1736.8	2.7544	6.1011
3.8	247.370	0.0012454	0.052462	1072.5	2801.46	1728.9	2.7686	6.0901
3.9	248.897	0.0012489	0.051083	1079.9	2801.02	1721.1	2.7825	6.0793
4.0	250.394	0.0012524	0.049771	1087.2	2800.53	1713.4	2.7962	6.0688
4.1	251.862	0.0012558	0.048520	1094.3	2800.00	1705.7	2.8095	6.0584
4.2	253.304	0.0012592	0.047326	1101.4	2799.44	1698.1	2.8227	6.0482
4.3	254.719	0.0012627	0.046186	1108.3	2798.83	1690.5	2.8356	6.0382
4.4	256.110	0.0012661	0.045096	1115.1	2798.19	1683.1	2.8483	6.0283
4.5	257.477	0.0012694	0.044052	1121.8	2797.51	1675.7	2.8607	6.0187
4.6	258.820	0.0012728	0.043053	1128.5	2796.80	1668.3	2.8730	6.0091
4.7	260.141	0.0012762	0.042094	1135.0	2796.06	1661.0	2.8850	5.9997
4.8	261.441	0.0012795	0.041173	1141.5	2795.28	1653.8	2.8969	5.9905
4.9	262.721	0.0012828	0.040289	1147.9	2794.48	1646.6	2.9086	5.9814
5.0	263.980	0.0012862	0.039439	1154.2	2793.64	1639.5	2.9201	5.9724
5.1	265.221	0.0012895	0.038620	1160.4	2792.78	1632.4	2.9314	5.9635
5.2	266.443	0.0012928	0.037832	1166.5	2791.88	1625.4	2.9425	5.9548
5.3	267.648	0.0012961	0.037073	1172.6	2790.96	1618.4	2.9535	5.9461
5.4	268.835	0.0012994	0.036341	1178.6	2790.02	1611.4	2.9644	5.9376
5.5	270.005	0.0013026	0.035634	1184.5	2789.04	1604.5	2.9751	5.9292
5.6	271.159	0.0013059	0.034952	1190.4	2788.05	1597.6	2.9857	5.9209
5.7	272.298	0.0013092	0.034292	1196.2	2787.03	1590.8	2.9961	5.9126
5.8	273.422	0.0013125	0.033654	1202.0	2785.98	1584.0	3.0064	5.9045
5.9	274.530	0.0013157	0.033037	1207.7	2784.91	1577.2	3.0166	5.8964
6.0	275.625	0.0013190	0.032440	1213.3	2783.82	1570.5	3.0266	5.8885
6.1	276.706	0.0013222	0.031862	1218.9	2782.70	1563.8	3.0365	5.8806
6.2	277.773	0.0013255	0.031301	1224.4	2781.57	1557.2	3.0463	5.8728
6.3	278.827	0.0013287	0.030758	1229.9	2780.41	1550.5	3.0560	5.8651
6.4	279.868	0.0013320	0.030231	1235.3	2779.23	1543.9	3.0656	5.8574
6.5	280.897	0.0013353	0.029719	1240.7	2778.03	1537.3	3.0751	5.8498
6.6	281.914	0.0013385	0.029222	1246.0	2776.81	1530.8	3.0845	5.8423
6.7	282.920	0.0013418	0.028740	1251.3	2775.56	1524.2	3.0938	5.8349

（续）

压力	温度	′表示饱和水，″表示饱和蒸汽						
		比体积		比焓		汽化热	比熵	
p	t	v'	v''	h'	h''	r	s'	s''
MPa	℃	m^3/kg		kJ/kg			kJ/(kg·K)	
6.8	283.914	0.0013450	0.028271	1256.6	2774.30	1517.7	3.1029	5.8275
6.9	284.897	0.0013483	0.027815	1261.8	2773.02	1511.2	3.1120	5.8201
7.0	285.869	0.0013515	0.027371	1266.9	2771.72	1504.8	3.1210	5.8129
7.1	286.830	0.0013548	0.026940	1272.1	2770.40	1498.3	3.1299	5.8057
7.2	287.781	0.0013581	0.026519	1277.1	2769.07	1491.9	3.1388	5.7985
7.3	288.722	0.0013613	0.026110	1282.2	2767.71	1485.5	3.1475	5.7914
7.4	289.654	0.0013646	0.025712	1287.2	2766.33	1479.1	3.1562	5.7843
7.5	290.575	0.0013679	0.025323	1292.2	2764.94	1472.8	3.1648	5.7773
7.6	291.488	0.0013711	0.024944	1297.1	2763.53	1466.4	3.1733	5.7704
7.7	292.391	0.0013744	0.024575	1302.0	2762.10	1460.1	3.1817	5.7635
7.8	293.285	0.0013777	0.024215	1306.9	2760.65	1453.8	3.1901	5.7566
7.9	294.171	0.0013810	0.023863	1311.7	2759.18	1447.5	3.1984	5.7498
8.0	295.048	0.0013843	0.023520	1316.5	2757.70	1441.2	3.2066	5.7430
8.1	295.916	0.0013876	0.023184	1321.3	2756.20	1434.9	3.2147	5.7362
8.2	296.777	0.0013909	0.022857	1326.1	2754.68	1428.6	3.2228	5.7295
8.3	297.629	0.0013942	0.022537	1330.8	2753.15	1422.4	3.2309	5.7229
8.4	298.474	0.0013976	0.022224	1335.5	2751.59	1416.1	3.2388	5.7162
8.5	299.310	0.0014009	0.021918	1340.1	2750.02	1409.9	3.2467	5.7096
8.6	300.140	0.0014043	0.021619	1344.8	2748.44	1403.7	3.2546	5.7031
8.7	300.962	0.0014076	0.021326	1349.4	2746.83	1397.5	3.2624	5.6965
8.8	301.777	0.0014110	0.021040	1354.0	2745.21	1391.3	3.2701	5.6900
8.9	302.584	0.0014143	0.020760	1358.5	2743.57	1385.1	3.2778	5.6835
9.0	303.385	0.0014177	0.020485	1363.1	2741.92	1378.9	3.2854	5.6771
9.1	304.179	0.0014211	0.020217	1367.6	2740.25	1372.7	3.2930	5.6707
9.2	304.966	0.0014245	0.019953	1372.1	2738.56	1366.5	3.3005	5.6643
9.3	305.747	0.0014279	0.019696	3376.5	2736.86	1360.3	3.3080	5.6579
9.4	306.521	0.0014314	0.019443	1381.0	2735.14	1354.2	3.3154	5.6515
9.5	307.289	0.0014348	0.019195	1385.4	2733.40	1348.0	3.3228	5.6452
9.6	308.050	0.0014383	0.018952	1389.8	2731.64	1341.8	3.3302	5.6389
9.7	308.806	0.0014417	0.018714	1394.2	2729.87	1335.7	3.3375	5.6326
9.8	309.555	0.0014452	0.018480	1398.6	2728.08	1329.5	3.3447	5.6264
9.9	310.299	0.0014487	0.018251	1402.9	2726.28	1323.4	3.3519	5.6201
10.0	311.037	0.0014522	0.018026	1407.2	2724.46	1317.2	3.3591	5.6139
10.2	312.496	0.0014593	0.017589	1415.8	2720.77	1304.9	3.3733	5.6015
10.4	313.933	0.0014664	0.017167	1424.4	2717.01	1292.6	3.3874	5.5892
10.6	315348	0.0014736	0.016760	1432.9	2713.19	1280.3	3.4013	5.5769
10.8	316.743	0.0014808	0.016367	1441.3	2709.30	1268.0	3.4151	5.5647
11.0	318.118	0.0014881	0.015987	1449.6	2705.34	1255.7	3.4287	5.5525
11.2	319.474	0.0014955	0.015619	1457.9	2701.31	1243.4	3.4422	5.5403
11.4	320.811	0.0015030	0.015264	1466.2	2697.21	1231.0	3.4556	5.5282
11.6	322.130	0.0015106	0.014920	1474.4	2693.05	1218.6	3.4689	5.5161
11.8	323.431	0.0015182	0.014586	1482.6	2688.81	1206.2	3.4821	5.5041
12.0	324.715	0.0015260	0.014263	1490.7	2684.50	1193.8	3.4952	5.4920
12.2	325.983	0.0015338	0.013949	1498.8	2680.11	1181.3	3.5082	5.4800
12.4	327.234	0.0015417	0.013644	1506.8	2675.65	1168.8	3.5211	5.4680

（续）

压力	温度	'表示饱和水，"表示饱和蒸汽						
		比体积		比焓		汽化热	比熵	
p	t	v'	v''	h'	h''	r	s'	s''
MPa	℃	m^3/kg		kJ/kg			kJ/(kg·K)	
12.6	328.469	0.0015498	0.013348	1514.9	2671.11	1156.3	3.5340	5.4559
12.8	329.689	0.0015580	0.013060	1522.8	2666.50	1143.7	3.5467	5.4439
13.0	330.894	0.0015662	0.012780	1530.8	2661.80	1131.0	3.5594	5.4318
13.2	332.084	0.0015747	0.012508	1538.8	2657.03	1118.3	3.5720	5.4197
13.4	333.260	0.0015832	0.012242	1546.7	2652.17	1105.5	3.5846	5.4076
13.6	334.422	0.0015919	0.011984	1554.6	2647.23	1092.6	3.5971	5.3955
13.8	335.571	0.0016007	0.011732	1562.5	2642.19	1079.7	3.6096	5.3833
14.0	336.707	0.0016097	0.011486	1570.4	2637.07	1066.7	3.6220	5.3711
14.2	337.829	0.0016188	0.011246	1578.3	2631.86	1053.6	3.6344	5.3588
14.4	338.939	0.0016281	0.011011	1586.1	2626.55	1040.4	3.6467	5.3465
14.6	340.037	0.0016376	0.010783	1594.0	2621.14	1027.1	3.6590	5.3341
14.8	341.122	0.0016473	0.010559	1601.9	2615.63	1013.7	3.6713	5.3217
15.0	342.196	0.0016571	0.010340	1609.8	2610.01	1000.2	3.6836	5.3091
15.2	343.258	0.0016672	0.010126	1617.7	2604.29	986.6	3.6959	5.2965
15.4	344.309	0.0016775	0.009916	1625.6	2598.45	972.9	3.7082	5.2838
15.6	345.349	0.0016881	0.009710	1633.5	2592.49	959.0	3.7205	5.2710
15.8	346.378	0.0016989	0.009509	1641.4	2586.41	945.0	3.7327	5.2581
16.0	347.396	0.0017099	0.009311	1649.4	2580.21	930.8	3.7451	5.2450
16.2	348.404	0.0017212	0.009117	1657.4	2573.86	916.4	3.7574	5.2318
16.4	349.401	0.0017329	0.008926	1665.5	2567.38	901.9	3.7698	5.2185
16.6	350.389	0.0017451	0.008739	1673.6	2560.75	887.1	3.7823	5.2050
16.8	351.366	0.0017574	0.008555	1681.8	2553.98	872.2	3.7948	5.1914
17.0	352.334	0.0017701	0.008373	1690.0	2547.01	857.1	3.8073	5.1776
17.2	353.293	0.0017832	0.008195	1698.2	2539.93	841.7	3.8200	5.1636
17.4	354.242	0.0017967	0.008019	1706.5	2532.62	826.1	3.8327	5.1494
17.6	355.181	0.0018107	0.007845	1714.9	2525.10	810.2	3.8455	5.1349
17.8	356.112	0.0018252	0.007673	1723.4	2517.39	794.0	3.8584	5.1201
18.0	357.034	0.0018402	0.007503	1732.0	2509.45	777.4	3.8715	5.1051
18.2	357.947	0.0018559	0.007336	1740.7	2501.35	760.6	3.8847	5.0899
18.4	358.851	0.0018722	0.007170	1749.6	2492.89	743.3	3.8981	5.0742
18.6	359.747	0.0018892	0.007005	1758.5	2484.21	725.7	3.9116	5.0582
18.8	360.635	0.0019071	0.006842	1767.6	2475.23	707.6	3.9254	5.0419
19.0	361.514	0.0019258	0.006679	1776.9	2465.87	688.9	3.9395	5.0250
19.2	362.385	0.0019456	0.006517	1786.5	2456.22	669.8	3.9539	5.0077
19.4	363.248	0.0019665	0.006356	1796.2	2446.20	650.0	3.9686	4.9899
19.6	364.103	0.0019887	0.006195	1806.2	2435.68	629.5	3.9836	4.9715
19.8	364.950	0.0020124	0.006033	1816.5	2424.62	608.1	3.9992	4.9522
20.0	365.789	0.0020379	0.005870	1827.2	2413.05	585.9	4.0153	4.9322
20.2	366.620	0.0020654	0.005705	1838.3	2400.71	562.4	4.0320	4.9111
20.4	367.444	0.0020954	0.005539	1849.9	2387.66	537.8	4.0495	4.8890
20.6	368.260	0.0021285	0.005369	1862.1	2373.60	511.5	4.0679	4.8653
20.8	369.068	0.0021654	0.005194	1875.2	2358.42	483.2	4.0876	4.8400
21.0	369.868	0.0022073	0.005012	1889.2	2341.67	452.4	4.1088	4.8124
21.2	370.661	0.0022560	0.004821	1904.7	2322.97	418.3	4.1320	4.7818
21.4	371.447	0.0023146	0.004614	1922.0	2301.28	379.3	4.1583	4.7466

（续）

压力	温度	'表示饱和水，"表示饱和蒸汽						
		比体积		比焓		汽化热	比熵	
p	t	v'	v''	h'	h''	r	s'	s''
MPa	℃	m^3/kg		kJ/kg			kJ/(kg·K)	
21.6	372.224	0.0023891	0.004381	1942.4	2274.83	332.5	4.1891	4.7042
21.8	372.993	0.0024947	0.004090	1968.5	2238.46	270.0	4.2288	4.6466
22.0	373.752	0.0027040	0.003684	2013.0	2084.02	71.0	4.2969	4.4066
22.064	373.99	0.003106	0.003106	2085.9	2085.87	0.0	4.4092	4.4092

附录 F 饱和水与饱和水蒸气的热力性质（按温度排列）

温度	压力	比体积		比焓		汽化热	比熵	
		液体	蒸汽	液体	蒸汽		液体	蒸汽
t	p	v'	v''	h'	h''	r	s'	s''
℃	MPa	m^3/kg	m^3/kg	kJ/kg	kJ/kg	kJ/kg	kJ/(kg·K)	kJ/(kg·K)
0.00	0.0006112	0.00100022	206.154	-0.05	2500.51	2500.6	-0.0002	9.1544
0.01	0.0006117	0.00100021	206.012	0.00	2500.53	2500.5	0.0000	9.1541
1	0.0006571	0.00100018	192.464	4.18	2502.35	2498.2	0.0153	9.1278
2	0.0007059	0.00100013	179.787	8.39	2504.19	2495.8	0.0306	9.1014
3	0.0007580	0.00100009	168.041	12.61	2506.03	2493.4	0.0459	9.0752
4	0.0008135	0.00100008	157.151	16.82	2507.87	2491.1	0.0611	9.0493
5	0.0008725	0.00100008	147.048	21.02	2509.71	2488.7	0.0763	9.0236
6	0.0009352	0.00100010	137.670	25.22	2511.55	2486.3	0.0913	8.9982
7	0.0010019	0.00100014	128.961	29.42	2513.39	2484.0	0.1063	8.9730
8	0.0010728	0.00100019	120.868	33.62	2515.23	2481.6	0.1213	8.9480
9	0.0011480	0.00100026	113.342	37.81	2517.06	2479.3	0.1362	8.9233
10	0.0012279	0.00100034	106.341	42.00	2518.90	2476.9	0.1510	8.8988
11	0.0013126	0.00100043	99.825	46.19	2520.74	2474.5	0.1658	8.8745
12	0.0014025	0.00100054	93.756	50.38	2522.57	2472.2	0.1805	8.8504
13	0.0014977	0.00100066	88.101	54.57	2524.41	2469.8	0.1952	8.8265
14	0.0015985	0.00100080	82.828	58.76	2526.24	2467.5	0.2098	8.8029
15	0.0017053	0.00100094	77.910	62.95	2528.07	2465.1	0.2243	8.7794
16	0.0018183	0.00100110	73.320	67.13	2529.90	2462.8	0.2388	8.7562
17	0.0019377	0.00100127	69.034	71.32	2531.72	2460.4	0.2533	8.7331
18	0.0020640	0.00100145	65.029	75.50	2533.55	2458.1	0.2677	8.7103
19	0.0021975	0.00100165	61.287	79.68	2535.37	2455.7	0.2820	8.6877
20	0.0023385	0.00100185	57.786	83.86	2537.20	2453.3	0.2963	8.6652
22	0.0026444	0.00100229	51.445	92.23	2540.84	2448.6	0.3247	8.6210
24	0.0029846	0.00100276	45.884	100.59	2544.47	2443.9	0.3530	8.5774
26	0.0033625	0.00100328	40.997	108.95	2548.10	2439.2	0.3810	8.5347
28	0.0037814	0.00100383	36.694	117.32	2551.73	2434.4	0.4089	8.4927

（续）

温度	压力	比体积		比焓		汽化热	比熵	
		液体	蒸汽	液体	蒸汽		液体	蒸汽
t	p	v'	v''	h'	h''	r	s'	s''
℃	MPa	m^3/kg	m^3/kg	kJ/kg	kJ/kg	kJ/kg	kJ/(kg·K)	kJ/(kg·K)
30	0.0042451	0.00100442	32.899	125.68	2555.35	2429.7	0.4366	8.4514
35	0.0056263	0.00100605	25.222	146.59	2564.38	2417.8	0.5050	8.3511
40	0.0073811	0.00100789	19.529	167.50	2573.36	2405.9	0.5723	8.2551
45	0.0095897	0.00100993	15.2636	188.42	2582.30	2393.9	0.6386	8.1630
50	0.0123446	0.00101216	12.0365	209.33	2591.19	2381.9	0.7038	8.0745
55	0.015752	0.00101455	9.5723	230.24	2600.02	2369.8	0.7680	7.9896
60	0.019933	0.00101713	7.6740	251.15	2608.79	2357.6	0.8312	7.9080
65	0.025024	0.00101986	6.1992	272.08	2617.48	2345.4	0.8935	7.8295
70	0.031178	0.00102276	5.0443	293.01	2626.10	2333.1	0.9550	7.7540
75	0.038565	0.00102582	4.1330	313.96	2634.63	2320.7	1.0156	7.6812
80	0.047376	0.0010293	3.4086	334.93	2643.06	2308.1	1.0753	7.6112
85	0.057818	0.00103240	2.8288	355.92	2651.40	2295.5	1.1343	7.5436
90	0.070121	0.00103593	2.3616	376.94	2659.63	2282.7	1.1926	7.4783
95	0.084533	0.00103961	1.9827	397.98	2667.73	2269.7	1.2501	7.4154
100	0.101325	0.00104344	1.6736	419.06	2675.71	2256.6	1.3069	7.3545
110	0.143243	0.00105156	1.2106	461.33	2691.26	2229.9	1.4186	7.2386
120	0.198483	0.00106031	0.89219	503.76	2706.18	2202.4	1.5277	7.1297
130	0.270018	0.00106968	0.66873	546.38	2720.39	2174.0	1.6346	7.0272
140	0.361190	0.00107972	0.50900	589.21	2733.81	2144.6	1.7393	6.9302
150	0.47571	0.00109046	0.39286	632.28	2746.35	2114.1	1.8420	6.8381
160	0.61766	0.00110193	0.30709	675.62	2757.92	2082.3	1.9429	6.7502
170	0.79147	0.00111420	0.24283	719.25	2768.42	2049.2	2.0420	6.6661
180	1.00193	0.00112732	0.19403	763.22	2777.74	2014.5	2.1396	6.5852
190	1.25417	0.00114136	0.15650	807.56	2785.80	1978.2	2.2358	6.5071
200	1.55366	0.00115641	0.12732	852.34	2792.47	1940.1	2.3307	6.4312
210	1.90617	0.00117258	0.10438	897.62	2797.65	1900.0	2.4245	6.3571
220	2.31783	0.00119000	0.086157	943.46	2801.20	1857.7	2.5175	6.2846
230	2.79505	0.00120882	0.071553	989.95	2803.00	1813.0	2.6096	6.2130
240	3.34459	0.00122922	0.059743	1037.2	2802.88	1765.7	2.7013	6.1422
250	3.97351	0.00125145	0.050112	1085.3	2800.66	1715.4	2.7926	6.0716
260	4.68923	0.00127579	0.042195	1134.3	2796.14	1661.8	2.8837	6.0007
270	5.49956	0.00130262	0.035637	1184.5	2789.05	1604.5	2.9751	5.9292
280	6.41273	0.00133242	0.030165	1236.0	2779.08	1543.1	3.0668	5.8564
290	7.43746	0.00136582	0.025565	1289.1	2765.81	1476.7	3.1594	5.7817
300	8.58308	0.00140369	0.021669	1344.0	2748.71	1404.7	3.2533	5.7042
310	9.8597	0.00144728	0.018343	1401.2	2727.01	1325.9	3.3490	5.6226
320	11.278	0.00149844	0.015479	1461.2	2699.72	1238.5	3.4475	5.5356

（续）

温度	压力	比体积		比焓		汽化热	比熵	
		液体	蒸汽	液体	蒸汽		液体	蒸汽
t	p	v'	v''	h'	h''	r	s'	s''
℃	MPa	m³/kg	m³/kg	kJ/kg	kJ/kg	kJ/kg	kJ/(kg·K)	kJ/(kg·K)
330	12.851	0.00156008	0.012987	1524.9	2665.30	1140.4	3.5500	5.4408
340	14.593	0.00163728	0.010790	1593.7	2621.32	1027.6	3.6586	5.3345
350	16.521	0.00174008	0.008812	1670.3	2563.39	893.0	3.7773	5.2104
360	18.657	0.00189423	0.006958	1761.1	2481.68	720.6	3.9155	5.0536
370	21.033	0.00221480	0.004982	1891.7	2338.79	447.1	4.1125	4.8076
371	21.286	0.00227969	0.004735	1911.8	2314.11	402.3	4.1429	4.7674
372	21.542	0.00236530	0.004451	1936.1	2282.99	346.9	4.1796	4.7173
373	21.802	0.00249600	0.004087	1968.8	2237.98	269.2	4.2292	4.6458
373.99	22.064	0.003106	0.003106	2085.9	2085.9	0.0	4.4092	4.4092

附录G 未饱和水与过热水蒸气的热力性质

p	0.001MPa			0.005MPa		
	(t_s=6.949℃) v'=0.001001m³/kg，v''=129.185m³/kg h'=29.21kJ/kg，h''=2513.3kJ/kg S'=0.1056kJ/(kg·K)，S''=8.9735kJ/(kg·K)			(t_s=32.879℃) v'=0.0010053m³/kg，v''=28.191m³/kg h'=137.72kJ/kg，h''=2560.6kJ/kg S'=0.4761kJ/(kg·K)，S''=8.3930kJ/(kg·K)		
t	v	h	s	v	h	s
℃	m³/kg	kJ/kg	kJ/(kg·K)	m³/kg	kJ/kg	kJ/(kg·K)
0	0.001002	-0.05	-0.0002	0.0010002	-0.05	-0.0002
10	130.598	2519.0	8.9938	0.0010003	42.01	0.1510
20	135.226	2537.7	9.0588	0.0010018	83.87	0.2963
40	144.475	2575.2	9.1832	28.854	2574.0	8.4366
60	153.717	2612.7	9.2984	30.712	2611.8	8.5537
80	162.956	2650.3	9.4080	32.566	2649.7	8.6639
100	172.192	2688.0	9.5120	34.418	2687.5	8.7682
120	181.426	2725.9	9.6109	36.269	2725.5	8.8674
140	190.660	2764.0	9.7054	38.118	2763.7	8.9620
160	199.893	2802.3	9.7959	39.967	2802.0	9.0526
180	209.126	2840.7	9.8827	41.815	2840.5	9.1396
200	218.358	2879.4	9.9662	43.662	2879.2	9.2232
220	227.590	2918.3	10.0468	45.510	2918.2	9.3038
240	236.821	2957.5	10.1246	47.357	2957.3	9.3816
260	246.053	2996.8	10.1998	49.204	2996.7	9.4569
280	255.284	3036.4	10.2727	51.051	3036.3	9.5298
300	264.515	3076.2	10.3434	52.898	3076.1	9.6005
350	287.592	3176.8	10.5117	57.514	3176.7	9.7688
400	310.669	3278.9	10.6692	62.131	3278.8	9.9264
450	333.746	3382.4	10.8176	66.747	3382.4	10.0747
500	356.823	3487.5	10.9581	71.362	3487.5	10.2153
550	379.900	3594.4	11.0921	75.978	3594.4	10.3493
600	402.976	3703.4	11.2206	80.594	3703.4	10.4778

（续）

p	0.01MPa			0.1MPa		
	(t_s=6.949℃) v'=0.001001m³/kg, v''=129.185m³/kg h'=29.21kJ/kg, h''=2513.3kJ/kg S'=0.1056kJ/(kg·K), S''=8.9735kJ/(kg·K)			(t_s=32.879℃) v'=0.0010053m³/kg, v''=28.191m³/kg h'=137.72kJ/kg, h''=2560.6kJ/kg S'=0.4761kJ/(kg·K), S''=8.3930kJ/(kg·K)		
t	v	h	s	v	h	s
℃	m³/kg	kJ/kg	kJ/(kg·K)	m³/kg	kJ/kg	kJ/(kg·K)
0	0.0010002	-0.04	-0.0002	0.0010002	0.05	-0.0002
10	0.0010003	42.01	0.1510	0.0010003	42.10	0.1510
20	0.0010018	83.87	0.2963	0.0010018	83.96	0.2963
40	0.0010079	167.51	0.5723	0.0010078	167.59	0.5723
60	15.336	2610.8	8.2313	0.0010171	251.22	0.8312
80	16.268	2648.9	8.3422	0.0010290	334.97	1.0753
100	17.196	2686.9	8.4471	1.6961	2675.9	7.3609
120	18.124	2725.1	8.5466	1.7931	2716.3	7.4665
140	19.050	2763.3	8.6414	1.8889	2756.2	7.5654
160	19.976	2801.7	8.7322	1.9838	2795.8	7.6590
180	20.901	2840.2	8.8192	2.0783	2835.3	7.7482
200	21.826	2879.0	8.9029	2.1723	2874.8	7.8334
220	22.750	2918.0	8.9835	2.2659	2914.3	7.9152
240	23.674	2957.1	9.0614	2.3594	2953.9	7.9940
260	24.598	2996.5	9.1367	2.4527	2993.7	8.0701
280	25.522	3036.2	9.2097	2.5458	3033.6	8.1436
300	26.446	3076.0	9.2805	2.6388	3073.8	8.2148
350	28.755	3176.6	9.4488	2.8709	3174.9	8.3840
400	31.063	3278.7	9.6064	3.1027	3277.3	8.5422
450	33.372	3382.3	9.7548	3.3342	3381.2	8.6909
500	35.680	3487.4	9.8953	3.5656	3486.5	8.8317
550	37.988	3594.3	10.0293	3.7968	3593.5	8.9659
600	40.296	3703.4	10.1579	4.0279	3702.7	9.0946
p	0.5MPa			1MPa		
	(t_s=151.867℃) v'=0.0010925m³/kg, v''=0.37490m³/kg h'=640.35kJ/kg, h''=2748.6kJ/kg S'=1.8610kJ/(kg·K), S''=6.8214kJ/(kg·K)			(t_s=179.916℃) v'=0.0011272m³/kg, v''=0.19440m³/kg h'=762.84kJ/kg, h''=2777.7kJ/kg S'=2.1388kJ/(kg·K), S''=6.5859kJ/(kg·K)		
t	v	h	s	v	h	s
℃	m³/kg	kJ/kg	kJ/(kg·K)	m³/kg	kJ/kg	kJ/(kg·K)
0	0.0010000	0.46	-0.0001	0.0009997	0.97	-0.0001
10	0.0010001	42.49	0.1510	0.0009999	42.98	0.1509
20	0.0010016	84.33	0.2962	0.0010014	84.80	0.2961
40	0.0010077	167.94	0.5721	0.0010074	168.38	0.5719
60	0.0010169	251.56	0.8310	0.0010167	251.98	0.8307
80	0.0010288	335.29	1.0750	0.0010286	335.69	1.0747
100	0.0010432	419.36	1.3066	0.0010430	419.74	1.3062
120	0.0010601	503.97	1.5275	0.0010599	504.32	1.5270
140	0.0010796	589.30	1.7392	0.0010783	589.62	1.7386
160	0.38358	2767.2	6.8647	0.0011017	675.84	1.9424

（续）

p	0.5MPa			1MPa		
	(t_s = 151.867℃) v' = 0.0010925m³/kg, v'' = 0.37490m³/kg h' = 640.35kJ/kg, h'' = 2748.6kJ/kg S' = 1.8610kJ/(kg·K), S'' = 6.8214kJ/(kg·K)			(t_s = 179.916℃) v' = 0.0011272m³/kg, v'' = 0.19440m³/kg h' = 762.84kJ/kg, h'' = 2777.7kJ/kg S' = 2.1388kJ/(kg·K), S'' = 6.5859kJ/(kg·K)		
t	v	h	s	v	h	s
℃	m³/kg	kJ/kg	kJ/(kg·K)	m³/kg	kJ/kg	kJ/(kg·K)
180	0.40450	2811.7	6.9651	0.19443	2777.9	6.5864
200	0.42487	2854.9	7.0585	0.20590	2827.3	6.6931
220	0.44485	2897.3	7.1462	0.21686	2874.2	6.7903
240	0.46455	2939.2	7.2295	0.22745	2919.6	6.8804
260	0.48404	2980.8	7.3091	0.23779	2963.8	6.9650
280	0.50336	3022.2	7.3853	0.24793	3007.3	7.0451
300	0.52255	3063.6	7.4588	0.25793	3050.4	7.1216
350	0.57012	3167.0	7.6319	0.28247	3157.0	7.2999
400	0.61729	3271.1	7.7924	0.30658	3263.1	7.4638
420	0.63608	3312.9	7.8537	0.31615	3305.6	7.5260
440	0.65483	3354.9	7.9135	0.32568	3348.2	7.5866
450	0.66420	3376.0	7.9428	0.33043	3369.6	7.6163
460	0.67356	3397.2	7.9719	0.33518	3390.9	7.6456
480	0.69226	3439.6	8.0289	0.34465	3433.8	7.7033
500	0.71094	3482.2	8.0848	0.35410	3476.8	7.7597
550	0.75755	3589.9	8.2198	0.37764	3585.4	7.8958
600	0.80408	3699.6	8.3491	0.40109	3695.7	8.0259
p	3MPa			5MPa		
	(t_s = 233.893℃) v' = 0.0012166m³/kg, v'' = 0.066700m³/kg h' = 1008.2kJ/kg, h'' = 2803.2kJ/kg S' = 2.6454kJ/(kg·K), S'' = 6.1854kJ/(kg·K)			(t_s = 263.980℃) v' = 0.0012861m³/kg, v'' = 0.039400m³/kg h' = 1154.2kJ/kg, h'' = 2793.6kJ/kg S' = 2.9200kJ/(kg·K), S'' = 5.9724kJ/(kg·K)		
t	v	h	s	v	h	s
℃	m³/kg	kJ/kg	kJ/(kg·K)	m³/kg	kJ/kg	kJ/(kg·K)
0	0.0009987	3.01	0.0000	0.0009977	5.04	0.0002
10	0.0009989	44.92	0.1507	0.0009979	46.87	0.1506
20	0.0010005	86.68	0.2957	0.0009996	88.55	0.2952
40	0.0010066	170.15	0.5711	0.0010057	171.92	0.5704
60	0.0010158	253.66	0.8296	0.0010149	255.34	0.8286
80	0.0010276	377.28	1.0734	0.0010267	338.87	1.0721
100	0.0010420	421.24	1.3047	0.0010410	422.75	1.3031
120	0.0010587	505.73	1.5252	0.0010576	507.14	1.5234
140	0.0010781	590.92	1.7366	0.0010768	592.23	1.7345
160	0.0011002	677.01	1.9400	0.0010988	678.19	1.9377
180	0.0011256	764.23	2.1369	0.0011240	765.25	2.1342
200	0.0011549	852.93	2.3284	0.0011529	853.75	2.3253
220	0.0011891	943.65	2.5162	0.0011867	944.21	2.5125
240	0.068184	2823.4	6.2250	0.0012266	1037.3	2.6976
260	0.072828	2884.4	6.3417	0.0012751	1134.3	2.8829
280	0.077101	2940.1	6.4443	0.042228	2855.8	6.0864

（续）

p	3MPa			5MPa		
	(t_s=233.893℃) v'=0.0012166m³/kg, v''=0.066700m³/kg h'=1008.2kJ/kg, h''=2803.2kJ/kg S'=2.6454kJ/(kg·K), S''=6.1854kJ/(kg·K)			(t_s=263.980℃) v'=0.0012851m³/kg, v''=0.039400m³/kg h'=1154.2kJ/kg, h''=2793.6kJ/kg S'=2.9200kJ/(kg·K), S''=5.9724kJ/(kg·K)		
t	v	h	s	v	h	s
℃	m³/kg	kJ/kg	kJ/(kg·K)	m³/kg	kJ/kg	kJ/(kg·K)
300	0.084191	2992.4	6.5371	0.045301	2923.3	6.2064
350	0.090520	3114.4	6.7414	0.051932	3067.4	6.4477
400	0.099352	3230.1	6.9199	0.057804	3194.9	6.6446
420	0.102787	3275.4	6.9864	0.060033	3243.6	6.7159
440	0.106180	3320.5	7.0505	0.062216	3291.5	6.7840
450	0.107864	3343.0	7.0817	0.063291	3315.2	6.8170
460	0.109540	3365.4	7.1125	0.064358	3338.8	6.8494
480	0.112870	3410.1	7.1728	0.066469	3385.6	6.9125
500	0.116174	3454.9	7.2314	0.068552	3432.2	6.9735
550	0.124349	3566.9	7.3718	0.073664	3548.0	7.1187
600	0.132427	3679.9	7.5051	0.078675	3663.9	7.2553

p	7MPa			10MPa		
	(t_s=285.869℃) v'=0.0013515m³/kg, v''=0.027400m³/kg h'=1266.9kJ/kg, h''=2771.7kJ/kg S'=3.1210kJ/(kg·K), S''=5.8129kJ/(kg·K)			(t_s=311.037℃) v'=0.0014522m³/kg, v''=0.018000m³/kg h'=1407.2kJ/kg, h''=2724.5kJ/kg S'=3.3591kJ/(kg·K), S''=5.6139kJ/(kg·K)		
t	v	h	s	v	h	s
℃	m³/kg	kJ/kg	kJ/(kg·K)	m³/kg	kJ/kg	kJ/(kg·K)
0	0.0009967	7.07	0.0003	0.0009952	10.09	0.0004
10	0.0009970	48.80	0.1504	0.0009956	51.70	0.1500
20	0.0009986	90.42	0.2948	0.0009973	93.22	0.2942
40	0.0010048	173.69	0.5696	0.0010035	176.34	0.5684
60	0.0010140	257.01	0.8275	0.0010127	259.53	0.8259
80	0.0010258	340.46	1.0708	0.0010244	342.85	1.0688
100	0.0010399	424.25	1.3016	0.0010385	426.51	1.2993
120	0.0010565	508.55	1.5216	0.0010549	510.68	1.5190
140	0.0010756	593.54	1.7325	0.0010738	595.50	1.7294
160	0.0010974	679.37	1.9353	0.0010953	681.16	1.9319
180	0.0011223	766.28	2.1315	0.0011199	767.84	2.1275
200	0.0011510	854.59	2.3222	0.0011481	855.88	2.3176
220	0.0011842	944.79	2.5089	0.0011807	945.71	2.5036
240	0.0012235	1037.6	2.6933	0.0012190	1038.0	2.6870
260	0.0012710	1134.0	2.8776	0.0012650	1133.6	2.8698
280	0.0013307	1235.7	3.0648	0.0013222	1234.2	3.0549
300	0.029457	2837.5	5.9291	0.0013975	1342.3	3.2469
350	0.035225	3014.8	6.2265	0.022415	2922.1	5.9423
400	0.039917	3157.3	6.4465	0.026402	3095.8	6.2109
450	0.044143	3286.2	6.6314	0.029735	3240.5	6.4184
500	0.048110	3408.9	6.7954	0.032750	3372.8	6.5954
520	0.049649	3457.0	6.8569	0.033900	3423.8	6.6605

（续）

p	7MPa			10MPa		
	(t_s=285.869℃) v'=0.0013515m³/kg, v''=0.027400m³/kg h'=1266.9kJ/kg, h''=2771.7kJ/kg S'=3.1210kJ/(kg·K), S''=5.8129kJ/(kg·K)			(t_s=311.037℃) v'=0.0014522m³/kg, v''=0.018000m³/kg h'=1407.2kJ/kg, h''=2724.5kJ/kg S'=3.3591kJ/(kg·K), S''=5.6139kJ/(kg·K)		
t	v	h	s	v	h	s
℃	m³/kg	kJ/kg	kJ/(kg·K)	m³/kg	kJ/kg	kJ/(kg·K)
540	0.051166	3504.8	6.9164	0.035027	3474.1	6.7232
550	0.051917	3528.7	6.9456	0.035582	3499.1	6.7537
560	0.052664	3552.4	6.9743	0.036133	3523.9	6.7837
580	0.054147	3600.0	7.0306	0.037222	3573.3	6.8423
600	0.055617	3467.5	7.0857	0.038297	3622.5	6.8992

p	14MPa			20.0MPa		
	(t_s=336.707℃) v'=0.0016097m³/kg, v''=0.011500m³/kg h'=1570.4kJ/kg, h''=2637.1kJ/kg S'=3.6220kJ/(kg·K), S''=5.3711kJ/(kg·K)			(t_s=365.789℃) v'=0.0020379m³/kg, v''=0.0058702m³/kg h'=1827.2kJ/kg, h''=2413.1kJ/kg S'=4.0153kJ/(kg·K), S''=4.9322kJ/(kg·K)		
t	v	h	s	v	h	s
℃	m³/kg	kJ/kg	kJ/(kg·K)	m³/kg	kJ/kg	kJ/(kg·K)
0	0.0009933	14.10	0.0005	0.0009904	20.08	0.0006
10	0.0009938	55.55	0.1496	0.0009911	61.29	0.1488
20	0.0009955	96.95	0.2932	0.0009929	102.50	0.2919
40	0.0010018	179.86	0.5669	0.0009992	185.13	0.5645
60	0.0010109	262.88	0.8239	0.0010084	267.90	0.8207
80	0.0010226	346.04	1.0663	0.0010199	350.82	1.0624
100	0.0010365	429.53	1.2962	0.0010336	434.06	1.2917
120	0.0010527	513.52	1.5155	0.0010496	517.79	1.5103
140	0.0010714	598.14	1.7254	0.0010679	602.12	1.7195
160	0.0010926	683.56	1.9273	0.0010886	687.20	1.9206
180	0.0011167	769.96	2.1223	0.0011121	773.19	2.1147
200	0.0011443	857.63	2.3116	0.0011389	860.36	2.3029
220	0.0011761	947.00	2.4966	0.0011695	949.07	2.4865
240	0.0012132	1038.6	2.6788	0.0012051	1039.8	2.6670
260	0.0012574	1133.4	2.8599	0.0012469	1133.4	2.8457
280	0.0013117	1232.5	3.0424	0.0012974	1230.7	3.0249
300	0.0013814	1338.2	3.2300	0.0013605	1333.4	3.2072
350	0.013218	2751.2	5.5564	0.0016645	1645.3	3.7275
400	0.017218	3001.1	5.9436	0.0099458	2816.8	5.5520
450	0.020074	3174.2	6.1919	0.0127013	3060.7	5.9025
500	0.022512	3322.3	6.3900	0.0147681	3239.3	6.1415
520	0.023418	3377.9	6.4610	0.0155046	3303.0	6.2229
540	0.024295	3432.1	6.5285	0.0162067	3364.0	6.2989
550	0.024724	3458.7	6.5611	0.0165471	3393.7	6.3352
560	0.025147	3485.2	6.5931	0.0168811	3422.9	6.3705
580	0.025978	3537.5	6.6551	0.0175328	3480.3	6.4385
600	0.026792	3589.1	6.7149	0.0181655	3536.3	6.5035

附录 H　饱和水的热物理性质

t/℃	$p\times10^{-5}$ Pa	ρ kg/m³	h' kJ/kg	c_p kJ/(kg·K)	$\lambda\times10^2$ W/(m·K)	$a\times10^6$ m²/s	$\mu\times10^6$ kg/(m·s)	$\nu\times10^6$ m²/s	$\alpha\times10^6$ k⁻¹	$\gamma\times10^4$ N/m	Pr
0	0.00611	999.8	-0.05	4.212	55.1	13.1	1788	1.789	-0.81	756.4	13.67
10	0.01228	999.7	42.00	4.191	57.4	13.7	1306	1.306	0.87	741.6	9.52
20	0.02338	998.2	83.90	4.183	59.9	14.3	1004	1.006	2.09	726.9	7.02
30	0.04245	995.6	125.7	4.174	61.8	14.9	801.5	0.805	3.05	712.2	5.42
40	0.07381	992.2	167.5	4.174	63.5	15.3	653.3	0.659	3.86	696.5	4.31
50	0.12345	988.0	209.3	4.174	64.8	15.7	549.4	0.556	4.57	676.9	3.54
60	0.19933	983.2	251.1	4.179	65.9	16.0	469.9	0.478	5.22	662.2	2.99
70	0.3118	977.7	293.0	4.187	66.8	16.3	406.1	0.415	5.83	643.5	2.55
80	0.4738	971.8	354.9	4.195	67.4	16.6	355.1	0.365	6.40	625.9	2.21
90	0.7012	965.3	376.9	4.208	68.0	16.8	314.9	0.326	6.96	607.2	1.95
100	1.013	958.4	419.1	4.220	68.3	16.9	282.5	0.295	7.50	588.6	1.75
110	1.43	950.9	461.3	4.233	68.5	17.0	259.0	0.272	8.04	569.0	1.60
120	1.98	943.1	503.8	4.250	68.6	17.1	237.4	0.252	8.58	548.4	1.47
130	2.70	934.9	546.4	4.266	68.6	17.2	217.8	0.233	9.12	528.8	1.36
140	3.61	926.2	589.2	4.287	68.5	17.2	201.1	0.217	9.68	507.2	1.26
150	4.76	917.0	632.3	4.313	68.4	17.3	186.4	0.203	10.26	486.6	1.17
160	6.18	907.5	675.6	4.346	68.3	17.3	173.6	0.191	10.87	466.0	1.10
170	7.91	897.5	719.3	4.380	67.9	17.3	162.8	0.181	11.52	443.4	1.05
180	10.02	887.1	763.2	4.417	67.4	17.2	153.0	0.173	12.21	422.8	1.00
190	12.54	876.6	807.6	4.459	67.0	17.1	144.2	0.165	12.96	400.2	0.96
200	15.54	864.8	852.3	4.505	66.3	17.0	136.4	0.158	13.77	376.7	0.93
210	19.06	852.8	897.6	4.555	65.5	16.9	130.5	0.153	14.67	354.1	0.91
220	23.18	840.3	943.5	4.614	64.5	16.6	124.6	0.148	15.67	331.6	0.89
230	27.95	827.3	990.0	4.681	63.7	16.4	119.7	0.145	16.80	310.0	0.88
240	33.45	813.6	1037.2	4.756	62.8	16.2	114.8	0.141	18.08	285.5	0.87
250	39.74	799.0	1085.3	4.844	61.8	15.9	109.9	0.137	19.55	261.9	0.86
260	46.89	783.8	1134.3	4.949	60.5	15.6	105.9	0.135	21.27	237.4	0.87
270	55.00	767.7	1184.5	5.070	59.0	15.1	102.0	0.133	23.31	214.8	0.88
280	64.13	750.5	1236.0	5.230	57.4	14.6	98.1	0.131	25.79	191.3	0.90
290	74.37	732.2	1289.1	5.485	55.8	13.9	94.2	0.129	28.84	168.7	0.93
300	85.83	712.4	1344.0	5.736	54.0	13.2	91.2	0.128	32.73	144.2	0.97
310	98.60	691.0	1401.2	6.071	52.3	12.5	88.3	0.128	37.85	120.7	1.03
320	112.78	667.4	1461.2	6.574	50.6	11.5	85.3	0.128	44.91	98.10	1.11
330	128.51	641.0	1524.9	7.244	48.4	10.4	81.4	0.127	55.31	76.71	1.22
340	145.93	610.8	1593.1	8.165	45.7	9.17	77.5	0.127	72.10	56.70	1.39
350	165.21	574.7	1670.3	9.504	43.0	7.88	72.6	0.126	103.7	38.16	1.60
360	186.57	527.9	1761.1	13.984	39.5	5.36	66.7	0.126	182.9	20.21	2.35
370	210.33	451.5	1891.7	40.321	33.7	1.86	56.9	0.126	676.7	4.709	6.79

附录 I　干空气的热物理性质（1个大气压）

t/℃	ρ	c_p	$\lambda\times10^2$	$a\times10^6$	$\mu\times10^6$	$\nu\times10^6$	Pr
	kg/m³	kJ/(kg·K)	W/(m·K)	K^{-1}	kg/(m·s)	m²/s	
-50	1.584	1.013	2.04	12.7	14.6	9.23	0.728
-40	1.515	1.013	2.12	13.8	15.2	10.04	0.728
-30	1.453	1.013	2.20	14.9	15.7	10.80	0.723
-20	1.395	1.009	2.28	16.2	16.2	11.61	0.716
-10	1.342	1.009	2.36	17.4	16.7	12.43	0.712
0	1.293	1.005	2.44	18.8	17.2	13.28	0.707
10	1.247	1.005	2.51	20.0	17.6	14.16	0.705
20	1.205	1.005	2.59	21.4	18.1	15.06	0.703
30	1.165	1.005	2.67	22.9	18.6	16.00	0.701
40	1.128	1.005	2.76	24.3	19.1	16.96	0.699
50	1.093	1.005	2.83	25.7	19.6	17.95	0.698
60	1.060	1.005	2.90	27.2	20.1	18.97	0.696
70	1.029	1.009	2.96	28.6	20.6	20.02	0.694
80	1.000	1.009	3.05	30.2	21.1	21.09	0.692
90	0.972	1.009	3.13	31.9	21.5	22.10	0.690
100	0.946	1.009	3.21	33.6	21.9	23.13	0.688
120	0.898	1.009	3.34	36.8	22.8	25.45	0.686
140	0.854	1.013	3.49	40.3	23.7	27.80	0.684
160	0.815	1.017	3.64	43.9	24.5	30.09	0.682
180	0.779	1.022	3.78	47.5	25.3	32.49	0.681
200	0.746	1.026	3.93	51.4	26.0	34.85	0.680
250	0.674	1.038	4.27	61.0	27.4	40.61	0.677
300	0.615	1.047	4.60	71.6	29.7	48.33	0.674
350	0.566	1.059	4.91	81.9	31.4	55.46	0.676
400	0.524	1.068	5.21	93.1	33.0	63.09	0.678
500	0.456	1.093	5.74	115.3	36.2	79.38	0.687
600	0.404	1.114	6.22	138.3	39.1	96.89	0.699
700	0.362	1.135	6.71	163.4	41.8	115.4	0.706
800	0.329	1.156	7.18	188.8	44.3	134.8	0.713
900	0.301	1.172	7.63	216.2	46.7	155.1	0.717
1000	0.277	1.185	8.07	245.9	49.0	177.1	0.719
1100	0.257	1.197	8.50	276.2	51.2	199.3	0.722
1200	0.239	1.210	9.15	316.5	53.5	233.7	0.724

附录 J　金属材料的密度、比热容和热导率

材料名称	20℃			热导率 λ/[W/(m·K)]									
	密度 ρ	比定压热容 c_p	热导率 λ	温度/℃									
	kg/m³	J/(kg·K)	W/(m·K)	-100	0	100	200	300	400	600	800	1000	1200
纯铝	2710	902	236	243	236	240	238	234	228	215			
杜拉铝(96Al-4Cu,微量 Mg)	2790	881	169	124	160	188	188	193					

（续）

材料名称	20℃			热导率 λ/[W/(m·K)]									
	密度 ρ	比定压热容 c_p	热导率 λ	温度/℃									
	kg/m³	J/(kg·K)	W/(m·K)	-100	0	100	200	300	400	600	800	1000	1200
铝合金(92Al-8Mg)	2610	904	107	86	102	123	148						
铝合金(87Al-13Si)	2660	871	162	139	158	173	176	180					
铍	1850	1758	219	382	218	170	145	129	118				
纯铜	8930	386	398	421	401	393	389	384	379	366	352		
铝青铜(90Cu-10Al)	8360	420	56		49	57	66						
青铜(89Cu-11Sn)	8800	343	24.8		24	28.4	33.2						
黄铜(70Cu-30Zn)	8440	377	109	90	106	131	143	145	148				
铜合金(60Cu-40Ni)	8920	410	22.2	19	22.2	23.4							
黄金	19300	127	315	331	318	313	310	305	300	287			
纯铁	7870	455	81.1	96.7	83.5	72.1	63.5	56.5	50.3	39.4	29.6	29.4	31.6
阿姆口铁	7860	455	73.2	82.9	74.7	67.5	61	54.8	49.9	38.6	29.3	29.3	31.1
灰铸铁($w_C \approx 3\%$)	7570	470	39.2		28.5	32.4	35.8	37.2	36.6	20.8	19.2		
碳钢($w_C \approx 0.5\%$)	7840	465	49.8		50.5	47.5	44.8	42	39.4	34	29		
碳钢($w_C \approx 1.0\%$)	7790	470	43.2		43	42.8	42.2	41.5	40.6	36.7	32.2		
碳钢($w_C \approx 1.5\%$)	7750	470	36.7		36.8	36.6	36.2	35.7	34.7	31.7	27.8		
铬钢($w_{Cr} \approx 5\%$)	7830	460	36.1		36.3	35.2	34.7	33.5	31.4	28	27.2	27.2	27.2
铬钢($w_{Cr} \approx 13\%$)	7740	460	26.8		26.5	27	27	27	27.6	28.4	29	29	
铬钢($w_{Cr} \approx 17\%$)	7710	460	22		22	22.2	22.6	22.6	23.3	24	24.8	25.5	
铬钢($w_{Cr} \approx 26\%$)	7650	460	22.6		22.6	23.8	25.5	27.2	28.5	31.8	35.1	38	
铬镍钢(18~20Cr/8~12Ni)	7820	460	15.2	12.2	14.7	16.6	18	19.4	20.8	23.5	26.3		
铬镍钢(17~19Cr/9~13Ni)	7830	460	14.7	11.8	14.3	16.1	17.5	18.8	20.2	22.8	25.5	28.2	30.9
镍钢($w_{Ni} \approx 1\%$)	7900	460	45.5	40.8	45.2	46.8	46.1	44.1	41.2	35.7			
镍钢($w_{Ni} \approx 3.5\%$)	7910	460	36.5	30.7	36	38.8	39.7	39.2	37.8				
镍钢($w_{Ni} \approx 25\%$)	8030	460	13										
镍钢($w_{Ni} \approx 35\%$)	8110	460	13.8	10.9	13.4	15.4	17.1	18.6	20.1	23.1			
镍钢($w_{Ni} \approx 44\%$)	8190	460	15.8		15.7	16.1	16.5	16.9	17.1	17.8	18.4		
镍钢($w_{Ni} \approx 50\%$)	8260	460	19.6	17.3	19.4	20.5	21	21.1	21.3	22.5			
锰钢($w_{Mn} \approx 12\% \sim 13\%$,$w_{Ni} \approx 3\%$)	7800	487	13.6			14.8	16	17.1	18.3				
锰钢($w_{Mn} \approx 0.4\%$)	7860	440	51.2			51	50	47	43.5	35.5	27		
钨钢($w_W \approx 5\% \sim 6\%$)	8070	436	18.7		18.4	19.7	21	22.3	23.6	24.9	26.3		
铅	11340	128	35.3	37.2	35.5	34.3	32.8	31.5					
镁	1730	1020	156	160	157	154	152	150					
钼	9590	255	138	146	139	135	131	127	123	116	109	103	93.7
镍	8900	444	91.4	144	94	82.8	74.2	67.3	64.6	69	73.3	77.6	81.9
铂	21450	133	71.4	73.3	71.5	71.6	72	72.8	73.6	76.6	80	84.2	88.9
银	10500	234	427	431	428	422	415	407	399	384			
锡	7310	228	67	75	68.2	63.2	60.9						
钛	4500	520	22	23.3	22.4	20.7	19.9	19.5	19.4	19.9			
铀	19070	116	27.4	24.3	27	29.1	31.1	33.4	35.7	40.6	45.6		
锌	7140	388	121	123	122	117	112						
锆	6570	276	22.9	26.5	23.2	21.8	21.2	20.9	21.4	22.3	24.5	26.4	28
钨	19350	134	179	204	182	166	153	142	134	125	119	114	110

附录K　保温、建筑及其他材料的密度和热导率

材料名称	温度 t	密度 ρ	热导率 λ
	℃	kg/m^3	W/(m·K)
膨胀珍珠岩散料	25	60～300	0.021～0.062
沥青膨胀珍珠岩	31	233～282	0.069～0.076
磷酸盐膨胀珍珠岩制品	20	200～250	0.044～0.052
水玻璃膨胀珍珠岩制品	20	200～300	0.056～0.065
岩棉制品	20	80～150	0.035～0.038
膨胀蛭石	20	100～130	0.051～0.07
沥青蛭石板管	20	350～400	0.081～0.10
石棉粉	22	744～1400	0.099～0.19
石棉砖	21	384	0.099
石棉绳		590～730	0.10～0.21
石棉绒		35～230	0.055～0.077
石棉板	30	770～1045	0.10～0.14
碳酸镁石棉灰		240～490	0.077～0.086
硅藻土石棉灰		280～380	0.085～0.11
煤粉灰砖	27	458～589	0.12～0.22
矿渣棉	30	207	0.058
玻璃丝	35	120～492	0.058～0.07
玻璃棉毡	28	18.4～38.3	0.043
软木板	20	105～437	0.044～0.079
木丝纤维板	25	245	0.048
稻草浆板	20	325～365	0.068～0.084
麻秆板	25	108～147	0.056～0.11
甘蔗板	20	282	0.067～0.072
葵芯板	20	95.5	0.05
玉米梗板	22	25.2	0.065
棉花	20	117	0.049
丝	20	57.7	0.036
锯木屑	20	179	0.083
硬泡沫塑料	30	29.5～56.3	0.041～0.048
软泡沫塑料	30	41～162	0.043～0.056
铝箔间隔层(5层)	21		0.042
红砖(营造状态)	25	1860	0.87
红砖	35	1560	0.49
松木(垂直木纹)	15	496	0.15
松木(平行木纹)	21	527	0.35
水泥	30	1900	0.3
混凝木板	35	1930	0.79
耐酸混凝土板	30	2250	1.5～1.6
黄砂	30	1580～1700	0.28～0.34
泥土	20		0.83
瓷砖	37	2090	1.1
玻璃	45	2500	0.65～0.71
聚苯乙烯	30	24.7～37.8	0.04～0.043
花岗岩		2643	1.73～3.98
大理石		2499～2707	2.7
云母		290	0.58
水垢	65		1.31～3.14
冰	0	913	2.22
黏土	27	1460	1.3

参考文献

[1] 傅秦生，何雅玲，赵小明．热工基础与应用［M］．北京：机械工业出版社，2001.
[2] 陈礼．流体力学与热工基础［M］．2版．北京：清华大学出版社，2012.
[3] 杨世铭，陶文铨．传热学［M］．北京：高等教育出版社，2006.
[4] 沈维道，童钧耕．工程热力学［M］．北京：高等教育出版社，2006.
[5] 郁岚．热工基础及流体力学［M］．北京：中国电力出版社，2006.
[6] 张学学，李桂馥．热工基础［M］．北京：高等教育出版社，2006.
[7] 魏龙．热工与流体力学基础［M］．北京：化学工业出版社，2011.
[8] 蔡增基，龙天渝．流体力学泵与风机［M］．5版．北京：中国建筑工业出版社，2009.